PLC
应用指令编程
实例与技巧

王 晰　王阿根　编著

中国电力出版社
CHINA ELECTRIC POWER PRESS

内 容 提 要

本书以三菱 FX_{3S}、FX_{3G}、FX_{3U}、FX_{3GC}、FX_{3UC} 系列微型可编程控制器为对象，介绍小型、超小型 PLC 应用指令编程实例与技巧，也适用于 FX_1、FX_2 系列 PLC。

主要内容包括程序流程指令、比较与传送指令、四则运算指令、循环位移指令、数据处理指令、高速处理指令、方便指令等 20 余种指令的编程实例与技巧。精选的 100 多个编程实例均经过笔者的潜心研究和反复推敲，实例的设计短小精悍，重点突出，具有很强的实用性，为了便于理解，每个编程实例都给出了详细的编程说明，细心阅读定可体验出其中的精妙之处。

本书适用于有一定 PLC 基础知识的读者，可供相关机电工程技术人员参考，也可作为高等院校电气工程及其自动化、机械工程及其自动化、电子工程自动化、机电一体化等相关专业的参考书。

图书在版编目（CIP）数据

PLC 应用指令编程实例与技巧 / 王晰，王阿根编著. —北京：中国电力出版社，2016.6（2018.7重印）
ISBN 978-7-5123-9040-9

Ⅰ.①P… Ⅱ.①王… ②王… Ⅲ.①plc 技术—程序设计 Ⅳ.①TM571.6

中国版本图书馆 CIP 数据核字（2016）第 046238 号

中国电力出版社出版、发行
（北京市东城区北京站西街 19 号　100005　http://www.cepp.sgcc.com.cn）
三河市航远印刷有限公司印刷
各地新华书店经销

*

2016 年 6 月第一版　2018 年 7 月北京第二次印刷
787 毫米×1092 毫米　16 开本　27 张　635 千字
印数 3001—4500 册　定价 69.00 元

版 权 专 有　侵 权 必 究

本书如有印装质量问题，我社发行部负责退换

前　言

日本三菱公司生产的 PLC 发展很快，控制功能也在不断增强，到目前为止，日本三菱公司已有 F、F_1、F_2、FX_2、FX_1、FX_{2C}、FX_0、FX_{0N}、FX_{0S}、FX_{2N}、FX_{2NC}、FX_{1S}、FX_{1N} 型 PLC 和近年来推出的 FX_{3S}、FX_{3U}、FX_{3UC}、FX_{3G}、FX_{3GC} 型等多种 PLC。本书主要介绍 FX_{3S}、FX_{3U}、FX_{3UC}、FX_{3G}、FX_{3GC} 型 PLC，由于最近推出的 FX_3 型 PLC 增加了很多应用指令，内容十分丰富，有不少应用指令和具体的控制设备有关，因此在阅读某些应用指令时，还要首先了解设备的具体性能、参数和相关的技术资料。

本书不是教科书，不是按由易到难、由浅到深编排的，而是前后关联的，前面不懂的地方要到后面的章节去了解。本书也不是手册，不能罗列众多的技术参数，不清楚的地方要查阅相关的技术参数。本书是结合王阿根编著的《电气可编程控制原理与应用》（第三版）来编写的，要求读者有一定的 PLC 基础知识，最好有一定的实践经验，应用指令比基本指令要难理解，最好要学习一些计算机的基础知识。为了便于查找，本书按应用指令的编号顺序进行章节安排。

本书力求内容新颖独特、精练，为了便于理解，在内容阐述上力求简明扼要、图文并茂、通俗易懂，在编写上尽量选取比较单一、便于理解的实例。书中绝大多数实例都是经笔者反复推敲、精心设计的，少数是经过修改的三菱公司手册上的实例。

目前有关专门介绍 PLC 应用指令的书籍难得一见，编者编写这本书的目的也是为了弥补这种缺憾。书中的实例有不少独特巧妙的编程技巧，望读者能从中得到一定的启发，以达到抛砖引玉的目的。

本书内容未经作者同意，谢绝引用。由于编者水平有限，书中不足之处在所难免，敬请广大读者批评指正。

编者
2016.3

目　　录

前言

第1章　应用指令概述 ··· *1*
1.1　应用指令的图形符号和指令 ·· 1
1.2　应用指令的格式及说明 ·· 2
1.3　应用指令中的数值 ·· 11

第2章　程序流程指令 ·· *14*
2.1　条件跳转指令（CJ） ·· 14
　　例1　用一个按钮控制电动机的起动和停止 ······································ 17
　　例2　手动、自动控制方式的选择 ·· 17
　　例3　电动机的手动和自动控制 ··· 18
2.2　子程序调用（CALL）、子程序返回（SRET）和主程序结束指令（FEND）··· 19
　　例4　两个开关控制一个信号灯 ··· 20
2.3　中断指令（IRET、EI、DI） ·· 21
　　例5　外部输入中断用于3人智力抢答 ··· 22
　　例6　内部定时器中断用于斜波信号 ·· 23
　　例7　计数器中断用于高速计数 ··· 23
2.4　监视定时器（WDT） ··· 24
2.5　循环指令（FOR、NEXT） ··· 25
　　例8　用FOR、NEXT指令求3^{16}的值 ······································· 26
　　例9　用浮点数指令求3^{16}的值 ··· 26
　　例10　用FOR、NEXT指令求12！的值 ·· 27

第3章　比较与传送指令 ·· *29*
3.1　比较指令（CMP） ·· 29
　　例11　密码锁 ··· 30
3.2　区间比较指令（ZCP） ··· 31
　　例12　ZCP指令用于电动机的星三角降压和直接起动 ····················· 32
　　例13　十字路口交通灯 ··· 34
3.3　传送指令（MOV） ·· 35

例14 周期可调振荡器 ··· 36
例15 计数器C0设定值的间接设定 ··· 37
例16 8人智力抢答竞赛 ·· 37
例17 小车运行定点呼叫 ··· 38
例18 用PLC控制4组彩灯 ··· 39
3.4 移位传送指令（SMOV） ··· 40
例19 用数字开关给定时器间接设定延时时间 ··· 41
3.5 取反传送指令（CML） ·· 42
3.6 成批传送指令（BMOV） ··· 43
3.7 多点传送指令（FMOV） ··· 45
3.8 交换指令（XCH） ·· 46
例20 XCH指令用于电动机定时正反转控制 ·· 46
3.9 BCD交换指令（BCD） ··· 47
3.10 BIN交换指令（BIN） ··· 48
例21 用数字开关设定计数器的设定值 ·· 49
例22 定时器的设定值间接设定和当前值显示 ··· 49

第4章 四则逻辑运算 *51*

4.1 BIN加法指令（ADD） ·· 51
例23 电加热器定时控制 ··· 52
例24 投币洗车机 ·· 53
4.2 BIN减法指令（SUB） ·· 54
例25 倒计时显示定时器T0的当前值 ·· 55
4.3 BIN乘法指令（MUL） ·· 56
例26 用两个数字开关整定一个定时器的设定值 ····································· 56
4.4 BIN除法指令（DIV） ·· 57
例27 用时分秒显示计时值 ·· 57
4.5 BIN加1指令（INC） ·· 58
例28 信号的登录与撤销 ··· 59
例29 用一个按钮控制电动机的起动停止和报警 ····································· 60
例30 跑马彩灯控制 ··· 60
例31 电动机定时正反转控制 ··· 61
例32 机床滑台每往复运动控制 ··· 62
4.6 BIN减1指令（DEC） ·· 63
例33 多种分频振荡器 ·· 64
例34 5条传送带的顺序起动，逆序停止控制 ··· 64
4.7 逻辑字与、或、异或指令（WAND、WOR、WXOR） ··························· 65
例35 用WAND、WOR、WXOR指令简化电路 ······································ 66
例36 用按钮控制4台电动机（用WOR和WAND指令） ·························· 68

| 例 37 | 用按钮控制 4 台电动机（用 WXOR 指令）……………… 69
| 例 38 | 将数据部分复位 ……………………………………………… 71
4.8 求补码指令（NEG）……………………………………………………… 71
| 例 39 | 求负数的绝对值 ……………………………………………… 72
| 例 40 | 求两个数之差的绝对值 ……………………………………… 72

第 5 章 循环移位 ……………………………………………………………… 74

5.1 循环右移指令（ROR）…………………………………………………… 74
5.2 循环左移指令（ROL）…………………………………………………… 75
| 例 41 | 四相步进电动机控制 ………………………………………… 76
5.3 循环带进位右移指令（RCR）…………………………………………… 77
5.4 循环带进位左移指令（RCL）…………………………………………… 78
5.5 位右移指令（SFTR）……………………………………………………… 79
5.6 位左移指令（SFTL）……………………………………………………… 80
| 例 42 | 8 灯依次轮流点亮 …………………………………………… 81
| 例 43 | 两个按钮组成的选择开关 …………………………………… 81
| 例 44 | 控制 5 条传送带的顺序控制 ………………………………… 82
| 例 45 | 4 台水泵轮流运行控制 ……………………………………… 83
| 例 46 | 气动机械手控制 ……………………………………………… 85
| 例 47 | 气动机械手多种操作方式的控制 …………………………… 87
5.7 字右移指令（WSFR）…………………………………………………… 90
5.8 字左移指令（WSFL）…………………………………………………… 91
5.9 位移写入指令（SFWR）………………………………………………… 92
5.10 位移读出指令（SFRD）………………………………………………… 92
| 例 48 | 入库物品先入先出 …………………………………………… 93

第 6 章 数据处理指令（一）……………………………………………… 95

6.1 全部复位指令（ZRST）………………………………………………… 95
| 例 49 | 3 位选择按钮开关 …………………………………………… 96
| 例 50 | 用 3 个按钮控制 3 个灯 ……………………………………… 96
6.2 译码指令（DECO）……………………………………………………… 97
| 例 51 | 8 位选择开关 ………………………………………………… 98
| 例 52 | 圆盘 180°正反转 …………………………………………… 99
| 例 53 | 小车定点呼叫 ………………………………………………… 100
| 例 54 | 按钮式 2 位选择输出开关 …………………………………… 101
| 例 55 | 按钮式 3 位选择输出开关 …………………………………… 102
6.3 编码指令（ENCO）……………………………………………………… 103
| 例 56 | 大数优先动作 ………………………………………………… 104
| 例 57 | 8 人智力抢答竞赛（带有数码管显示）…………………… 104

6.4　1 的个数指令（SUM） 106
　　例 58　用 4 个开关分别在 4 个不同的地点控制一盏灯 106
　　例 59　4 输入互锁 107
　　例 60　8 个人进行表决 108
　　例 61　6 台电动机运行，少于 3 台电动机运行报警信号 109
6.5　置 1 位判断指令（BON） 109
6.6　平均值指令（MEAN） 110
6.7　报警器置位指令（ANS） 110
6.8　报警器复位指令（ANR） 111
　　例 62　送料小车报警器监控 112
　　例 63　病床呼叫系统 112
6.9　BIN 数据开方指令（SQR） 114
6.10　BIN 转为 BIN 浮点数指令（FLT） 115
　　例 64　计算 $X/Y \times 34.5$ 115

第 7 章　高速处理指令 117

7.1　输入/输出刷新指令（REF） 117
　　例 65　输入中断和输入刷新（REF 指令）的组合使用 118
7.2　滤波调整指令（REFF） 119
7.3　矩阵输入指令（MTR） 120
　　例 66　3 行 8 列输入矩阵 120
7.4　比较置位指令（高速计数器用）（D HSCS） 122
7.5　比较复位指令（高速计数器用）（D HSCR） 123
7.6　区间比较指令（高速计数器用）（D HSZ） 124
　　例 67　用编码器控制电动机的起动转速 127
7.7　脉冲密度指令（SPD） 127
7.8　脉冲输出指令（PLSY） 128
7.9　脉宽调制指令（PWM） 130
　　例 68　控制电动机的转速 131
7.10　可调速脉冲输出指令（PLSR） 131
7.11　高速计数器表比较指令（D HSCT） 132

第 8 章　方便指令 135

8.1　状态初始化指令（IST） 135
　　例 69　气动机械手控制 136
8.2　数据查找指令（SER） 140
　　例 70　寻找最大数和最小数 141
8.3　凸轮控制（绝对方式）指令（ABSD） 142
　　例 71　用一个按钮控制 4 台电动机顺序起动逆序停止 143

8.4 凸轮控制（增量方式）指令（INCD） …………………………………… 144
    例72 4台电动机轮换运行控制 ……………………………………………… 146
    例73 用凸轮控制指令 INCD 实现 PLC 交通灯控制 ……………………… 147
8.5 示教定时器指令（TTMR） …………………………………………………… 149
    例74 用示教定时器指令 TTMR 为 T0～T9 设置延时时间 ……………… 149
8.6 特殊定时器指令（STMR） …………………………………………………… 150
    例75 用 STMR 指令组成振荡电路 ………………………………………… 151
    例76 点动能耗制动控制电动机 ……………………………………………… 151
    例77 洗手间便池自动冲水 …………………………………………………… 152
8.7 交替输出指令（ALT） ………………………………………………………… 153
    例78 分频电路和振荡电路 …………………………………………………… 153
    例79 单按钮定时报警起动，报警停止控制电动机 ……………………… 153
    例80 按钮式4位选择输出开关 …………………………………………… 154
8.8 斜波信号指令（RAMP） ……………………………………………………… 155
    例81 电动机软起动控制 ……………………………………………………… 156
8.9 旋转工作台指令（ROTC） …………………………………………………… 157
    例82 旋转工作台的控制 ……………………………………………………… 159
8.10 数据排列指令（SORT） ……………………………………………………… 159

第9章 外部设备 I/O 指令   ***161***

9.1 十字键输入指令（TKY） ……………………………………………………… 161
    例83 TKY 指令用于设定一个定时器的设定值 ………………………… 162
    例84 TKY 指令用于设定多个定时器的设定值 ………………………… 164
9.2 十六键输入指令（HKY） ……………………………………………………… 165
    例85 HKY 指令用于电动机的定时控制 ………………………………… 166
9.3 数字开关指令（DSW） ………………………………………………………… 167
9.4 七段码译码指令（SEGD） …………………………………………………… 169
    例86 七段数码管显示定时器的当前值 …………………………………… 170
9.5 带锁存七段码译码指令（SEGL） …………………………………………… 171
9.6 方向开关指令（ARWS） ……………………………………………………… 173
    例87 修改定时器 T0～T99 的设定值和显示当前值 …………………… 174
9.7 ASC 码转换指令（ASC） ……………………………………………………… 175
9.8 ASC 码打印指令（PR） ………………………………………………………… 175
9.9 BFM 读出指令（FROM） ……………………………………………………… 177
9.10 BFM 写入指令（TO） ………………………………………………………… 178
    例88 PLC 与计算机无协议串行通信 …………………………………… 180

第10章 外部设备 SER 指令   ***182***

10.1 串行数据传送指令（RS） …………………………………………………… 182

例89 PLC 与条形码读出器的通信·····185
10.2 八进制位传送指令（PRUN）·····186
10.3 十六进制数转为 ASCII 码指令（ASCI）·····187
10.4 ASCII 码转为十六进制数指令（HEX）·····188
10.5 校验码指令（CCD）·····190
10.6 电位器值读出指令（VRRD）·····191
例90 用模拟量功能扩展板设定 8 个定时器的设定值·····191
10.7 电位器值刻度指令（VRSC）·····192
10.8 串行数据传送 2（RS2）·····193
例91 打印 PLC 发送的数据·····195
10.9 PID 运算指令（PID）·····196
例92 温度闭环控制系统·····201

第 11 章　数据传送指令·····**204**

11.1 变址寄存器的成批保存和恢复指令（ZPUSH、ZPOP）·····204
例93 变址寄存器的成批保存和恢复·····205
11.2 MODBUS 读出·写入指令（ADPRW）·····206
11.3 BFM 分割读出指令（RBFM）·····206
11.4 BFM 分割写入指令（WBFM）·····207

第 12 章　二进制浮点数指令·····**209**

12.1 二进制浮点比较指令（ECMP）·····210
12.2 二进制浮点区域比较指令（EZCP）·····211
12.3 二进制浮点数传送指令（EMOV）·····212
12.4 二进制浮点数→字符串的转换指令（ESTR）·····212
12.5 字符串→二进制浮点数的转换指令（EVAL）·····214
12.6 二转十进制浮点数指令（EBCD）·····215
例94 将 1.73 转换成十进制浮点数·····216
12.7 十转二进制浮点数指令（EBIN）·····216
例95 将 3.14 转换成二进制浮点数·····217
12.8 二进制浮点加法指令（EADD）·····217
12.9 二进制浮点减法指令（ESUB）·····218
12.10 二进制浮点乘法指令（EMUL）·····219
12.11 二进制浮点除法指令（EDIV）·····219
例96 计算 $Y=[(5.2-X)^2+1200]/(-0.025)$·····220
12.12 二进制浮点数指数运算指令（EXP）·····221
例97 计算 e^X 的值·····221
12.13 二进制浮点数自然对数运算指令（LOGE）·····222
例98 计算 loge10·····222

例 99　求 $5^{3/2}\cos60°$ 的值 ·········· 223
12.14　二进制浮点数常用对数运算指令（LOG10）·········· 224
　　例 100　计算 log15 ·········· 224
12.15　二进制浮点数开方指令（ESQR）·········· 225
　　例 101　计算视在功率 $S = \sqrt{P^2 + Q^2}$ ·········· 225
12.16　二进制浮点数符号翻转指令（ENEG）·········· 227
12.17　二进制浮点数转整数指令（INT）·········· 227
12.18　二进制浮点数 sin 运算指令（SIN）·········· 228
　　例 102　计算 sin（π/3）的值 ·········· 229
12.19　二进制浮点数 cos 运算指令（COS）·········· 229
　　例 103　计算 cos45° 的值 ·········· 229
12.20　二进制浮点数 tan 运算指令（TAN）·········· 230
　　例 104　求对应角度的 $\sin\varphi$、$\cos\varphi$、$\tan\varphi$ ·········· 230
12.21　二进制浮点数 $\sin^{-1}$ 运算指令（ASIN）·········· 231
　　例 105　计算 $\sin^{-1}0.5$ 的弧度值 ·········· 231
12.22　二进制浮点数 $\cos^{-1}$ 运算指令（ACOS）·········· 231
　　例 106　计算 $\cos^{-1}0.5$ 的弧度值 ·········· 232
12.23　二进制浮点数 $\tan^{-1}$ 运算指令（ATAN）·········· 232
　　例 107　计算 $\tan^{-1}1$ 的弧度值 ·········· 232
12.24　二进制浮点数角度→弧度的转换指令（RAD）·········· 232
　　例 108　将 3 位十进制数表示的角度转换成弧度值 ·········· 233
　　例 109　求对应角度的 $\sin\varphi$、$\cos\varphi$、$\tan\varphi$ ·········· 234
12.25　二进制浮点数弧度→角度的转换指令（DEG）·········· 234
　　例 110　将弧度转换成角度后输出到数码管显示器上 ·········· 235
　　例 111　计算 $\cos^{-1}0.9$ 的角度 ·········· 235

第 13 章　数据处理指令（二）　*236*

13.1　算出数据合计值指令（WSUM）·········· 236
13.2　字节单位的数据分离指令（WTOB）·········· 237
13.3　字节单位的数据结合指令（BTOW）·········· 238
13.4　16 位数据的 4 位结合指令（UNI）·········· 239
13.5　16 数据位的 4 位分离指令（DIS）·········· 241
13.6　上下字节变换指令（SWAP）·········· 242
13.7　数据排序 2 指令（SORT2）·········· 242
　　例 112　5 行 4 列数据排序 ·········· 243

第 14 章　定位控制指令　*245*

14.1　带 DOG 搜索的原点回归指令（DSZR）·········· 246

14.2 中断定位指令（DVIT） ······249
 例113 中断定位 ······250
14.3 表格设定定位指令（TBL） ······251
 例114 以表格设定方式进行定位 ······252
14.4 读出 ABS 当前值指令（D ABS） ······257
14.5 原点回归指令（ZRN） ······258
 例115 原点回归 ······259
14.6 可变速脉冲输出指令（PLSV） ······260
14.7 相对定位指令（DRVI） ······262
 例116 点动正反转定位控制 ······263
14.8 绝对定位指令（DRVA） ······264
 例117 绝对位置方式进行定位 ······265

第 15 章 时钟数据运算指令   *270*

15.1 时钟数据比较指令（TCMP） ······270
 例118 定时闹钟 ······271
15.2 时钟数据区间比较指令（TZCP） ······272
 例119 闹钟整点报时 ······273
15.3 时钟数据加法指令（TADD） ······275
15.4 时钟数据减法指令（TSUB） ······276
15.5 时、分、秒数据的秒转换指令（HTOS） ······276
 例120 将 32767s 用"时、分、秒"表示 ······277
 例121 用"时、分、秒"设定定时器的动作时间 ······278
15.6 秒数据的（时、分、秒）转换指令（STOH） ······279
15.7 时钟数据读出指令（TRD） ······279
 例122 花园定时浇水 ······280
15.8 时钟数据写入指令（TWR） ······281
 例123 对 PLC 中的实时时钟进行设置 ······282
15.9 计时表指令（HOUR） ······282
 例124 显示时分秒 ······283

第 16 章 外部设备指令   *284*

16.1 格雷码变换指令（GRY） ······284
16.2 格雷码逆变换指令（GBIN） ······285
16.3 模拟量模块读出指令（RD3A） ······286
16.4 模拟量模块写入指令（WR3A） ······287

第 17 章 其他指令   *288*

17.1 读出软元件的注释数据指令（COMRD） ······288

17.2　产生随机数指令（RND） ······289
　　例 125　产生随机数 ······290
17.3　产生定时脉冲指令（DUTY） ······290
17.4　CRC 运算指令（CRC） ······291
17.5　高速计数器传送指令（D HCMOV） ······293

第 18 章　数据块处理指令 ······*295*

18.1　数据块的加法运算指令（BK+） ······295
18.2　数据块的减法运算指令（BK−） ······296
18.3　数据块比较指令（BKCMP□） ······297

第 19 章　字符串控制指令 ······*299*

19.1　BIN→字符串的转换指令（STR） ······299
19.2　字符串→BIN 的转换指令（VAL） ······300
19.3　字符串的结合指令（$+） ······302
19.4　检测出字符串的长度指令（LEN） ······302
19.5　从字符串的右侧取出指令（RIGHT） ······303
19.6　从字符串的左侧取出指令（LEFT） ······304
19.7　从字符串中的任意取出指令（MIDR） ······305
19.8　字符串中的任意替换指令（MIDW） ······306
19.9　字符串的检索指令（INSTR） ······307
19.10　字符串的传送指令（$MOV） ······308

第 20 章　数据处理指令（三） ······*310*

20.1　数据表的数据删指令（FDEL） ······310
20.2　数据表的数据插入指令（FINS） ······311
20.3　读取后入的数据指令（POP） ······312
20.4　16 位数据 n 位右移指令（SFR） ······313
20.5　16 位数据 n 位左移指令（SFL） ······314

第 21 章　比较型触点 ······*316*

21.1　比较型接点指令 ······316
21.2　比较型触点的改进 ······317
　　例 126　5 位选择按钮开关 ······318
　　例 127　植物园灌溉控制 ······319
　　例 128　商店自动门控制 ······319

第 22 章　数据表处理指令 ······*321*

22.1　上下限限位控制指令（LIMIT） ······321

22.2 死区控制指令（BAND） 322
22.3 区域控制指令（ZONE） 323
22.4 定坐标（不同点坐标）指令（SCL） 324
22.5 十进制 ASCII 码→BIN 指令（DABIN） 325
22.6 BIN→十进制 ASCII 码指令（BINDA） 326
22.7 定坐标 2（X/Y 坐标）指令（SCL2） 327

第 23 章 变频器通信指令 *329*

23.1 变频器控制替代指令（EXTR） 329
    例 129　用 FX$_{2N}$ 型 PLC 控制 1 台变频器 330
23.2 变频器的运转监视指令（IVCK） 333
    例 130　变频器的运行监视 334
23.3 变频器的运行控制指令（IVDR） 335
    例 131　更改变频器速度 337
23.4 读取变频器的参数指令（IVRD） 337
    例 132　读出变频器参数 338
23.5 写入变频器的参数指令（IVWR） 339
    例 133　写入变频器参数 339
23.6 成批写入变频器参数指令（IVBWR） 340
    例 134　向变频器成批写入参数值 341
23.7 变频器的多个命令指令（IVMC） 342
    例 135　IVMC 指令用于变频器的运行监视 343

第 24 章 扩展文件寄存器控制指令 *345*

24.1 读出扩展文件寄存器指令（LOADR） 345
24.2 成批写入扩展文件寄存器指令（SAVER） 346
24.3 扩展寄存器的初始化指令（INITR） 349
24.4 登录到扩展寄存器指令（LOGR） 349
24.5 扩展文件寄存器删除写入指令（RWER） 351
    例 136　RWER 指令应用 352
24.6 扩展文件寄存器的初始化指令（INITER） 353

附录 A 应用指令一览表 355
附录 B 特殊辅助继电器 363
附录 C 特殊数据寄存器 386
附录 D FX$_{3U}$、FX$_{3UC}$ 型 PLC 软元件表 411
附录 E 基本指令一览表 413
附录 F ASCII 码表 415
参考文献 416

第 1 章

应用指令概述

可编程序控制器（PLC）有 3 种类型的指令，具体如下。

（1）基本逻辑指令。主要用于逻辑功能处理，是基于各种继电器、定时器和计数器等软元件的逻辑电路控制。

（2）步进顺控指令。主要用于步进顺序逻辑控制。

（3）应用指令。主要用于数据的处理、传送、运算、变换及程序控制等功能。

应用指令（Applied Instruction）也称功能指令（Functional Instruction），三菱 FX 系列 PLC 的应用指令有两种形式，一种是采用功能号 FNC00～FNC305 表示，另一种是采用助记符表示其功能意义。例如，传送指令的助记符为 MOV，对应的功能号为 FNC12，其指令的功能为数据传送。功能号（FNC□□□）和助记符是一一对应的。

FX 系列 PLC 的应用指令主要有以下几种类型：

- 程序流程控制指令
- 传送与比较指令
- 算术与逻辑运算指令
- 循环与移位指令
- 数据处理指令
- 高速处理指令
- 方便指令
- 外部设备输入/输出指令
- 外部设备串行接口控制指令
- 浮点数运算指令
- 定位控制指令
- 实时时钟指令
- 字符串控制指令
- 接点比较指令
- 数据表处理指令
- 扩展文件寄存器控制指令

1.1 应用指令的图形符号和指令

基本指令通常应用于位元件的线圈和触点，如输入继电器线圈、输出继电器线圈、辅助继电器线圈、定时器线圈、计数器线圈等。应用指令主要应用于数据的处理，也可以应用于位元件的线圈。

应用指令相当于基本指令中的逻辑线圈指令，二者用法基本相同，只是逻辑线圈指令所执行的功能比较单一，而应用指令类似一个子程序，可以完成一系列较完整的控制过程。

应用指令的图形符号与基本指令中的逻辑线圈指令也基本相同，在梯形图中使用方框表示。图 1-1 所示为基本指令和应用指令对照的梯形图示例。

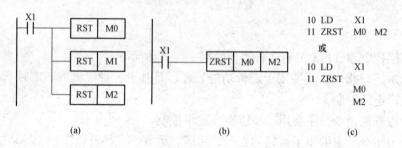

图 1-1　基本指令和应用指令对照的梯形图
（a）基本指令梯形图；（b）应用指令梯形图；（c）应用指令指令表

图 1-1（a）和图 1-1（b）所示梯形图的功能相同，即当 X1=1 时将 M0～M2 全部复位。应用指令采用计算机通用的助记符和操作数（元件）的方式，具有计算机编程基础的用户很容易就可以理解指令的功能。即使没有计算机编程基础的用户，只要有基本指令的编程基础，也很容易理解应用指令的功能。

FX_{3U} 型 PLC 的应用指令有 218 种，在 FX 系列 PLC 中是最多的一种。应用指令主要用于数据处理，因此，除了可以使用 X、Y、M、S、T、C、D□.b 等软继电器元件外，使用更多的是数据寄存器 D、R、V、Z 及由位元件组成的字元件。

1.2　应用指令的格式及说明

1. 应用指令使用的软元件

应用指令使用的软元件可分为位元件、字元件、常数及指针几种。
应用指令使用的软元件类型如表 1-1 所示。

表 1-1　　　　　　　　　应用指令使用的软元件类型

位元件			字元件								常数			指针
X	Y	M	S	D□.b	KnX	KnY	KnM	KnS	T	C	D	R	U□\G□	V、Z	K	H	E	"□"	Pn

（1）位元件。位元件主要有 X、Y、M、S 和 D□.b，可以表示继电器的线圈和触点。T 和 C 作为位元件只能取其 T 和 C 的触点。

（2）字元件。

1）字元件有 T、C、D、R、V、Z、U□\G□，均为 16 或 32 位存储器元件。
用两个连续编号的数据寄存器 D、R 可以组成一个 32 位数据寄存器。用一对相同编号的变址寄存器 V、Z 可以组成一个 32 位变址寄存器。

2) 用位元件组成的字元件有 KnX、KnY、KnM、KnS。

用位元件 X、Y、M、S 组成的字元件，用 4 个连续编号的位元件可以组合成一组组合单元，KnX、KnY、KnM、KnS 中的 n 为组数，如 K2Y0 是由 Y7～Y0 组成的 2 个 4 位字元件。Y0 为低位，Y7 为高位，如图 1-2 所示。

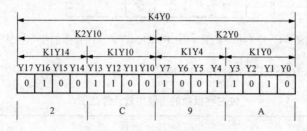

图 1-2 用位元件组成的字元件

K2Y0 表示 8 位二进制数（1001 1010）$_2$ 或 2 位十六进制数 9A。

K4Y0 表示 16 位二进制数（0100 1100 1001 1010）$_2$ 或 4 位十六进制数 2C9A。

字元件也可以表示 BCD 数，但注意每 4 位二进制数不得大于（1001）$_2$（十进制数 9）。在执行 16 位应用指令时，n=1～4，在执行 32 位应用指令时，n=1～8。

例如，执行如图 1-3 所示的梯形图，当 X1=1 时，将 D0 中的 16 位二进制数传送到 K2Y0 中，其结果是 D0 中的低 8 位的值传送到 Y7～Y0 中，结果是 Y7～Y0=（01000101）$_2$，其中 Y0、Y2、Y6 的值为 1，表示这 3 个输出继电器得电。

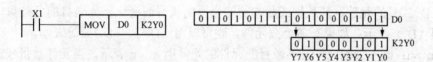

图 1-3 位元件组成的字元件的应用

(3) 常数。常数可分为：十进制常数、十六进制常数、实数（浮点数）和字符串。

1) 十进制常数表示十进制整数，用 K 指定，如 K1234、K3，十进制常数的指定范围如下所示。

使用 1 个字数据（16 位）时为 K-32768～K32767。

使用 2 个字数据（32 位）时为 K-2147483648～K2147483647。

2) 十六进制常数表示十六进制整数，用 H 指定，如 H2D29、H34，十六进制常数的设定范围如下所示。

使用 1 个字数据（16 位）时为 H0～HFFFF。

使用 2 个字数据（32 位）时为 H0～HFFFFFFFF。

3) 实数（浮点数）表示实数，用 E 指定，如 E-23.65、E15，对于整数，可以化成指数的形式，如 E473，可以化成 E4.73+2，其中+2 表示 10 的 2 次方，E4.73+2 表示 $4.73×10^2$。

4) 字符串表示字符，字符串是顺控程序中直接指定字符串的软元件。用一对引号 " " 框起来的半角字符指定（例如，"ABCD1234"）。字符串中可以使用 JIS8 代码。

字符串最多可以指定 32 个字符。

2. 应用指令的指令格式

每种应用指令都有规定的指令格式，例如，位右移 SFTR（SHIFT RIGHT）应用指令的指令格式如图 1-4 所示。

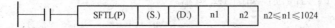

图 1-4　位右移 SFTR（SHIFT RIGHT）应用指令的指令格式

位左移指令 FNC35-SFTL（SHIFT LEFT）可使用软元件范围，如表 1-2 所示。

表 1-2　　　　　　　　　位左移指令的可使用软元件范围

元件名称	位元件				字元件									常数			指针
	X	Y	M	S	D□.b	KnX	KnY	KnM	KnS	T	C	D	R	U□\G□	V、Z	K	H	E	"□"	P
S.	○	○	○	○	①														
D.		○	○	○															
n1																○	○		
n2											○	○				○	○		

①D□.b 不能变址。

1)（S）：源元件，其数据或状态不随指令的执行而变化。如果源元件可以变址，则可以用（S.）表示；如果有多个源元件，则可以用（S1.）、（S2.）等表示。

2)（D）：目的元件，其数据或状态将随指令的执行而变化。如果目的元件可以变址，则可以用（D.）表示；如果有多个源元件，则可以用（D.1）、（D.2）等表示。

3) m、n：既不做源元件又不做目的元件的元件用 m、n 表示，当元件数量较多时，可用 m1、m2、n1、n2 等表示。

应用指令执行的过程比较复杂，通常需要多步程序步，例如，SFTR 应用指令的程序步为 9 步。

每种应用指令使用的软元件都有规定的范围，例如，上述 SFTR 指令的源元件（S.）可使用的位元件为 X、Y、M、S、D□.b；目的元件（D.）可使用的位元件为 Y、M、S 等。

本书的可使用软元件范围表中的"○"表示该指令可使用的软元件，①、②等表示使用时需要注意的软元件。

3. 元件的数据长度

PLC 中的数据寄存器 D 为 16 位，用于存放 16 位二进制数。在应用指令的前面加字母 D 就变成了 32 位指令，如图 1-5 所示。

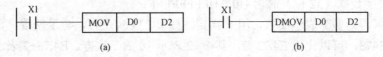

图 1-5　16 位指令与 32 位指令
（a）16 位指令；(b) 32 位指令

图 1-5（a）中 MOV 为 16 位指令，表示将 D0 中的 16 位二进制数据传送到 D2 中。

图 1-5（b）中 DMOV 为 32 位指令，表示将（D1、D0）中的 32 位二进制数据传送到（D3、D2）中。（D1、D0）和（D3、D2）分别组成 2 个 32 位数据寄存器，D1、D3 分别存放高 16 位，D0、D2 分别存放低 16 位。

在应用指令格式中，如表 1-3 所示，表示元件的数据长度的有 3 种情况：

（1）应用指令前加（D）。表示该指令加 D 为 32 位指令，不加 D 为 16 位指令，例如，(D) MOV 指令，DMOV 为 32 位指令，MOV 为 16 位指令。

（2）应用指令前加 D。表示该指令只能是 32 位指令。例如，D HSZ 指令只能是 32 位指令，而 HSZ 指令是不能使用的。

（3）应用指令前不加 D。表示该指令是 16 位指令，或者该指令既不是 32 位指令，也不是 16 位指令。例如，SRET 指令。

表 1-3　　　　　　　　　　　应用指令的格式与说明

分类	功能号	助记符	指令格式					指令功能
程序流程	FNC00	CJ（P）	Pn					条件跳转
	FNC01	CALL（P）	Pn					子程序调用
	FNC02	SRET						子程序返回
	FNC03	IRET						中断返回
	FNC04	EI						中断许可
	FNC05	DI（P）						中断禁止
	FNC06	FEND						主程序结束
	FNC07	WDT（P）						监控定时器
	FNC08	FOR	n					循环范围开始
	FNC09	NEXT						循环范围结束
传送与比较	FNC010	(D) CMP (P)	(S1.)	(S2.)	(D.)			比较
	FNC011	(D) ZCP (P)	(S1.)	(S2.)	(S.)	(D.)		区间比较
	FNC012	(D) MOV (P)	(S.)	(D.)				传送
	FNC013	SMOV (P)	(S.)	m1	m2	(D.)	n	移位传送
	FNC014	(D) CML (P)	(S.)	(D.)				取反传送
	FNC015	BMOV (P)	(S.)	(D.)	n			成批传送
	FNC016	(D) FMOV (P)	(S.)	(D.)	n			多点传送
	FNC017	(D) XCH (P) ▲	(D1.)	(D2.)				数据交换
	FNC018	(D) BCD (P)	(S.)	(D.)				BIN 转为 BCD
	FNC019	(D) BIN (P)	(S.)	(D.)				BCD 转为 BIN
四则逻辑运算	FNC020	(D) ADD (P)	(S1.)	(S2.)	(D.)			BIN 加法
	FNC021	(D) SUB (P)	(S1.)	(S2.)	(D.)			BIN 减法
	FNC022	(D) MUL (P)	(S1.)	(S2.)	(D.)			BIN 乘法
	FNC023	(D) DIV (P)	(S1.)	(S2.)	(D.)			BIN 除法
	FNC024	(D) INC (P) ▲	(D.)					BIN 加 1
	FNC025	(D) DEC (P) ▲	(D.)					BIN 减 1
	FNC026	(D) WAND (P)	(S1.)	(S2.)	(D.)			逻辑字与
	FNC027	(D) WOR (P)	(S1.)	(S2.)	(D.)			逻辑字或
	FNC028	(D) WXOR (P)	(S1.)	(S2.)	(D.)			逻辑字异或
	FNC029	(D) NEG (P) ▲	(D.)					求补码
循环移位	FNC030	(D) ROR (P) ▲	(D.)	n				循环右移
	FNC031	(D) ROL (P) ▲	(D.)	n				循环左移
	FNC032	(D) RCR (P) ▲	(D.)	n				带进位右移
	FNC033	(D) RCL (P) ▲	(D.)	n				带进位左移
	FNC034	SFTR (P) ▲	(S.)	(D.)	n1	n2		位右移

续表

分类	功能号	助记符	指令格式					指令功能
循环移位	FNC035	SFTL（P）▲	(S.)	(D.)	n1	n2		位左移
	FNC036	WSFR（P）▲	(S.)	(D.)	n1	n2		字右移
	FNC037	WSFL（P）▲	(S.)	(D.)	n1	n2		字左移
	FNC038	SFWR（P）▲	(S.)	(D.)	n			移位写入
	FNC039	SFRD（P）▲	(S.)	(D.)	n			移位读出
数据处理1	FNC040	ZRST（P）	(D1.)	(D2.)				全部复位
	FNC041	DECO（P）	(S.)	(D.)	n			译码
	FNC042	ENCO（P）	(S.)	(D.)	n			编码
	FNC043	(D) SUM（P）	(S.)	(D.)	n			1的个数
	FNC044	(D) BON（P）	(S.)	(D.)	n			置1位的判断
	FNC045	(D) MEAN（P）	(S.)	(D.)				平均值
	FNC046	ANS	(S.)	m				报警器置位
	FNC047	ANR（P）▲						报警器复位
	FNC048	(D) SQR（P）	(S.)	(D.)				BIN数据开方
	FNC049	(D) FLT（P）	(S.)	(D.)				BIN转为二进制浮点数
高速处理1	FNC050	REF（P）	(D)	n				输入/输出刷新
	FNC051	REFF（P）	n					滤波调整
	FNC052	MTR	(S)	(D1)	(D2)	n		矩阵输入
	FNC053	D HSCS	(S1.)	(S2.)	(D.)			比较置位（高速计数器）
	FNC054	D HSCR	(S1.)	(S2.)	(D.)			比较复位（高速计数器）
	FNC055	D HSZ	(S1.)	(S2.)	(S.)	(D.)		区间比较（高速计数器）
	FNC056	SPD	(S1.)	(S2.)	(D.)			脉冲密度
	FNC057	(D) PLSY	(S1.)	(S2.)	(D.)			脉冲输出
	FNC058	PWM	(S1.)	(S2.)	(D.)			脉宽调制
	FNC059	(D) PLSR	(S1.)	(S2.)	(S3.)	(D.)		可调速脉冲输出
方便指令	FNC060	IST	(S.)	(D1.)	(D2.)			状态初始化
	FNC061	(D) SER（P）	(S1.)	(S2.)	(D.)	n		数据查找
	FNC062	(D) ABSD	(S1.)	(S2.)	(D.)	n		凸轮控制（绝对方式）
	FNC063	INCD	(S1.)	(S2)	(D.)	n		凸轮控制（增量方式）
	FNC064	TTMR	(D.)	n				示教定时器
	FNC065	STMR	(S.)	m	(D.)			特殊定时器
	FNC066	ALT（P）▲	(D.)					交替输出
	FNC067	RAMP	(S1.)	(S2.)	(D.)	n		斜波信号
	FNC068	ROTC	(S.)	m1	m2	(D.)		旋转工作台控制
	FNC069	SORT	(S)	m1	m2	(D)	n	数据排序
外部设备I/O	FNC070	(D) TKY	(S.)	(D1.)	(D2.)			十字键输入
	FNC071	(D) HKY	(S.)	(D1.)	(D2.)	(D3.)		十六键输入
	FNC072	DSW	(S.)	(D1.)	(D2.)	n		数字开关
	FNC073	SEGD（P）	(S.)	(D.)				七段码译码
	FNC074	SEGL	(S.)	(D.)	n			带锁存七段码译码
	FNC075	ARWS	(S.)	(S1.)	(S2.)	n		方向开关
	FNC076	ASC	(S)	(D)				ASC码转换
	FNC077	PR	(S.)	(D.)				ASC码打印
	FNC078	(D) FROM（P）	m1	m2	(D.)	n		BFM读出
	FNC079	(D) TO（P）	m1	m2	(S.)	n		BFM写入

续表

分类	功能号	助记符	指令格式					指令功能
外部设备 SER	FNC080	RS	(S.)	m	(D.)	n		串行数据传送
	FNC081	(D) PRUN (P)	(S.)	(D.)				八进制位传送
	FNC082	ASCI (P)	(S.)	(D.)	n			十六进转为 ASCII 码
	FNC083	HEX (P)	(S.)	(D.)	n			ASCII 码转为十六进制
	FNC084	CCD (P)	(S.)	(D.)	n			校验码
	FNC085	VRRD (P)	(S.)	(D.)				电位器值读出
	FNC086	VRSC (P)	(S.)	(D.)				电位器值刻度
	FNC087	RS2	(S.)	m	(D.)	n	n1	串行数据传送 2
	FNC088	PID	(S1)	(S2)	(S3)	(D)		PID 运算
数据传送 1	FNC102	ZPUSH (P)	(D)					变址寄存器的成批保存
	FNC103	ZPOP (P)	(D)					变址寄存器的恢复
浮点数	FNC110	D ECMP (P)	(S1.)	(S2.)	(D.)			二进制浮点比较
	FNC111	D EZCP (P)	(S1.)	(S2.)	(S.)	(D.)		二进制浮点区域比较
	FNC112	D EMOV (P)	(S.)	(D.)				二进制浮点数数据传送
	FNC116	D ESTR (P)	(S1.)	(S2.)	(D.)			二进制浮点数→字符串
	FNC117	D EVAL (P)	(S.)	(D.)				字符串→二进制浮点数
	FNC118	D EBCD (P)	(S.)	(D.)				二转十进制浮点数
	FNC119	D EBIN (P)	(S.)	(D.)				十转二进制浮点数
	FNC120	D EADD (P)	(S1.)	(S2.)	(D.)			二进制浮点数加法
	FNC121	D ESUB (P)	(S1.)	(S2.)	(D.)			二进制浮点数减法
	FNC122	D EMUL (P)	(S1.)	(S2.)	(D.)			二进制浮点数乘法
	FNC123	D EDIV (P)	(S1.)	(S2.)	(D.)			二进制浮点数除法
	FNC124	D EXP (P)	(S.)	(D.)				二进制浮点数指数
	FNC125	D LOGE (P)	(S.)	(D.)				二进制浮点数自然对数
	FNC126	D LOG10 (P)	(S.)	(D.)				二进制浮点数常用对数
	FNC127	D ESQR (P)	(S.)	(D.)				二进制浮点数开方
	FNC128	DENEG (P)	(D.)					二进制浮点数符号翻转
	FNC129	(D) INT (P)	(S.)	(D.)				二进制浮点数转整数
	FNC130	D SIN (P)	(S.)	(D.)				浮点数 sin 运算
	FNC131	D COS (P)	(S.)	(D.)				浮点数 cos 运算
	FNC132	D TAN (P)	(S.)	(D.)				浮点数 tan 运算
	FNC133	D ASIN (P)	(S.)	(D.)				二进制浮点数 $\sin^{-1}$
	FNC134	D ACOS (P)	(S.)	(D.)				二进制浮点数 $\cos^{-1}$
	FNC135	D ATAN (P)	(S.)	(D.)				二进制浮点数 $\tan^{-1}$ 运算
	FNC136	D RAD (P)	(S.)	(D.)				二进制浮点数角度→弧度
	FNC137	D DEG (P)	(S.)	(D.)				弧度→二进制浮点数角度
数据处理 2	FNC140	(D) WSUM (P)	(S.)	(D.)				算出数据合计值
	FNC141	WTOB (P)	(S.)	(D.)	n			字节单位的数据分离
	FNC142	BTOW (P)	(S.)	(D.)	n			字节单位的数据结合
	FNC143	UNI (P)	(S.)	(D.)	n			16 数据位的 4 位结合
	FNC144	DIS (P)	(S.)	(D.)	n			16 数据位的 4 位分离
	FNC147	(D) SWAP (P)	(S.)					上下字节变换
	FNC149	(D) SORT2	(S.)	m1	m2	(D.)	n	数据排序 2
定位	FNC150	DSZR	(S1.)	(S2.)	(D1.)	(D2.)		带 DOG 搜索原点回归
	FNC151	(D) DVIT	(S1.)	(S2.)	(D1.)	(D2.)		中断定位
	FNC152	D TBL	(D.)	n				表格设定定位
	FNC155	D ABS	(S.)	(D1.)	(D2.)			读出 ABS 当前值
	FNC156	(D) ZRN	(S1.)	(S2.)	(S3.)	(D.)		原点回归
	FNC157	(D) PLSV	(S.)	(D1.)	(D2.)			可变速脉冲输出
	FNC158	(D) DRVI	(S1.)	(S2.)	(D1.)	(D2.)		相对定位
	FNC159	(D) DRVA	(S1.)	(S2.)	(D1.)	(D2.)		绝对定位

续表

分 类	功能号	助 记 符	指 令 格 式					指 令 功 能
时钟运算	FNC160	TCMP（P）	(S1.)	(S2.)	(S3.)	(S.)	(D.)	时钟数据比较
	FNC161	TZCP（P）	(S1.)	(S2.)	(S3.)	(D.)		时钟数据区间比较
	FNC162	TADD（P）	(S1.)	(S2.)	(D.)			时钟数据加法
	FNC163	TSUB（P）	(S1.)	(S2.)	(D.)			时钟数据减法
	FNC164	（D）HTOS（P）	(S.)	(D.)				时、分、秒数据转秒
	FNC165	（D）STOH（P）	(S.)	(D.)				秒数据转（时、分、秒）
	FNC166	TRD（P）	(D.)					时钟数据读出
	FNC167	TWR（P）	(S.)					时钟数据写入
	FNC169	（D）HOUR	(S.)	(D1.)	(D2.)			计时表
外部设备	FNC170	（D）GRY（P）	(S.)	(D.)				格雷码变换
	FNC171	（D）GBIN（P）	(S.)	(D.)				格雷码逆变换
	FNC176	RD3A	m1	m2	(D.)			模拟量模块的读入
	FNC177	WR3A	m1	m2	(S.)			模拟量模块的写出
其他	FNC180	EXTR	(S.)	(S1.)	(S2.)	(D.)		扩展ROM功能
	FNC182	COMRD（P）	(S.)	(D.)				读出软元件的注释数据
	FNC184	RND（P）	(D.)					产生随机数
	FNC186	DUTY	n1	n2				产生定时脉冲
	FNC188	CRC（P）	(S.)	(D.)	n			CRC运算
	FNC189	D HCMOV	(S)	(D)	n			高速计数器传送
数据块比较	FNC192	（D）BK+（P）	(S1.)	(S2.)	(D.)	n		数据块的加法运算
	FNC193	（D）BK-（P）	(S1.)	(S2.)	(D.)	n		数据块的减法运算
	FNC194	（D）BKCMP=（P）	(S1.)	(S2.)	(D.)	n		数据块比较 S1=S2
	FNC195	（D）BKCMP>（P）	(S1.)	(S2.)	(D.)	n		数据块比较 S1>S2
	FNC196	（D）BKCMP<（P）	(S1.)	(S2.)	(D.)	n		数据块比较 S1<S2
	FNC197	（D）BKCMP<>（P）	(S1.)	(S2.)	(D.)	n		数据块比较 S1<>S2
	FNC198	（D）BKCMP<=（P）	(S1.)	(S2.)	(D.)	n		数据块比较 S1<=S2
	FNC199	（D）BKCMP>=（P）	(S1.)	(S2.)	(D.)	n		数据块比较 S1>=S2
字符串控制	FNC200	（D）STR（P）	(S1.)	(S2.)	(D.)			BIN→字符串的转换
	FNC201	（D）VAL（P）	(S.)	(D1.)	(D2.)			字符串→BIN的转换
	FNC202	$+（P）	(S1.)	(S2.)	(D.)			字符串的结合
	FNC203	LEN（P）	(S.)	(D.)				检测出字符串的长度
	FNC204	RIGHT（P）	(S.)	(D.)	n			从字符串的右侧取出
	FNC205	LEFT（P）	(S.)	(D.)	n			从字符串的左侧取出
	FNC206	MIDR（P）	(S1.)	(D.)	(S2.)			从字符串中的任意取出
	FNC207	MIDW（P）	(S1.)	(D.)	(S2.)			字符串中的任意替换
	FNC208	INSTR（P）	(S1.)	(S2.)	(D.)	n		字符串的检索
	FNC209	$MOV（P）	(S.)	(D.)				字符串的传送
数据处理3	FNC210	FDEL（P）	(S.)	(D.)	n			数据表的数据删
	FNC211	FINS（P）	(S.)	(D.)	n			数据表的数据插
	FNC212	POP（P）▲	(S.)	(D.)	n			读取后入的数据
	FNC213	SFR（P）▲	(D.)	n				16位数据n位右移
	FNC214	SFL（P）▲	(D.)	n				16位数据n位左移
触点比较	FNC224	LD（D）=	(S1.)	(S2.)		初始触点		(S1.)=(S2.)
	FNC225	LD（D）>	(S1.)	(S2.)				(S1.)>(S2.)
	FNC226	LD（D）<	(S1.)	(S2.)				(S1.)<(S2.)
	FNC228	LD（D）<>	(S1.)	(S2.)				(S1.)<>(S2.)
	FNC229	LD（D）<=	(S1.)	(S2.)				(S1.)<=(S2.)
	FNC230	LD（D）>=	(S1.)	(S2.)				(S1.)>=(S2.)

续表

分类	功能号	助记符	指令格式					指令功能	
触点比较	FNC232	AND（D）=	(S1.)	(S2.)				串联触点	(S1.) =（S2.）
	FNC233	AND（D）>	(S1.)	(S2.)					(S1.) >（S2.）
	FNC234	AND（D）<	(S1.)	(S2.)					(S1.) <（S2.）
	FNC236	AND（D）<>	(S1.)	(S2.)					(S1.) <>（S2.）
	FNC237	AND（D）<=	(S1.)	(S2.)					(S1.) <=（S2.）
	FNC238	AND（D）>=	(S1.)	(S2.)					(S1.) >=（S2.）
	FNC240	OR（D）=	(S1.)	(S2.)				并联触点	(S1.) =（S2.）
	FNC241	OR（D）>	(S1.)	(S2.)					(S1.) >（S2.）
	FNC242	OR（D）<	(S1.)	(S2.)					(S1.) <（S2.）
	FNC244	OR（D）<>	(S1.)	(S2.)					(S1.) <>（S2.）
	FNC245	OR（D）<=	(S1.)	(S2.)					(S1.) <=（S2.）
	FNC246	OR（D）>=	(S1.)	(S2.)					(S1.) >=（S2.）
数据表处理	FNC256	(D) LIMIT (P)	(S1.)	(S2.)	(S3.)	(D.)		上下限限位控制	
	FNC257	(D) BAND (P)	(S1.)	(S2.)	(S3.)	(D.)		死区控制	
	FNC258	(D) ZONE (P)	(S1.)	(S2.)	(S3.)	(D.)		区域控制	
	FNC259	(D) SCL (P)	(S1.)	(S2.)	(D.)			定坐标（不同点坐标）	
	FNC260	(D) DABIN (P)	(S.)	(D.)				十进制 ASCII 码→BIN	
	FNC261	(D) BINDA (P)	(S.)	(D.)				BIN→十进制 ASCII 码	
	FNC269	(D) SCL2 (P)	(S1.)	(S2.)	(D.)			定坐标 2（X/Y 坐标）	
变频器通信	FNC270	IVCK	(S1.)	(S2.)	(D.)	n		变换器的运转监视	
	FNC271	IVDR	(S1.)	(S2.)	(S3.)	n		变频器的运行控制	
	FNC272	IVRD	(S1.)	(S2.)	(D.)	n		读取变频器的参数	
	FNC273	IVWR	(S1.)	(S2.)	(S3.)	n		写入变频器的参数	
	FNC274	IVBWR	(S1.)	(S2.)	(S3.)	n		成批写入变频器参数	
	FNC275	IVMC	(S1.)	(S2.)	(S3.)	(D.)	n	变频器的多个命令	
数据传送 2	FNC278	RBFM	m1	m2	(D.)	n1	n2	BFM 分割读出	
	FNC279	WBFM	m1	m2	(S.)	n1	n2	BFM 分割写入	
高速处理 2	FNC280	D HSCT	(S1.)	m	(S2.)	(D.)	n	高速计数器表比较	
扩展文件寄存器控制	FNC290	LOADR (P)	(S.)	n				读出扩展文件寄存器	
	FNC291	SAVER (P)	(S.)	m	(D.)			成批写入扩展文件寄存器	
	FNC292	INITR (P)	(S.)	n				扩展寄存器的初始化	
	FNC293	LOGR (P)	(S.)	m	n	(D1)	(D2.)	登录到扩展寄存器	
	FNC294	RWER (P)	(S.)	n				扩展文件寄存器删除写入	
	FNC295	INITER (P)	(S.)	n				扩展文件寄存器的初始化	
FX₃U-CF-ADP 用应用指令	FNC300	FLCRT	(S1.)	(S2.)	(S3.)			文件的制作・确认	
	FNC301	FLDEL	(S1.)	(S2.)	n			文件的删除・CF 卡格式化	
	FNC302	FLWR	(S1.)	(S2.)	(S3.)	(D.)		写入数据	
	FNC303	FLRD	(S1.)	(S2.)	(D1.)	(D2.)	n	数据读出	
	FNC304	FLCMD	(S.)	n				FX₃U-CF-ADP 动作指示	
	FNC305	FLSTRD	(S.)	(D.)				FX₃U-CF-ADP 状态读出	

4. 执行形式

应用指令有脉冲执行型和连续执行型两种执行形式。

指令中标有（P）的表示该指令既可以是脉冲执行型也可以是连续执行型。在指令格式中没有（P）的表示该指令只能是连续执行型。

例如，MOV 为连续执行型指令，MOVP 为脉冲执行型指令；指令前加 D 为 32 位指令，如图 1-6 所示。

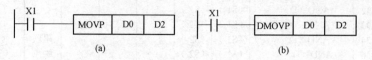

图 1-6 脉冲执行型指令示例

(a) 16 位脉冲执行型指令；(b) 32 位脉冲执行型指令

脉冲执行型指令在执行条件满足时仅执行一个扫描周期，这点对数据处理具有十分重要的意义。例如，一条加法指令，在脉冲执行时，只能将加数和被加数做一次加法运算。而连续型加法运算指令在执行条件满足时，每一个扫描周期都要相加一次，这样就有可能失去控制。为了避免这种情况，对需要注意的指令，在表 1-3 的指令的旁边用▲加以警示。

5. 变址操作

应用指令的源元件（S）和目的元件（D）大部分都可以变址操作，可以变址操作的源元件用（S.）表示，可以变址操作的目的元件用（D.）表示。

变址操作使用变址寄存器 V0～V7 和 Z0～Z7。用变址寄存器对应用指令中的源元件（S）和目的元件（D）进行修改，可以大大提高应用指令的控制功能，如图 1-7 所示。

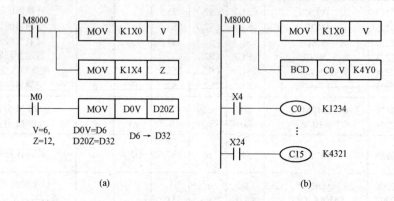

图 1-7 变址寄存器的应用

(a) 变址寄存器应用之一；(b) 变址寄存器应用之二

在图 1-7（a）中，用 4 位输入触点 K1X0（X3～X0）表示 4 位二进制数 $(0000)_2$～$(1111)_2$，如果 X3、X2、X1、X0=$(0110)_2$，执行 MOV K1X0 V，将 K1X0 中的数据 $(0110)_2$（十进制数 6）传送到 V0（注：V0 也可以写成 V，Z0 也可以写成 Z）中，则 V=6。

如果 X7、X6、X5、X4=$(1100)_2$，则 Z=12。

当 M0=1 时，则执行把 D6（0+6=6）中的数据传送到 D32（20+12=32）中。

在图 1-7（b）中，用 K1X0（X3～X0）为 V 赋值，当 V 的值在 0～15 变化时，就可以把 C0～C15 中的任意一个计数器的当前值以 BCD 数的形式在输出端显示出来。

例如，X3、X2、X1、X0=$(0101)_2$，执行 MOV 指令，则 V=5，执行 BCD 指令，则把计数器 C5（0+5=5）中的二进制数转换成 4 位十进制数据传送到 K4Y0（Y0～Y3、Y4～Y7、Y10～Y13、Y13～Y17）中，分别驱动 4 位数码管显示计数器 C5 的当前值。

1.3 应用指令中的数值

PLC 中的核心元件是 CPU，CPU 只能处理二进制数，而人阅读二进制比较困难，因此经常需要用二进制数来表达人们熟悉的十进制数、小数等。

在 FX 系列 PLC 中，根据各自的用途和目的不同，有 5 种数值可供使用。其作用和功能如下所示。

（1）十进制数 DEC（DECIMAL NUMBER）。十进制数用于定时器（T）和计数器（C）的设定值（K 常数），辅助继电器（M）、定时器（T）、计数器（C）、状态器（S）等的软元件编号，应用指令操作数中的数值指定和指令动作的指定（K 常数）。

（2）十六进制数 HEX（HEXADECIMAL NUMBER）。十六进制数用于应用指令的操作数中的数值指定和指令动作的指定（H 常数）。

（3）二进制数 BIN（BINARY NUMBER）。PLC 只能处理二进制数。当 1 个十进制数或十六进制数传送到定时器、计数器或是数据寄存器时，就会变成二进制数。在 PLC 内部，负数是以 2 的补码来表现的。详细内容请参考 NEG（FNC 29）指令的说明。

（4）八进制数 OCT（OCTAL NUMBER）。八进制数用于输入继电器、输出继电器的软元件编号。由于在八进制数中，不存在 8、9 所以按 0～7、10～17、…、70～77、100～107 上升排列。

（5）二-十进制数 BCD（BINARY CODE DECIMAL）。BCD 就是用二进制数表示的十进制数。BCD 常用于数字开关的输入和七段码显示器的输出。

（6）实数（浮点数）。PLC 有十进制浮点数和二进制浮点数两种。

PLC 采用二进制浮点数进行浮点运算，并采用了十进制浮点数进行监控。

1）二进制浮点数。二进制浮点数采用 IEEE 745 标准的 32 位单精度浮点数。

在数据寄存器中处理二进制浮点数的时候，使用编号连续的一对数据寄存器。例如，使用数据寄存器（D1、D0）时，其格式如表 1-4 所示。

表 1-4　　　　　　　　　　二进制浮点数的表示

S	E（8位）								M（23位）																						
				D1																			D0								
31	30	29	28	27	26	25	24	23	22	21	20	19	18	17	16	15	14	13	12	11	10	9	8	7	6	5	4	3	2	1	0
1	1	0	0	0	0	0	1	0	0	1	0	0	1	0	0	0	0	0	0	0	0	0	0	0	0	0	0	0	0	0	0

二进制浮点数表示的数值如下式所示。

$$\text{二进制浮点数表示的数值} = (-1)^S \times 1.M \times 2^{E-127}$$

式中　S（Sign）——符号位（b31 共 1 位），0 代表正号，1 代表负号；

E（Exponent）——指数位（b30～b23 共 8 位），取值范围为 1～254（无符号整数）；

M（Mantissa）——尾数位（b22～b0 共 23 位），又称有效数字位或"小数"。

在表 1-4 中的二进制浮点数，其符号位 S=1，指数位 E=(10000010)$_2$，尾数位 M=(1001)$_2$；则其表示的数值为

二进制浮点数所表示的数值 = $(-1)^S \times 1.M \times 2^{E-127}$

$= (-1)^1 (1.1001)_2 \times 2^{(10000010)_2 - (1111111)_2}$

$= (-1.1001)_2 \times 2^{(11)_2}$

$= (-1100.1)_2$

$= -12.5$

二进制浮点数的有效位数如用十进制数表示，大约为 7 位数。二进制浮点数的最小绝对值为 1175494×10^{-44}，最大绝对值为 3402823×10^{32}。

2）十进制浮点数。由于二进制浮点数不易理解，所以也可以将其转换成十进制浮点数；但是，PLC 内部的运算仍然是采用二进制浮点数。

在数据寄存器中处理十进制浮点数的时候，使用编号连续的一对数据寄存器，但是与二进制浮点数不同，编号小的为尾数（底数）部分，编号大的为指数部分。

例如，32.5 用数据寄存器（D1、D0）表示，先将 32.5 写成 3250×10^{-2}，将 4 位整数 3250 用 MOV 指令写入 D0，将指数 –2 写入 D1，那么 D1、D0 就是用十进制浮点数表示的 32.5 了，如图 1-8 所示。

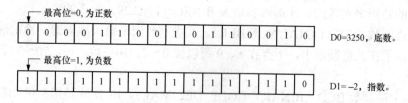

图 1-8 十进制浮点数的表示

十进制浮点数表示的数值如下。

十进制浮点数 = $D0 \times 10^{D1}$

式中 D0——尾数，D0 = ±（1000～9999）或 0；

D1——指数，D1 = –41～+35。

如图 1-8 所示所表达的十进制浮点数 = $D0 \times 10^{D1} = 3250 \times 10^2 = 32.5$。

总之，D0、D1 的最高位为正负符号位，都作为 2 的补码处理。

注意，在尾数 D0 中必须是 4 位整数，例如，100 就应变成 1000×10^{-1}。

十进制浮点数的最小绝对值为 1175×10^{-41}，最大绝对值为 3402×10^{35}。

FX 型 PLC 中处理的数值，可以按照下表 1-5 的内容进行转换。

表 1-5　　　　　　　　　　　　FX 型 PLC 中的数值

十进制数 （DEC）	八进制数 （OCT）	十六进制数 （HEX）	二进制数 （BIN）		BCD	
0	0	00	0000	0000	0000	0000
1	1	01	0000	0001	0000	0001
2	2	02	0000	0010	0000	0010
3	3	03	0000	0011	0000	0011
4	4	04	0000	0100	0000	0100
5	5	05	0000	0101	0000	0101

续表

十进制数 （DEC）	八进制数 （OCT）	十六进制数 （HEX）	二进制数 （BIN）		BCD	
6	6	06	0000	0110	0000	0110
7	7	07	0000	0111	0000	0111
8	10	08	0000	1000	0000	1000
9	11	09	0000	1001	0000	1001
10	12	0A	0000	1010	0001	0000
11	13	0B	0000	1011	0001	0001
12	14	0C	0000	1100	0001	0010
13	15	0D	0000	1101	0001	0011
14	16	0E	0000	1110	0001	0100
15	17	0F	0000	1111	0001	0101
16	20	10	0001	0000	0001	0110
⋮	⋮	⋮	⋮	⋮	⋮	⋮
⋮	⋮	⋮	⋮	⋮	⋮	⋮
99	143	63	0110	0011	1001	1001
⋮	⋮	⋮	⋮	⋮	⋮	⋮

第 2 章 程序流程指令

程序流程指令如表 2-1 所示。在程序中，程序流程指令主要根据程序的执行条件进行跳转、中断优先处理及循环等。

表 2-1　　　　　　　　　　　程序流程指令

功 能 号	指 令 格 式		程 序 步	指 令 功 能
FNC00	CJ（P）	Pn	3 步	条件跳转
FNC01	CALL（P）	Pn	3 步	子程序调用
FNC02	SRET		1 步	子程序返回
FNC03	IRET		1 步	中断返回
FNC04	EI		1 步	中断许可
FNC05	DI（P）		1 步	中断禁止
FNC06	FEND		1 步	主程序结束
FNC07	WDT（P）		1 步	监控定时器
FNC08	FOR	n	3 步	循环范围开始
FNC09	NEXT		1 步	循环范围结束

2.1 条件跳转指令（CJ）

1. 指令格式

条件跳转指令格式如图 2-1 所示。

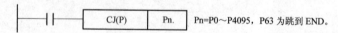

图 2-1　条件跳转指令格式

条件跳转指令 CJ（COND ITIONALJUMP）、（FNC00）可使用软元件范围，如表 2-2 所示。

表 2-2　　　　　　　　条件跳转指令可使用软元件范围

元件名称	位 元 件				字 元 件								常 数			指针
	X	Y	M	S	D□.b	KnX	KnY	KnM	KnS	T	C	D	R	U□\G□	V、Z	K	H	E	"□"	P
Pn.																				○

2. 跳转指令的常见形式

跳转指令 CJ 用于程序的选择和跳转，在梯形图中可以有多种形式，常见的条件跳转形式如图 2-2 所示。

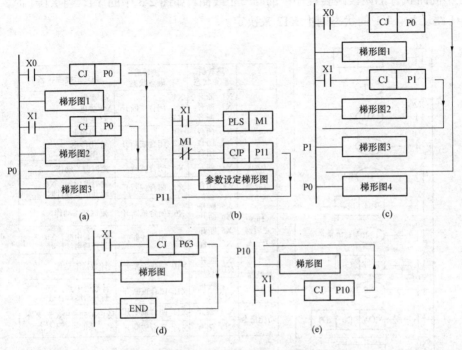

图 2-2 常见的条件跳转形式

（a）跳到同一地点；（b）跳转一个扫描周期；（c）嵌套跳转；（d）跳到 END；（e）跳到前面

图 2-2（a）所示为跳到同一地点 P0，当 X1=1 时，跳过梯形图 2 到标记 P0，当 X0=1 时，跳过梯形图 1 和梯形图 2，也到标记 P0。

图 2-2（b）所示为脉冲型条件跳转指令，图中的"参数设定梯形图"正常运行时是被跳过的，当 X1=1 时，图中的"参数设定梯形图"只执行一个扫描周期后又被跳过。

图 2-2（c）所示为嵌套跳转形式，当 X1=1 时，跳过梯形图 2 到标记 P1，当 X0=1 时，跳过梯形图 1、梯形图 2 和梯形图 3 到标记 P0。

图 2-2（d）所示为跳到程序的结束点 END，CJ P63 不需要标记。

图 2-2（e）所示为跳到前面已执行过的梯形图，这时应注意，X1=1 的时间不得超过监视定时器 D8000 的设定时间（一般设定为 200ms）。

3. 指令说明

跳转指令 CJ 或 CJP 在梯形图中用于跳过一段程序，由于 PLC 对被跳转的程序不扫描读取，所以可以减少扫描周期的时间。

各种软元件在跳转后其线圈仍然保持原来的状态不变，同时也不能对其接点进行控制，T 和 C 的当前值也保持不变。

如图 2-3 所示，当 X0 触点断开时，未执行 CJ P0 跳转指令，CJ P0~P0 之间的程序正常执行；当 X0=1 时，执行 CJ P0 跳转指令，CJ P0~P0 之间的程序被跳过，但是要注意的是，被跳过程序中的元件仍将保持原来的状态。例如，原来 X2=1，M1 线圈得电，当 X0=1 跳转后，M1 线圈仍得电。当 X0 再次断开时，T 和 C 将接着以前的数值继续计时和计数，但定时器 T192~T199 及高速计数器 C235~C255 在跳转后将继续动作，触点也动作。

在不同时执行的两段跳转程序中的同一个线圈，如图 2-3 中的 Y1，当 X1=1 时，Y1=1；当 X0=1 跳转后，Y1 的状态则由 X12 来决定。

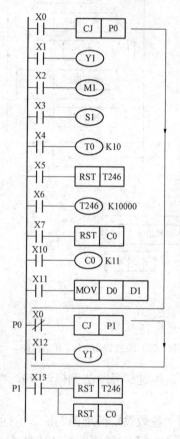

图 2-3 条件跳转对元件的影响

主控指令与跳转指令的关系如图 2-4 所示。

在同时使用主控指令与跳转指令时应注意以下几点：

（1）当跳转区间 CJ P0~P0 被跳转时，CJ P0~P0 之间的所有状态保持不变。

（2）在未执行 MC N0 M0 指令时，如果 CJ P1 跳转，MC N0 M0 指令就失去了作用，这样，从 P1 到 MCR N0 之间的电路就不受 MC N0 M0 指令的控制了。

（3）在未执行 MC N0 M0 指令时，如果 CJ P2 跳转，CJ P1~P1 之间的所有状态保持不变。在执行 MC N0 M0 指令后，如果 CJ P2 跳转，CJ P1~P1 之间的所有状态也保持不变。

（4）当 CJ P3~P3 被跳转时，由于被跳区间 CJ P3~P3 之间的状态保持不变，所以 MC N0 M0 指令也对被跳区间无效。

（5）当 CJ P4~P4 被跳转时，MC N0 M1 指令将失去作用，MC N0 M2 指令将对 MC N0 M2~MCR N0 之间的电路起控制作用。

第 2 章 程序流程指令

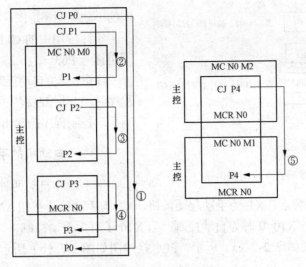

图 2-4 主控指令与跳转指令的关系

例 1 用一个按钮控制电动机的起动和停止

用一个按钮控制电动机的起动和停止梯形图如图 2-5（a）所示，X0 连接控制按钮，Y0 连接接触器控制一台电动机。

初始状态时，X0=0，执行跳转指令 CJ，跳到 P0 点，不读 Y0 线圈，Y0=0。

当 X0=1 时，在 X0 的上升沿断开一个扫描周期（注：X0 的上升沿动合触点和取反指令合成一个 X0 上升沿触点动断触点），读 Y0 线圈，Y0 得电一个扫描周期，在第 2 个扫描周期，尽管 Y0 的动断触点断开 Y0 线圈失电，但是执行跳转指令 CJ 又恢复了，所以仍保持第 1 个扫描周期 Y0 得电的结果。

当 X0 第 2 次闭合时，又在 X0 的上升沿断开一个扫描周期，由于 Y0 的动断触点断开 Y0 线圈失电一个扫描周期，在第 2 个扫描周期，尽管 Y0 的动断触点闭合，Y0 线圈得电，但是执行跳转指令 CJ 又恢复了，所以仍保持第 1 个扫描周期 Y0 失电的结果。

Y0 的输出结果时序图如图 2-5（b）所示。

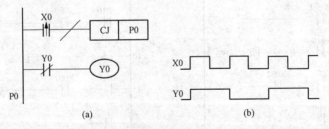

图 2-5 用一个按钮控制电动机的起动和停止
（a）梯形图；（b）Y0 的输出结果时序图

例 2 手动、自动控制方式的选择

在工业自动控制中，经常需要手动和自动两种控制方式。正常时 X0=0，执行自动控制梯形图程序；当 X0=1 时，CJ P0～P0 之间的自动控制梯形图程序被跳转，执行 CJ P63～END 之

18 PLC 应用指令编程实例与技巧

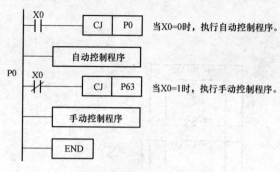

图 2-6 跳转指令应用实例

间的手动控制梯形图程序，如图 2-6 所示。

实际应用中的 CJ P63 为跳转到 END，不用标号 P63。

注意：当由自动控制程序转为手动控制程序时，自动控制程序中的输出结果可能影响手动控制程序的输出结果。请参考例 3。

例 3 电动机的手动和自动控制

用手动和自动两种方式控制一台电动机，X0 为自动控制触点，X1 为手动起动按钮，X2 为手动停止按钮，Y0 连接接触器 KM 控制 1 台电动机。当 X10=0 时为自动控制，当 X10=1 时为手动控制。

电动机主电路图如图 2-7（a）所示，PLC 接线图如图 2-7（b）所示。

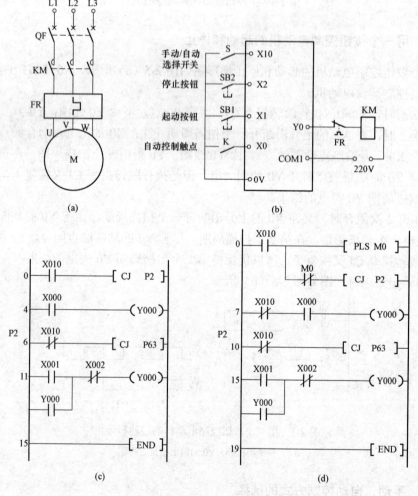

图 2-7 电动机的手动和自动控制
（a）电动机主电路图；（b）PLC 接线图；（c）有缺陷的梯形图；（d）正确梯形图

梯形图如图 2-7（c）所示，当 X10=0 时，执行 CJ P2～P2 之间的梯形图，Y0 由自动控制触点 X0 控制，当 X0=1 时，Y0=1。

此时如果将 X10=1 时，则不执行 CJ P2～P2 之间的梯形图，转而执行 CJ P63～END 之间的梯形图，Y0 应该由 X1 和 X2 按钮控制，但是在跳转时，CJ P2～P2 之间的 Y0=1 数据不变，所以跳转后，尽管 X1=0，但是 Y0 触点闭合，Y0 线圈仍得电。

为了避免上述现象，可将图 2-7（c）改为如图 2-7（d）所示的梯形图。当 X10=1 时，M0 产生一个脉冲，M0 动断触点断开一个扫描周期，暂不执行 CJ P2 指令，让 X10 动断触点断开一下 Y0 线圈，下一个扫描周期再执行 CJ P2 指令，这样，CJ P63～END 之间的梯形图就不受上面梯形图的影响了。

2.2 子程序调用（CALL）、子程序返回（SRET）和主程序结束指令（FEND）

1．子程序调用指令格式

子程序调用指令格式如图 2-8 所示。

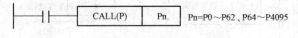

图 2-8 子程序调用指令格式

子程序调用 FNC01-CALL（SUBROUTINE CALL）可使用软元件范围，如表 2-3 所示。

表 2-3 子程序调用指令的可使用软元件范围

元件名称	位元件				字元件								常数			指针
	X	Y	M	S	D□.b	KnX	KnY	KnM	KnS	T	C	D	R	U□\G□	V、Z	K	H	E	"□"	P
Pn																				○

2．子程序返回指令格式

子程序返回指令格式如图 2-9 所示。

子程序返回 FNC02-SRET（SUBROUTINE RETURN）没有可使用软元件。

3．主程序结束指令格式

主程序结束指令格式如图 2-10 所示。

图 2-9 子程序返回指令格式　　　　图 2-10 主程序结束指令格式

主程序结束指令 FNC06-FEND（FIRST END）没有可使用软元件。

4．指令说明

子程序是一种相对独立的程序。为了区别于主程序，规定在程序编排时，将主程序放在前边,以主程序结束指令 FEND(FNC06)结束,而将子程序排在 FEND 后边,在控制过程中根据需要进行调用。子程序指令的使用说明及其梯形图如图 2-11 所示。

在图 2-11(a)中,子程序调用指令 CALL 安排在主程序段中,子程序安排在主程序结束指令 FEND 之后,当 X1=1 时,执行指针标号为 P1 后的子程序。当执行到返回指令 SRET 时,返回主程序。

图 2-11(b)所示为子程序中嵌套子程序,在执行主程序中,如果 X2=1,则调用标号 P2 的子程序 1,如果 X3=1,则先调用标号 P3 的子程序 2 后,再返回继续调用子程序 1,子程序 1 结束后返回继续执行主程序。

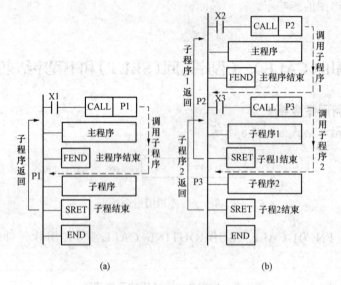

图 2-11 调用子程序
(a)调用子程序;(b)子程序嵌套

子程序调用应注意以下几点:
(1)同一标号不能重复使用。
(2)CJ 指令用过的标号不能使用在 CALL 指令。
(3)多个标号可以调用同一个标号的子程序。
(4)在子程序中调用另一个子程序,其嵌套子程序可达 5 级(CALL 指令可用 4 次)。
(5)子程序应放在主程序结束指令 FEND 的后面。
(6)在调用子程序和中断子程序中,可采用 T192~T199 或 T246~T249 作为定时器,因为普通定时器只是在执行到线圈时计时,所以在某些情况下,用于子程序和中断子程序中时不能正常动作。

例 4 两个开关控制一个信号灯

用两个开关 X1 和 X0 控制一个信号灯 Y0,当 X1、X0=$(00)_2$ 时灯灭;当 X1、X0=$(01)_2$ 时灯以 1s 脉冲闪;当 X1、X0=$(10)_2$ 时灯以 2s 脉冲闪;当 X1、X0=$(11)_2$ 时灯常亮。

该例可以由调用子程序来实现控制,如图 2-12 所示。

当 X1、X0=（00）$_2$ 时，执行 RST Y0，Y0=0 灯灭。
当 X1、X0=（01）$_2$ 时，执行 CALL P0，调用子程序 1，灯以 1s 脉冲闪。
当 X1、X0=（10）$_2$ 时，执行 CALL P1，调用子程序 2，灯以 2s 脉冲闪。
当 X1、X0=（11）$_2$ 时，执行 CALL P2，调用子程序 3，灯常亮。

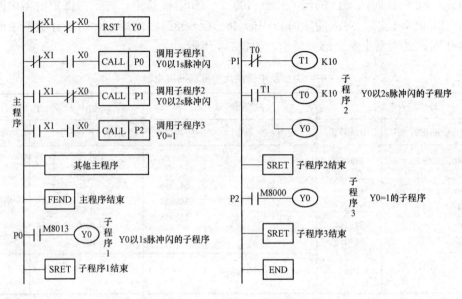

图 2-12　调用子程序实例

2.3　中断指令（IRET、EI、DI）

1．中断指令格式

中断返回指令格式如图 2-13 所示。
中断返回指令 FNC03-IRET（INTERRUPTION RETURN）没有可使用软元件。
中断允许指令格式如图 2-14 所示。
中断允许指令 FNC04-EI（INTERRUPTION ENABLE）没有可使用软元件。
中断禁止指令格式如图 2-15 所示。

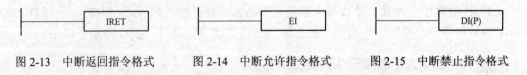

图 2-13　中断返回指令格式　　图 2-14　中断允许指令格式　　图 2-15　中断禁止指令格式

中断禁止指令 FNC05-DI（INTERRUPTION DISENABLE）没有可使用软元件。

2．指令说明

正常情况下，PLC 的工作方式是对梯形图或指令进行逐步读取的，再由指令进行逻辑运算，最后才将结果输出，并且要求输入信号要大于一个扫描周期，但是这样就限制了 PLC 的响应时间。中断是 PLC 的另一种工作方式，不受扫描周期的影响。对于输入中断，它可以立即对 X0～X5 的输入状态进行响应,其中 X0、X1 的输入响应时间可达到 20μs,X2～X5 的输入响应时间为 50μs。

FX_{3U} 型 PLC 有 3 类中断:外部输入中断、内部定时器中断和计数器中断方式。

中断受中断禁止特殊辅助继电器 M8050～M8059 的控制。对于外部输入中断,当 M8050～M8055=1 时,对应的输入中断 I00□～I50□ 被禁止。对于内部定时器中断,当 M8056～M8058=1 时,对应的定时器中断 I6□□～I8□□ 被禁止。对于计数器中断,当 M8059=1 时,计数器中断全部被禁止,如表 2-4 所示。

表 2-4 中断类型及中断禁止特殊辅助继电器

外部输入中断		内部定时器中断		计数器中断	
输入中断指针	中断禁止	定时器中断指针	中断禁止	计数器中断指针	中断禁止
I00□(X0)	M8050			I010	
I10□(X1)	M8051			I020	
I20□(X2)	M8052	I6□□	M8056	I030	M8059
I30□(X3)	M8053	I7□□	M8057	I040	
I40□(X4)	M8054	I8□□	M8058	I050	
I50□(X5)	M8055			I060	
□=1 时上升沿中断 □=0 时下降沿中断		□□=10～99ms			

(1)外部输入中断方式。外部输入中断对应外部中断信号输入端子的有 6 个(X0～X5)。每个输入只能用 1 次,例如,I201 用于 X2 的上升沿中断,即当 X2 闭合时执行 1 次(1 个扫描周期)中断子程序,I200 用于 X2 的下降沿中断,即当 X2 断开时执行 1 次中断子程序,但是 I201 和 I200 不能同时用。中断子程序一旦被执行后,子程序中各线圈和应用指令的状态保持不变,直到子程序下一次被执行。

(2)内部定时器中断方式。内部定时器中断有 3 个中断指针,可产生 3 个定时中断,定时中断不受 PLC 扫描周期的影响,可以每隔 10～99ms 执行 1 次中断子程序。

内部定时器中断主要用于在控制程序中需要每隔一定时间执行一次子程序的场合。例如,在主程序扫描周期很长的情况下,可以用内部定时器中断来处理一些需要高速定时处理的程序。内部定时器中断常和 RAMP(FNC67)、HKY(FNC71)、SEGL(FNC74)、ARWS(FNC75)、PR(FNC77)等与扫描周期有关的应用指令一起使用。

(3)计数器中断方式。计数器中断是利用高速计数器的当前值进行中断,常与 DHSCS(FNC53)指令一起使用。当高速计数器的当前值达到规定值时,执行中断子程序。

例 5 外部输入中断用于 3 人智力抢答

如图 2-16 所示为 3 人智力抢答的实例。从 EI 到 DI 之间的程序是中断允许范围,DI 到 FEND 之间的程序为中断不允许范围,如果 DI 到 FEND 之间没有程序,DI 指令也可以省略。在正常情况下,PLC 只执行 FEND 之前的程序,不执行子程序。当有外部输入信号时才执行一次对应的子程序,并立即返回原来中断的地方继续执行主程序。

智力抢答控制梯形图如图 2-16(b)所示,有 3 个抢答者的按钮 X0、X1 和 X2,假如按钮 X1 先闭合，在 X1 的上升沿执行 I101 处的中断子程序 2，使 Y1 输出继电器得电，信号灯 HL2 亮，在执行后面的 IRET 中断返回指令时，立即返回主程序，Y1 触点闭合，使中断禁止特殊辅助继电器 M8050~M8052 得电，禁止了 X0 和 X2 的输入中断。同时 Y3 输出继电器得电，外接蜂鸣器响，表示抢答成功。抢答结束后，主持人按下复位按钮 X10，全部输出 Y0~Y3 复位。

一般梯形图的程序执行要受到扫描周期的影响，用输入中断来实现抢答不受扫描周期的影响，辨别抢答者的按钮输入的快慢将大大加快，辨别率将大大提高。

例6 内部定时器中断用于斜波信号

图 2-17 所示为内部定时器中断和斜波信号应用指令 RAMP 配合使用的例子。PLC 正常时执行主程序，当 X1=1 时，对数据寄存器 D1 赋初值 1，对 D2 赋终值 255；当 X2 触点闭合时，每隔 10ms 执行一次中断子程序，数据寄存器 D3 的值加 1。当 D3 的当前值等于 D2 中的终值时，如果 M8026 线圈得电，则 D3 保持终值不变；如果 M8026 线圈不得电，则 D3 的当前值变为初值 1，之后继续变化，从初值 1 到终值 255 的时间为 10ms×1000=10s。

例7 计数器中断用于高速计数

如图 2-18 所示为计数器中断和高速计数器 C255 及比较置位应用指令 HSCS 配合使用的例子。计数器 C255 对 X3、X4 的高频输入脉冲进行计数，当计数值为 1000 时立即执行中断子程序，在执行到后面的 IRET 中断返回指令时立即返回，继续执行主程序。

比较置位应用指令（HSCS K1000 C255 I010）表示当 C255 的当前值等于 K1000 时，中断，跳到 I010 执行一次中断子程序。

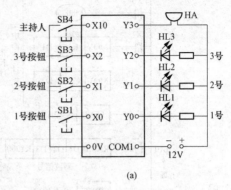

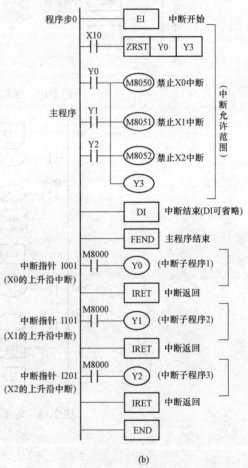

图 2-16 外部输入中断（抢答电路）
(a) 抢答电路接线图；(b) 外部输入中断

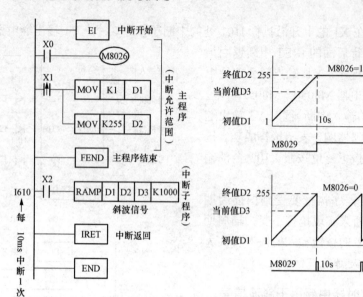

图 2-17 内部定时器中断的应用

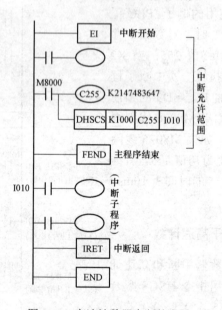

图 2-18 高速计数器中断的应用

2.4 监视定时器（WDT）

图 2-19 监视定时器刷新
指令 WDT 指令格式

1. 监视定时器刷新指令 WDT 指令格式

监视定时器刷新指令 WDT 指令格式如图 2-19 所示。

监视定时器 FNC07-WDT（WATCHDOG TIMER）没有可使用软元件。

2. 指令说明

WDT 指令用于通过程序对看门狗定时器进行刷新。

在 PLC 的特殊数据寄存器 D8000 中存放一个初始值（FX$_{3U}$ 型 PLC 中 D8000 的初始值为 200ms），用于监视 PLC 运行一个扫描周期的时间，以防止有诸如死循环一类的错误程序。PLC 运行一个扫描周期的时间如果超过监视定时器规定的 200ms 时，PLC 将停止工作，此时 CPU 的出错指示灯亮。

但是有时一个正常的程序也有可能超过 200ms，为了使这样的程序也能正常工作，可采用两种方法，一是修改 D8000 中的初始设定值；二是在程序中插入 WDT 指令，当程序执行到 WDT 指令时对监视定时器刷新。

例如，一个程序的扫描周期的时间为 250ms，用第一种方法是把 D8000 中的初始设定值 200ms 修改为 300ms，如图 2-20 所示。一般将该程序放在初始 0 步，这样监视的时间为从第 0 步到 END 结束指令之间的执行时间。在修改 D8000 的初始设定值之后要加 WDT 指令，否则 D8000 的值要在 END 之后才能改变。

另一种方法是在程序中插入 WDT 指令，将程序分为两个执行时间大致相等的部分，使两个部分都不超过 200ms，如图 2-21 所示。

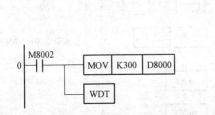

图 2-20 监视定时器的时间修改

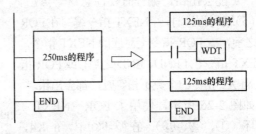

图 2-21 WDT 指令的应用

WDT 指令为连续执行型，即每个扫描周期都对程序的执行时间进行监视。

WDTP 指令为脉冲执行型，即满足执行条件时只执行一个扫描周期，如图 2-22 所示。

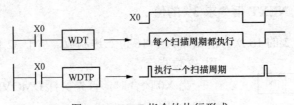

图 2-22 WDT 指令的执行形式

2.5 循环指令（FOR、NEXT）

1. 指令格式

循环开始指令格式如图 2-23 所示。

循环开始指令 FNC08-FOR（FOR）可使用软元件范围，如表 2-5 所示。

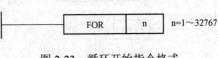

图 2-23 循环开始指令格式

表 2-5　　　　　　　　　循环开始指令的可使用软元件范围

元件名称	位 元 件				字 元 件										常 数			指针
	X	Y	M	S	D□.b	KnX	KnY	KnM	KnS	T	C	D	R	U□\G□	V、Z	K	H	E	"□"	P
Pn																			○

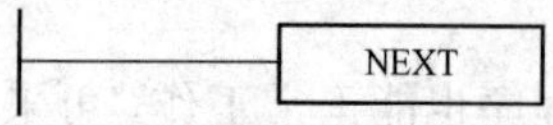

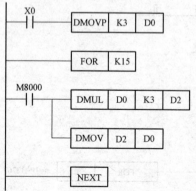

图 2-24　循环结束指令格式

循环结束指令格式如图 2-24 所示。

循环结束指令 FNC09-NEXT（NEXT）指令没有可使用的软元件。

2. 指令说明

（1）FOR 为循环开始指令，NEXT 为循环结束指令，两条指令应成对出现。

（2）循环次数 n 在 1～32767 时有效，当 n 为 –32767～0 时，n 将当作 1 处理。

（3）FOR～NEXT 循环可以嵌套 5 层。

（4）循环次数较多时，PLC 的扫描周期会延长，有可能出现大于监视定时器指定的数值，可能会出错，编程时要注意这一点。

（5）编写程序时，若 NEXT 指令编写在 FOR 指令之前，或 FOR 指令无对应的 NEXT 指令，或 NEXT 指令在 FEND、END 之后，或 FOR 指令与 NEXT 指令的个数不相等时，都会出错。

如图 2-25 所示，使用了 FOR～NEXT 3 次循环（①、②、③）。在循环③中，n=K4，则此循环执行 4 次；在循环②中，如 n=D0Z=6，则此循环执行 4×6=24 次；在循环①中，如 n=K1X0=7，则此循环执行 4×6×7=168 次。

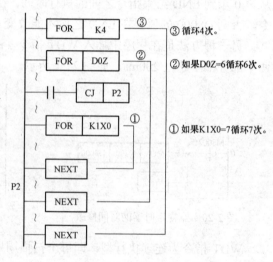

图 2-25　循环指令的应用

例 8　用 FOR、NEXT 指令求 3^{16} 的值

如图 2-26 所示。3 的 16 次方的结果大于 16 位二进制数，小于 32 位二进制数，所以要用 32 位指令。

当 X0 闭合时，首先执行 DMOVP K3 D0，将 3 传送到 D1、D0 中。

执行 FOR～NEXT 之间的循环程序，先执行乘法指令 DMUL，将 D1、D0 中的数 3 乘以 3，结果 3^2 存放在 D3、D2 中，执行 DMOV 传送指令把 D3、D2 中的值反送回 D1、D0 中，将上述 FOR K15 到 NEXT 之间的运算过程重复循环 15 次，D1、D0 中的数即为 3 的 16 次方的值。

图 2-26　求 3^{16} 的梯形图

例 9　用浮点数指令求 3^{16} 的值

3^{16} 不能直接计算，可根据公式 $3^{16}=e^{16\ln 3}$ 分 3 步计算，

计算 3^{16} 的梯形图如图 2-27（a）所示，由图 2-27（b）软元件批量监视图可看到 3^{16} 的值为 $4.30467×10^7$。

第 1 步：计算 ln3，结果存放在 D1、D0 中，D1、D0=ln3= 1.09612。

第 2 步：计算 16×ln3，结果存放在 D3、D2 中，D3、D2=16×ln3=17.977797。

第 3 步：计算 e^{16ln3}，结果存放在 D5、D4 中，D5、D4=e^{16ln3}=3^{16}=4.30467×10^7。

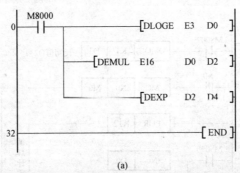

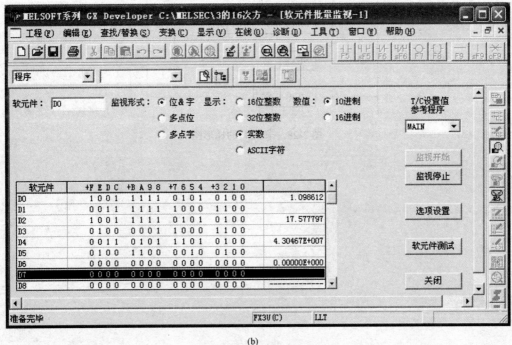

图 2-27　计算 3^{16}

(a) 梯形图；(b) 软元件批量监视图

例10　用 FOR、NEXT 指令求 12! 的值

梯形图如图 2-28 所示，用循环指令 FOR-NEXT 求 12! 的值。

PLC 初次运行时，首先将数据寄存器 D2 设初值 1，第 1 次执行 FOR 指令时，D0 用加 1 指令 INC 设初值为 1，（由于 12! 的值大于 32767，小于 2147483247，所以采用 32 位乘法指令 DMUL）将 D0 和 32 位数据寄存器 D3、D2 相乘，结果还放到 D3、D2 中；第 2 次执行 FOR 指令时，D0 再加 1 值为 2，将 D0 和 D3、D2 相乘，结果为 2 还放到 D3、D2 中；第 3 次执行 FOR 指令时，D0 再加 1 值为 3，将 D0 和 D3、D2 相乘，结果为 6 还放到 D3、D2 中，循环 12 次，D3、D2 中的值即为 12！（12！=479001600）。

由于 FOR 指令前面不能有接点，所以用 MC、MCR 指令控制 FOR 指令的执行。尽管 INC、DMUL 指令循环执行 12 次，但是只能在一个扫描周期中完成，所以主控指令 MC 只能接通一个扫描周期。

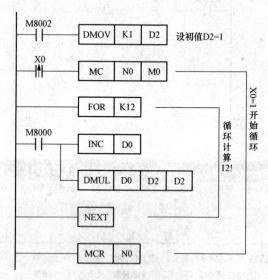

图 2-28　求 12！的梯形图

第 3 章

比较与传送指令

比较与传送指令如表 3-1 所示。在程序中,比较与传送指令主要用于数据的传送、变换和比较。这类应用指令是使用较多、应用较广的指令之一。

表 3-1　　　　　　　　　　比较与传送指令

功能号	指令格式					程序步	指令功能
FNC010	(D) CMP (P)	(S1.)	(S2.)	(D.)		7/13 步	比较
FNC011	(D) ZCP (P)	(S1.)	(S2.)	(S.)	(D.)	9/17 步	区间比较
FNC012	(D) MOV (P)	(S.)	(D.)			5/9 步	传送
FNC013	SMOV (P)	(S.)	m1	m2	(D.) n	11 步	移位传送
FNC014	(D) CML (P)	(S.)	(D.)			5/9 步	取反传送
FNC015	BMOV (P)	(S.)	(D.)	n		7 步	成批传送
FNC016	(D) FMOV (P)	(S.)	(D.)	n		7/13 步	多点传送
FNC017	(D) XCH (P) ▲	(D1.)	(D2.)			5/9 步	数据交换
FNC018	(D) BCD (P)	(S.)	(D.)			5/9 步	BIN 转为 BCD
FNC019	(D) BIN (P)	(S.)	(D.)			5/9 步	BCD 转为 BIN

注　表中标注▲的为需要注意的指令。

3.1 比较指令（CMP）

1. 指令格式

比较指令格式如图 3-1 所示。

比较指令 FNC10-CMP（COMPARE）可使用软元件范围,如表 3-2 所示。

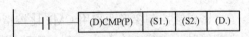

图 3-1　比较指令格式

表 3-2　　　　　　比较指令的可使用软元件范围

元件名称	位 元 件				字 元 件								常 数				指针
	X	Y	M	S	D□.b	KnX	KnY	KnM	KnS	T	C	D	R	U□\G□	V、Z	K	H	E	"□"	P
S1.						○	○	○	○	○	○	○	○	○	○	○	○	○		○

续表

元件名称	位元件				字元件									常数			指针
	X	Y	M	S	D□.b	KnX	KnY	KnM	KnS	T	C	D	R	U□\G□	V、Z	K	H	E	"□"	P
S2.					○	○	○	○	○	○	○	○	○		○	○	○	○	
D.		○	○	○	①														

①D□.b 不能变址。

2．指令说明

比较指令（CMP）是将两个源数据（S1.）、（S2.）的数值进行比较，比较结果由 3 个连续的继电器表示，如图 3-2 所示。

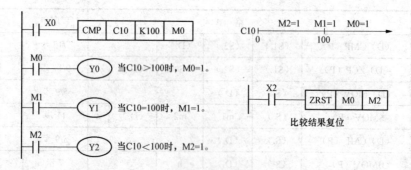

图 3-2　比较指令（CMP）说明

当 X0=1 时，将计数器 C10 中的当前值与常数 100 进行比较，若 C10 的当前值大于 100，则 M0=1；若 C10 的当前值等于 100，则 M1=1；若 C10 当前值小于 100，则 M2=1。当 X0=0 时，不执行 CMP 指令，但 M0、M1、M2 保持不变。若要将比较结果复位，可用如图 3-2 所示的 ZRST 指令将 M0、M1、M2 置 0。

例 11　密码锁

在控制梯形图中设置 N 位数密码，如设置 4 位数密码为 8365，如图 3-3 所示。将数字开关拨到 8 时按一下确认键，再分别在拨到密码数 3、6、5 时按一下确认键，电磁锁 Y0 得电开锁。

密码锁控制梯形图采用 CMP 比较指令将数字开关的数与设定的密码数进行比较，当二者相等时，如第 1 个数为 8 时按下确认键 X4（上升沿触点，只接通一个扫描周期），由于 M1 动断触点闭合，只接通最下面一个 CMP 指令，由于 K1X0=8，比较结果 M1=1，在下一个扫描周期断开最下面一个 CMP 指令，接通倒数第 2 个 CMP 指令。

当拨到第 2 个密码 3 时再按确认键 X4，只执行倒数第 2 个 CMP 指令，比较结果 M4=1……当最后一位密码确认后，M10=1，使 Y0=1，电磁锁 Y0 得电开锁，2s 后结束并全部结果复位。

将确认键放在暗处，一手拨数字开关，另一手按确认键，当拨到密码数时按一下确认键，再继续拨，这样，即使旁边有人，也看不出密码数和密码位数。

第 3 章 比较与传送指令

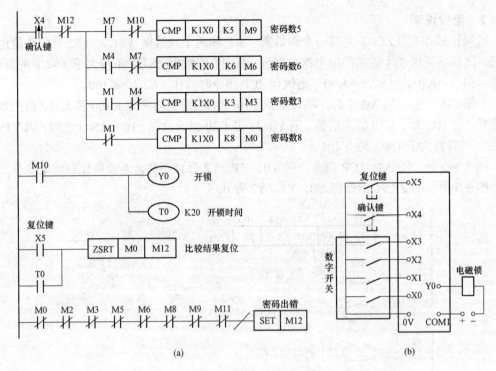

图 3-3 密码锁梯形图和接线图
（a）密码锁梯形图；（b）接线图

如果按错密码，则 M12 置位，M12 动断触点断开，不再执行 CMP 指令，不能开锁。这时可按下复位按钮 X5，使 M0～M12 全部复位，此时需要重新输入密码才能开锁。

3.2 区间比较指令（ZCP）

1. 指令格式

区间比较指令格式如图 3-4 所示。

区间比较 FNC11-ZCP（ZONE COMPAR E）

可使用软元件范围，如表 3-3 所示。

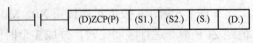

图 3-4 区间比较指令格式

表 3-3　　　　　　　　区间比较指令的可使用软元件范围

元件名称	位元件				字元件									常数			指针
	X	Y	M	S	D□.b	KnX	KnY	KnM	KnS	T	C	D	R	U□\G□	V、Z	K	H	E	"□"	P
S1.						○	○	○	○	○	○	○	○	○	○	○	○	○		
S2.						○	○	○	○	○	○	○	○	○	○	○	○	○		
S.						○	○	○	○	○	○	○	○	○	○					
D.		○	○	○	①															

①D□.b 不能变址。

2．指令说明

区间比较指令（ZCP）是将一个源数据（S.）和两个源数据（S1.）、（S2.）的数值进行比较，比较结果由3个连续的继电器来表示。其中，源数据（S1.）不得大于（S2.）的数值，如果（S1.）=K100，（S2.）=K90，则执行 ZCP 指令时看作（S2.）=K100。

如图3-5所示，当 X0=1 时，将计数器 C10 中的当前值与常数 K100 和 K150 两个数进行比较，若100大于 C10 的当前值，则 Y0=1；若 C20 当前值在[100，150]之间，则 Y1=1；若 C10 当前值大于150，则 Y2=1。

当 X0=0 时，不执行 ZCP 指令，但 Y0、Y1、Y2 保持不变。若要将比较结果复位，可用如图3-5所示的 ZRST 指令将 Y0、Y1、Y2 置0。

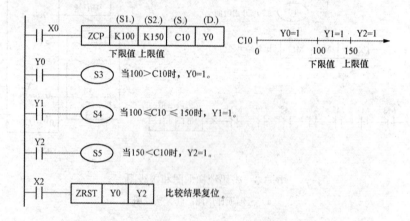

图3-5 区间比较指令（ZCP）的说明

例12 ZCP 指令用于电动机的星三角降压和直接起动

某生产装置采用两台电动机作为动力，起动时先起动一台大功率电动机，要求采用星三角降压起动，起动时间为8s（星形联结），起动运行（三角形联结）10min 后停止，再起动一台小功率电动机，采用直接起动，再运行10min 后停止。

如图3-6所示，按下起动按钮 X0，M0 线圈得电自锁，接通定时器 T0 线圈，T0 的当前值经 ZCP 指令进行区间比较，分成3个时间段，当 T0<8s 时，M1=1；当 8s≤T0≤600s 时，M2=1；当 T0>1200s 时，M3=1。

根据 ZCP 指令进行的区间比较，如表3-4所示。

第1个时间段：T0<8s，M1=1，将 K3 传送到 K1Y0，K1Y0=3，Y0 和 Y1 得电，大电动机星形联结降压起动。

第2个时间段：8s≤T0≤600s，M2=1，将 K5 传送到 K1Y0，K1Y0=5，Y0 和 Y2 得电，大电动机三角形联结全压运行。

第3个时间段：T0>600s，M3=1，将 K8 传送到 K1Y0，K1Y0=8，Y0~Y2=0，大电动机停止，Y3=1，小电动机得电全压起动运行。

当 T0≥1200s 时，T0 触点闭合，M0 失电，M0 动断触点闭合，执行 ZRST 指令，M1~M3=0，Y0~Y3=0，电动机停止。

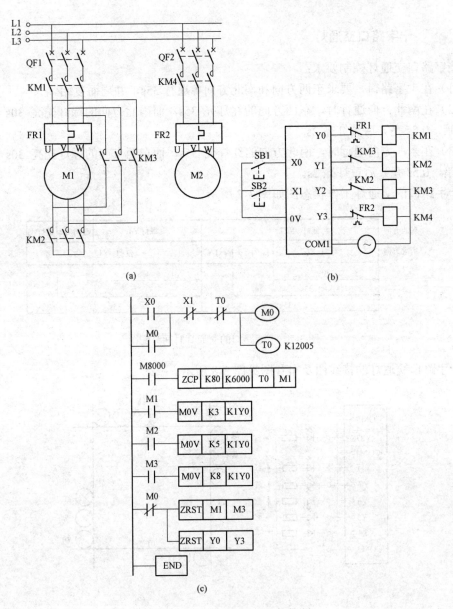

图 3-6　ZCP 指令用于电动机控制

（a）主电路图；（b）接线图；（c）梯形图

表 3-4　　　　　　　　　　电动机起动时间顺序

状　　态	时间（s）	K1Y0 的值	KM4 Y3	KM3 Y2	KM2 Y1	KM1 Y0
停止	0	0	0	0	0	0
大电动机降压起动	0～8	3	0	0	1	1
大电动机全压运行	8～600	5	0	1	0	1
小电动机直接起动	600～1200	8	1	0	0	0
停止	1200 以后	0	0	0	0	0

例13 十字路口交通灯

十字路口交通灯控制要求：

（1）在十字路口，要求东西方向和南北方向各通行35s，并周而复始。

（2）在南北方向通行时，东西方向的红灯亮35s，而南北方向的绿灯先亮30s再闪3s（0.5s暗，0.5s亮）后黄灯亮2s。

（3）在东西方向通行时，南北方向的红灯亮35s，而东西方向的绿灯先亮30s再闪3s（0.5s暗，0.5s亮）后黄灯亮2s。

十字路口的交通灯工作状态图如图3-7所示。

图3-7 十字路口的交通灯时间分配图

十字路口交通灯的接线图及布置图见图3-8所示。

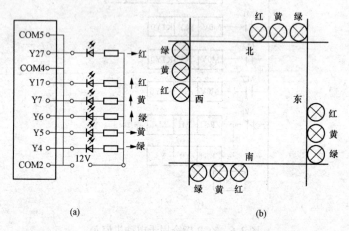

图3-8 十字路口交通灯的接线图及布置图
（a）十字路口交通灯接线图；（b）十字路口交通灯布置示意图

根据控制要求，十字路口交通灯控制梯形图如图3-9所示，该图用区间比较指令ZCP控制。

根据控制要求，十字路口交通灯的控制共需6个时间段，需用6个定时器。但是东西方向和南北方向设定时间是一样的，可以缩减为3个，采用区间比较指令ZCP，将每个方向的通行时间35s再分成3个时间段，这样只需用1个定时器就可以了。

根据ZCP指令，当T0<30s时，M0=1，当30s≤T0≤33s时，M1=1，当T0>33s时，M2=1。用比较结果M0~M2控制黄灯和绿灯，从而简化了梯形图。

第 3 章 比较与传送指令

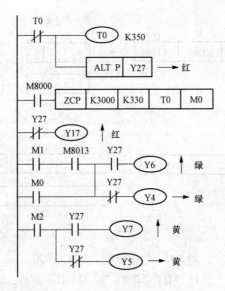

图 3-9 十字路口交通灯控制梯形图

3.3 传送指令（MOV）

1. 指令格式

传送指令格式如图 3-10 所示。

传送指令 FNC12-MOV（MOVE）可使用软元件范围，如表 3-5 所示。

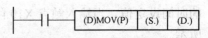

图 3-10 传送指令格式

表 3-5　　　　　　　　传送指令的可使用软元件范围

元件名称	位元件				字元件								常 数			指针
	X	Y	M	S	D□.b	KnX	KnY	KnM	KnS	T	C	D	R	U□\G□	V、Z	K	H	E	"□"	P
S.	○	○	○	○		○	○	○	○	○	○	○	①	②	○	○	○			
D.							○	○	○	○	○	○	○	①	②					

①仅 FX$_{3G}$、FX$_{3GC}$、FX$_{3U}$、FX$_{3UC}$ 型 PLC 支持。
②仅 FX$_{3U}$、FX$_{3UC}$ 型 PLC 支持。

2. 指令说明

传送指令（MOV）在应用指令中是使用最多的指令，用于将（S.）中的数值不经任何变换而直接传送到（D.）中，如图 3-11 所示。

图 3-11（a）为 16 位传送指令，是将 K1X0 表示的 4 位二进制数传送到 K1Y0 中，（最多传送 16 位）。

图 3-11（b）为 32 位传送指令，是将 D11、D10 表示的 32 位二进制数传送到 D21、D20 中，（最多传送 32 位）。

注意：传送后，当触点断开后（D.）中的数据保持不变。

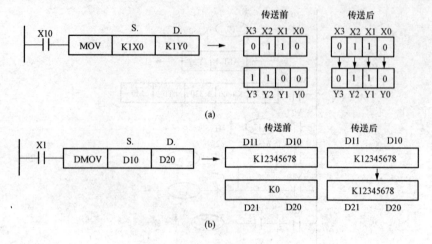

图 3-11 传送指令（MOV）说明
(a) 16 位传送指令；(b) 32 位传送指令

例 14 周期可调振荡器

用 4 个开关 K1X0（X0~X3）控制输出 Y0 的振荡周期，梯形图如图 3-12（a）所示。

PLC 运行时将 X3~X0 表达的 4 位二进制数 $(0000)_2$~$(1111)_2$（十进制数 0~15）存放到变址寄存器 Z 中，再将常数 10+Z 存放到数据寄存器 D0 中，D0 为定时器 T0 和 T1 的时间设定值。当输入触点 X10 闭合时。产生振荡输出。Y0 的输出时序图如图 3-12（b）所示。

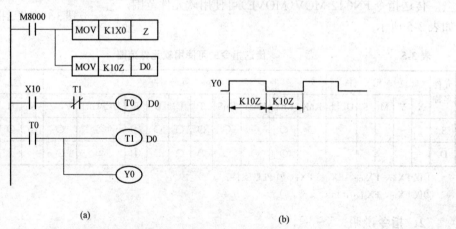

图 3-12 周期可调振荡器梯形图和时序图
(a) 梯形图；(b) 时序图

Y0 的振荡周期范围为 2 D0，D0=（10+Z），Z=0~15，D0=10~25，2 D0=20~50，T0 和 T1 为 0.1s 型计数器，所以 Y0 的振荡周期为 2~5s。

如 X3=0，X2=1，X1=1，X0=0，即 K1X0=6。执行 MOV K1X0 Z，将 K1X0 的值传送到 Z0 中，Z0=6，执行 MOV K10Z D0，将 K10Z 的值 K（10+Z）=K16 传送到 D0 中，D0=16。定时器的设定值为 K16。

例15 计数器 C0 设定值的间接设定

用两个输入开关 X1、X0 改变计数器 C0 的设定值。当 X1、X0=$(00)_2$ 时设定值为 10,当 X1、X0=$(01)_2$ 时设定值为 15,当 X1、X0=$(10)_2$ 时设定值为 20,当 X1、X0=$(11)_2$ 时设定值为 30,当计数器达到设定值时 Y0 得电。计数器 C0 设定值的间接设定梯形图如图 3-13 所示。

当 X1、X0=$(00)_2$ 时,X1、X0 的动断触点闭合,执行 MOV K10 D0 指令,D0=10,D0 作为计数器 C0 的设定值。

当 X1、X0=$(01)_2$ 时,X1 的动断触点闭合,X0 的动合触点闭合,执行 MOV K15 D0 指令,D0=15,D0 作为计数器 C0 的设定值。

计数器 C0 对 X2 的接通次数计数,当计数值等于 D0 中的设定值时,C0 触点闭合 Y0 得电。当 X3 接通时 C0 复位。

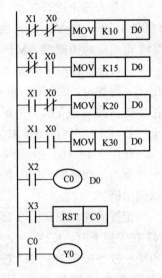

图 3-13 计数器 C0 设定值的间接设定梯形图

例16 8人智力抢答竞赛

8 个人进行智力抢答,用 8 个抢答按钮(X7~X0)和 8 个指示灯(Y7~Y0)。当主持人报完题目并按下按钮(X10)后,抢答者才可按按钮,先按按钮者的灯亮,同时蜂鸣器(Y17)响,后按按钮者的灯不亮。

8 人抢答梯形图如图 3-14(a)所示,在主持人按钮 X10 未被按下时,不执行指令,按抢答按钮 K2X0(X0~X7)无效。

当主持人按下按钮 X10 时,由于抢答按钮均未按下,所以 K2X0=0,由 MOV 指令将 K2X0 的值 0 传送到 K2Y0 中,执行比较指令 CMP K2Y0 K0,由于 K2Y0=K0,比较结果是 M1=1。当按钮 X10 复位断开时,由 M1 触点接通 MOV 和 CMP 指令。

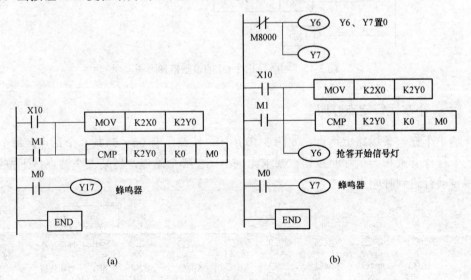

图 3-14 抢答梯形图
(a) 8 人抢答梯形图;(b) 6 人抢答梯形图

当有人按下抢答按钮，如按钮 X2 先被按下，则 K2X0=(00000100)$_2$，经传送，K2Y0=(00000100)$_2$，即 Y2=1，对应的指示灯亮，经 CMP 指令比较，K2Y0=4>0，比较结果是 M0=1，Y17 得电，蜂鸣器响。M1=0，断开 MOV 和 CMP 指令，所以后者抢答无效。

6 人抢答梯形图如图 3-14（b）所示，抢答按钮为 X0~X5。如果 K2X0 中的 X6、X7 用于其他地方，则 MOV 指令中的 Y6、Y7 就要受到影响，为了避免出现这种情况，在 MOV 指令的前面应将 Y6、Y7 置 0，同时 Y6、Y7 在后面还可以作为其他用途。在本例中 Y6 用于抢答开始信号灯，Y7 用于蜂鸣器。图 3-14（b）和图 3-14（a）的抢答原理是相同的。

在图 3-14（b）中，Y6、Y7 的线圈在梯形图中两次出现，这在常规电器控制电路中是不可能的，而在梯形图中是允许的。不过，在梯形图中重复使用同一个线圈时需十分谨慎，以免出错。

抢答器梯形图如图 3-15 所示。该图采用跳转指令 CJ 指令进行抢答互锁，抢答按钮 X0~X7 在未按下时，K2X0=0，执行 MOV 指令，K2Y0=0，执行 CMP 指令，K2Y0=0，M0=0，当某一抢答按钮 X0~X7 按下时，K2Y0>0，M0=1，接通 CJ 指令，跳到 P0 点，不再执行 MOV 指令和 CMP 指令，其他抢答按钮就不再起作用了。按下主持人按钮 X10，断开 CJ 指令，同时接通 ZRST 指令，将 Y0~Y7 全部复位，再执行 CMP 指令，K2Y0=0，M0=0，下一个扫描周期 CMP 指令又被断开，就可进行下一轮抢答了。

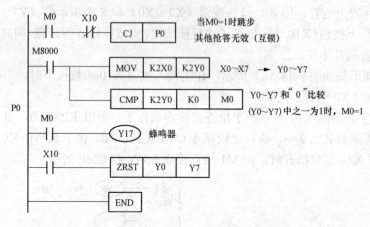

图 3-15　用跳转指令 CJ 的抢答器梯形图

例 17　小车运行定点呼叫

一辆小车在一条线路上运行，如图 3-16 所示。线路上有 0#~7# 共 8 个站点，每个站点各设一个行程开关和一个呼叫按钮。要求无论小车在哪个站点，当某一个站点按下按钮后，小车将自动行进到呼叫点。

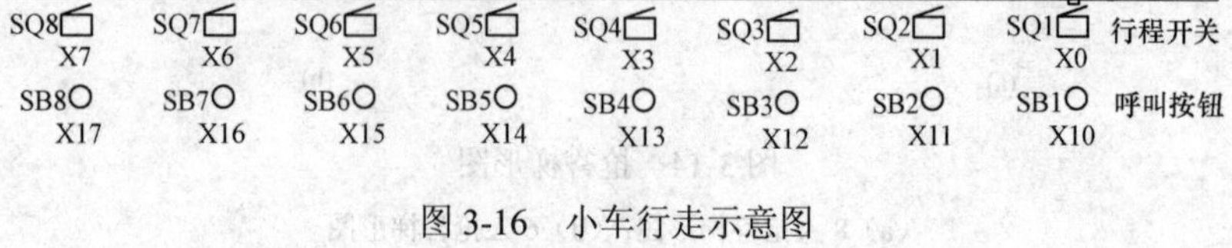

图 3-16　小车行走示意图

如本例中有 8 个站点（4 的倍数）采用传送和比较指令编程将使程序更简练，如图 3-17 所示。

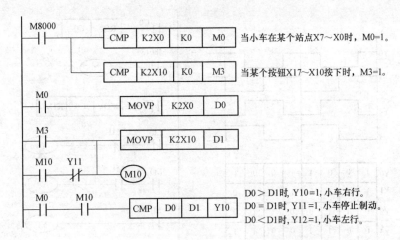

图 3-17　8 个站点小车行走梯形图

第一个比较指令 CMP K2X0 K0 M0 用于小车到某站点碰到行程开关时的信号，例如，当小车到达 3#站时，碰到行程开关 X3，则 K2X0＝（00001000）$_2$（即 X3=1），K2X0>0，比较结果 M0=1，M0 触点闭合，执行传送指令 MOVP K2X0 D0 将 K2X0=8 的值传送到 D0 中，D0=（00001000）$_2$。

如果此时按下 5#站按钮 X15，则 K2X10=（00100000）$_2$（即 X15=1）。执行第二个比较指令 CMP K2X10 K0 M3，比较结果 K2X10>0，M3=1，M3 触点闭合，执行传送指令 MOVP K2X10 D1 将 K2X10 的值传送到 D1 中，D1=（00100000）$_2$。同时 M10 线圈得电自锁，M10 触点闭合，接通第三个比较指令 CMP D0 D1 Y10 将 D0 和 D1 的值比较，由于 D0<D1，结果 Y12=1，小车左行，到达 5#站碰到行程开关 X5，则 K2X0=（00100000）$_2$，D0=（00100000）$_2$，此时 D0=D1，比较结果 Y12=0，Y11=1，Y11 动断触点断开，M10 线圈失电，小车停止并进行制动。

例 18 用 PLC 控制 4 组彩灯

用 PLC 控制 4 组彩灯，要求每隔 1s 变化 1 次，每次亮 2 组彩灯，要求按图 3-18（a）所示的时序图反复变化。4 组彩灯分别由 Y0～Y3 控制。

根据彩灯变化的时序图，可以列出 Y0～Y3 所对应的值，每变化 4 次为 1 个周期，用计数器对 1s 时钟脉冲计数，由计数器的当前值控制 Y0～Y3 的状态。

为了取得计数器的当前值，可用 MOV 指令将计数器的当前值送到 K1M0 中，用 K1M0 表示计数器的当前值。

由 K1M0 表示 C0 当前值，再由 K1M0 来控制 Y0～Y3 的状态。由表 3-6 所示的真值表可写出如下逻辑表达式

$$Y0 = \overline{M0M1} + M0M1$$
$$Y1 = \overline{M1}$$

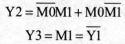

$$Y2 = \overline{M0}M1 + M0\overline{M1}$$
$$Y3 = M1 = \overline{Y1}$$

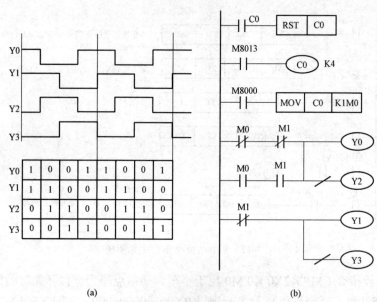

图 3-18　4 组彩灯控制
(a) 时序图；(b) 梯形图

表 3-6　　　　　　　　　　输出控制状态真值表

当前值 C0	由 K1M0 表示 C0 当前值				输出控制			
	M3	M2	M1	M0	Y3	Y2	Y1	Y0
0	0	0	0	0	0	0	1	1
1	0	0	0	1	0	1	1	0
2	0	0	1	0	1	1	0	0
3	0	0	1	1	1	0	0	1

由逻辑表达式可以画出 Y0～Y3 的梯形图，如图 3-18（b）所示。

3.4　移位传送指令（SMOV）

1. 指令格式

移位传送指令如图 3-19 所示。

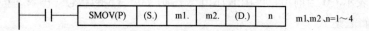

图 3-19　移位传送指令

移位传送指令 FNC13-SMOV（SHIFT MOVE）可使用软元件范围，如表 3-7 所示。

表 3-7　　　　　　　　　移位传送指令的可使用软元件范围

元件名称	位元件				字元件								常数			指针
	X	Y	M	S	D□.b	KnX	KnY	KnM	KnS	T	C	D	R	U□\G□	V、Z	K	H	E	"□"	P
S.						○	○	○	○	○	○	○	○	○						
m1																○	○			
m2																○	○			
D.							○	○	○	○	○	○	○	○						
n																○	○			

2．指令说明

移位传送指令（SMOV）用于将（S.）中的 16 位二进制数以 4 位 BCD 数的方式按位传送到（D.）中。如图 3-20 所示，表示将 D1 中的 4 位 BCD 数（在 D1 中是以 16 位二进制数存放的）从第 4 位（K4）开始的 2 位（K2），即千位和百位，传送到 D2′的从第 3 位（K3）开始的 2 位，即 D2′的百位和十位。由于数据寄存器 D 只能存放二进制数，所以 SMOV 指令只是在传送的过程中以 BCD 数的方式传送，而到达 D2 后仍以二进制数存放。

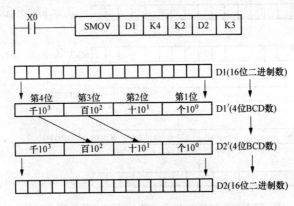

图 3-20　移位传送指令（SMOV）说明

如果在执行 SMOV 指令之前将 M8168 线圈得电，则在执行 SMOV 指令时就不再进行变换中的 BCD 码转换了，而是按照原样以 4 位为单位直接移位传送，如图 3-21 所示。

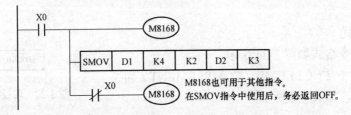

图 3-21　M8168 线圈和移位传送指令（SMOV）的说明

例 19　用数字开关给定时器间接设定延时时间

要求延时时间在 0.1～99.9s。用 3 个数字开关分别连接在 PLC 的 X0～X3 和 X20～X27 输入端上，由于输入继电器的元件号不连续，所以需要对其进行调整，如图 3-22 所示。

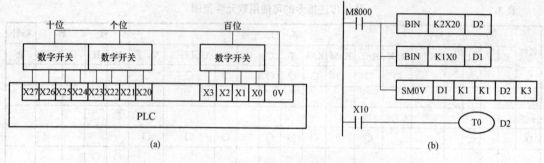

图 3-22 用数字开关给定时器间接设定延时时间接线图和梯形图
(a) PLC 接线图；(b) PLC 梯形图

图 3-22 中梯形图的 BIN 指令用于将数字开关的 BCD 数变换成 BIN 数存放在数据寄存器中，SMOV 指令将 D1 中的 1 位 BCD 数调节到 D2'中做百位数，并以二进制数存放在 D2 中，D2 中存放的数值是定时器 T0 的间接设定时间值。

用 SMOV 指令调整数字开关的数位的过程如图 3-23 所示。

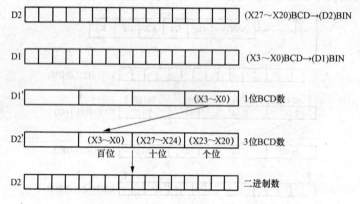

图 3-23 用 SMOV 指令调整数字开关的数位的过程

3.5 取反传送指令（CML）

1. 指令格式

取反传送指令格式如图 3-24 所示。
取反传送指令 FNC14-CML（COMPLEMENT）可使用软元件范围，如表 3-8 所示。

图 3-24 取反传送指令

表 3-8　　　　取反传送指令的可使用软元件范围

元件名称	位元件				字元件								常数		指针
	X	Y	M	S	D□.b	KnX	KnY	KnM	KnS	T	C	D	R	U□\G□	V、Z	K	H	E	"□"	P
S.						○	○	○	○	○	○	○	○	○	○	○	○	○		
D.							○	○	○	○	○	○	○	○	○					

2. 指令说明

取反传送指令（CML）用于将（S.）中的各位二进制数取反（1→0，0→1），按位传送到（D.）中。如图 3-25 所示，当 X0=1 时，将 D0 中的二进制数取反传送到 K2Y0 中。

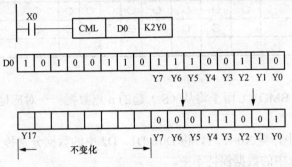

图 3-25 取反传送指令（CML）说明

Y0～Y7 的低 8 位存放的是 D0 的低 8 位反相数据，D0 中的高 8 位不传送，Y10～Y17 不会变化。

取反传送指令（CML）可以用于 PLC 的反相输入和反相输出，如图 3-26 所示。

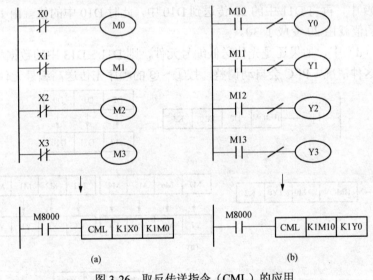

图 3-26 取反传送指令（CML）的应用
(a) 4 位反相输入；(b) 4 位反相输出

3.6 成批传送指令（BMOV）

1. 指令格式

成批传送指令格式如图 3-27 所示。

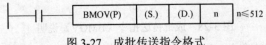

图 3-27 成批传送指令格式

成批传送指令 FNC15-BMOV（BLOCK MOVE）可使用软元件范围，如表 3-9 所示。

表 3-9　　　　　　　　　　成批传送指令的可使用软元件范围

元件名称	位元件				字元件									常数			指针
	X	Y	M	S	D□.b	KnX	KnY	KnM	KnS	T	C	D	R	U□\G□	V、Z	K	H	E	"□"	P
S.						○	○	○	○	○	○	○	○	○					
D.							○	○	○	○	○	○	○	○					
n																○	○		

2．指令说明

成批传送指令（BMOV）用于将从（S.）起的 n 点数据一一对应地传送到从（D.）起的 n 点数据中。

在图 3-28（a）中，当 X0=1 时，将 D0、D1、D2 中的数据分别传送到 D10、D11、D12 中，但 D0、D1、D2 中的数据保持不变。

在图 3-28（b）中，将以 K1M0 开始连续的 2 组 4 位继电器的数据分别传送到以 K1Y0 开始连续的 2 组 4 位继电器中。

在图 3-28（c）中，源元件（S.）和目的元件（D.）有一部分是相同的，PLC 在传送数值时，一般是先传送低编号元件。例如，D10=10，D11=20，D12=30，则 PLC 先将 D10 中的 10 传送到 D9 中，再将 D11 中的 20 传送到 D10 中，此时 D10 中的值就由 10 变成了 20，同理，D11 中的值就由 20 变成了 30。

在图 3-28（d）中，如果还是先传送低编号元件，则 D11～D13 中的数据将会都是 D10 中的值，对于这种情况，PLC 会自动调整，按①～③的顺序先传送高编号元件。

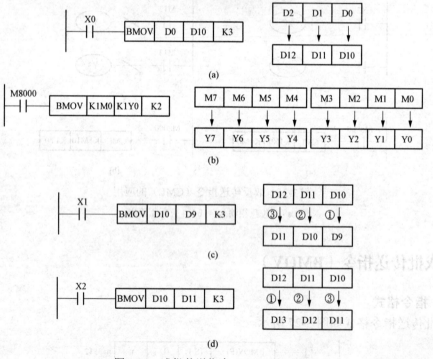

图 3-28　成批传送指令（BMOV）说明

（a）数据寄存器成批传送；（b）位元件组成的字元件成批传送；（c）源元件和目的元件部分相同的成批传送（一）；（d）源元件和目的元件部分相同的成批传送（二）

当特殊辅助继电器 M8024=1 时，再执行 BMOV 指令，则将（D.）中的数值传送到（S.）中；当 M8024=0 时，再执行 BMOV 指令，则将（S.）中的数值传送到（D.）中，如图 3-29 所示。

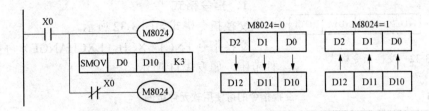

图 3-29 用 M8024 指定 BMOV 指令的数值传送方向

3.7 多点传送指令（FMOV）

1. 指令格式

多点传送指令格式如图 3-30 所示。

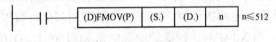

图 3-30 多点传送指令格式

多点传送指令 FNC16-FMOV（FILL MOVE）可使用软元件范围，如表 3-10 所示。

表 3-10　　　　　　　多点传送指令的可使用软元件范围

元件名称	位元件				字元件									常数		指针
	X	Y	M	S	D□.b	KnX	KnY	KnM	KnS	T	C	D	R	U□\G□	V、Z	K	H	E	"□"	P
S.					○	○	○	○	○	○	○	○	○	○	○	○		
D.						○	○	○	○	○	○	○	○				
n														○	○		

2. 指令说明

多点传送指令（FMOV）用于将（S.）中的数值传送到从（D.）起的 n 点数据中。

在图 3-31 中，当 X0=1 时，将常数值 0 依次传送到从 D10 起始的 3 点数据寄存器中。这条指令实际上是将 D10～D12 中的数据全部清零。

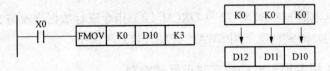

图 3-31 多点送指令（FMOV）说明

3.8 交换指令（XCH）

图 3-32 交换指令格式

1. 指令格式

交换指令格式如图 3-32 所示。

交换指令 FNC17-XCH（EXCHANGE）可使用软元件范围，如表 3-11 所示。

表 3-11　　　　　　　　交换指令的可使用软元件范围

元件名称	位元件				字元件								常数			指针
	X	Y	M	S	D□.b	KnX	KnY	KnM	KnS	T	C	D	R	U□\G□	V、Z	K	H	E	"□"	P
S.						○	○	○	○	○	○	○	○	○	○					
D.							○	○	○	○	○	○	○	○	○					

2. 指令说明

交换指令（XCH）用于将（D1.）和（D2.）中的数值相互交换。

在图 3-33（a）中，当 X0=1 时，将 D0 中的数据和 D10 进行相互交换。这条指令一般采用脉冲执行型。如果采用连续执行型，则每个扫描周期都执行数据交换。

在图 3-33（b）中，当 X0=1 时，特殊辅助继电器 M8160=1，D10 及 D11 中的低 8 位和高 8 位数据相互交换。本例中的 32 位数据 D11、D10 为 H01020104，执行指令后，D11、D10 为 H02010401。

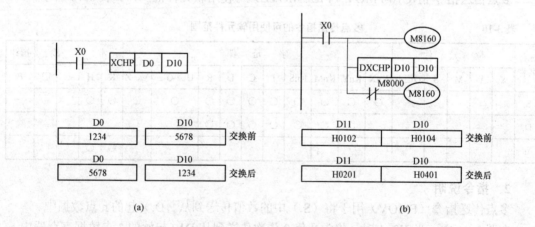

图 3-33　交换指令（XCH）说明
(a) 16 位数据交换；(b) 32 位数据交换

用特殊辅助继电器 M8160 对 32 位 DXCH（P）指令进行数据交换与 SWAP（FNC147）应用指令作用相同，通常情况下用 SWAP（FNC147）应用指令。

例 20　XCH 指令用于电动机定时正反转控制

控制一台电动机，按下起动按钮电动机正转 20s，再反转 10s 停止。

电动机控制梯形图如图 3-34 所示,PLC 初次运行时,初始化脉冲 M8002 将 K200 传送到 D0 中,将 K100 传送到 D1 中,D0 作为定时器 T0 的设定值。

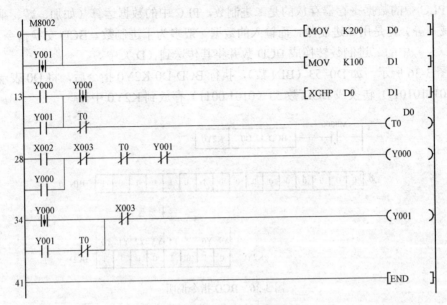

图 3-34 电动机控制梯形图

按下起动按钮 X2,Y0 得电自锁,电动机正转,Y0 触点闭合,T0 得电延时 20s,T0 动断触点断开 Y0,电动机停止正转,Y0 下降沿触点接通 Y1 线圈,电动机反转。

在下一个扫描周期,Y1 触点闭合,Y0 下降沿触点接通 XCHP 交换指令,将 D0 和 D1 中的数据进行交换,D0 中的数据变为 100,同时 T0 再次得电延时 10s 断开 Y1 线圈,电动机停止。

电动机停止后,Y1 下降沿触点接通 MOV 指令,将 D0、D1 中的数据还原。

3.9 BCD 交换指令（BCD）

1. 指令格式

BCD 交换指令格式如图 3-35 所示。

BCD 交换指令 FNC18-BCD（BINARY CODE TO DECIMAL）可使用软元件范围,如表 3-12 所示。

图 3-35 BCD 交换指令格式

表 3-12　　　　BCD 交换指令的可使用软元件范围

元件名称	位元件				字元件								常数			指针
	X	Y	M	S	D□.b	KnX	KnY	KnM	KnS	T	C	D	R	U□\G□	V、Z	K	H	E	"□"	P
S.						○	○	○	○	○	○	○	○	○					
D.							○	○	○	○	○	○	○	○	○				

2. 指令说明

BCD 指令用于将二进制数转换成 BCD 码。

在 PLC 中的数据寄存器存放的是二进制数，PLC 中的数据运算（如加、减、乘、除、加 1、减 1 等）也是用二进制数，而输入的数据一般多为十进制数。BCD 交换指令（BCD）用于将（S.）中的二进制数转换成 BCD 数并将其传送到（D.）中。

如图 3-36 所示，如 D0=53（BIN 数），执行 BCD D0 K2Y0 指令后，将 D0 表示的 BIN 数 53（01110101_2）转换成 BCD 数 53（0101 0011）存放到 K2Y0 中。

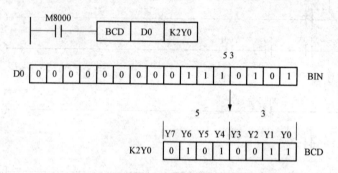

图 3-36 BCD 指令说明

使用 BCD（P）指令时，如转换结果超过 0~9999 范围，会出错。

使用 DBCD（P）指令时，如转换结果超过 0~99999999 范围，会出错。

3.10 BIN 交换指令（BIN）

1. 指令格式

BIN 交换指令格式如图 3-37 所示。

BIN 交换指令 FNC19-BIN（BINARY）可使用软元件范围，如表 3-13 所示。

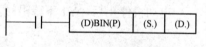

图 3-37 BIN 交换指令格式

表 3-13　　　　　　　　　BIN 交换指令的可使用软元件范围

元件名称	位元件				字元件								常数			指针
	X	Y	M	S	D□.b	KnX	KnY	KnM	KnS	T	C	D	R	U□\G□	V、Z	K	H	E	"□"	P
S.						○	○	○	○	○	○	○	○	○	○					
D.							○	○	○	○	○	○	○	○	○					

2. 指令说明

BIN 指令用于将 BCD 码转换成二进制数。

在大多数情况下，PLC 接收的外部数据为 BCD 数，如用 BCD 数字开关输入数据等，而 PLC 中的数据寄存器只能存放二进制数，所以需要将 BCD 数转换成二进制数。BIN 交换指令（BIN）用于将（S.）中的 BCD 数转换成二进制数并将其传送到（D.）中。

如图 3-38 所示，如 K2X0 为两个数字开关，输入两位 BCD 数 53，执行 BIN K2X0 D0 指令后，将 K2X0 中的 53 转换成 BIN 数存放到 D0 中。D0=53（二进制数 11110101_2）。

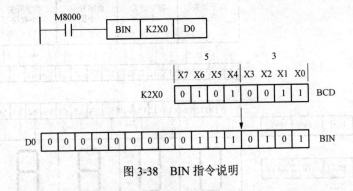

图 3-38 BIN 指令说明

使用 BIN（P）指令时，如转换结果超过 0～9999 范围，会出错。
使用 DBIN（P）指令时，如转换结果超过 0～99999999 范围，会出错。
如果（S.）中的数据不是 BCD 数，则 M8067（运算错误）=1，M8068（运算错误锁存）将不工作。

例 21 用数字开关设定计数器的设定值

设计一个计数器，对 X0 的接通次数计数，其计数设定值由两位 BCD 数字开关设定，设定值的范围为 1～99，当计数器达到设定值时，Y0 得电，当 X2 动作时计数器复位，Y0 失电。

由两位 BCD 数字开关设定计数器设定值的梯形图如图 3-39 所示。数据寄存器 D0 只能存放二进制数，而两位 BCD 码数字开关输入的是两位 BCD 码，所以要将 BCD 数转换成 BIN 数。D0 作为计数器 C0 的设定值，当计数器 C0 的计数值达到 D0 的设定值时，C0 的触点闭合，Y0 得电，当 X2 动作时计数器复位，Y0 失电。

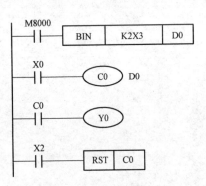

图 3-39 由两位 BCD 数字开关设定计数器设定值的梯形图

例 22 定时器的设定值间接设定和当前值显示

用 4 位 BCD 码数字开关间接设定定时器的设定值，用 4 位七段数码管显示定时器的当前值。

如图 3-40 所示为一个间接设定的定时器，其定时器 T0 的设定值由 4 个 BCD 码数字开关经输入继电器 X0～X17（K4X0）存放到数据寄存器 D0 中，由于数据寄存器只能存放 BIN 码，所以必须将 4 位 BCD 码数字转换成 BIN 码。D0 中的值作为定时器 T0 的设定值。

用 4 位七段数码管显示定时器 T0 的当前值，T0 中的当前值是以 BIN 码存放的，而 4 位七段数码管的显示要用 BCD 码，所以必须将 T0 的 BIN 码转换成 BCD 码输出，由输出继电器 Y0～Y17（K0Y0）经外部 BCD 译码电路驱动 4 位七段数码管。

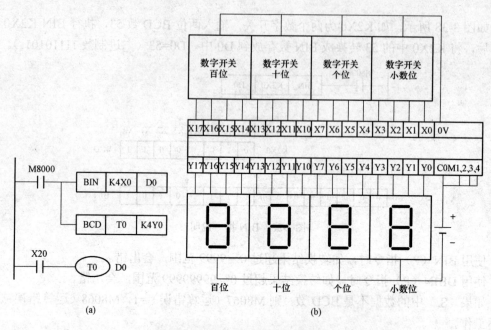

图 3-40 BIN、BCD 指令应用举例
(a) 梯形图；(b) PLC 接线图

第 4 章

四则逻辑运算

四则逻辑运算指令如表 4-1 所示。在程序中,四则逻辑运算指令主要用于二进制整数的加、减、乘、除运算及字元件的逻辑运算等。这类应用指令也是比较常用的指令。

表 4-1　　　　　　　　　　四则逻辑运算指令

功能号	指令格式				程序步	指令功能
FNC020	(D) ADD (P)	(S1.)	(S2.)	(D.)	7/13 步	BIN 加法
FNC021	(D) SUB (P)	(S1.)	(S2.)	(D.)	7/13 步	BIN 减法
FNC022	(D) MUL (P)	(S1.)	(S2.)	(D.)	7/13 步	BIN 乘法
FNC023	(D) DIV (P)	(S1.)	(S2.)	(D.)	3/5 步	BIN 除法
FNC024	(D) INC (P) ▲	(D.)			3/5 步	BIN 加 1
FNC025	(D) DEC (P) ▲	(D.)			7/13 步	BIN 减 1
FNC026	(D) WAND (P)	(S1.)	(S2.)	(D.)	7/13 步	逻辑字与
FNC027	(D) WOR (P)	(S1.)	(S2.)	(D.)	7/13 步	逻辑字或
FNC028	(D) WXOR (P)	(S1.)	(S2.)	(D.)	7/13 步	逻辑字异或
FNC029	(D) NEG (P) ▲	(D.)			3/5 步	求补码

注　表中标注▲的为需要注意的指令。

4.1 BIN 加法指令(ADD)

1. 指令格式

BIN 加法指令格式如图 4-1 所示。

BIN 加法指令 FNC20-ADD(ADDITION)可使用软元件范围,如表 4-2 所示。

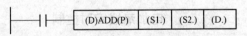

图 4-1　BIN 加法指令格式

表 4-2　　　　　　BIN 加法指令的可使用软元件范围

元件名称	位元件				字元件								常数			指针
	X	Y	M	S	D□.b	KnX	KnY	KnM	KnS	T	C	D	R	U□\G□	V、Z	K	H	E	"□"	P
S1.						○	○	○	○	○	○	○	○	○	○	○	○	○		
S2.						○	○	○	○	○	○	○	○	○	○	○	○	○		
D.							○	○	○	○	○	○	○	○	○					

2. 指令说明

BIN 加法指令（ADD）用于源元件（S1.）和（S2.）二进制数相加，结果存放在目标元件（D.）中，如图 4-2 所示。

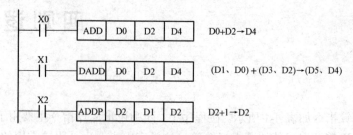

图 4-2　加法指令（ADD）说明

当执行条件 X0=1 时，将 D0+D2 的值存放在 D4 中。例如，若 D0 中的值为 5，D2 中的值为 -8，则执行 ADD 的结果是 D4 中的值为 -3。

当执行条件 X1=1 时，执行 32 位加法，将（D1、D0）中的 32 位二进制数和（D3、D2）中的 32 位二进制数相加，结果存放在（D5、D4）中。

当执行条件 X2=1 时，将 D2 的值加 1，结果还存放在 D2 中。该指令为脉冲型指令，只执行一个扫描周期。如果用 ADD 指令，则每个扫描周期都加 1。

加法指令和减法指令在执行时要影响 3 个常用标志位，即 M8020 零标志、M8021 借位标志、M8022 进位标志。当运算结果为 0 时，零标志 M8020 置 1，运算结果超过 32767（16 位）或 2147483647（32 位），则进位标志 M8022 置 1；运算结果小于 -32768（16 位）或 -2147483648（32 位），则借位标志 M8021 置 1。

M8020 零标志、M8021 借位标志、M8022 进位标志与数值正负之间的关系如图 4-3 所示。

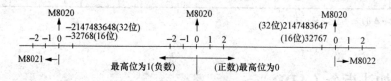

图 4-3　位标志与数值正负之间的关系

例 23　电加热器定时控制

用一个按钮 X2 控制一台电加热器，按一次按钮 X2，电加热器通电，再按一次按钮 X2，电加热器失电。用两个按钮 X0、X1 控制电加热器的通电时间，每按一次按钮 X0，通电时间增加 1s，每按一次按钮 X1，通电时间增加 10s。

如要重新设定，可将两个按钮 X0、X1 同时按下去时，定时器的延时时间为 0，定时器的延时时间为 0 时由按钮 X2 控制电加热器的通电和失电。

电加热器定时控制梯形图如图 4-4 所示，按一次按钮 X2，执行一次 ALTP 指令，Y0=1，加热器通电，再按一次按钮 X2，Y0=0，加热器失电。由于此时 D0=0，T0 线圈不能得电，对 Y0 没有延时控制作用。

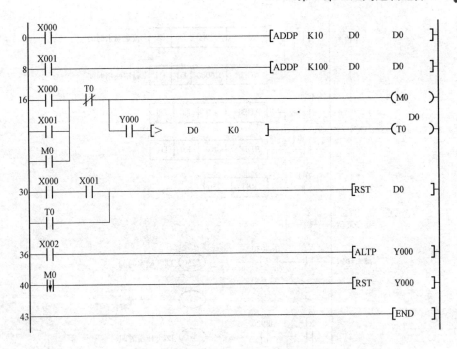

图 4-4 电加热器定时控制梯形图

每按一次按钮 X0，执行一次 ADDP K10 D0 D0 指令，D0 中的值增加 10，D0 为定时器 T0 的设定值，相当于增加 1s。

每按一次按钮 X1，执行一次 ADDP K100 D0 D0 指令，D0 中的值增加 100，相当于增加 10s。

如设定通电时间为 23s，可按 2 次按钮 X1，按 3 次按钮 X0。

如此时 Y0=1，当按下按钮 X0 或 X1 时，M0 线圈得电自锁，由于此时 D0>0，T0 得电延时。Y0 线圈由定时器控制得电时间，当 T0 达到设定值 D0 时，T0 动断触点断开 T0 和 M0，T0 触点使 D0 复位，M0 下降沿触点使 Y0 复位，加热器失电。

如果在 Y0 得电时，同时按下按钮 X0 和 X1，D0 复位，T0 失电，Y0 不再受 T0 控制，Y0 将长时得电。可再按一次 X2，使 Y0 失电，也可以再按按钮 X0 和 X1，重新设置 D0 的延时时间。

例 24 投币洗车机

一台投币洗车机，用于司机清洗车辆，司机每投入 1 元硬币可以使用 10min 时间，其中喷水时间为 5min。

投币洗车机的控制梯形图如图 4-5 所示。

用 D0 存放喷水时间，用 100ms 累计型定时器 T250 来累计喷水时间，用 100ms 通用型定时器 T0 来累计使用时间，用 D1 存放使用时间。PLC 初次运行时由 M8002 执行 ADDP 指令将 0 和 0 相加，将结果 0 分别传送到 D0 和 D1 中，由于执行 ADDP 指令结果是 0，所以 M8020=1，M8020 动断触点断开，按喷水按钮无效。

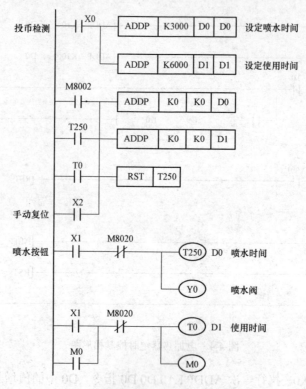

图 4-5 投币洗车机的控制梯形图

当投入一元硬币时，X0 触点接通一次，向 D0 数据寄存器增加 3000（5min）。作为喷水的时间设定值，同时向 D1 的值增加 6000（10min）作为司机限时使用时间。由于此时执行 ADDP 的结果不为 0，所以 M8020=0，M8020 动断触点闭合，当司机按下喷水按钮 X1 时，T250 开始计时。当司机松开喷水按钮时，T250 保持当前值不变。当喷水按钮再次被按下时，T250 接着前一次计时时间继续计时，当累计达到 D0 中的设定值时，T250 动合触点闭合，将 D0、D1 清 0，T250 复位。M8020=1，M8020 动断触点断开，Y0 线圈失电，结束使用。

当喷水按钮 X1 动作时，T0 接通并由 M0 得电自锁，喷水累计时间未到 5s，但达到使用时间 10s，T0 动作，将 D0、D1 清 0，结束使用。

注意：由于定时器最长可以设定 3276.7s，约 54min。因此每次最多只能投 5 枚一元硬币。如果要增加延时时间，可以编程使用长延时定时器。

4.2 BIN 减法指令（SUB）

1. 指令格式

BIN 减法指令格式如图 4-6 所示。
BIN 减法指令 FNC21-SUB（SUBTRACTION）可使用软元件范围，如表 4-3 所示。

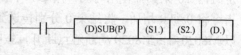

图 4-6 BIN 减法指令格式

表 4-3　　　　　　　　　BIN 减法指令的可使用软元件范围

元件名称	位元件				字元件								常数			指针
	X	Y	M	S	D□.b	KnX	KnY	KnM	KnS	T	C	D	R	U□\G□	V、Z	K	H	E	"□"	P
S1.						○	○	○	○	○	○	○	○	○	○	○	○			
S2.							○	○	○	○	○	○	○	○	○	○	○			
D.							○	○	○	○	○	○	○	○	○					

2. 指令说明

BIN 减法指令（SUB）用于源元件（S1.）和（S2.）二进制数相减，结果存放在目标元件（D.）中，如图 4-7 所示。

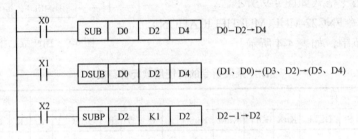

图 4-7　减法指令（SUB）说明

当执行条件 X0=1 时，将 D0-D2 的值存放在 D4 中。例如，若 D0 中的值为 5，D2 中的值为-8，则执行 SUB 后的结果是 D4 中的值为 13。

当执行条件 X1=1 时，执行 32 位减法，将（D1、D0）中的 32 位二进制数和（D3、D2）中的 32 位二进制数相减，结果存放在（D5、D4）中。

当执行条件 X2=1 时，将 D2 的值减 1，结果存放在 D2 中。该指令为脉冲型指令，只执行一个扫描周期。

M8020 零标志、M8021 借位标志、M8022 进位标志对减法的影响和加法指令相同。

例 25 倒计时显示定时器 T0 的当前值

倒计时显示定时器 T0 的当前值控制梯形图如图 4-8 所示。

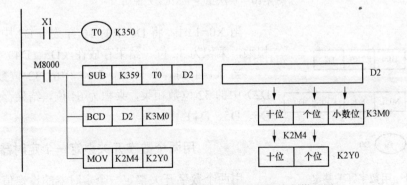

图 4-8　倒计时显示定时器 T0 的当前值控制梯形图

定时器 T0 的设定值为 35.0s，计时单位为 0.1s，不显示小数位，所以用 359−T0 作为倒计时数，当 T0=0 时，D2=359，显示前两位数即为 35；当 T0=K350 时，D2=359−T0=359−350=009，显示前两位数即为 0。

D2 中的数为 BIN 码，由 BCD 指令将其变换成 BCD 码存放在 K3M0 中，其中 K2M4 中存放的是十位和个位数，将 K2M4 中的数传送到 K2Y0，以显示倒计时数 35～0s。

4.3 BIN 乘法指令（MUL）

1. 指令格式

BIN 乘法指令格式如图 4-9 所示。
BIN 乘法指令 FNC22-MUL（MULTIPLICATION）可使用软元件范围，如表 4-4 所示。

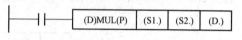

图 4-9　BIN 乘法指令格式

表 4-4　　　　　BIN 乘法指令的可使用软元件范围

元件名称	位元件				字元件									常数			指针
	X	Y	M	S	D□.b	KnX	KnY	KnM	KnS	T	C	D	R	U□\G□	Z	K	H	E	"□"	P
S1.					○	○	○	○	○	○	○	○	○	○	○	○	○	
S2.					○	○	○	○	○	○	○	○	○	○	○	○	○	
D.						○	○	○	○	○	○	○	①					

①仅 16 位运算时可以，32 位运算时不可以。

2. 指令说明

BIN 乘法指令（MUL）用于（S1.）和（S2.）相乘，结果存放在（D.）中，如图 4-10 所示。

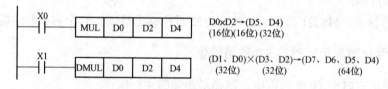

图 4-10　乘法指令（MUL）说明

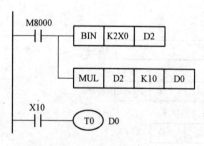

图 4-11　用数字开关整定定时器的设定值

当 X0=1 时，将 D0 中的 16 位数与 D2 中的 16 位数相乘，乘积为 32 位，结果存放在（D5、D4）中。

当 X1=1 时，将（D1、D0）中的 32 位数与（D3、D2）中的 32 位数相乘，乘积为 64 位，结果存放在（D7、D6、D5、D4）中。

例 26　用两个数字开关整定一个定时器的设定值

用两个数字开关整定一个定时器的设定值。要求设定值范围在 1～99s 之间。其梯形图如图 4-11 所示，如两个数字开关的设定值为 35，35 为 BCD 码，由 BIN 指令转换成 BIN 存放到 D2 中，再将 D2 中数值 35×10 传送到 D0，则 D0 中的 350 即为 T0 定时器的设定值 35s。

4.4 BIN 除法指令（DIV）

1. 指令格式

BIN 除法指令格式如图 4-12 所示。

BIN 除法指令 FNC23-DIV（DIVISION）可使用软元件范围，如表 4-5 所示。

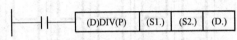

图 4-12　BIN 除法指令格式

表 4-5　　　　　　　　　BIN 除法指令的可使用软元件范围

元件名称	位元件				字元件								常数			指针
	X	Y	M	S	D□.b	KnX	KnY	KnM	KnS	T	C	D	R	U□\G□	Z	K	H	E	"□"	P
S1.					○	○	○	○	○	○	○	○	○	○	○	○	○		
S2.					○	○	○	○	○	○	○	○	○	○	○	○	○		
D.						○	○	○	○	○	○	○	○	①					

①仅 16 位运算时可以，32 位运算时不可以。

2. 指令说明

BIN 除法指令（DIV）用于（S1.）除以（S2.），商和余数存放在（D.）中，如图 4-13 所示。

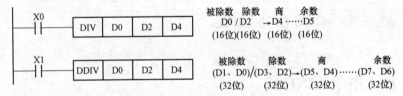

图 4-13　除法指令（DIV）的说明

当 X0=1 时，将 D0 中的 16 位数与 D2 中的 16 位数相除，商存放在 D4 中，余数存放在 D5 中。

当 X1=1 时，将（D1、D0）中的 32 位数与（D3、D2）中的 32 位数相除，商存放在（D5、D4）中，余数存放在（D7、D6）中。

如果除数为 0，则说明运算错误，不执行指令。若（D.）为位元件，则得不到余数。

例 27　用时分秒显示计时值

通常在 PLC 中用定时器或计数器进行计时，但是其计时值读起来不直观，可以用程序转换成时分秒来阅读，如图 4-14 所示。

当 X0=1 时，计数器 C0 对秒时钟 M8013 计数，计数值为 3600s，C0 为循环计数器，当达到设定值 3600 时复位，又从 0 开始重复计数，C0 触点每隔 3600s（1h）发 1 个脉冲，计数器 C1 对 C0 的脉冲计数，每计数 1 次为 1h，C1 计数值为 24h（一天）。

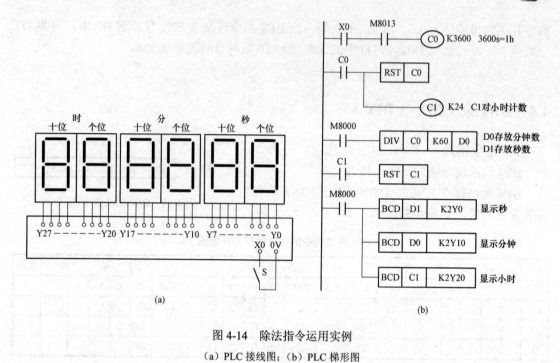

图 4-14 除法指令运用实例

(a) PLC 接线图;(b) PLC 梯形图

用除法指令 DIV 对 C0 除以 60,商存放在 D0 中,D0 中的值为分钟数,余数放在 D1 中,D1 中的值为秒数,C1 中的值为小时数。

D0、D1、C1 中的值为 BIN 值,如用七段数码管显示,可用 BCD 指令将其转换成十进制数。

如果要显示天数,可以对 C1 进行计数。

4.5 BIN 加 1 指令(INC)

1. 指令格式

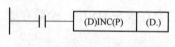

图 4-15 BIN 加 1 指令格式

BIN 加 1 指令格式如图 4-15 所示。

BIN 加 1 指令 FNC24-INC(INCREMENT)可使用软元件范围,如表 4-6 所示。

表 4-6　　　　　　　　BIN 加 1 指令的可使用软元件范围

元件名称	位元件				字元件								常数			指针
	X	Y	M	S	D□.b	KnX	KnY	KnM	KnS	T	C	D	R	U□\G□	V、Z	K	H	E	"□"	P
D.							○	○	○	○	○	○	○	○	○					

2. 指令说明

BIN 加 1 指令(INC)用于将(D.)中的数值加 1,结果仍存放在(D.)中,如图 4-16 所示。当 X0=1 时,D0 中的数值加 1。

若用连续指令 INC 时,则每个扫描周期加 1。

在进行 16 位运算时,32767 再加 1 就变为-32768,注意这一点和加法指令不同,其标志 M8022 不动作。同样,在 32 位运算时,2147483647 再加 1 就变为-2147483648,标志 M8022 也不动作。

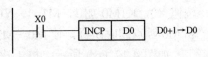

图 4-16 加 1 指令(INC)说明

例 28 信号的登录与撤销

在用 PLC 对电气设备进行控制时,需要将某一种信号进行登录,以便 PLC 能以给定的信号进行动作,并且要求也能对已登录的信号给予撤销。例如,电梯的控制,乘客先按下到 3 楼的按钮,电梯将行至 3 楼停止,但是乘客发现按错了,应该到 5 楼,为了避免到 3 楼停止,可以再按按钮将到 3 楼的信号撤销,再按到 5 楼的按钮。

如图 4-17 所示,设 X0 为到 3 楼的按钮,X1 为 3 楼的行程开关。正常情况下,按一下按钮 X0,Y0=1,到 3 楼的信号灯亮,电梯运行到 3 楼,碰到 3 楼行程开关 X1,使 Y0=0,消除到 3 楼的信号,电梯停在 3 楼。

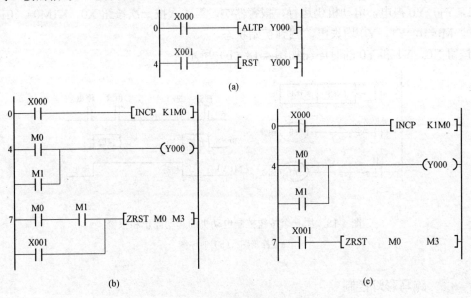

图 4-17 信号的登录与撤销梯形图
(a)按 1 次按钮 X0,撤销信号 Y0;(b)按 2 次按钮 X0,撤销信号 Y0;
(c)按 3 次按钮 X0,撤销信号 Y0

如图 4-17(a)所示,按 1 次按钮 X0,Y0=1 登录信号,再按 1 次按钮 X0,撤销信号 Y0,使 Y0=0。

按一下按钮 X0,Y0=1,到 3 楼的信号灯亮,电梯运行到 3 楼,碰到 3 楼行程开关 X1,使 Y0=0,消除到 3 楼的信号。

如图 4-17(b)所示,按 1 次按钮 X0,Y0=1 登录信号,再按 2 次按钮 X0,撤销信号 Y0,Y0=0。

按一下按钮 X0,K1M0 加 1,M0=1,Y0=1。如需撤销信号,需按 2 次按钮,第 1 次按按钮 X0，K1M0 加 1，M1=1，Y0=1，再按 1 次按钮 X0，K1M0 加 1，M1=1，M0=1，M1 和 M0 触点同时闭合，使 M0~M3 复位，M1 和 M0 触点同时断开使 Y0=0。

如图 4-17（c）所示，按 1 次按钮 X0，Y0=1 登录信号，再按 3 次按钮 X0，撤销信号 Y0，Y0=0。

按一下按钮 X0，K1M0 加 1，M0=1，Y0=1。如需撤销信号，需按 3 次按钮，第 1 次按按钮 X0，K1M0 加 1，M1=1，Y0=1，再按 1 次按钮 X0，K1M0 加 1，M1=1，M0=1，Y0=1，第 3 次按钮 X0，K1M0 加 1，M1=0，M0=0，M1 和 M0 触点同时断开，Y0=0。

例 29 用一个按钮控制电动机的起动停止和报警

用一个按钮控制电动机的起动停止和报警，第 1 次按按钮，报警，第 2 次按按钮，消除报警，电动机起动，第 3 次按按钮，报警，第 4 次按按钮，消除报警，电动机停止。

电动机控制梯形图如图 4-18（a）所示，初始状态时 K1M0=0，按一次按钮 X0，执行一次 INCP 加 1 指令，K1M0=（0001）$_2$，M0=1，Y0 得电报警。再按一次按钮 X0，K1M0=（0010）$_2$，M1=1，Y1 得电，电动机起动。第 3 次按一次按钮 X0，K1M0=（0011）$_2$，M1=1，M0=1，Y1、Y0 得电，电动机仍运行，报警器响。第 4 次按一次按钮 X0，K1M0=（0100）$_2$，M1=0，M0=0，Y1、Y0 均失电，回到初始状态。

按钮 X0、Y1 和 Y0 的时序图如图 4-18（b）所示。

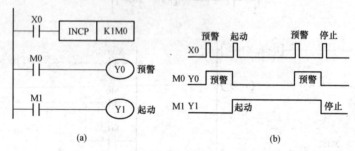

图 4-18 用一个按钮控制电动机的起动停止和报警
（a）梯形图；（b）时序图

例 30 跑马彩灯控制

控制 4 组（个）跑马彩灯，4 个彩灯依次连接于 PLC 的 Y0~Y3，要求每隔 0.5s 亮一个灯，并依次循环点亮。

采用加 1 指令 INC，对 K1M0 进行加 1 控制，定时器 T0 每隔 0.5s 发一个脉冲，对加一指令 INC 进行加 1 计数。当计数值 K1M0=0 时，Y0=1；K1M0=1 时，Y1=1；K1M0=2 时，Y2=1；K1M0=3 时，Y3=1。据此列出真值表如表 4-7 所示。

表 4-7 跑马彩灯控制真值表

K1M0				计数值	K1Y0			
M3	M2	M1	M0		红灯 Y3	黄灯 Y2	蓝灯 Y1	绿灯 Y0
0	0	0	0	0	0	0	0	1
0	0	0	1	1	0	0	1	0

续表

K1M0				计数值	K1Y0			
M3	M2	M1	M0		红灯 Y3	黄灯 Y2	蓝灯 Y1	绿灯 Y0
0	0	1	0	2	0	1	0	0
0	0	1	1	3	1	0	0	0

由真值表可得出逻辑表达式：

$$Y0 = \overline{M1}\,\overline{M0}$$
$$Y1 = \overline{M1}\,M0$$
$$Y2 = M1\,\overline{M0}$$
$$Y3 = M1M0$$

根据真值表所表达的逻辑关系，可画出 Y0～Y3 线圈和 M1、M0 触点的梯形图如图 4-19（a）所示。

当 X0=1 时，T0 得电开始延时，同时加 1 指令在 X0 的上升沿对 K1M0 加 1，K1M0 的值为 1，即 M1=0，M0=1，结果 Y1=1，定时器 T0 每隔 0.5s 断开一次，并对 K1M0 加 1，M1、M0 的值依次是 01、10、11、00，并不断循环。结果 Y0～Y3 每隔 0.5s 得电一个，时序图如图 4-19（b）所示。

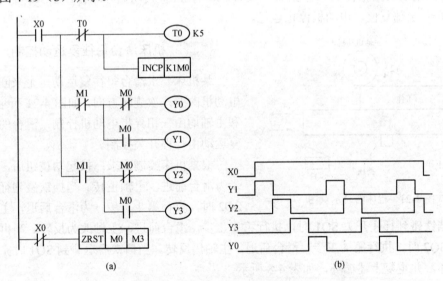

图 4-19 跑马彩灯梯形图及时序图
(a)梯形图；(b)时序图

例 31 电动机定时正反转控制

控制一台电动机，要求正转 5s→停止 5s→反转 5s→停止 5s，并自动循环运行，直到停止运行为止。

由控制要求可知，电动机有 4 种状态：正转、停止、反转、停止，这 4 种状态可以用计数值 0、1、2、3 来分别控制，如图 4-20 所示。用 INCP K1M0 组成 1 个计数器，计数值用 4 个位元件 K1M0 表示，根据二进制数的特点，其中 M1、M0 所表达的数只有 00、01、10、11 这 4 种，用这 4 个二进制数分别控制电动机的 4 种状态，可得到如图 4-20 所示的控制梯形图。

 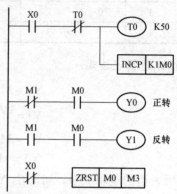

图 4-20　电动机定时正转停、反转停自动循环运行

初始状态时，计数值 K1M0=0，电动机停止，当 X0=1 时，执行一次 INCP K1M0 指令，计数值加 1，K1M0=1，Y0=1，电动机正转；之后定时器 T0 每隔 5s 动作一次，K1M0 的计数值加 1，电动机按正转 5s→停止 5s→反转 5s→停止 5s 自动循环运行。当 X0=0 时，计数值 K1M0=0 全部复位，电动机停止运行。

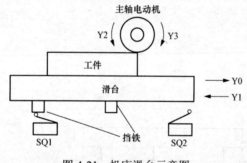

图 4-21　机床滑台示意图

例 32　机床滑台每往复运动控制

某机床要求滑台每往复运动一个来回，主轴电动机改变一次旋转方向，如图 4-21 所示。滑台和主轴均由三相异步电动机控制，滑台的自动往复运动由行程开关控制。

根据机床控制要求：按起动按钮后，第 1 工步为滑台前进，主轴正转。当挡铁碰到行程开关 SQ2 时，执行第 2 工步，为滑台后退，主轴仍正转。当挡铁碰到行程开关 SQ1 时，执行第 3 工步，滑台前进，主轴改为反转。当再碰到行程开关 SQ2 时，执行第 4 工步，滑台后退，主轴仍反转。当挡铁后退碰到 SQ1 时完成一个工作循环，并重复上述循环，如表 4-8 所示。

表 4-8　　　　　　　　　　机床滑台运行状态表

计数值		工步（计数值）	主轴		滑台	
M501	M500		反转 Y3	正转 Y2	后退 Y1	前进 Y0
0	0	0	0	1	0	1
0	1	1	0	1	1	0
1	0	2	1	0	0	1
1	1	3	1	0	1	0

由表 4-8 可知，Y3 和 Y1 正好对应两位二进制数，Y2=$\overline{Y3}$，Y0=$\overline{Y1}$，所以用计数的方法编程比较简单。如图 4-22 所示，左、右行程开关并连接在 X0 输入端，滑台在运动时，挡铁每碰到一次行程开关，对 K1M500 计一次数，由计数值可知，Y3=M501，Y1=M500。由以上逻辑关系可得到如图 4-22（b）所示的控制梯形图。

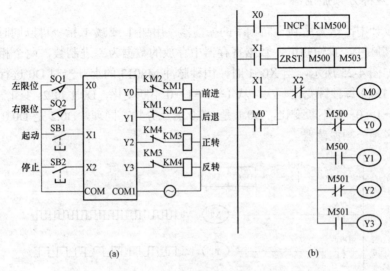

图 4-22　滑台自动往复主轴双向控制接线图和控制图
（a）PLC 接线图；（b）电动机起停梯形图

4.6　BIN 减 1 指令（DEC）

1. 指令格式

BIN 减 1 指令格式如图 4-23 所示。

BIN 减 1 指令 FNC25-DEC（DECREMENT）可使用软元件范围，如表 4-9 所示。

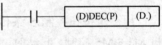

图 4-23　BIN 减 1 指令格式

表 4-9　　　　　　　　　BIN 减 1 指令的可使用软元件范围

元件名称	位 元 件				字 元 件								常 数			指针
	X	Y	M	S	D□.b	KnX	KnY	KnM	KnS	T	C	D	R	U□\G□	V、Z	K	H	E	"□"	P
D.						○	○	○	○	○	○	○	○	○					

2. 指令说明

减 1 指令（DEC）用于将（D.）中的数值减 1，结果仍存放在（D.）中，如图 4-24 所示。当 X0=1 时，D0 中的数值减 1。

若用连续指令 DEC 时，则每个扫描周期都减 1。

在进行 16 位运算时，−32768 再减 1 就变为 32767，注意这一点和减法指令也不同，其标志 M8021 不动作。

同样，在 32 位运算时，−2147483648 再减 1 就变为

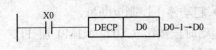

图 4-24　减 1 指令（DEC）说明

2147483647，标志 M8021 也不动作。

用加 1 指令（INC）或减 1 指令（DEC）可以组成加计数或减计数的计数器，可以利用这种计数器的当前值对电路进行控制，十分方便。

例 33 多种分频振荡器

在程序设计中，常要用到不同频率的振荡器，用加 1 或减 1 指令可以同时获得多种不同频率的振荡脉冲。我们知道，数据寄存器中存放的数据为二进制数，两个相邻的数之间相差 2 倍。如图 4-25 所示，当 X0=1 时，由秒脉冲 M8013 的上升沿对 D0 进行减 1 控制。D0 的最低位 D0.0 每秒钟变化一次，从 1→0→1→0 不断变化，D0.1 每 2s 变化一次，从 1→1→0→0→1→1→0→0 不断变化，D0.1 是 D0.0 的二分频。同理，D0.2 是 D0.0 的 4 分频，由此可得出多种分频振荡器。

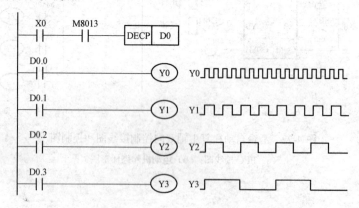

图 4-25 多种分频振荡器

例 34 5 条传送带的顺序起动，逆序停止控制

用一个按钮控制 5 条传送带的顺序起动，逆序停止控制。传送带由 5 个三相异步电动机 M1～M5 控制。起动时，按下按钮，电动机按照从 M1 到 M5 每隔 5s 起动一台。停止时，再按下按钮，电动机按照从 M5 到 M1 每隔 5s 停止一台，如图 4-26 所示。

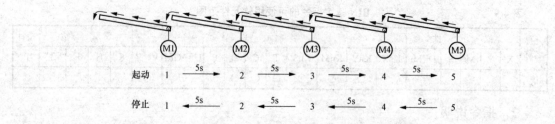

图 4-26 5 条传送带的顺序控制

PLC 外部接线图如图 4-27（a）所示。接触器 KM1～KM5（Y0～Y4）分别控制电动机 M1～M5，为了节省输入点，此时只采用一个按钮（X0）起动停止控制电动机。

5 台电动机顺起逆停梯形图如图 4-27（b）所示。起动时按按钮（X0），K1M0 加 1，M0=1，X0 上升沿动断触点断开一个扫描周期，T0 开始延时。

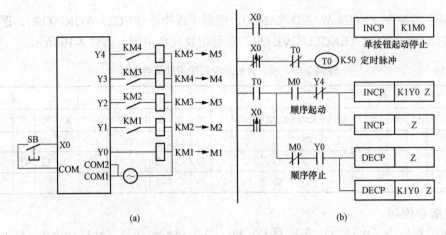

图 4-27 5 条传送带的顺序控制
(a) PLC 外部接线图；(b) 5 台电动机顺起逆停梯形图

X0 上升沿动合触点接通一个扫描周期，K1Y0Z 加 1，初始，变址寄存器 Z=0，K1Y0 Z 加 1，K1Y0 Z=K1Y0，使 Y3、Y2、Y1、Y0=（0001）$_2$，即 Y0=1，第 1 台电动机起动，随之 Z 加 1，Z=1。

5s 时，T0 发出一个脉冲，K1Y0 Z=K1Y1，加 1，使 Y4、Y3、Y2、Y1=（0001）$_2$，即 Y1=1，第 2 台电动机起动，Z 加 1，Z=2……。

T0 每隔 5s 发出一个脉冲，起动一台电动机，全部电动机起动，Y4、Y3、Y2、Y1、Y0=（11111）$_2$，之后 Z=5。

停止时，再按下按钮（X0），K1M0 加 1，M0=0，X0 上升沿动断触点断开一个扫描周期，T0 开始延时。X0 上升沿动合触点接通一个扫描周期，执行 DECP 指令，Z 先减 1，Z=4。K1Y0Z 减 1，Y7、Y6、Y5、Y4=（0000）$_2$，即 Y4=0，第 5 台电动机先停止。过 5s 时，T0 发出一个脉冲，Z=3，K1Y0 Z 减 1，Y6、Y5、Y4、Y3=（0000）$_2$，即 Y3=0，第 4 台电动机停止，T0 每隔 5s 发出一个脉冲，Z 减 1，停止一台电动机，全部电动机停止后 Z=0。

4.7 逻辑字与、或、异或指令（WAND、WOR、WXOR）

1. 指令格式

逻辑字与、或、异或指令格式如图 4-28 所示。

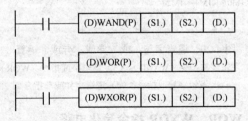

图 4-28 逻辑字与、或、异或指令格式

逻辑字与指令 FNC26-WAND（AND）、逻辑字或指令 FNC27-WOR（OR）、逻辑字异或指令 FNC28-WXOR（EXCLUSIVE OR）可使用软元件范围，如表 4-10 所示。

表 4-10　　　　　　　　逻辑字与、或、异或指令可使用软元件范围

元件名称	位元件				字元件								常数			指针
	X	Y	M	S	D□.b	KnX	KnY	KnM	KnS	T	C	D	R	U□\G□	V、Z	K	H	E	"□"	P
S1.						○	○	○	○	○	○	○	○	○	○	○	○	○		
S2.						○	○	○	○	○	○	○	○	○	○	○	○	○		
D.							○	○	○	○	○	○	○	○	○					

2. 指令说明

逻辑字与指令（WAND）用于（S1.）和（S2.）进行与运算，结果存放在（D.）中。

逻辑字或指令（WOR）用于（S1.）和（S2.）进行或运算，结果存放在（D.）中。

逻辑字异或指令（WXOR）用于（S1.）和（S2.）进行异或运算，结果存放在（D.）中。

对两个字（S1.）和（S2.）的逻辑字异或非运算，可以先将（S1.）和（S2.）进行异或运算，结果存放在（D.）中，再将（D.）取反，即可得到字异或非运算的结果。逻辑字与、或、异或非运算如图 4-29 所示。

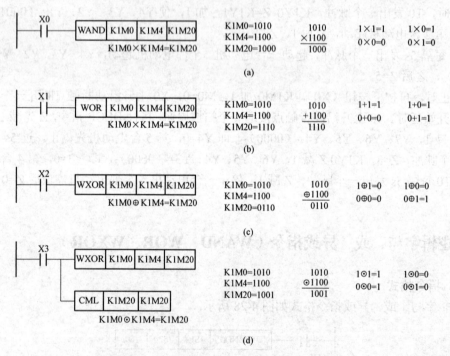

图 4-29　逻辑字与、或、异或、异或非运算

（a）逻辑字与指令（WAND）；（b）逻辑字或指令（WOR）；
（c）逻辑字异或指令；（d）逻辑字异或非指令

例 35　用 WAND、WOR、WXOR 指令简化电路

图 4-30（a）是由 WAND 指令来代替 4 支两接点串联输出回路，用于简化电路。如果

使用 DWAND 指令，则可以最多代替 32 支两接点串联输出回路。

图 4-30（b）是由 SUM 指令和 WXOR 指令来代替 4 支 ALT 交替输出回路，最多可以代替 16 支交替输出回路。如果将图 4-30（b）所示梯形图中的 K1 改为 K4，则即可用 16 个按钮 X0～X15 控制 16 台电动机 Y0～Y15 的起动停止。

图 4-30（c）是由 WOR 指令来代替 4 支置位输出回路。如果使用 DWOR 指令，则可以最多代替 32 支置位输出回路。

图 4-30（d）是由 CML 和 WAND 指令来代替 4 支复位输出回路。如果使用 DCML 和 DWAND 指令，则可以最多代替 32 支复位输出回路。

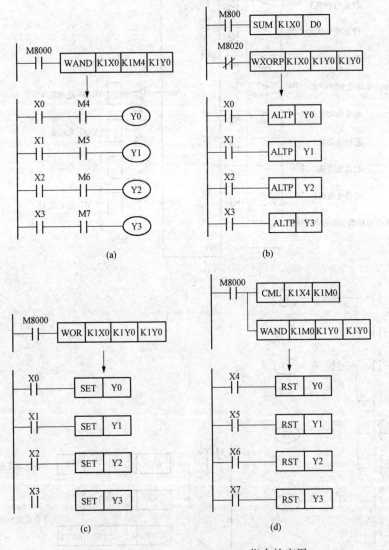

图 4-30 WAND、WOR、WXOR 指令的应用
（a）由 WAND 指令代替 4 支两接点串联输出回路；（b）由 SOM 指令和 WXOR 指令代替 4 支 ALT 交替输出回路；（c）由 WOR 指令代替 4 支置位输出回路；（d）由 CML 指令和 WAND 指令代替 4 支复位输出回路

例 36 用按钮控制 4 台电动机（用 WOR 和 WAND 指令）

要求 4 台电动机能同时起动、同时停止，也能每台电动机单独起动、单独停止。

4 台电动机控制 PLC 接线图之一如图 4-31 所示，SB1 为 4 台电动机同时起动按钮，SB2～SB5（X0～X3）分别为电动机 1～4 的起动按钮。SB6 为 4 台电动机同时停止按钮，SB7～SB10（X4～X7）分别为电动机 1～4 的停止按钮。

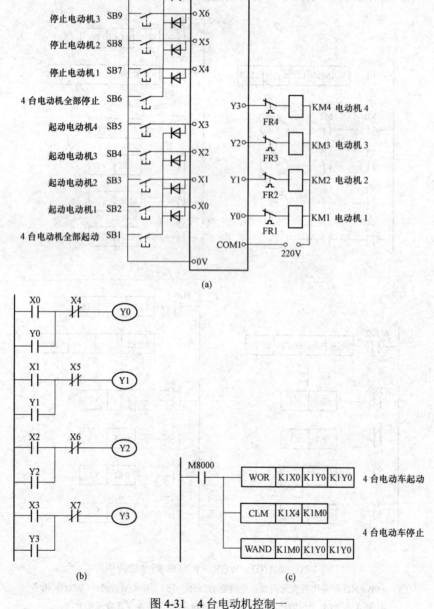

图 4-31 4 台电动机控制一
(a) 4 台电动机控制 PLC 接线图；(b) 4 台电动机控制梯形图（基本指令）；
(c) 4 台电动机控制梯形图（应用指令）

4台电动机控制梯形图(基本指令)如图4-31(b)所示,4台电动机控制梯形图(应用指令)如图4-31(c)所示。图4-31(b)和图4-31(c)控制功能是一样的。

图4-31(b)的梯形图比较容易理解,不再讲述。下面介绍图4-31(c)梯形图(应用指令)的工作原理。电动机控制的接线图如图4-31(a)所示。

电动机2(Y1)的起动如图4-32(a)所示。

例如,原来Y2=1,K1Y0=(0100)$_2$,电动机3运行。现在要起动电动机2(Y1),按下按钮X1,K1X0=(0010)$_2$,执行WOR指令,则K1X0和K1Y0进行与运算,结果仍放到K1Y0中,K1Y0=(0110)$_2$,Y1得电,电动机2起动。

电动机3(Y2)的停止如图4-32(b)所示。

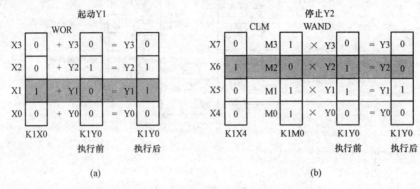

图4-32 4台电动机控制梯形图原理说明
(a)电动机2(Y1)的起动;(b)电动机3(Y2)的停止

要停下电动机3(Y2),按下按钮X6,K1X4=(0100)$_2$,先执行CLM取反指令,则K1M0=(1101)$_2$,在进行WAND运算,结果仍放到K1Y0中,K1Y0=(0010)$_2$,Y2失电,电动机3停止。

按下SB1按钮,K1X0=(1111)$_2$,执行WOR指令,K1Y0=(1111)$_2$,电动机全部起动。

按下SB6按钮,K1X4=(1111)$_2$,执行CLM取反指令,K1M0=(0000)$_2$,再执行WAND指令,电动机全部停止。

例37 用按钮控制4台电动机(用WXOR指令)

要求4台电动机能同时起动、同时停止,也能每台电动机单独起动、单独停止。

电动机控制的PLC接线图如图4-33(a)所示。图4-33(b)为基本指令编程的梯形图,比较容易理解,不再讲述。下面介绍图4-33(c)梯形图(应用指令)的工作原理。

梯形图采用逻辑字异或指令WXOR,如图4-33(c)所示。

如图4-33(a)所示,按下按钮SB1,X0=1,将常数K15[对应于二进制数(1111)$_2$]传送到K1Y0,K1Y0=(1111)$_2$,4台电动机同时起动,如图4-34(a)所示。

按下按钮SB2,X1=1,将常数K0[对应于二进制数(0000)$_2$]传送到K1Y0,K1Y0=(0000)$_2$,4台电动机同时停止,如图4-34(b)所示。

起动电动机2(Y1),如起动前Y2=1,图4-34(c)所示,按下按钮SB4,X3=1,执行SUM指令,D0=1(由于D0≠0,所以零标志M8020=0),M8020动断触点闭合,接通WXORP指令,进行异或运算,Y1由0变为1。当按钮SB4松开时,K1X2=0,再执行SUM指令,

D0=0，M8020=1，M8020 动断触点断开，但是结果不变。Y1 仍为 1。

停止电动 3（Y2），如起动前 Y1=1，Y2=1，图 4-34（d）所示，按下按钮 SB5，X4=1，执行 SUM 指令，D0=1（由于 D0≠0，所以零标志 M8020=0，），M8020 动断触点闭合，接通 WXORP 指令，进行异或运算，Y2 由 1 变为 0。当按钮 SB4 松开时，K1X2=0，再执行 SUM 指令，D0=0，M8020=1，M8020 动断触点断开，但是结果不变。Y2 仍为 0。

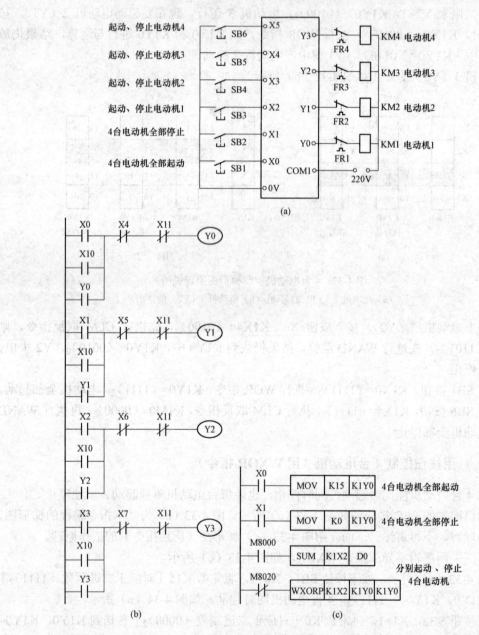

图 4-33　4 台电动机控制二

(a) 4 台电动机控制 PLC 接线图；(b) 4 台电动机控制梯形图（基本指令）；
(c) 4 台电动机控制梯形图（应用指令）

第 4 章 四则逻辑运算

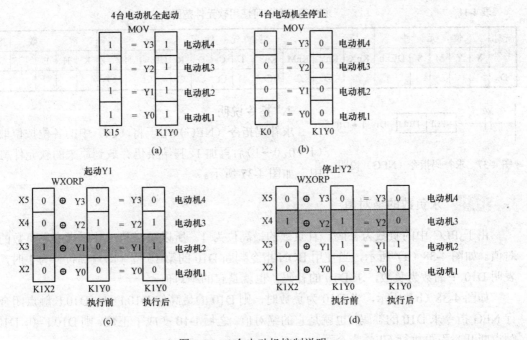

图 4-34 4 台电动机控制说明

(a) 4 台电动机同时起动；(b) 4 台电动机同时停止；(c) 电动机 2（Y1）的起动；
(d) 电动机 3（Y2）的停止

例 38 **将数据部分复位**

在 PLC 中的数值可采用 RST、ZRST 等指令对数值进行复位，例如，对数据的其中一部分进行复位，可以用逻辑字与指令 WAND 来实现。将需要复位的位数据与 0 相与，将需要保留的位数据与 1 相与即可。例如，D10 中的数值为 H3635，将前两位 H36 复位，保留后两位数据 H35，可用常数 H00FF 和 D10 进行逻辑字与运算即可，如图 4-35 所示。

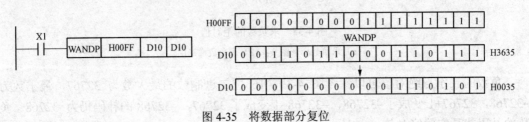

图 4-35 将数据部分复位

4.8 求补码指令（NEG）

1. 指令格式

求补码指令格式如图 4-36 所示。
求补码指令 FNC29-NEG（NEGATION）可使用软元件范围，如表 4-11 所示。

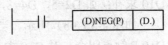

图 4-36 求补码指令格式

表 4-11　　　　　　　　　　求补码指令的可使用软元件范围

元件名称	位元件				字元件									常数			指针
	X	Y	M	S	D□.b	KnX	KnY	KnM	KnS	T	C	D	R	U□\G□	V、Z	K	H	E	"□"	P
D.							○	○	○	○	○	○	○	○	○					

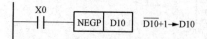

图 4-37　求补码指令（NEG）说明

2．指令说明

求补码指令（NEG）用于将（D.）中的各位按位取反（1→0,0→1）后再加 1，其结果仍存放到原来的软元件（D.）中，如图 4-37 所示。

例 39　求负数的绝对值

由于 PLC 中的负数为补码，且负数的最高位为 1，所以可以利用补码指令求负数的绝对值。如图 4-38（a）所示，当使用 BON 指令判断 D10 的第 15 位（即最高位）为 1 时，即表明 D10 中的数为负数，求 D10 的补码，也就是它的绝对值。

如图 4-38（b）所示，当 D10 为负数时，则 D10 的最高位 D10.F=1，D10.F 触点闭合执行 NEG 指令求 D10 的补码，也就是它的绝对值。之后 D10 变成了正数，则 D10.F=0，D10.F 触点断开，不再执行 NEG 指令了。

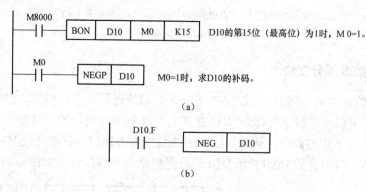

图 4-38　求负数的绝对值
（a）求负数梯形图一；(b) 求负数梯形图二

负数的表示与绝对值可以参考图 4-39，16 位二进制数的最大数为 32767，最小数为 −32768，32767+1 变成了 −32768，−32768−1 变成了 32767，−32768 的补码仍为 −32768。负数的补码就是它的绝对值。

例 40　求两个数之差的绝对值

如图 4-40（a）所示，当 X1=1 时，执行 SUBP 减法指令，将 D2−D4 的值存放到 D10 中，执行比较指令 CMP，若 D10<0，则比较结果 M2=1，M2 触点闭合执行 NEGP 指令，对 D10 求补；如 D2=5，D4=8，则 D10=−3，求补后 D10=3。

如图 4-40（b）所示，当 X1=1 时，D2−D4→D10，若 D10<0，D10 的最高位 D10.F=1，D10.F 触点闭合，对 D10 求补，则为两个数之差的绝对值。

第 4 章 四则逻辑运算

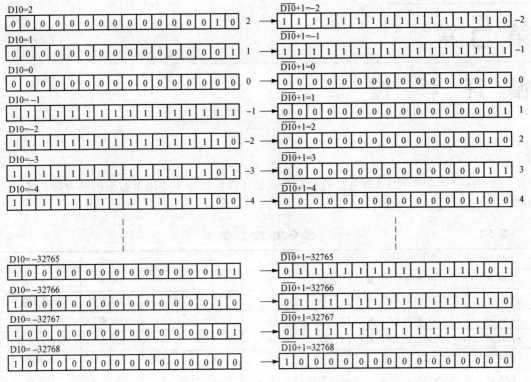

图 4-39 补码的表示与求补的结果

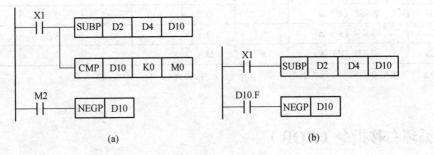

图 4-40 求两个数之差的绝对值

第 5 章 循环移位

循环移位指令如表 5-1 所示。在程序中，循环移位指令主要用于数据的移位等。这类应用指令也是比较常用的指令。

表 5-1 循环移位指令

功能号	指令格式				程序步	指令功能
FNC30	(D) ROR (P) ▲	(D.)	n		5/9 步	循环右移
FNC31	(D) ROL (P) ▲	(D.)	n		5/9 步	循环左移
FNC32	(D) RCR (P) ▲	(D.)	n		5/9 步	带进位右移
FNC33	(D) RCL (P) ▲	(D.)	n		5/9 步	带进位左移
FNC34	SFTR (P) ▲	(S.)	(D.)	n1	n2	9 步	位右移
FNC35	SFTL (P) ▲	(S.)	(D.)	n1	n2	9 步	位左移
FNC36	WSFR (P) ▲	(S.)	(D.)	n1	n2	9 步	字右移
FNC37	WSFL (P) ▲	(S.)	(D.)	n1	n2	9 步	字左移
FNC38	SFWR (P) ▲	(S.)	(D.)	n		7 步	移位写入
FNC39	SFRD (P) ▲	(S.)	(D.)	n		7 步	移位读出

注 ▲表示该指令通常用于脉冲执行型指令，否则每个扫描周期 (D.) 的数据都变化。

5.1 循环右移指令（ROR）

1. 指令格式

循环右移指令格式如图 5-1 所示。

循环右移指令 FNC30-ROR（ROTATION RIGHT）可使用软元件范围，如表 5-2 所示。

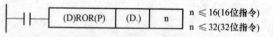

图 5-1 循环右移指令格式

n ≤ 16(16位指令)
n ≤ 32(32位指令)

表 5-2 循环右移指令的可使用软元件范围

元件名称	位元件				字元件								常数			指针
	X	Y	M	S	D□.b	KnX	KnY	KnM	KnS	T	C	D	R	U□\G□	V、Z	K	H	E	"□"	P
D.							①	①	①	○	○	○	②	③	○					
n											○	②				○	○			

①16 位运算中，K4Y○○○、K4M○○○、K4S○○○有效；32 位运算中，K8Y○○○、K8M○○○、K8S○○○有效。
②仅 FX$_{3G}$、FX$_{3GC}$、FX$_{3U}$、FX$_{3UC}$ 型 PLC 支持。
③仅 FX$_{3U}$、FX$_{3UC}$ 型 PLC 支持。

2. 指令说明

循环右移指令（ROR）是将（D.）中的数值从高位向低位移动 n 位，最右边的 n 位回转到高位，如图 5-2 所示。

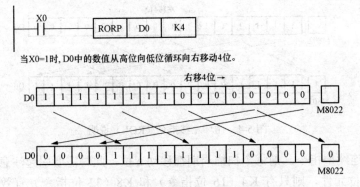

图 5-2 循环右移指令（ROR）说明

如果采用连续型指令，则每个扫描周期都移动 n 位，此时需要引起注意。

如果采用位元件，则只有 K4（16 位指令）和 K8（32 位指令）有效，如 K4Y10、K8M0 等。

5.2 循环左移指令（ROL）

1. 指令格式

循环左移指令格式如图 5-3 所示。

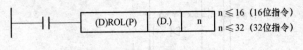

图 5-3 循环左移指令格式

循环左移指令 FNC31-ROL（ROTATION LEFT）可使用软元件范围，如表 5-3 所示。

表 5-3 循环左移指令的可使用软元件范围

元件名称	位元件				字元件							常数			指针
	X	Y	M	S	D□.b	KnX	KnY	KnM	KnS	T	C	D	R	U□\G□	V、Z	K	H	E	"□"	P
D.							①	①	①	○	○	②	③	○						
n												②				○	○			

①16 位运算中，K4Y○○○、K4M○○○、K4S○○○有效；32 位运算中，K8Y○○○、K8M○○○、K8S○○○有效。
②仅 FX$_{3G}$、FX$_{3GC}$、FX$_{3U}$、FX$_{3UC}$ 型 PLC 支持。
③仅 FX$_{3U}$、FX$_{3UC}$ 型 PLC 支持。

2. 指令说明

循环左移指令（ROL）是将（D.）中的数值从低位向高位移动 n 位，最左边的 n 位回转到低位，如图 5-4 所示。

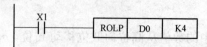

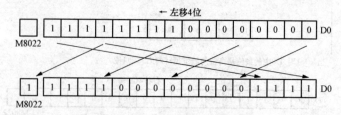

图 5-4 循环左移指令（ROL）说明

如果采用连续型指令，则每个扫描周期都移动 n 位，此时需要引起注意。

如果采用位元件，则只有 K4（16 位指令）和 K8（32 位指令）有效，如 K4Y10、K8M0 等。

例 41 四相步进电动机控制

步进电动机通常需要驱动设备控制，如果步进电动机功率小，电压低，转速慢且不常使用，也可以用 PLC 直接驱动。下面控制一个四相步进电动机，按 1-2 相励磁方式励磁，如图 5-5（b）所示可正反转控制，每步为 1s。电动机运行时，指示灯亮，四相步进电动机的 1-2 相励磁方式接线图如图 5-5（a）所示。

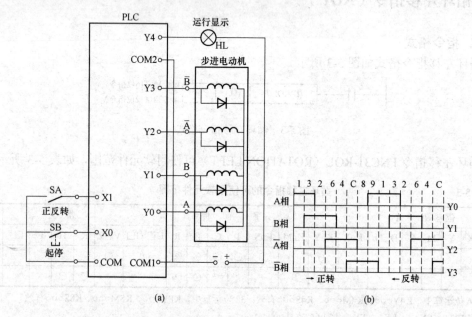

图 5-5 1-2 相四相步进电动机的 PLC 直接控制
（a）四相步进电动机的 1-2 相 PLC 接线图；（b）1-2 相励磁方式波形

用 PLC 的 Y0~Y3 分别控制四相步进电动机的四相输出端。当 Y3~Y0 的值按照 1→3→2→6→4→C→8→9 变化时步进电动机正转；当 Y3~Y0 的值按照 9→8→C→4→6→2→

3→1 变化时步进电动机反转。

四相步进电动机的 1-2 相励磁方式控制梯形图如图 5-6 所示。

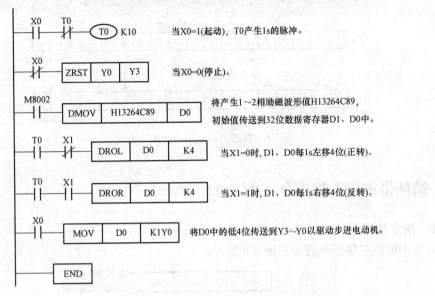

图 5-6 四相步进电动机的 1-2 相励磁方式控制梯形图

5.3 循环带进位右移指令（RCR）

1. 指令格式

循环带进位右移指令格式如图 5-7 所示。

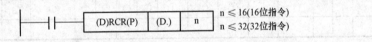

图 5-7 循环带进位右移指令格式

循环带进位右移指令 FNC32-RCR（ROTATION RIGHTWITH CARRY）可使用软元件范围，如表 5-4 所示。

表 5-4　　　　　　　　　　循环带进位右移指令的可使用范围

元件名称	位元件				字元件									常数			指针
	X	Y	M	D□.b	KnX	KnY	KnM	KnS	T	C	D	R	U□\G□	V、Z	K	H	E	"□"	P
D.						①	①	①	○	○	○	○	○	○				
n															○	○		

①16 位运算 K4Y、K4M、K4S 有效，32 位运算 K8Y、K8M、K8S 有效。

2. 指令说明

带进位右移指令 RCR 和指令 ROR 基本相同，不同的是在右移时连同进位 M8022 一起右移，如图 5-8 所示。

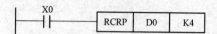

当X0=1时,D0中的数值连同进位M8022从高位向低位循环向右移动4位。

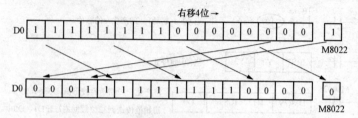

图 5-8 带进位右移指令(RCR)说明

5.4 循环带进位左移指令(RCL)

1. 指令格式

循环带进位左移指令格式如图 5-9 所示。

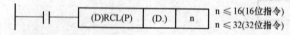

图 5-9 循环带进位左移指令格式

循环带进位左移指令 FNC33-RCL(ROTATION LEFTWITH CARRY)可使用软元件范围,如表 5-5 所示。

表 5-5　　　　　　　循环带进位左移指令的可使用软元件范围

元件名称	位元件				字元件									常数			指针
	X	Y	M	S	D□.b	KnX	KnY	KnM	KnS	T	C	D	R	U□\G□	V、Z	K	H	"□"	P
D.							①	①	①	○	○	○	○	○	○				
n																○	○		

①16位运算 K4Y、K4M、K4S 有效,32 位运算 K8Y、K8M、K8S 有效。

2. 指令说明

带进位左移指令 RCL 和指令 ROL 基本相同,不同的是在左移时连同进位 M8022 一起左移,如图 5-10 所示。

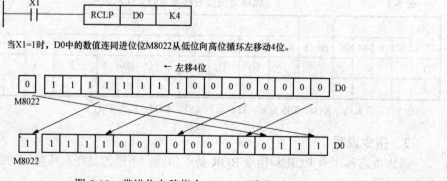

图 5-10 带进位左移指令(RCL)说明

带进位右移指令（RCR）和带进位左移指令（RCL）由于连同进位位 M8022 一起移位，所以只需在执行指令前设定 M8022 的值，即可将其值送到要送到的位上。

5.5 位右移指令（SFTR）

1．指令格式

位右移指令格式如图 5-11 所示。

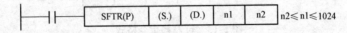

图 5-11　位右移指令格式

位右移指令 FNC34-SFTR（SHIFT RIGHT）可使用软元件范围，如表 5-6 所示。

表 5-6　　　　　　　位右移指令的可使用软元件范围

元件名称	位元件				字元件								常数		指针
	X	Y	M	S	D□.b	KnX	KnY	KnM	KnS	T	C	D	R	U□\G□	V、Z	K	H	E	"□"	P
S.	○	○	○	○	①															
D.		○	○	○																
n1																○	○			
n2												○	②			○	○			

①D□.b 仅支持 FX₃U、FX₃UC 型 PLC，但是不能变址修饰。
②仅 FX₃G、FX₃GC、FX₃U、FX₃UC 型 PLC 支持。

2．指令说明

位右移指令（SFTR）用于位元件的右移。(D.) 为 n1 位移位寄存器，(S.) 为 n2 位数据，当执行该指令时，n1 位移位寄存器 (D.) 将 (S.) 的 n2 位数据向右移动 n2 位。

如图 5-12 所示，由 M15～M0 组成 16 位移位寄存器，X3～X0 为移位寄存器的 4 位数据输入，当 X10=1 时，M15～M0 中的数据向右移动 4 位，其中低 4 位数据移出丢失，X3～X0 的数据移入高 4 位。

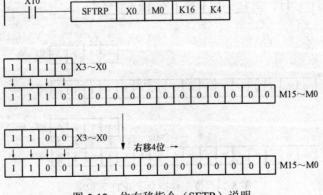

图 5-12　位右移指令（SFTR）说明

如果采用连续型指令,则每个扫描周期都移动 n2 位,此时需要引起注意。

5.6 位左移指令(SFTL)

1. 指令格式

位左移指令格式如图 5-13 所示。

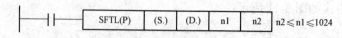

图 5-13 位左移指令格式

位左移指令 FNC35-SFTL(SHIFT LEFT)可使用软元件范围,如表 5-7 所示。

表 5-7 位左移指令的可使用软元件范围

元件名称	位元件				字元件									常数		指针
	X	Y	M	S	D□.b	KnX	KnY	KnM	KnS	T	C	D	R	U□\G□	V、Z	K	H	E	"□"	P
S.	○	○	○	①														
D.		○	○	○														
n1															○	○		
n2											○	②			○	○		

①D□.b 仅支持 FX$_{3U}$、FX$_{3UC}$ 型 PLC,但是不能变址修饰。
②仅 FX$_{3G}$、FX$_{3GC}$、FX$_{3U}$、FX$_{3UC}$ 型 PLC 支持。

2. 指令说明

位左移指令(SFTL)用于位元件的左移。(D.)为 n1 位移位寄存器,(S.)为 n2 位数据,当执行该指令时,n1 位移位寄存器(D.)将(S.)的 n2 位数据向左移动 n2 位。

如图 5-14 所示,由 M15~M0 组成 16 位移位寄存器,X3~X0 为移位寄存器的 4 位数据输入,当 X10=1 时,M15~M0 中的数据向左移动 4 位,其中高 4 位数据移出丢失,X3~X0 的数据移入低 4 位。

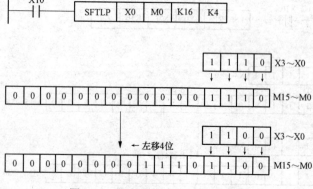

图 5-14 位左移指令(SFTL)说明

如果采用连续型指令,则每个扫描周期都移动 n2 位,此时需要引起注意。

位左移指令 SFTL 和位右移指令 SFTR 在 PLC 控制中应用比较广泛,特别是用于步进控制非常方便、简单,可以起到简化电路的作用。下面举几个例子说明。

例42 8 灯依次轮流点亮

控制 8 个灯依次轮流点亮,8 个灯依次连接在 PLC 的 Y0～Y7 输入端,梯形图如图 5-15 所示。

当 X0=0 时,K2Y0=0,当 X0=1 时,由于 K2Y0=0,比较结果是 M1=1,在秒脉冲 M8013 的上升沿时,将 M1 的值 1 左移到 Y0,Y0=1,这时由于 K2Y0>0,比较结果是 M1=0,在秒脉冲 M8013 的上升沿来临时,将 M1 的值 0

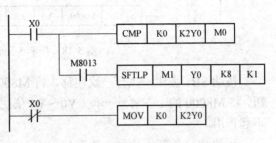

图 5-15　8 个灯依次轮流点亮梯形图

左移到 Y0,Y0=0,Y1=1……在左移的过程中 K2Y0 只有其中一个 Y=1,最后 Y7=1,再移一次,K2Y0=0,又重复上述过程。Y0～Y7 的输出时序图如图 5-16 所示。

图 5-16　Y0～Y7 的输出时序图

例43 两个按钮组成的选择开关

用两个按钮组成一个如图 5-17 所示的 5 挡位可左右转动连续通断的选择开关,控制 5 路输出。

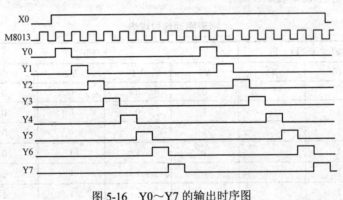

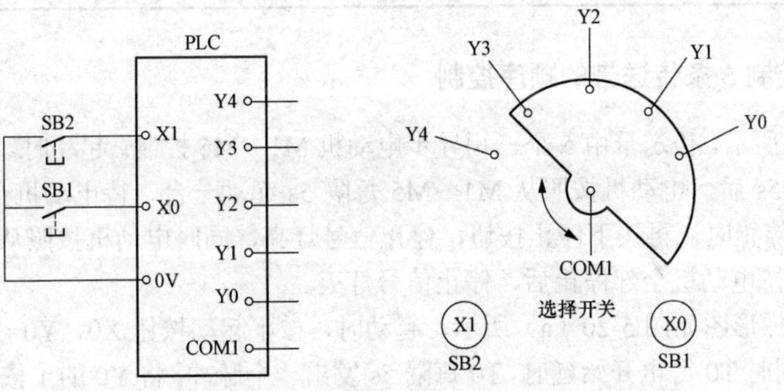

图 5-17　两个按钮组成的选择开关

控制 5 路输出选择开关梯形图如图 5-18 所示。初始状态时，未执行移位指令，Y0～Y4 均为 0，相当于 5 个触点全部断开，PLC 在运行时，M8000=1，M8001=0。

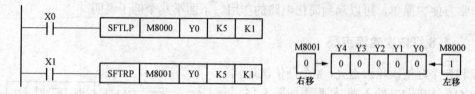

图 5-18　控制 5 路输出选择开关梯形图

按动 SB1 按钮，执行一次左移，将 M8000 的 1 移送给 Y0，Y0=1，每按动一次 SB1 按钮，将 M8000 的 1 左移动一位，Y0～Y4 依次为 1，当 Y0～Y4 全部为 1 时，SB1 按钮（X0）不起作用。

按动 SB2 按钮，执行一次右移，将 M8001 的 0 移送给 Y4，Y4=0。每按动一次 SB2 按钮，将 M8001 的 0 右移动一位，使 Y4～Y0 依次为 0，当 Y4～Y0 全部为 0 时，SB2 按钮（X1）不起作用。

梯形图动作过程表如表 5-8 所示。

表 5-8　　　　　　　　　　　　梯形图动作过程表

按钮按动次序	输入按钮		选择开关输出触点				
	X0	X1	Y0	Y1	Y2	Y3	Y4
0			0	0	0	0	0
1	↑		1	0	0	0	0
2	↑		1	1	0	0	0
3	↑		1	1	1	0	0
4	↑		1	1	1	1	0
5	↑		1	1	1	1	1
6		↑	1	1	1	1	0
7		↑	1	1	1	0	0
8		↑	1	1	0	0	0
9		↑	1	0	0	0	0
10		↑	0	0	0	0	0

例 44　控制 5 条传送带的顺序控制

如图 5-19 所示，传送带由 5 个三相异步电动机 M1～M5 控制。起动时，按下起动按钮，起动信号灯亮 5s 后，电动机按照从 M1～M5 每隔 5s 起动一台，待电动机全部起动后，起动信号灯灭。停止时，再按下停止按钮，停止信号灯亮，同时电动机按照从 M5～M1 每隔 3s 停止一台，待电动机全部停止后，停止信号灯灭。

PLC 控制梯形图如图 5-20（a）所示，起动时，按下起动按钮 X0，Y0=1 得电自锁，起动信号灯亮，同时 T0 得电开始延时，T0 每隔 5s 发出一个脉冲，将 Y0 的 1 依次左移到 Y1～Y5，5 台电动机依次起动，当 Y5=1 时，Y0 和 T0 同时失电，不再移位。

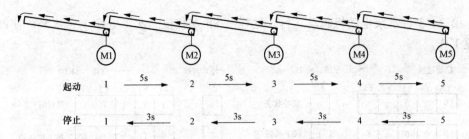

图 5-19 5 条传送带的顺序控制

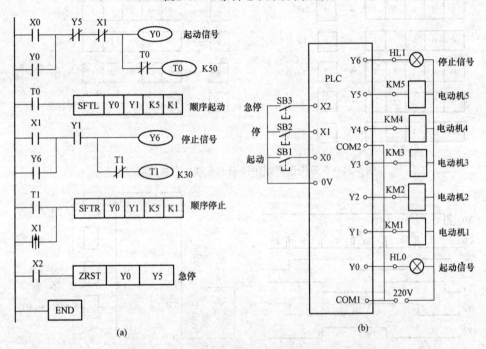

图 5-20 5 条传送带顺序控制的梯形图和接线图
(a) PLC 控制梯形图；(b) 接线图

停止时，按下按钮 X1，Y6=1 得电自锁，停止信号灯亮，同时 T1 得电开始延时，每隔 3s 发出一个脉冲，将 Y0 的 0 依次右移到 Y5～Y1，当 Y1=0 时，Y6 和 T1 同时失电，5 台电动机依次停止。

5 条传送带顺序控制的左移、右移控制过程如图 5-21 所示。

例 45 4 台水泵轮流运行控制

由 4 台三相异步电动机 M1～M4 驱动 4 台水泵。正常情况下要求 2 台水泵运行，另外 2 台备用，为了防止备用水泵长时间不用造成锈蚀等问题，要求 4 台水泵中有 2 台运行，并每隔 8h 切换一台，使 4 台水泵轮流运行。

水泵控制的工作原理如图 5-22 所示。初始状态时 Y3～Y0 均为 0，M0=1，当通断一次 X0 时，M0 的 1 移位到 Y0，第 1 台水泵电动机起动，当起动结束后再将 X0 闭合，又产生一次移位，这时 Y0=Y1=1，M=0，使第 1、2 台水泵电动机起动运行，计数器 C0 开始对分钟脉冲 M8014 计数，当计满 480 次即 8h，C0 接通一个扫描周期，产生一次移位，使 Y1=Y2=1，

M=0，第 2、3 台水泵电动机起动运行。这样每 8h 左移位一次，更换 1 台水泵，使每台水泵轮流工作。

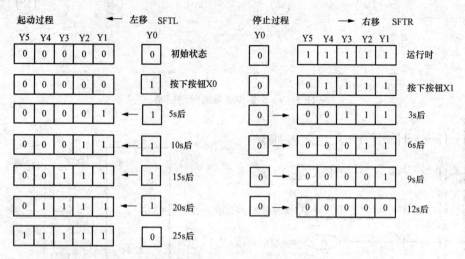

图 5-21 5 条传送带顺序控制的左移、右移控制过程

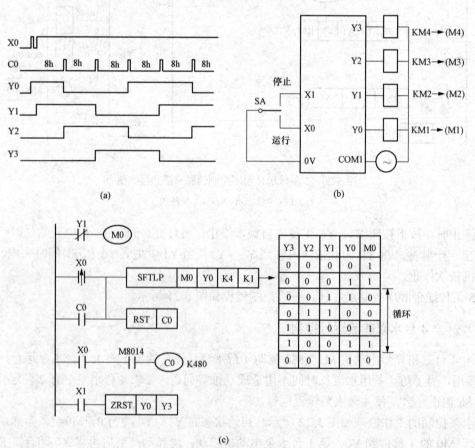

图 5-22 4 台水泵控制的工作原理
(a) 4 台水泵运行时序图；(b) 4 台水泵运行 PLC 接线图；(c) 4 台水泵运行梯形图

例46 气动机械手控制

1台气动机械手用于将 A 点上的工件搬运到 B 点,如图 5-23 所示。机械手的上升、下降、右行、左行执行机构由双线圈 3 位 4 通电磁阀推动气缸来完成。夹紧、放松由单线圈 2 位 2 通电磁阀推动气缸来完成,电磁阀线圈得电夹紧,失电放松。

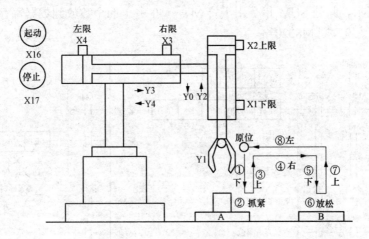

图 5-23 气动机械手动作示意

气缸的运动由 4 个磁性行程开关来控制,机械手的初始状态在左限位、上限位,机械手为放松状态。

机械手的动作过程为①下降、②夹紧、③上升、④右行、⑤下降、⑥放松、⑦上升、⑧左行,完成一个单循环。

气动机械手控制 PLC 接线图如图 5-24 所示。

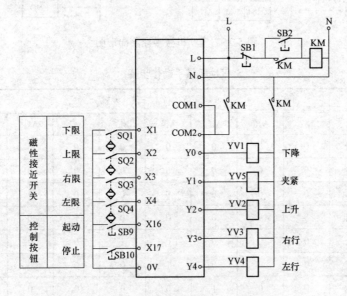

图 5-24 气动机械手控制 PLC 接线图

机械手的动作过程为下降、夹紧、上升、右行、下降、放松、上升、左行，共 8 个工序步，是一种典型的顺序控制。顺序控制的编程方法很多，用移位寄存器实行顺序控制也是一种简单易行的编程方法。

在图 5-25 所示的气动机械手控制梯形图中由 SUM 和 SFTL 指令组成了一个 8 位左移位寄存器，其特点是每发送一个移位信号，8 位数据向左移动一位，在 8 位数据中只有一位为 1，如表 5-9 所示。此处 SUM 指令用于将 M7～M0 中 1 的个数放到数据寄存器 D0 中，如果 M7～M0 都为 0，则 M8020=1。

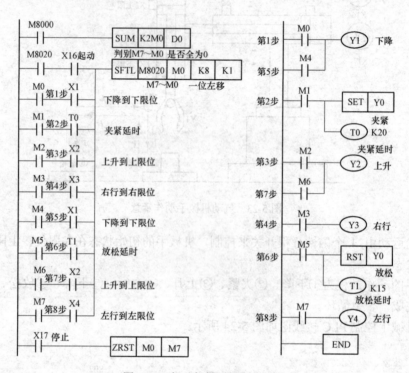

图 5-25 气动机械手控制梯形图

表 5-9 气动机械手动作步骤

工	步	8 位移位寄存器（左移）								M8020
		M7	M6	M5	M4	M3	M2	M1	M0	
初始状态	原位	0	0	0	0	0	0	0	0	1
第1步	下降	0	0	0	0	0	0	0	1	0
第2步	夹紧	0	0	0	0	0	0	1	0	0
第3步	上升	0	0	0	0	0	1	0	0	0
第4步	右行	0	0	0	0	1	0	0	0	0
第5步	下降	0	0	0	1	0	0	0	0	0
第6步	放松	0	0	1	0	0	0	0	0	0
第7步	上升	0	1	0	0	0	0	0	0	0

续表

工　步		8位移位寄存器（左移）								M8020
		M7	M6	M5	M4	M3	M2	M1	M0	
第8步	左行	1	0	0	0	0	0	0	0	0
初始状态	原位	0	0	0	0	0	0	0	0	1

初始状态：M7～M0都为0，执行SUM指令，结果M8020=1，M8020动合触点闭合。

第1步：按下起动按钮X16，执行一次移位，将M8020中的1左移到M0，这时，M7～M0不都为0，所以，M8020=0，M8020动合触点断开，不再左移。M0动合触点闭合，Y1线圈得电，电磁阀YV1动作，机械手下降。

第2步：机械手下降到底，下限位接近开关动作，X1=1，执行一次移位，将M8020中的0左移到M0，M7～M0依次左移，其结果是只有M1=1，M8020=0，M0动合触点断开，不再左移。M1动合触点闭合，Y0线圈得电置位，电磁阀YV5动作，机械手执行夹紧。夹紧延时2s。

第3步：定时器T0触点动作，执行一次移位，与上一步一样，将M8020中的0左移到M0，M7～M0依次左移，其结果是只有M2=1，M8020=0，M1动合触点断开，不再左移。M2动合触点闭合，Y2线圈得电，电磁阀YV2动作，机械手上升。Y0线圈由于采用的是SET指令，所以在这一步仍然得电。

第4～7步动作过程同前面基本相同。

第8步：M7=1，Y4线圈得电，电磁阀YV4动作，机械手左移，到左限位X4动作，执行一次移位，M7～M0全部为0，M8020=1，Y4线圈失电，机械手停止在原位。

再按一次起动按钮，机械手又执行一次上述动作。

机械手在执行上述动作时，按下停止按钮X17，M0～M7全部复位，机械手停止动作。

按下PLC输出电路中的SB1停止按钮，则PLC输出线圈失电。机械手停止动作，再按SB2起动按钮，机械手将接着停止时的动作继续动作。

例47　气动机械手多种操作方式的控制

在上述机械手控制基础上要求有4种操作方式具体如下。

（1）手动操作方式。要求6个按钮分别控制机械手的上升、下降、左移、右移、夹紧和放松。

（2）单步操作方式。每按一次起动按钮，机械手执行下一个顺序的动作，完成后停止。

（3）单循环操作方式。按一次起动按钮，机械手执行一次抓取动作回到原位后停止。

（4）自动操作方式。在自动操作方式下，机械手反复不断地执行抓取动作。

气动机械手控制4种操作方式PLC接线图、控制梯形图和控制面板图如图5-26所示。

（1）手动操作方式：将选择开关SA打在手动位置，X13=1，由机械手控制梯形图可知，X13动断触点断开，执行CJ P0到P0之间的手动控制程序。X13动合触点闭合，CJ P63到END之间的自动控制程序被跳步不执行。

在手动控制程序中，按下夹紧按钮X12，Y1线圈得电置位，机械手夹紧，按下放松按钮X7，Y1线圈失电，机械手松开。

按下上升按钮 X5，Y2 线圈得电，机械手上升，碰到上限位开关 X2，Y2 线圈失电。按下下降按钮 X10，Y0 线圈得电，机械手下降，碰到下限位开关 X1，Y0 线圈失电。

按下左行按钮 X6，Y4 线圈得电，机械手左行，碰到左限位开关 X4，Y4 线圈失电。按下右行按钮 X11，Y3 线圈得电，机械手右行，碰到右限位开关 X3，Y3 线圈失电。为了防止机械手在下限位左右移动，在机械手左右移动前，应将机械手上升到上限位，在上限位触点 X2 闭合时再左右移动。

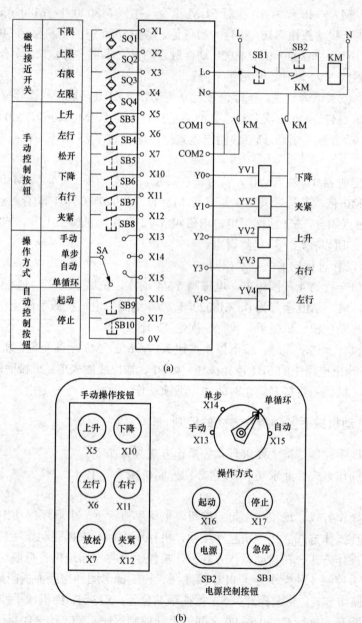

图 5-26 气动机械手控制图（一）
(a) PLC 接线图；(b) 操作面板图

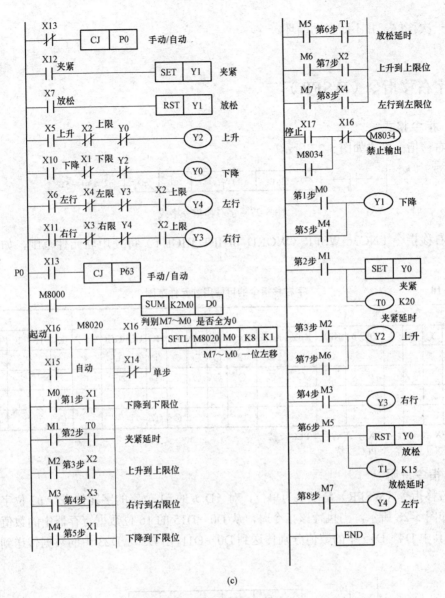

图 5-26 气动机械手控制图（二）
(c) 梯形图

(2) 单步操作方式：将选择开关 SA 打在单步位置，X14=1，由机械手控制梯形图可知，X14 动断触点断开，断开了与 SFTL 指令的连接，所以机械手在完成每一步时，移位寄存器不再移位，机械手暂时停止，再按一次起动按钮，使移位寄存器移位一次，机械手才执行下一步动作。

(3) 单循环操作方式：将选择开关 SA 打在单循环位置，这时的梯形图和图 5-25 所示的梯形图一样，当完成一次循环动作结束后，M8020=1，移位寄存器将不再移位。机械手停止待命。

(4) 自动操作方式：将选择开关 SA 打在自动位置，X15=1，由机械手控制梯形图可知，X15 动合触点闭合，机械手起动，当完成一次循环动作结束后，M8020=1，移位寄存器将自动再一次移位,并不断自动循环。

5.7 字右移指令(WSFR)

1. 指令格式

字右移指令格式如图 5-27 所示。

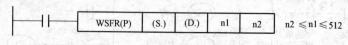

图 5-27 字右移指令格式

字右移指令 FNC36-WSFR(WORD SHIFT RIGHT)可使用软元件范围,如表 5-10 所示。

表 5-10 字右移指令的可使用软元件范围

元件名称	位元件				字元件							常数			指针
	X	Y	M	S	D□.b	KnX	KnY	KnM	KnS	T	C	D	R	U□\G□	V、Z	K	H	E	"□"	P
S.						○	○	○	○	○	○	○	①	②						
D.							○	○	○	○	○	○	①	②						
n1																○	○			
n2												○	①			○	○			

①仅 FX$_{3G}$、FX$_{3GC}$、FX$_{3U}$、FX$_{3UC}$ 型 PLC 支持。
②仅 FX$_{3U}$、FX$_{3UC}$ 型 PLC 支持。

2. 指令说明

字右移指令(WSFR)是以字为单位,对(D.)的 n1 位字的字元件进行 n2 位字的向右移位。如图 5-28 所示,当执行该指令时,从 D0~D15 的 16 位数据寄存器中的数值向右传送 4 位,其中 D4~D15 中的数值分别传送到 D0~D11,由 D20~D23 中的数据传送到 D12~D15 中。

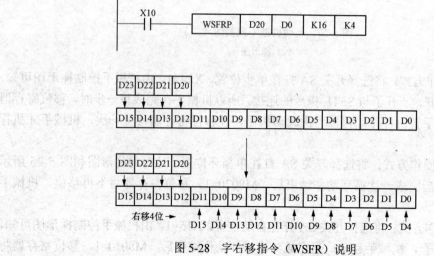

图 5-28 字右移指令(WSFR)说明

5.8 字左移指令（WSFL）

1. 指令格式

字左移指令格式如图 5-29 所示。

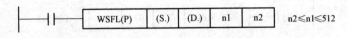

图 5-29 字左移指令格式

字左移指令 FNC37-WSFL（WORD SHIFT LEFT）可使用软元件范围，如表 5-11 所示。

表 5-11 　　　　　　　　字左移指令的可使用软元件范围

元件名称	位元件					字元件								常数			指针
	X	Y	M	S	D□.b	KnX	KnY	KnM	KnS	T	C	D	R	U□\G□	V、Z	K	H	E	"□"	P
S.						○	○	○	○	○	○	○	①	②					
D.							○	○	○	○	○	○	①	②					
n1																○	○		
n2												○	①			○	○		

①仅 FX$_{3G}$、FX$_{3GC}$、FX$_{3U}$、FX$_{3UC}$ 型 PLC 支持。
②仅 FX$_{3U}$、FX$_{3UC}$ 型 PLC 支持。

2. 指令说明

字左移指令（WSFL）是以字为单位，对（D.）的 n1 位字的字元件进行 n2 位字的向左移位。

如图 5-30 所示，当执行该指令时，从 D0~D15 的 16 位数据寄存器中的数值向左传送 4 位，其中 D0~D11 中的数值分别传送到 D4~D15，由 D20~D23 中的数据传送到 D0~D3 中。

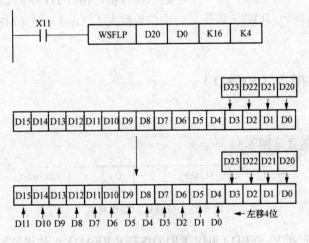

图 5-30 字左移指令（WSFL）说明

5.9 位移写入指令（SFWR）

1. 指令格式

位移写入指令格式如图 5-31 所示。

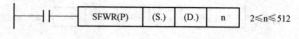

图 5-31 位移写入指令格式

位移写入指令 FNC38-SFWR（WORD SHIFT LEFT）可使用软元件范围，如表 5-12 所示。

表 5-12　　位移写入指令的可使用软元件范围

元件名称	位元件				字元件								常数		指针
	X	Y	M	S	D□.b	KnX	KnY	KnM	KnS	T	C	D	R	U□\G□	V、Z	K	H	E	"□"	P
S.						○	○	○	○	○	○	○	①	②					
D.							○	○	○	○	○	○	①	②					
n																○	○		

① 仅 FX$_{3G}$、FX$_{3GC}$、FX$_{3U}$、FX$_{3UC}$ 型 PLC 支持。
② 仅 FX$_{3U}$、FX$_{3UC}$ 型 PLC 支持。

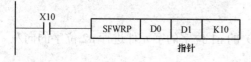

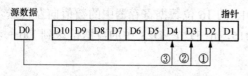

图 5-32 位移写入指令（SFWR）说明

2. 指令说明

位移写入指令（SFWR）用于将（S.）中的数据依次传送到 n 位（D.）中，如图 5-32 所示。

当 X10 闭合一次时，将 D0 中的数据传送到 D2 中，改变 D0 中的数据，当 X10 再闭合一次时，将 D0 中的数据传送到 D3 中……依此类推，每传送一次数据，指针 D1 中的数据加 1。当指针 D1 中的数据大于（n–1）时，M8022=1。

5.10 位移读出指令（SFRD）

1. 指令格式

位移读出指令格式如图 5-33 所示。

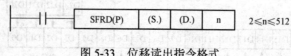

图 5-33 位移读出指令格式

位移读出指令 FNC39-SFRD（SHIFT REGISTER READ）可使用软元件范围，如表 5-13 所示。

表 5-13　　　　　　　　　位移读出指令的可使用软元件范围

元件名称	位元件				字元件								常 数			指针
	X	Y	M	S	D□.b	KnX	KnY	KnM	KnS	T	C	D	R	U□\G□	V、Z	K	H	E	"□"	P
S.						○	○	○	○	○	○	○	①	②						
D.							○	○	○	○	○	○	①	②						
n																○	○			

①仅 FX$_{3G}$、FX$_{3GC}$、FX$_{3U}$、FX$_{3UC}$ 型 PLC 支持。
②仅 FX$_{3U}$、FX$_{3UC}$ 型 PLC 支持。

2. 指令说明

位移读出指令（SFRD）用于将（S.）中的 n−1 个数据依次读出到（D.）中，如图 5-34 所示。

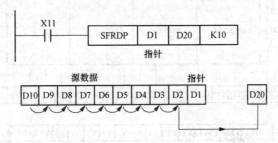

图 5-34　位移读出指令（SFRD）说明

当 X11 闭合一次时，将 D2 中的数据传送到 D20 中，指针 D1 中的数据减 1，同时左边的数据逐次向右移 1 位，当 X11 再闭合一次时，将 D2 中的数据读出到 D20 中……依此类推，每读出一次数据，指针 D1 中的数据减 1。当指针 D1 中的数据小于 0 时，M8020=1。

例 48　入库物品先入先出

写入 99 个入库物品的产品编号（4 位十进制数：0000～9999），依次存放在 D2～D100 中，按照先入库的物品先出库的原则，读取出库物品的产品编号，并用 4 位数码管显示产品编号。

如图 5-35 所示，4 位 BCD 码数字开关接在 PLC 的输入端 X0～X17，4 位数码管经译码电路接在 PLC 的输出端 Y0～Y17。

例如，将编号为 3690 的产品入库，先将数字开关拨为 3690，按一下入库按钮 X20，执行 BIN 指令，将 BCD 码 3690 转为二进制数存放到 D0 中，再执行 SFWRP 指令，将 D0 中的数据 3690 存放到 D2 中，指针 D1 中的数据加 1（表示增加了 1 个产品）。

又如将编号为 5684 的产品入库，先将数字开关拨为 5684，按一下入库按钮 X20，执行 BIN 指令，将 BCD 码 5684 转为二进制数存放到 D0 中，再执行 SFWRP 指令，将 D0 中的数据 5684 存放到 D3 中，指针 D1 中的数据加 1。

不断拨入产品编号，按下按钮 X20，D0 中的编号依次传送到 D2～D100。

每次按下出库按钮 X21，D3～D100 中的编号即依次移入 D2，D2 中的编号移入 D101，指针 D1 数据减 1，执行 BCD 指令，将 D101 中的编号由 4 位数码管显示。

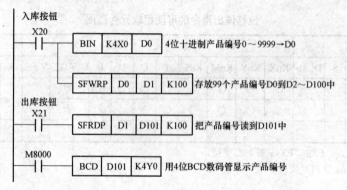

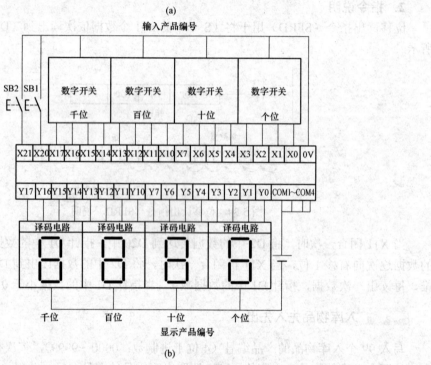

图 5-35 写入和读出产品编号

（a）入库物品先入先出梯形图；（b）PLC 接线图

第 6 章

数据处理指令（一）

数据处理指令（一）如表 6-1 所示。在程序中，数据处理指令和其他应用指令配合可以处理更复杂的数据及作为特殊用途等。

表 6-1　　　　　　　　　　数据处理指令（一）

功能号	指令格式				程序步	指令功能
FNC40	ZRST（P）▲	(D.)	(D2.)		5 步	全部复位
FNC41	DECO（P）▲	(S.)	(D.)	n	7 步	译码
FNC42	ENCO（P）▲	(S.)	(D.)	n	7 步	编码
FNC43	(D) SUM（P）	(S.)	(D.)		5/9 步	1 的个数
FNC44	(D) BON（P）	(S.)	(D.)	n	7/13 步	置 1 位的判断
FNC45	(D) MEAN（P）	(S.)	(D.)	n	7/13 步	平均值
FNC46	ANS	(S.)	m	(D.)	7 步	报警器置位
FNC47	ANR（P）▲				1 步	报警器复位
FNC48	(D) SQR（P）	(S.)	(D.)		5/9 步	BIN 数据开方
FNC49	(D) FLT（P）	(S.)			5/9 步	BIN 转为二进制浮点数

注　表中标注▲的为需要注意的指令。

6.1 全部复位指令（ZRST）

1. 指令格式

全部复位指令格式如图 6-1 所示。

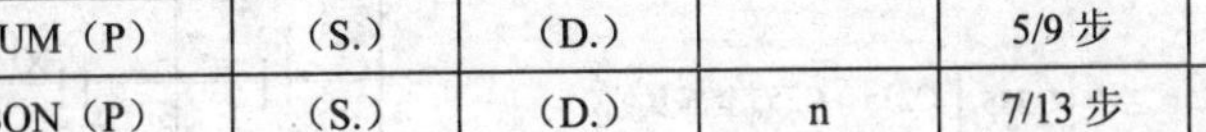

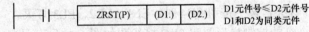

D1元件号≤D2元件号
D1和D2为同类元件

图 6-1　全部复位指令格式

全部复位指令 FNC40-ZRST（ZONE RESET）可使用软元件范围，如表 6-2 所示。

表 6-2　　　　　　　全部复位指令的可使用软元件范围

元件名称	位元件				字元件								常数			指针
	X	Y	M	S	D□.b	KnX	KnY	KnM	KnS	T	C	D	R	U□\G□	V、Z	K	H	E	"□"	P
D1.		○	○	○						○	○	○	○							
D2.		○	○	○						○	○	○	○							

2. 指令说明

全部复位指令（ZRST）是将（D1.）～（D2.）之间的元件进行全部复位，（D1.）和（D2.）应是同一种类的软元件，并且（D1.）的元件编号应小于（D2.）的元件编号。（D1.）和（D2.）可以同时为 32 位计数器，但不能指定（D1.）为 16 位计数器，（D2.）为 32 位计数器，如图 6-2 所示。

例 49 3 位选择按钮开关

用 3 个按钮控制一个 3 位选择开关，要求 X0 按钮按下时，M0=1；X1 按钮按下时，M1=1；X2 按钮按下时，M2=1。

三位选择开关梯形图如图 6-3 所示（X0、X1、X2 均为按钮输入）。当按下 X0、X1、X2 中的任意一个按钮时，对应的辅助继电器 M0、M1、M2 得电置位。

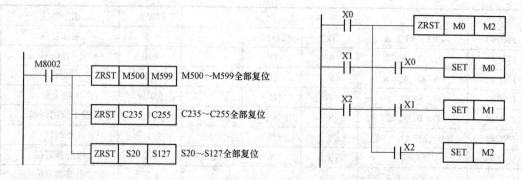

图 6-2 全部复位指令（ZRST）说明　　图 6-3 3 位选择开关梯形图

例如，按下按钮 X0 时，X0=1，首先执行 ZRST M0 M2，使 M0、M1、M2 全部复位，紧接着辅助继电器 M0 得电置位。松开按钮 X0 时，M0 仍得电置位。

又如按下按钮 X1 时，X1=1，首先执行 ZRST M0 M2，使 M0、M1、M2 全部复位，紧接着对应的辅助继电器 M1 得电置位。松开按钮 X1 时，M1 仍得电置位。

同理，按下按钮 X2，M2 得电置位。

例 50 用 3 个按钮控制 3 个灯

要求按下按钮 SB1 时，灯 EL1 亮，按下按钮 SB2 时，EL1、EL2 灯亮，按下按钮 SB3 时，EL1、EL2、EL3 灯亮，按下按钮 SB4 时，EL1、EL2、EL3 灯灭。

3 个按钮控制 3 个灯的控制梯形图和 PLC 接线图如图 6-4 所示。例如，当按钮 X0 按下时，M0 置位，先执行 ZRST 指令，使 M0、M1、M2 复位，Y0 置位得电，灯 EL1 亮。

当按钮 X1 按下时，先执行 ZRST 指令，使 M0、M1、M2 复位，再使 M1 置位，结果 Y0 和 Y1 得电，EL1 和 EL2 灯亮。

当按钮 X2 按下时，先执行 ZRST 指令，使 M0、M1、M2 复位，再使 M2 置位，结果 Y0、Y1 和 Y2 得电，EL1、EL2 和 EL2 灯亮。

当按钮 X3 按下时，只执行 ZRST 指令，使 M0、M1、M2 复位，全部灯灭。

第6章 数据处理指令（一）

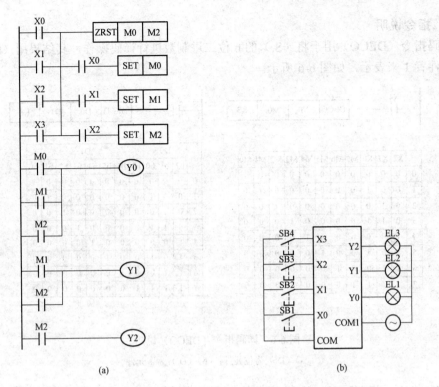

图6-4 3个按钮控制3个灯的控制梯形图和PLC外部接线图

(a) 控制梯形图；(b) PLC外部接线图

6.2 译码指令（DECO）

1. 指令格式

译码指令格式如图6-5所示。

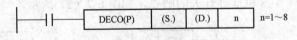

图6-5 译码指令格式

译码指令 FNC41-DECO（DECODE）可使用软元件范围，如表6-3所示。

表6-3 译码指令的可使用软元件范围

元件名称	位 元 件				字 元 件								常 数			指针
	X	Y	M	S	D□.b	KnX	KnY	KnM	KnS	T	C	D	R	U□\G□	V、Z	K	H	E	"□"	P
S.	○	○	○	○						○	○	○	①	②	○					
D.		○	○	○						○	○	○	①	②						
n																○	○			

①仅 FX_{3G}、FX_{3GC}、FX_{3U}、FX_{3UC} 型PLC支持。

②仅 FX_{3U}、FX_{3UC} 型PLC支持。

2. 指令说明

译码指令（DECO）用于将（S.）的 n 位二进制数进行译码操作，其结果用（D.）的第 2^n 个元件置 1 来表示，如图 6-6 所示。

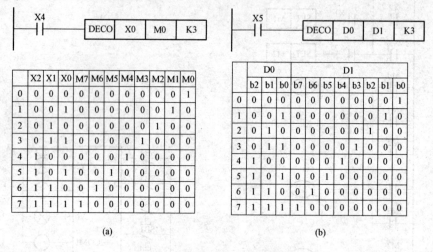

图 6-6 译码指令（DECO）说明
（a）(D.) 为位元件；（b）(D.) 为字元件

当 X4=1 时，将 X2、X1 和 X0 表示的 3 位二进制数用 M7~M0 之间的一个位元件来表示，例如，若 X2、X1、X0=011_2，则 M3=1。

当 X5=1 时，将 D0 的低 3 位表示的二进制数用 D1 中 b7~b0 之间的一个位来表示，例如，若 D0=$(0011011010010011)_2$，且其中的低 3 位 b2、b1、b0=$(011)_2$=3，则 D1 中的 b3=1。

当输入条件 X4、X5 断开时，不执行指令；若执行后输入条件断开，其结果不变。

例 51 8 位选择开关

用一个按钮控制一个 8 位选择开关的触点，如图 6-7（a）所示。

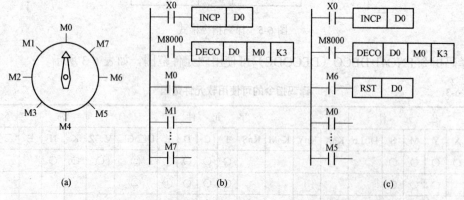

图 6-7 8 位选择开关示意图、控制梯形图及 6 位选择开关控制梯形图
（a）8 位选择开关示意图；（b）8 位选择开关控制梯形图；（c）6 位选择开关控制梯形图

8位选择开关控制梯形图如图6-7(b)所示,用一个按钮X0对数据寄存器D0进行INCP加1控制,再由DECO指令将D0的低3位二进制数进行译码,组成8个轮流闭合的触点M0~M7,可以代替8个输入触点。

例如,要使M3触点接通(设初始状态D0=0,M0=1),按3次按钮X0,执行3次INCP指令,D0=3,执行DECO指令,M3=1,即M3触点接通。

当选择开关的开关位数不等于2^n时,如图6-7(c)所示,只用6位,即M0~M5,则可用M6对D0进行复位。

此例在解码指令DECO中用的是通用型辅助继电器,所以在失电后,再来电时将会恢复到0位(即M0=1)。如果要求失电后不恢复到0位,则应改用失电保持型辅助继电器。

例52 圆盘180°正反转

圆盘示意图如图6-8(a)所示,用两个相隔180°的挡块和一个行程开关SQ控制圆盘的180°正反转。

PLC接线图如图6-8(b)所示,初始状态下,行程开关SQ受压,动断触点断开。

圆盘180°正反转梯形一图如图6-8(c)所示,初始状态下,行程开关SQ受压,动断触点断开,X0=0,按下起动按钮SB1,X0=1,松开时,X0下降沿触点接通,执行一次解码DECO指令,使Y1=0,Y0=1,圆盘正转。

转动后,行程开关SQ复位,动断触点闭合(X0=1),转动180°后SQ又受压,触点断开,X0下降沿触点又接通一次,再执行一次DECO指令,由于Y0=1,解码后使Y1=1,Y0=0,圆盘又反转,转180°后又正转,并不断重复上述过程。

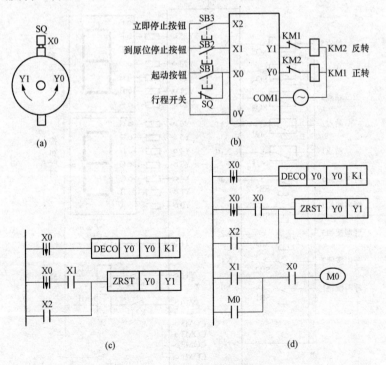

图6-8 圆盘180°正反转

(a)圆盘示意图;(b) PLC接线图;(c)圆盘180°正反转梯形图一;(d)圆盘180°正反转梯形图二

按住停止按钮 SB2，X1=1，当圆盘碰到行程开关 SQ 时停止。

如果按下停止按钮 SB3，则 Y0 和 Y1 立即复位，圆盘停止。

图 6-8（d）所示的梯形图比图 6-8（c）方便一些，不需要按住停止按钮 SB2，只要按一下 SB2 就可以了。圆盘在转动时，行程开关 SQ 动断触点闭合，X0=1，X0 触点闭合，按一下 SB1，X1 触点闭合，M0 得电自锁，M0 触点闭合，当圆盘挡块碰到行程开关 SQ 时，SQ 动断触点断开，X0 下降沿触点接通一下，执行一次 ZRST 指令，使 Y0、Y1 复位，圆盘停止，同时 X0 动合触点断开，使 M0 失电。

例 53　小车定点呼叫

一辆小车在一条线路上运行，如图 6-9 所示。线路上有 1#～5#共 5 个站点，每个站点各设一个位置传感器和一个呼叫按钮。无论小车在哪个站点，当某一个站点按下按钮后，小车将自动运行到呼叫点。用数码管显示小车所在的站点号和呼叫按钮的编号。小车行走 PLC 接线图如图 6-10 所示，小车行走 PLC 梯形图及说明如图 6-11 所示。

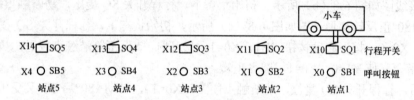

图 6-9　小车行走示意图

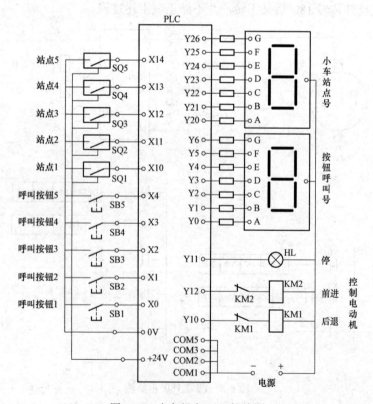

图 6-10　小车行走 PLC 接线图

第 6 章 数据处理指令（一）

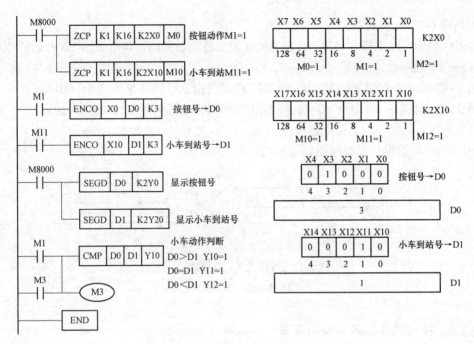

图 6-11 小车行走 PLC 梯形图及说明

梯形图工作原理如下。

ZCP K1 K16 K2X0 M0 指令：表示按下按钮 X0～X4 时 K2X0 在 K1～K16 之间，比较结果 M1=1。X7～X5 触点动作不起作用。ZCP K1 K16 K2X10 M10 指令与之类似。

ENCO X0 D0 K3 指令：表示将 X0～X7（X7～X5 触点动作不起作用）中的某个按钮，如按钮 X3 按下时，将对应的位号"3"存放在 D0 中。ENCO X10 D1 K3 指令与之类似。

假如小车初始位置在 2 号站点，X11=1，执行 ZCP 区间比较指令，K2X10=2，结果 M11=1，M11 触点闭合，执行 ENCO 指令，D1=1。

现在按下按钮 X3，执行 ZCP 区间比较指令，K2X0=8，结果 M1=1，M1 触点闭合，执行 ENCO 指令，D0=3，

执行 CMP 比较指令，D0>D1，比较结果 Y10=1，小车前进，离开 2 号站点，X11=0，M11 触点断开，但是 D1=1 不变。

小车前进到 3 号站点，X12=1，执行 ZCMP 区间比较指令，K2X10=4，结果 M11=1，M11 触点闭合，执行 ENCO 指令，D1=2。

小车前进到 4 号站点，X13=1，执行 ZCMP 区间比较指令，K2X10=8，结果 M11=1，M11 触点闭合，执行 ENCO 指令，D1=3。

此时由于 D0=D1，比较结果 Y10=0，Y11=1，小车停止。

M3 的作用是在未按下按钮时，M1=0 不执行 CMP 比较指令。以防止初始状态下，小车在某站点时 D1 大于 0，而按钮未按下 D0=0，执行 CMP 比较指令 D1 大于 D0，比较结果 Y12=1，使小车自行起动。

例 54 按钮式 2 位选择输出开关

用一个按钮控制 2 位选择输出开关 Y0 和 Y1，每按一次按钮，Y0 和 Y2 依次轮流接通。

梯形图如图 6-12（a）所示。

DECOP Y0 Y0 K1 指令是将 Y0 表达的 2 位二进制数译码，其结果用 Y0 开始的 2^1 位位元件 Y1、Y0 表示。

第 1 次闭合按钮 X0 时，Y0=0，经 DECO 译码指令译码使 Y1、Y0=$(01)_2$。

第 2 次闭合按钮 X0 时，Y0=1，经 DECO 译码指令译码使 Y1、Y0=$(10)_2$。

当 X0 再次闭合时，重复上述过程。

Y0 和 Y1 的输出结果时序图如图 6-12（b）所示。

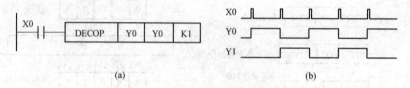

图 6-12　按钮式 2 位选择输出开关

（a）梯形图；（b）时序图

例 55　按钮式 3 位选择输出开关

用一个按钮控制 3 位选择输出开关 Y0~Y2，每按一次按钮，Y0~Y2 依次轮流接通。梯形图如图 6-13（a）所示。

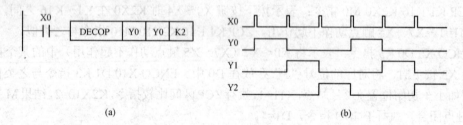

图 6-13　按钮式 3 位选择输出开关

（a）梯形图；（b）时序图

DECOP Y0 Y0 K2 指令是将 Y1、Y0 表达的 2 位二进制数译码，其结果用 Y0 开始的 2^2 位位元件 Y3、Y2、Y1、Y0 表示。

第 1 次闭合按钮 X0 时，Y1、Y0=$(00)_2$，经 DECO 译码指令译码使 Y3、Y2、Y1、Y0=$(0001)_2$。

第 2 次闭合按钮 X0 时，Y1、Y0=$(01)_2$，经 DECO 译码指令译码使 Y3、Y2、Y1、Y0=$(0010)_2$。

第 3 次闭合按钮 X0 时，Y1、Y0=$(10)_2$，经 DECO 译码指令译码使 Y3、Y2、Y1、Y0=$(0100)_2$。

第 4 次闭合按钮 X0 时，Y1、Y0=$(00)_2$，经 DECO 译码指令译码使 Y3、Y2、Y1、Y0=$(0001)_2$。

再次闭合按钮 X0 时重复上述过程。

Y0~Y2 的输出结果时序图如图 6-13（b）所示。

执行 DECOP 指令，Y0～Y2 的输出结果如表 6-4 所示。

表 6-4　　　　　　　　执行 DECOP 指令，Y0～Y2 的输出结果

项目 \ 元件	源元件		目的元件			
	Y1	Y0	Y3	Y2	Y1	Y0
未执行	0	0	0	0	0	0
1	0	0	0	0	0	1
2	0	1	0	0	1	0
3	1	0	0	1	0	0
4	0	0	0	0	0	1
5	0	1	0	0	1	0
6	1	0	0	1	0	0

6.3　编码指令（ENCO）

1．指令格式

编码指令格式如图 6-14 所示。

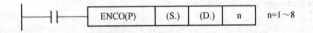

图 6-14　编码指令格式

编码指令 FNC42-ENCO（ENCODE）可使用软元件范围，如表 6-5 所示。

表 6-5　　　　　　　　编码指令的可使用软元件范围

元件名称	位元件				字元件								常数		指针
	X	Y	M	S	D□.b	KnX	KnY	KnM	KnS	T	C	D	R	U□\G□	V、Z	K	H	E	"□"	P
S.	○	○	○	○						○	○	○	①	②	○					
D.		○	○	○						○	○	○	①	②	○					
n																○	○			

①仅 FX$_{3G}$、FX$_{3GC}$、FX$_{3U}$、FX$_{3UC}$ 型 PLC 支持。
②仅 FX$_{3U}$、FX$_{3UC}$ 型 PLC 支持。

2．指令说明

编码指令 ENCO 和译码指令 DECO 相反，DECO 指令用于将（S.）的 2^n 位中最高位的 1 进行编码，编码存放（D.）在低 n 位中，如图 6-15 所示。图中的"ф"表示该值既可以是 0 也可以是 1。

当 X4=1 时，将 M7～M0 中的最高位的 1 进行编码，编码存放 D0 中的低 3 位中。如果 M7～M0=（00110000）$_2$，则 D0 中的 b2、b1、b0=（101）$_2$。

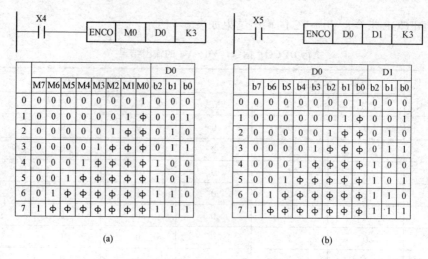

图 6-15 编码指令（ENCO）说明

(a) X4=1 时；(b) X5=1 时

当 X5=1 时，将 D0 的低 8 位二进制数中 b7～b0 中的最高位的 1 进行编码，编码存放 D1 中的低 3 位中。如果 D0=（0011011000010011）$_2$，且其中的低 8 位中最高位为 1 的是 b4，则编码结果为 D1=4=（0000000000000100）$_2$。

当输入条件 X4、X5 断开时，不执行指令。如果执行后输入条件断开，则其结果不变。

例 56　大数优先动作

当输入继电器 X7～X0 中有 n 个同时动作时，编号较大的优先。

如图 6-16 所示，例如，当 X5、X3、X0 同时动作时（X5、X3、X0 都为 1），最大编码的输入继电器 X5 有效。

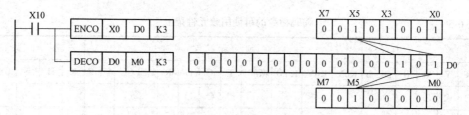

图 6-16　大数优先输出

执行 ENCO 指令，将 X5 的编号 5 存放到 D0 中，D0=5。

执行 DECO 指令，对应的 M5=1。

例 57　8 人智力抢答竞赛（带有数码管显示）

如图 6-17（a）所示为带有数码管显示的智力抢答梯形图，在主持人按钮 X10 未被按下时，不执行指令，按抢答按钮 K2X0（X7～X0）无效。当主持人按下按钮 X10 时，由于抢答按钮均未按下，执行 MOV 和 CMP 指令，所以 K2X0=0，由 MOV 指令将 K2X0 的值 0 传送到 K2Y0 中，由 CMP 指令比较 K2Y0 和 K0，由于 K2Y0=K0，比较结果是 M1=1。当按钮 X10 复位断开时，由 M1 触点接通 MOV 和 CMP 指令。

第6章 数据处理指令（一）

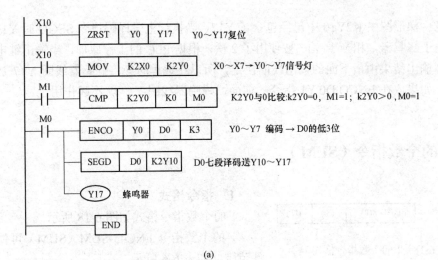

(a)

(b)

图 6-17 带有数码管显示智力抢答竞赛
(a) 梯形图；(b) PLC 接线图

当有人按下抢答按钮，如按钮 X2 先被按下，则 K2X0=(00000100)$_2$，经传送，K2Y0=(00000100)$_2$，即 Y2=1，对应的 Y2 指示灯亮，经 CMP 指令比较，K2Y0=4>0，比较结果是 M0=1，Y17 得电，蜂鸣器响。M1=0，断开 MOV 和 CMP 指令，所以后者抢答无效。

M0=1，执行 ENCO 指令，将 Y0～Y7 编码，由于 K2Y0=(00000100)$_2$，Y2=1，结果 D0=2，执行七段译码指令 SEGD，结果传送到 Y10～Y17，由七段数码管显示数字 2。

注意：梯形图中 K2Y10 中已经包含了 Y17，当执行七段译码指令 SEGD 时 Y17=0，而 Y17 又用于蜂鸣器，相当于 Y17 被使用了 2 次，根据 PLC 的工作原理，当输出继电器多次使用时，输出结果由最下面的输出线圈决定，所以在编程时应将蜂鸣器线圈 Y17 放在程序的后面，如果放在 ENCO D0 Y1 指令的前面，蜂鸣器线圈 Y17 就不起作用了。

6.4 1 的个数指令（SUM）

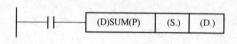

图 6-18 1 的个数指令格式

1．指令格式

1 的个数指令格式如图 6-18 所示。

1 的个数指令 FNC43-SUM（SUM）可使用软元件范围，如表 6-6 所示。

表 6-6 1 的个数指令的可使用软元件范围

元件名称	位 元 件				字 元 件								常 数			指针
	X	Y	M	S	D□.b	KnX	KnY	KnM	KnS	T	C	D	R	U□\G□	V、Z	K	H	E	"□"	P
S.					○	○	○	○	○	○	○	○	①	②	○	○	○		
D.						○	○	○	○	○	○	○	①	②	○				

①仅 FX$_{3G}$、FX$_{3GC}$、FX$_{3U}$、FX$_{3UC}$ 型 PLC 支持。

②仅 FX$_{3U}$、FX$_{3UC}$ 型 PLC 支持。

2．指令说明

1 的个数指令（SUM）用于将（S.）中为 1 的个数存放在（D.）中，无 1 时零位标志 M8020=1。如图 6-19 所示，D0 中有 9 个 1，即说明 D2 中的数据为 9。

如果图 6-19 所示梯形图使用 32 位指令 DSUM 或 DSUMP，则将 D1、D0 中 32 位数据的 1 的个数写入 D3、D2 中，由于 D3、D2 中的数不可能大于 32，所以 D3=0。

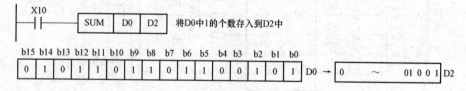

图 6-19 1 的个数指令（SUM）说明

例 58 用 4 个开关分别在 4 个不同的地点控制一盏灯

用 4 个开关分别在 4 个不同的地点控制一盏灯，经分析可知，当有一个开关闭合时灯亮，再有另一个开关闭合时灯灭，推而广之，即有奇数个开关闭合时灯亮，偶数个开关闭合时灯灭。

如图 6-20 所示，执行 SUM 指令，对 X3～X0（K1X0）输入开关闭合的个数的总和以二进制数存放到 K1M0 中，如果总和为奇数，必有 M0=1，用 M0 控制 Y0，灯亮，其梯形图如图 6-20（b）所示。

第6章 数据处理指令（一）

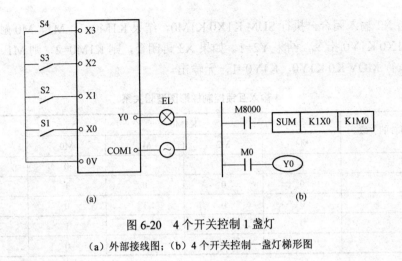

图 6-20　4 个开关控制 1 盏灯
（a）外部接线图；（b）4 个开关控制一盏灯梯形图

例 59　**4 输入互锁**

用 4 个输入开关 X3、X2、X1、X0（K1X0）分别控制输出 Y3、Y2、Y1、Y0（K1Y0），要求仅有一个开关闭合时，对应的一个输出 Y3、Y2、Y1、Y0 线圈得电，如有两个及以上输入开关闭合时，全部输出线圈失电。

控制梯形图如图 6-21（a）所示，执行 SUM 指令，将 K1X0（X3、X2、X1、X0）中为 1 的个数存放在 K1M0 中。

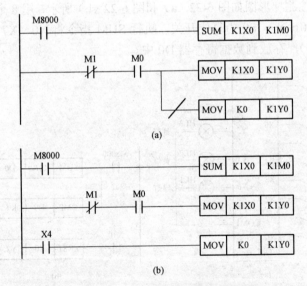

图 6-21　4 输入互锁控制梯形图
（a）4 输入互锁手动复位；（b）4 输入互锁自动复位

当 4 个输入点 X3～X0 中只有一个闭合时，K1M0=1，即 M3=0、M2=0、M1=0、M0=1 时执行 MOV 指令，对应的输出继电器线圈得电。K1M0 的取值范围为 0～4，如表 6-7 所示，当 X0～X3 闭合的个数为 1 时，M1=0、M0=1，即 M1 动断触点和 M0 动合触点闭合时执行 MOV K1X0 K1Y0，否则执行 MOV K0 K1Y0 指令。

例如当 X2 输入闭合，执行 SUM K1X0 K1M0，结果 K1M0=1，M1、M0 触点闭合，执行 MOV K1X0 K1Y0 指令，结果 Y2=1。如果 X3 再闭合，则 K1M0=2，则 M1、M0 触点断开，结果执行 MOV K0 K1Y0，K1Y0=1，无输出。

表 6-7　　　　　　　　　　4 输入互锁控制梯形图逻辑关系

X0～X3 闭合的个数	K1M0				输出结果
	M3	M2	M1	M0	
0	0	0	0	0	无输出
1	0	0	0	1	有输出
2	0	0	1	0	无输出
3	0	0	1	1	无输出
4	0	1	0	0	无输出

图 6-21（b）所示梯形图和图 6-21（a）所示梯形图略有不同，当只有一个输入触点闭合时，对应的输出继电器线圈得电。之后如果有多个输入点闭合时，则不起作用，只有按下复位按钮 X4 将输出复位为 0 后才能接通其他输出继电器。

例 60　8 个人进行表决

8 个人进行表决，当超过半数人同意时（同意者闭合开关），绿灯亮，当半数人同意时黄灯亮，当少于半数人同意时，红灯亮。

PLC 接线图和控制梯形图如图 6-22（a）和图 6-22（b）所示，用 8 个表决开关 S1～S8，对应接到 PLC 的 X0～X7，S9 为复位开关，执行 SUM 指令将 X0～X7 中 1 的个数（触点闭合为 1，断开为 0），存放到数据寄存器 D0 中。

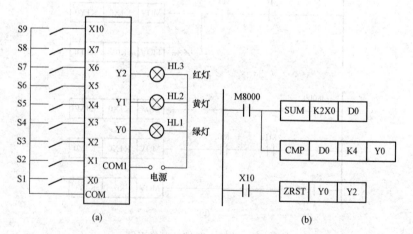

图 6-22　8 个人进行表决
（a）PLC 接线图；（b）控制梯形图

执行比较指令 CMP，将 D0 和 K4 进行比较，当超过半数人同意时（D0>4）（同意者闭合开关），比较结果 Y0=1，绿灯亮，当半数人同意时（D0=4）比较结果 Y1=1，黄灯亮，当少于半数人同意时（D0<4），比较结果 Y2=1，红灯亮。

闭合开关 X10，灯灭。

例61 6台电动机运行，少于3台电动机运行报警信号

某工厂有6台电动机，在正常工作时要求至少有3台运行，如果少于3台电动机则发出报警信号。

少于3台电动机运行报警信号控制梯形图如图6-23所示，设6台电动机分别由PLC的Y0～Y5进行控制，由于K2Y0中包含有Y6和Y7，将K2Y0的数据传送到K2M0中，再用M8001触点将K2M0中的M6、M7断开（置0）。这时，执行SUM指令将K2M0中为1的个数存放到D0中，由于K2M0中的M6、M7置0，所以实际上是将M0～M5中为1的个数存放到D0中，由于M0～M5和Y0～Y5相同，所以D0中的数据就是电动机运行的台数，当D0<3时Y7线圈得电发出报警信号。

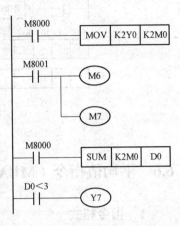

图6-23 少于3台电动机运行报警信号控制梯形图

6.5 置1位判断指令（BON）

1．指令格式

置1位判断指令格式如图6-24所示。

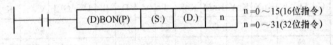

图6-24 置1位判断指令格式

置1位判断指令FNC44-BON（BIT ON CHECK）可使用软元件范围，如表6-8所示。

表6-8 置1位判断指令可使用软元件范围

元件名称	位元件				字元件								常数			指针
	X	Y	M	S	D□.b	KnX	KnY	KnM	KnS	T	C	D	R	U□\G□	V、Z	K	H	E	"□"	P
S.						○	○	○	○	○	○	○	②	③		○	○			
D.		○	○	○	①															
n												○	②			○	○			

①D□.b 仅支持 FX₃ᵤ、FX₃ᵤc 型 PLC，但是，不能变址修饰（V、Z）。
②FX₃G、FX₃GC、FX₃ᵤ、FX₃ᵤc 型 PLC 支持。
③FX₃ᵤ、FX₃ᵤc 型 PLC 支持。

2．指令说明

置1位判断指令（BON）用于判断（S.）的第n位是否为1，为1时（D.）=1，为0时（D.）=0。如图6-25所示，当X0=1时，判断D10中的b15（D10.F），如果D10.F=1，则M0=1；如果D10.F=0，则M0=0（实际上D10.F为符号位，D10.F=1时为负数，D10.F=0时为正数）。

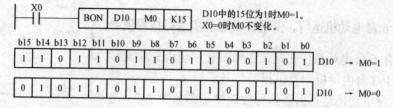

图 6-25 置 1 位判断指令（BON）说明

6.6 平均值指令（MEAN）

1．指令格式

平均值指令格式如图 6-26 所示。

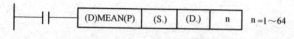

图 6-26 平均值指令格式

平均值指令 FNC45-MEAN（MEAN）可使用软元件范围，如表 6-9 所示。

表 6-9　　　　　　　　　平均值指令的可使用软元件范围

元件名称	位元件						字元件								常数			指针
	X	Y	M	S	T	C	D□.b	KnX	KnY	KnM	KnS	T	C	D	R	U□\G□	V、Z	K	H	E	"□"	P
S.								○	○	○	○	○	○	○		○		○	○			
D.									○	○	○	○	○	○		○	○					
n														○				○	○			

2．指令说明

平均值指令（MEAN）用于求（S.）开始的 n 个字元件的平均值，结果存放在（D.）中，余数舍去。如图 6-27 所示，当 X0=1 时，将 D0、D1、D2 中的 3 个数据相加后除以 3，结果存放在 D10 中。

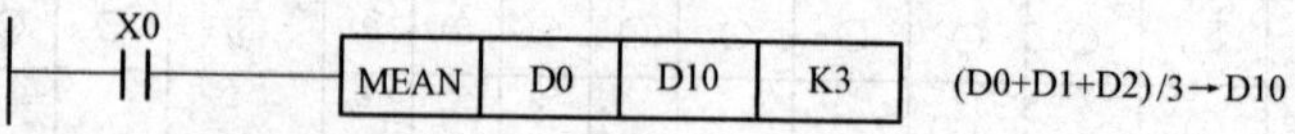

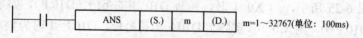

图 6-27 平均值指令（MEAN）说明

6.7 报警器置位指令（ANS）

1．指令格式

报警器置位指令格式如图 6-28 所示。

图 6-28 报警器置位指令格式

报警器置位指令 FNC46-ANS（ANNUNCIATOR-SET）可使用软元件范围，如表 6-10 所示。

表 6-10　　　　　　　　　报警器置位指令的可使用软元件范围

元件名称	位元件						字元件								常数		指针
	X	Y	M	S	T	C	D□.b	KnX	KnY	KnM	KnS	T	C	D	R	U□\G□	V、Z	K	H	E	"□"	P
S.												①										
m														○	○			○	○			
D.			②																			

①T0～T199。
②S900～S999。

2. 指令说明

报警器置位指令（ANS）用于驱动信号的报警。

如图 6-29 所示，当 X0=1 时，延时 1s 报警器 S900 动作；当 X0=0 时，S900 仍置位。如果不到 1s，X0 由 1 变为 0，则定时器 T0 复位。

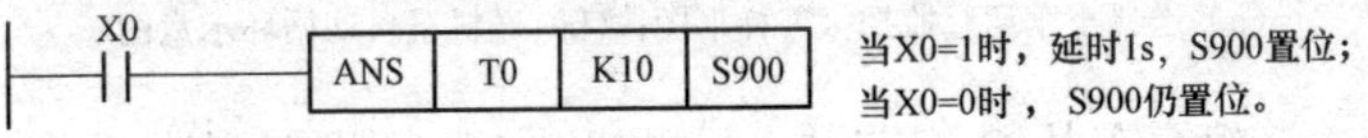

```
 X0
─┤├──── ANS  T0  K10  S900 ──     当X0=1时，延时1s，S900置位；
                                  当X0=0时，S900仍置位。
```

图 6-29　报警器置位指令（ANS）的说明

如果预先使 M8049（信号报警器有效）=1，则 S900～S999 中最小报警器的编号被存入 D8049。当 S900～S999 中任何一个动作时，M8048=1。

6.8 报警器复位指令（ANR）

1. 指令格式

报警器复位指令格式如图 6-30 所示。
报警器复位指令 FNC47-ANR（ANNUNCIATORRESET）指令没有可使用软元件。

2. 指令说明

报警器复位指令（ANR）用于对报警器 S900～S999 复位。如图 6-31 所示，当 X10=1 时，将已经动作的报警器复位。

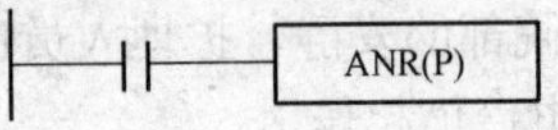

图 6-30　报警器复位指令格式 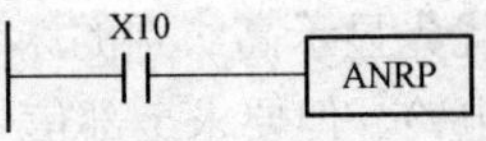　　　　图 6-31　报警器复位指令（ANR）说明

如果有多个报警器同时动作，当 X10=1 时，将其中最小编号的报警器复位。
需要注意的是，如果用 ANR 指令，则每个扫描周期将按最小编号顺序复位一个报警器。

例62 送料小车报警器监控

用报警器监控送料小车的运行情况，如图6-32所示。

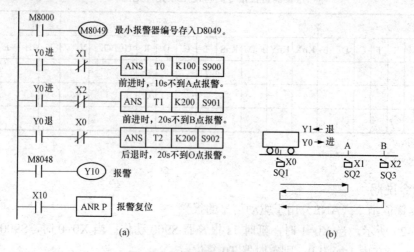

图6-32 送料车运行监控报警
(a) 送料小车运行监控报警梯形图；(b) 送料车自动循环示意图

在图6-32中，一辆小车从O点前进，如果超过10s还没有到达A点，则报警器S900动作；如果超过20s还没有到达B点，则报警器S901动作；如果小车在B点后退时超过20s还没有到达O点，则报警器S902动作。

只要报警器S900~S902中有一个动作，则M8048=1，使Y10=1，起动报警器报警。用X10按钮可对已动作的报警器S900~S902复位。

如果有多个报警器同时动作，例如，S901和S902同时动作，则第1次按钮X10，最小编号S901先复位，再按一次按钮X10，S902复位，当报警器全部复位后，M8048=0，使Y10=0，解除报警。

例63 病床呼叫系统

某医院住院部有99张床位，用PLC组成一个病床呼叫系统。要求每个床位设置一个呼叫按钮，在护士站设置一个监控显示装置，当某一个病床按下呼叫按钮时，护士站监控显示装置的电铃响，信号灯亮，同时显示该床位的床位号，护理人员记录下床位号后，可按下复位按钮，消除该床位的信号，如果有多个病床发出呼叫信号时，监控显示装置应能保存每个病床发出呼叫信号。每个病床应根据护理等级设置优先级别，即多个病床发出呼叫信号时，应优先显示高级别的床位的信号。为了保持住院部的安静，护理人员也可以用按钮暂时关闭电铃，但要求全部信号复位后，再有信号时电铃仍起作用。

病床呼叫系统PLC接线图如图6-33所示，每个床位设置一个按钮，共99个按钮（SB1~SB99），每个按钮从输入端X0~X6输入一个编码，如表6-11所示，如SB5输入编号为5，SB97输入编号为97，编号由X0~X6表示的7位二进制数表示，如编号5为（0000101）$_2$，编号97为（1100001）$_2$。

第 6 章 数据处理指令（一）

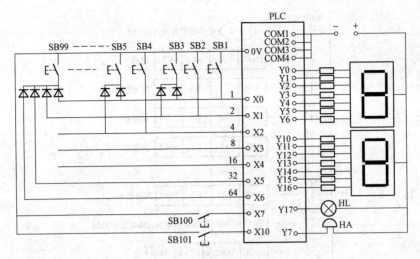

图 6-33　病床呼叫系统 PLC 接线图

表 6-11　　　　　　　　　　　按钮对应的编码

报警号编码	呼叫按钮	译码继电器	X6	X5	X4	X3	X2	X1	X0
			64	32	16	8	4	2	1
		M0	0	0	0	0	0	0	0
1	SB1	M1	0	0	0	0	0	0	1
2	SB2	M2	0	0	0	0	0	1	0
3	SB3	M3	0	0	0	0	0	1	1
4	SB4	M4	0	0	0	0	1	0	0
5	SB5	M5	0	0	0	0	1	0	1
⋮	⋮	⋮	⋮	⋮	⋮	⋮	⋮	⋮	⋮
97	SB97	M97	1	1	0	0	0	0	1
98	SB98	M98	1	1	0	0	0	1	0
99	SB99	M99	1	1	0	0	0	1	1

当某一按钮按下时，如按钮 SB5 按下时，接通 X0 和 X2，其梯形图如图 6-34 所示。由 ENCO 编码指令对 X0～X6 表达的二进制数 $(0000101)_2$ 编码，由 M5 触点接通对应的报警器 S905，S905 经定时器 T5 延时 0.1s 得电。报警器 S905 的编号 905 存入 D8049 中，由 BCD 指令将 S905 的编号 905 转为 BCD 存放到 K2M100 中。由于编号的范围为 1～99，所以只需要显示个位数和十位数就行了，将 K2M100 中的 K1M104 存放十位数，K1M100 存放个位数。

当有报警器 S900～S999 之一动作时，M8048=1，M8048 触点闭合，同时 M8048 上升沿触点接通一个扫描周期，使 Y7 得电自锁，电铃 HA 响，Y17 得电，报警灯亮。

护士听到铃响，可按下按钮 SB101（X10），Y7 失电，解除铃响。只有报警灯亮。

如按下按钮 SB100（X7），执行报警复位指令 ANR，可以消除最小编号的报警器。当解除全部报警器时，M8048=0，Y17 和 Y7 失电。

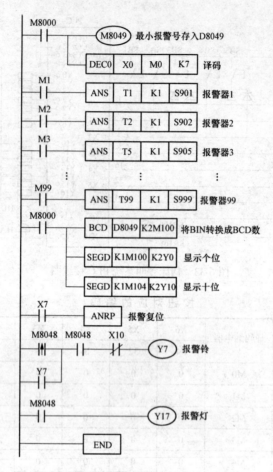

图 6-34 病床呼叫系统 PLC 梯形图

6.9 BIN 数据开方指令（SQR）

1. 指令格式

BIN 数据开方指令格式如图 6-35 所示。

BIN 数据开方指令 FNC48-SQR（SQUARE ROOT）可使用软元件范围，如表 6-12 所示。

图 6-35 BIN 数据开方指令格式

表 6-12　　　　BIN 数据开方指令的可使用软元件范围

元件名称	位元件				字元件									常数			指针
	X	Y	M	S	D□.b	KnX	KnY	KnM	KnS	T	C	D	R	U□\G□	V、Z	K	H	E	"□"	P
S.										○	○	○		○	○			
D.											○	○						

2. 指令说明

BIN 数据开方指令（SQR）用于对（S.）进行开平方运算，结果存放在（D.）中。如图

6-36 所示，当 X0=1 时，将 D0 中的数据开平方，结果存放在 D10 中，余数舍去。

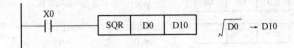

图 6-36 BIN 数据开方指令（SQR）说明

如果 D0 为负数，则运算错误标志 M8067=1，指令不执行。
当运算结果为 0 时，零位标志 M8020=1。

6.10 BIN 转为 BIN 浮点数指令（FLT）

1．指令格式

BIN 转为 BIN 浮点数指令格式如图 6-37 所示。
BIN 转为 BIN 浮点数指令 FNC49-FLT（FLOAT）可使用软元件范围，如表 6-13 所示。

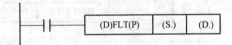

图 6-37 BIN 转为 BIN 浮点数指令格式

表 6-13　　　　　BIN 转为 BIN 浮点数指令的可使用软元件范围

元件名称	位元件				字元件								常数			指针
	X	Y	M	S	D□.b	KnX	KnY	KnM	KnS	T	C	D	R	U□\G□	V、Z	K	H	E	"□"	P
S.												○	①	②						
D.												○	①	②						

①仅 FX$_{3G}$、FX$_{3GC}$、FX$_{3U}$、FX$_{3UC}$ 型 PLC 支持。
②仅 FX$_{3U}$、FX$_{3UC}$ 型 PLC 支持。

2．指令说明

BIN 转为 BIN 浮点数指令（FLT）用于把（S.）中 BIN 整数转换成 BIN 浮点数，结果存放在（D.）中，如图 6-38 所示。这条指令的逆变换是 INT（FNC129）。

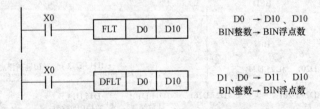

图 6-38 BIN 转为 BIN 浮点数指令（FLT）说明

例 64 计算 $X/Y×34.5$

设 X 为 16 位 BIN 值，存放在 D0 中，Y 为 2 位 BCD 值，用 K2X0 表示。计算 $X/Y×34.5$ 的梯形图如图 6-39 所示。

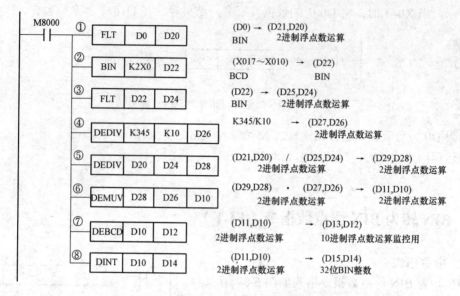

图 6-39 计算 X/Y×34.5 梯形图

此式需要用二进制浮点数来计算,所以要将式中的数转化成二进制浮点数。
(1)把存放在 D0 中的 16 位 BIN 值,转化成二进制浮点数放到 D21、D20 中。
(2)先把 2 位用 K2X0 表示的 BCD 值转化成 16 位 BIN 值放到 D22 中。
(3)将 D22 转化成二进制浮点数放到 D25、D24 中。
(4)用 DEDIV 指令将 34.5 转化成二进制浮点数放到 D27、D26 中。
以上已将所有的数都变成二进制浮点数了,下面就可进行计算了。
(5)计算 X/Y。
(6)计算(X/Y)·K34.5。
(7)二进制浮点数不能监控,如有需要可将计算结果转换成十进制浮点数。
(8)如有需要进行 BIN 整数计算,可将计算结果转换成 32 位 BIN 整数。
计算 X/Y×34.5 的过程如图 6-40 所示。

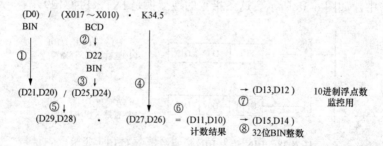

图 6-40 计算 X/Y×34.5 的过程

对于 FX_{3G}、FX_{3GC}、FX_{3U}、FX_{3UC} 等 PLC,增加了实数,所以在以上计算中,34.5 可以直接用实数 E34.5 计算就可以了。

第 7 章 高速处理指令

高速处理指令如表 7-1 所示。在程序中,高速处理指令主要用于对 PLC 中的输入输出数据进行立即高速处理,以避免受扫描周期的影响。

表 7-1　　　　　　　　　　高速处理指令

功能号	指令格式					程序步	指令功能
FNC050	REF (P)	(D)	n			5 步	输入输出刷新
FNC051	REFF (P)	n				3 步	滤波调整
FNC052	MTR	(S)	(D1.)	(D2.)	n	9 步	矩阵输入
FNC053	D HSCS	(S1.)	(S2.)	(D.)		13 步	比较置位(高速计数器)
FNC054	D HSCR	(S1.)	(S2.)	(D.)		13 步	比较复位(高速计数器)
FNC055	D HSZ	(S1.)	(S2.)	(S.)	(D.)	17 步	区间比较(高速计数器)
FNC056	SPD	(S1.)	(S2.)	(D.)		7 步	脉冲密度
FNC057	(D) PLSY	(S1.)	(S2.)	(D.)		7/13 步	脉冲输出
FNC058	PWM	(S1.)	(S2.)	(D.)		7 步	脉宽调制
FNC059	(D) PLSR	(S1.)	(S2.)	(S3.)	(D.)	9/17 步	可调速脉冲输出
FNC280	D HSCT	(S1.)	m	(S2.)	(D) n	21 步	高速计数器表比较

7.1 输入/输出刷新指令(REF)

1. 指令格式

输入/输出刷新指令格式如图 7-1 所示。

输入/输出刷新指令 FNC50-REF(REFRESH)可使用软元件范围,如表 7-2 所示。

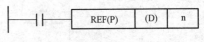

图 7-1　输入/输出刷新指令格式

表 7-2　　　　　　输入/输出刷新指令的可使用软元件范围

元件名称	位元件				字元件								常数			指针
	X	Y	M	S	D□.b	KnX	KnY	KnM	KnS	T	C	D	R	U□\G□	V、Z	K	H	E	"□"	P
D	①	②																		
n																③	③			

①X 的低位编号为 0,如 X20。
②Y 的低位编号为 0,如 Y10。
③FX$_{3S}$ 型 PLC 时,从 K8(H8)、K16(H10);FX$_{3G}$、FX$_{3GC}$ 型 PLC 时,从 K8(H8)、K16(H10)…到 K128(H80)为止(仅限 8 的倍数);FX$_{3U}$、FX$_{3UC}$ 型 PLC 时,从 K8(H8)、K16(H10)…到 K256(H100)为止(仅限 8 的倍数)。

2. 指令说明

输入/输出刷新指令 REF 是将 X 或 Y 的 n 位继电器的值进行刷新。

注意：n 必须是 8 的倍数，n=8、16、…、256。

X 或 Y 的起始元件编号应为 0，如 X0、X10、X70、Y0、Y30、Y100 等。

如图 7-2 所示，当 X0=1 时，只对输入继电器 X10~X17 的 8 点进行刷新。如果在执行该指令前约 10ms（输入滤波滞后时间）置 X10~X17 为 1，执行该指令时输入映像寄存器的 X10~X17 为 1。

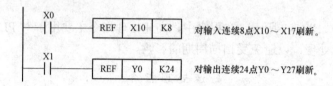

图 7-2 输入/输出刷新指令（REF）说明

当 X1=1 时，对输出继电器 Y0~Y27 进行刷新，将输出锁存器中 Y0~Y27 的值改为当前值，并立即输出，而不是在执行 END 指令后才刷新输出锁存器。

例 65 输入中断和输入刷新（REF 指令）的组合使用

如图 7-3 所示，为使用最新的 X1 输入信息执行中断处理的程序。

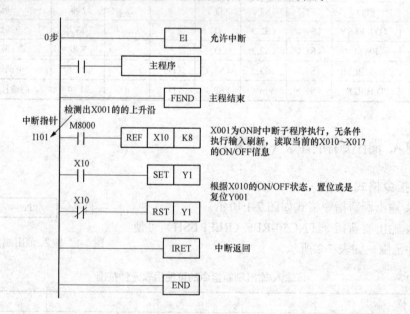

图 7-3 REF 指令使用梯形图

在执行主程序的过程中，当出现 X1 的上升沿时，结束主程序，跳到 I101 处执行中断子程序，在中断子程序中首先执行 REF 指令，对 X10~X17 的 8 点输入进行刷新，下面根据 X10 最新的通断状态来判断 Y1 是置位还是复位。

7.2 滤波调整指令（REFF）

1. 指令格式

滤波调整指令格式如图 7-4 所示。

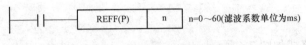

图 7-4 滤波调整指令格式

滤波调整指令 FNC51-REFF（REFRESH AND FILTER ADJUST）可使用软元件范围，如表 7-3 所示。

表 7-3　　　　　　　　　滤波调整指令的可使用软元件范围

元件名称	位元件				字元件								常数			指针
	X	Y	M	S	D□.b	KnX	KnY	KnM	KnS	T	C	D	R	U□\G□	V、Z	K	H	E	"□"	P
n												○	○			①	①			

①K0～K60，H0～H3C。

2. 指令说明

输入 X0～X17 的输入滤波器为数字式滤波器，滤波调整指令 REFF 用于改变 X0～X17 的输入滤波时间常数，输入滤波时间常数 n 在 0～60ms 之间。

当输入滤波时间常数设为 0 时（但实际上达不到 0），X0～X5 为 5μs，X6、X7 为 50μs，X10～X17 为 200μs。

一般情况下，由于 X0～X17 的输入滤波时间常数为 D8020 中的初始值 10ms，但是也可以通过改变 D8020 中的初始值来设定输入滤波时间常数。

如图 7-5 所示，在 0 步到 REFF K1 之间，滤波时间常数为 10ms。当 X10=1 时，在执行 REFF K1 后，将 X0～X17 的滤波时间常数改为 1ms，刷新 X0～X17 的输入映像寄存器。当执行到 REFF K20 后，将 X0～X17 的滤波时间常数改为 20ms。

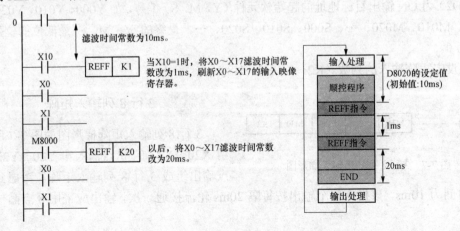

图 7-5 滤波调整指令（REFF）说明

在采用中断指针、高速计数器及 SPD 指令时，对应的输入滤波时间常数会自动变成最小值。

7.3 矩阵输入指令（MTR）

1. 指令格式

矩阵输入指令格式如图 7-6 所示。

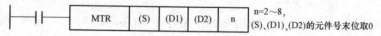

图 7-6　矩阵输入指令格式

矩阵输入指令 FNC52-MTR（MATRIX）可使用软元件范围，如表 7-4 所示。

表 7-4　　　　　　　矩阵输入指令的可使用软元件范围

元件名称	位元件				字元件								常数			指针
	X	Y	M	S	D□.b	KnX	KnY	KnM	KnS	T	C	D	R	U□\G□	V、Z	K	H	E	"□"	P
S	○																			
D1		○																		
D2		○	○	○																
n																○	○			

2. 指令说明

矩阵输入指令（MTR）用于将输入和输出组成一个输入矩阵，来扩展输入的点数。

（S）为矩阵的行信号输入的起始软元件（X）编号，X 最低位的位数编号只能为 0，如 X000、X010、X020、…。

（D1）为矩阵的列信号输出的起始软元件（Y）编号，Y 最低位的位数编号只能为 0，如 Y000、Y010、Y02、0…。

（D2）为 ON 输出目标地址的起始软元件（Y，M，S）编号，如 Y000、Y010、Y020、…、M000、M010、M020、…、S000、S010、S020、…，最终的 Y、M、S 最低位的位数编号只能为 0。

n 设定矩阵输入的列数（K2~K8/H2~H8）。

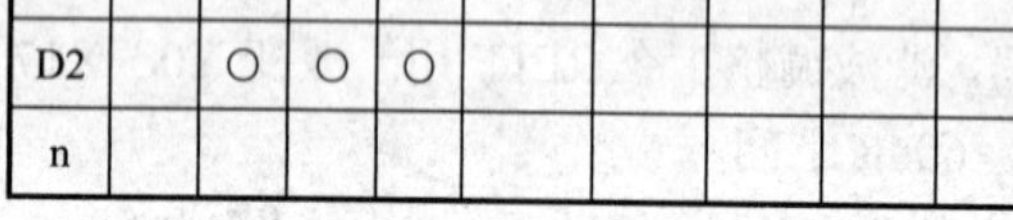

例 66　**3 行 8 列输入矩阵**

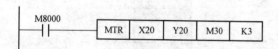

图 7-7　3 行 8 列矩阵输入梯形图

3 行 8 列输入矩阵梯形图如图 7-7 所示，用 X20~X27 的 8 点输入和 Y20~Y22 的 3 点输出组成 3 行 8 列输入矩阵。考虑到输入滤波时间为 10ms，该指令每个输出按每隔 20ms 轮流接通一次，输出应采用 8 点晶体管输出形式。

3 行 8 列输入矩阵接线图和时序图如图 7-8 所示。

第 7 章 高速处理指令

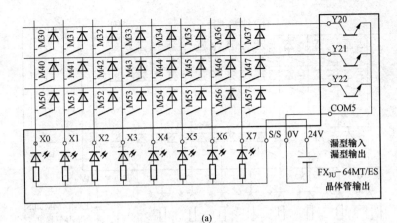

(a)

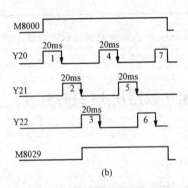

(b)

图 7-8　3 行 8 列输入矩阵接线图和时序图
(a) 接线图；(b) 时序图

当 PLC 运行时，Y20、Y21、Y22 每隔 20ms 依次接通，当 Y20 接通时，第 1 行触点输入的值分别存入 M30～M37 中，例如，M33 处的触点接通，则 M33=1。

当 Y21 接通时，第 2 行触点输入的值分别存入 M40～M47 中；当 Y22 接通时，第 3 行触点输入的值分别存入 M50～M57 中。Y22 第 1 次接通时，M8029=1。Y20～Y22 在下降沿时读入对应行的输入。

该指令最多可以组成 8 行 8 列输入矩阵，由于每行输入需要 20ms，8 行就需要 160ms，因此输入的速度就会受到影响。对于 8 行 8 列输入矩阵，每个输入触点接通的时间应大于 160ms。

(S)、(D1)、(D2) 应采用末位数为 0 的位元件，如 X0、X20、Y10、Y40 等。

指令 MTR 一般使用 M8000 触点，这种触点在运行时始终是接通的，如果用其他的触点，则当触点断开时，指定输出 Y 开始的 16 点（例如，图 7-8 中指定 Y20，则 Y20～Y37 将失电），这样需要在 MTR 指令前后增加保护 Y 数据的程序。

需要注意的是，矩阵输入指令（MTR）只能使用一次。

MTR 指令使用的输入通常用 X20 以后的编号（16 点基本单元为 X10 以后的编号）。当输入矩阵采用 X0～X17（FX_{3U}-16M 型 PLC 为 X0～X7）时，每行接通时间为 10ms，可以提高输入速度，8×8 点输入矩阵总计为 80ms，但是需要连接负载电阻，如图 7-9 所示。

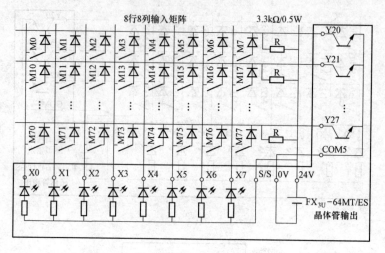

图 7-9　输入矩阵安装负载电阻 R 电路

7.4　比较置位指令（高速计数器用）（D HSCS）

1. 指令格式

比较置位指令格式如图 7-10 所示。

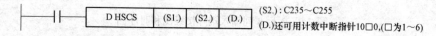

图 7-10　比较置位指令格式

比较置位指令 FNC53-D HSCS（SET BY HIGH SPEED COUNTER）可使用软元件范围，如表 7-5 所示。

表 7-5　比较置位指令的可使用软元件范围

元件名称	位元件				字元件									常数			指针
	X	Y	M	S	D□.b	KnX	KnY	KnM	KnS	T	C	D	R	U□\G□	Z	K	H	E	"□"	P
S1.					○	○	○	○	○	○	○	②	③			○	○		
S2.											○								
D.		○	○	○	①														④

① D□.b 仅支持 FX3U、FX3UC 型 PLC，但是不能变址修饰（V、Z）。
② 仅 FX3G、FX3GC、FX3U、FX3UC 型 PLC 支持。
③ 仅 FX3U、FX3UC 型 PLC 支持。
④ FX3U、FX3UC 型 PLC 中使用计数器中断时，指定中断指针。

2. 指令说明

比较置位指令（高速计数器用）D HSCS 用于将高速计数器的计数结果立即置位输出。在图 7-11（a）中，当高速计数器 C255 达到设定值 100 时，Y10=1，但 Y10 的输出必须在全部指令执行结束，即在执行 END 指令之后才能输出，因此将会受到扫描周期的影响。

而在图 7-11（b）中，当高速计数器 C255 达到设定值 100 时，由 D HSCS 指令执行中断处理，Y10 立即输出，因此不受扫描周期的影响。

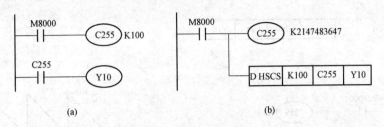

图 7-11 比较置位指令（D HSCS）说明

由于该指令用于 32 位高速计数器 C235～C255，所以应用 32 位 D HSCS 指令。

FNC53、FNC54、FNC55 指令可以多次使用，但这些指令同时驱动的个数限制在 6 个以下。

比较置位指令（D HSCS）的（D.）可以为中断指针 I0□0、□=1～6，如图 2-18 所示。

7.5 比较复位指令（高速计数器用）(D HSCR)

1. 指令格式

比较复位指令格式如图 7-12 所示。

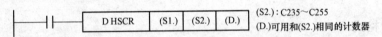

图 7-12 比较复位指令格式

比较复位指令 FNC54-D HSCR（RESET BY HIGH SPEED COUNTER）可使用软元件范围，如表 7-6 所示。

表 7-6　　　　　　　　　比较复位指令的可使用软元件范围

元件名称	位元件				字元件								常数			指针
	X	Y	M	S	D□.b	KnX	KnY	KnM	KnS	T	C	D	R	U□\G□	Z	K	H	E	"□"	P
S1.					○	○	○	○	○	○	○	③	④	○	○	○		
S2.										○								
D.	○	○	○	①						②								

①D□.b 仅支持 FX$_{3U}$、FX$_{3UC}$ 型 PLC，但是不能变址修饰（V、Z）。
②也可指定与相同的计数器（参考程序举例）。
③仅 FX$_{3G}$、FX$_{3GC}$、FX$_{3U}$、FX$_{3UC}$ 型 PLC 支持。
④仅 FX$_{3U}$、FX$_{3UC}$ 型 PLC 支持。

2. 指令说明

比较复位指令（高速计数器用）D HSCR 用于高速计数器的复位。与 D HSCS 一样，该指令为 32 位指令，应用 D HSCR，而不能用 HSCR，如图 7-13 所示。

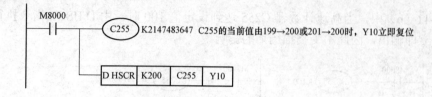

(a)

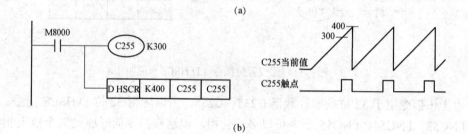

(b)

图 7-13 比较复位指令（D HSCR）说明

在图 7-13（a）中，当 C255 的当前值由 199→200 或由 201→200 时 Y10 立即复位。

在图 7-13（b）中，当 C255 的当前值由 299→300 时 C255 触点动作，由 399→400 时 Y10 立即复位。

7.6 区间比较指令（高速计数器用）（D HSZ）

1．指令格式

区间比较指令格式如图 7-14 所示。

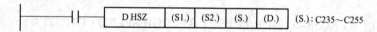

图 7-14 区间比较指令格式

区间比较指令 FNC55-D HSZ（ZONE COMPARE FOR H.S.C）可使用软元件范围，如表 7-7 所示。

表 7-7　　　　　　　　　区间比较指令的可使用软元件范围

元件名称	位 元 件					字 元 件										常 数			指针
	X	Y	M	S	D□.b	KnX	KnY	KnM	KnS	T	C	D	R	U□\G□	Z	K	H	E	"□"	P
S1.						○	○	○	○	○	○	○	②	③	○	○	○			
S2.						○	○	○	○	○	○	○	②	③	○	○	○			
S.											○									
D.		○	○	○	①															

① D□.b 仅支持 FX$_{3U}$、FX$_{3UC}$ 型 PLC，但是不能变址修饰（V、Z）。
② 仅 FX$_{3G}$、FX$_{3GC}$、FX$_{3U}$、FX$_{3UC}$ 型 PLC 支持。
③ 仅 FX$_{3U}$、FX$_{3UC}$ 型 PLC 支持。

2. 指令说明

区间比较指令（高速计数器用）D HSZ 用于高速计数器的当前值和 2 个计数值比较，比较结果用 3 个继电器表示，作用与 ZCP 指令相似，如图 7-15 所示。

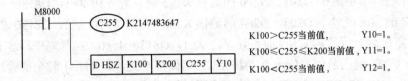

图 7-15　区间比较指令（高速计数器用）（D HSZ）说明

当 C255 当前值小于 100 时，Y10=1，当 C255 当前值由 K99→K100 时 Y11 立即为 1，C255 当前值由 K199→K200 时 Y12 立即为 1。

该指令为 32 位指令，应使用 D HSZ 指令，且只在有计数脉冲时才进行比较，没有计数脉冲时则保持原来的结果不变。

3. D HSZ 指令的表格高速比较模式

当 D HSZ 指令中的（D.）为 M8130 时，为表格高速比较模式。在表格高速比较模式中，(S1.) 只能为数据寄存器 D，(S2.) 只能为 K 或 H（1≤K、H≤128），(S.) 为高速计数器 C235～C255。

需要注意的是，该指令只能用一次，与其他用途使用的 FNC53～FNC55 指令结合，可以同时驱动的指令在 6 个以下。

如图 7-16 所示，高速计数器 C247 对 X0 的脉冲进行加计数，对 X1 的脉冲进行减计数，X2 为 C247 的复位输入端。D HSZ 指令将 C247 的当前值与 5 个 32 位数据进行高速比较，根据比较的结果控制输出继电器 Y 的通电或失电。

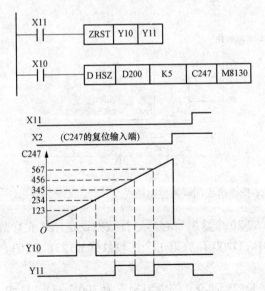

32位比较数据	输出Y编号	置1/置0	表格计数器 D8130
D201 D200 K123	D202 H10	D203 K1	0
D205 D204 K234	D206 H10	D207 K0	1
D209 D208 K345	D210 H11	D211 K1	2
D213 D212 K456	D214 H11	D215 K0	3
D217 D216 K567	D218 H11	D219 K1	4 返回到0

图 7-16　D HSZ 指令的表格高速比较模式

在执行该指令之前,需对从 D200 开始的 20 个数据寄存器进行数据设定,共 5 行数据,每行用 4 个数据寄存器,如第 1 行,D201、D200 存放第 1 个比较数据 K123,D202 存放的 H10 表示控制的输出继电器为 Y10,D203 存放的 K1 表示置 Y10 为 1。

当 C247 的当前值等于 D201、D200 的数据 K123 时,置 Y10 为 1,D8130=1。

当 C247 的当前值等于 D205、D204 的数据 K234 时,置 Y10 为 0,D8130=2。

在执行完最后一行数据 K567 时,置 Y11 为 1,D8130=4→0,执行完毕标志 M8131=1。

当 X2=1 时,C247 的当前值复位为 0,但输出 Y 仍保持不变,当 X11=1 时全部输出 Y 复位。

4. 由 D SHZ 和 DPLSY 指令组成的频率控制模式

当 D HSZ 指令中的(D.)为 M8132 时,为频率控制模式。在频率控制模式中,(S1.)只能为数据寄存器 D,(S2.)只能为 K 或 H(1≤K、H≤128),(S.)为高速计数器 C235~C255。

需要注意的是,该指令只能用一次,与其他用途使用的 FNC53~FNC55 指令结合,可以同时驱动的指令在 6 个以下。

如图 7-17 所示,高速计数器 C247 对 X0 的脉冲进行加计数,对 X1 的脉冲进行减计数,X2 为 C247 的复位输入端。D HSZ 指令将 C247 的当前值与 5 个 32 位数据进行比较,然后根据比较的结果控制输出继电器 Y0 的输出频率。

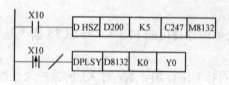

32位比较数据	输出频率 0~1000Hz	表格计数器 D8131
D201 D200 K123	D203 D202 K300	0
D205 D204 K234	D207 D206 K500	1
D209 D208 K345	D211 D210 K200	2
D213 D212 K456	D215 D214 K100	3
D217 D216 K0	D219 D218 K0	4 返回到0

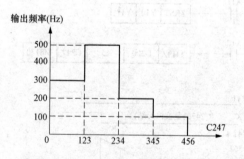

图 7-17 由 D SHZ 和 DPLSY 指令组成的频率控制模式

在执行该指令之前,需对从 D200~D219 的 20 个数据寄存器进行数据设定,共 5 行数据,每行用 4 个数据寄存器,如第 1 行,D201、D200 存放第 1 个比较数据 K123,D203、D202 存放输出频率 300Hz。

当 C247 的当前值小于 D201、D200 的数据 K123 时,Y0 的输出频率为 300Hz,D8131=0。

当 C247 的当前值等于 D203、D202 的数据 K234 时,Y0 的输出频率为 500Hz,D8131=1。

当 C247 的当前值等于 D205、D204 的数据 K345 时,Y0 的输出频率为 200Hz,D8131=2。

在执行完最后一行数据 K0 时，Y0 的输出频率为 0Hz，D8131=4→0，执行完毕标志 M8133=1，并返回到第 1 行重新开始工作。

如要在最后一行停止动作，可将最后一行表格的频率设为 K0。

PLC 在执行 D HSZ 指令后，在 END 指令后完成表格的数据，所以要在执行 D HSZ 指令的第 1 个扫描周期断开 DPLSY 指令，第 2 个扫描周期才执行 DPLSY 指令。

在 M8132 频率控制模式下，每执行一行后，表格计数器 D8131 中的计数值加 1，同时对应行的设定频率存入到 D8132 中，对应行的 32 位比较数据存入到 D8135、D8134 中。

例 67 用编码器控制电动机的起动转速

如图 7-18 所示，当起动开关 X10 闭合时，首先执行一次 DZCPP 区间比较指令，比较结果使 Y10=1，Y10 控制电动机低速起动。电动机旋转后，安装在电动机轴上的旋转编码器产生旋转脉冲，高速计数器 C235 对旋转脉冲 X0 进行计数，当 C235 计数值为 1000 时，由 D HCZ 指令比较，比较结果使 Y11=1，Y11 控制电动机中速运行，当 C235 计数值为 2000 时，由 D HCZ 指令比较，比较结果使 Y12=1，Y12 控制电动机高速运行。当开关 X10 断开时，对 Y10~Y12 及 C235 复位，电动机停止。

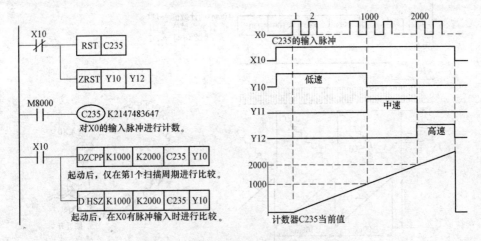

图 7-18　用编码器控制电动机的起动转速

需要注意的是，由于 D HCZ 指令只在有计数脉冲时才进行比较，而旋转编码器只有在电动机起动旋转后才能产生旋转脉冲，所以要用 DZCPP 比较指令进行一次初始比较，使电动机先转起来，只有这样才能产生旋转脉冲。

7.7　脉冲密度指令（SPD）

1．指令格式

脉冲密度指令格式如图 7-19 所示。

脉冲密度指令 FNC56-SPD（SPEED DETECT）可使用软元件范围，如表 7-8 所示。

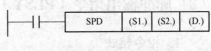

图 7-19　脉冲密度指令格式

表7-8 脉冲密度指令的可使用软元件范围

元件名称	位元件				字元件								常数		指针
	X	Y	M	S	D□.b	KnX	KnY	KnM	KnS	T	C	D	R	U□\G□	V、Z	K	H	E	"□"	P
S1.	①																			
S2.						○	○	○	○	○	○	○	②	③	○	○	○			
D.										○	○	○	②		○					

①FX$_{3G}$、FX$_{3GC}$、FX$_{3U}$、FX$_{3UC}$型PLC应指定X0~X7，FX$_{3S}$型PLC应指定X0~X5。
②仅FX$_{3G}$、FX$_{3GC}$、FX$_{3U}$、FX$_{3UC}$型PLC支持。
③仅FX$_{3U}$、FX$_{3UC}$型PLC支持。

2. 指令说明

脉冲密度指令SPD用于对X0~X5中之一的输入脉冲在指定时间（单位为ms）内的脉冲数计入到（D.）中。（D.）中的值正比于旋转速度N，因此这条指令可以用来检测转速。

如图7-20所示，当X10=1时，开始对X0产生的脉冲进行计数，将100ms内的脉冲数存入到D0中，计数当前值存入到D1中，剩余时间存入到D2中。100ms后D1、D2的值复位，重新开始计数。

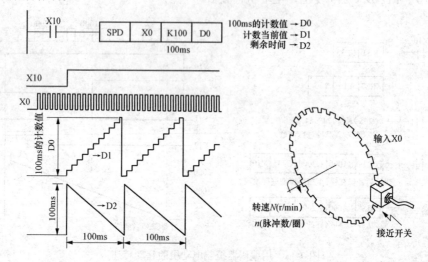

图7-20 脉冲密度指令（SPD）说明

例如，一个齿盘有60个齿，齿盘转一圈可以产生60个脉冲（n=60），测量的时间宽度为100ms（t=100），则齿盘转速为N=60×1000×D$_0$/nt=60×1000×D$_0$/（60×100）=10D$_0$（r/min）。

X0~X5的最高输入频率与一相高速计数器相同，若与高速计数器、PLSY、PLSR指令同时使用时，其频率的合计值应限制在规定频率以内（详细内容可参见第3章中关于高速计数器的使用频率的相关内容）。

7.8 脉冲输出指令（PLSY）

1. 指令格式

脉冲输出指令格式如图7-21所示。

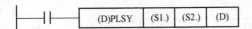

图 7-21 脉冲输出指令格式

脉冲输出指令 FNC57-PLSY（PULSE Y）可使用软元件范围，如表 7-9 所示。

表 7-9　　　　　　　　脉冲输出指令的可使用软元件范围

元件名称	位元件				字元件								常数			指针
	X	Y	M	S	D□.b	KnX	KnY	KnM	KnS	T	C	D	R	U□\G□	V、Z	K	H	E	"□"	P
S1.						○	○	○	○	○	○	○	②	③	○	○	○		
S2.						○	○	○	○	○	○	○	②	③	○	○	○		
D.		①																	

①对基本单元的晶体管输出，或是高速输出特殊适配器（只能连接到 FX₃U 型 PLC）的 Y000、Y001 做指定。
②仅 FX₃G、FX₃GC、FX₃U、FX₃UC 型 PLC 支持。
③仅 FX₃U、FX₃UC 型 PLC 支持。

2．指令说明

脉冲输出指令 PLSY 用于指定输出继电器 Y0 或 Y1 输出给定频率的脉冲。

（S1.）指定频率范围在 2～20000Hz 之间。

（S2.）指定产生的脉冲数，16 位指定为 1～32767，32 位指定为 1～2147483647，当指定为 0 时为脉冲连续发生。

（D）只限于使用晶体管输出的 Y0 或 Y1。此时需注意的是，Y0 和 Y1 不能同时使用。

输出脉冲为 50%通，50%断，采用中断直接输出方式。

输出脉冲数存放在 D8137（高 16 位）、D8136（低 16 位）中。

（S1.）的数据可以在执行过程中改变，改变后，频率也随之改变，但（S2.）在执行过程中改变的数据是不执行的，只有到下一次执行该指令时才改变数据。

D8141、D8140 存放 Y0 输出脉冲的当前值。

D8143、D8142 存放 Y1 输出脉冲的当前值。

D8147、D8146 存放 Y0、Y1 输出脉冲的合计值。

指令输入 OFF 后，会即刻停止输出，再次置 ON 后，从最初开始运行。当表 7-10 中的的特殊辅助继电器（M）置 ON 后输出会停止。

表 7-10　　　　　　　　脉冲输出停止的特殊辅助继电器

软元件		内容
FX₃S、FX₃G、FX₃GC	FX₃U、FX₃UC	
M8145、M8349	M8349	停止 Y000 脉冲输出（即刻停止）
M8146、M8359	M8359	停止 Y001 脉冲输出（即刻停止）

如图 7-22 所示，当 X10=1 时，Y0 以 1kHz 的输出频率连续输出 10000000 个脉冲。

当 S2.设定为 K0 时，可以无限制发出脉冲。

在使用 PLSY 指令和 PWM 指令时，晶体管输出电流应大于 100mA，如果输出电流小，晶体管的截止时间就会变长，为了避免出现这种情况，可以在输出负载上并联一个电阻以加大晶体管输出电流，如图 7-23 所示。

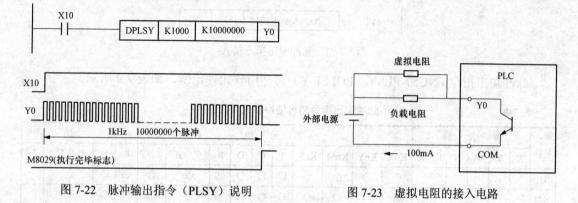

图 7-22 脉冲输出指令（PLSY）说明　　图 7-23 虚拟电阻的接入电路

7.9 脉宽调制指令（PWM）

1. 指令格式

脉宽调制指令格式如图 7-24 所示。

脉宽调制指令 FNC58-PWM（PULSE WIDTH MODULATION）可使用软元件范围，如表 7-11 所示。

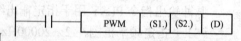

图 7-24 脉宽调制指令格式

表 7-11　　　　　　　　　　脉宽调制指令的可使用软元件范围

元件名称	位 元 件				字 元 件								常 数			指针
	X	Y	M	S	D□.b	KnX	KnY	KnM	KnS	T	C	D	R	U□\G□	V、Z	K	H	E	"□"	P
S1.						○	○	○	○	○	○	○	○	②		○	○	○		
S2.						○	○	○	○	○	○	○	○	②		○	○	○		
D.		①																		

①可以指定基本单元的晶体管输出 Y0、Y1、Y2 或是高速输出特殊适配器的 Y0、Y1、Y2、Y3。
②仅支持 FX$_{3U}$、FX$_{3UC}$ 型 PLC。

2. 指令说明

脉宽调制指令 PWM 用于产生周期和宽度均可调节的输出脉冲。

（S1.）指定脉冲宽度 t=0～32767ms，（S2.）指定周期 T0=1～32767ms，（S1.）≤（S2.）。

（D）只限于使用晶体管输出的 Y0 或 Y1，其输出的通断可以进行中断处理。

需要注意的是：本指令只能使用 1 次。

如图 7-25 所示，当 X10=1 时，Y0 输出周期为 50ms，脉冲宽度为 t 的可调输出脉冲。此时只需改变 D10 中的数据即可调节输出脉冲宽度。D10 中的数据从 0～50 变化，Y0 输出的占空比变化为 0～100%。如果 D10 中的数据超过 50，则会出错。当 X10=0 时，Y0=0。

图 7-25 脉宽调制指令（PWM）说明

例 68 控制电动机的转速

PWM 指令输出的脉宽调制信号，将脉宽调制信号转换成电压信号，可以用来控制电动机的转速，如图 7-26 所示。

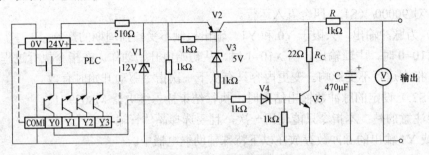

图 7-26　PWM 调速控制电路

电路中的滤波时间常数为 $RC=1\text{k}\Omega\times470\mu\text{F}=470\text{ms}\gg T0=50\text{ms}$。

PLC 采用晶体管输出型，此外为了进行高频脉冲输出，可考虑采用如图 7-23 所示的方法，使输出有足够的负载电流。

7.10　可调速脉冲输出指令（PLSR）

1. 指令格式

可调速脉冲输出指令格式如图 7-27 所示。

可调速脉冲输出指令 FNC59-PLSR（PULSER）可使用软元件范围，如表 7-12 所示。

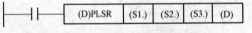

图 7-27　可调速脉冲输出指令格式

表 7-12　可调速脉冲输出指令的可使用软元件范围

元件名称	位元件				字元件								常数			指针
	X	Y	M	D□.b	KnX	KnY	KnM	KnS	T	C	D	R	U□\G□	V、Z	K	H	E	"□"	P
S1.					○	○	○	○	○	○	○	○	②		○	○			
S2.					○	○	○	○	○	○	○	○	②		○	○			
S3.					○	○	○	○	○	○	○	○	②		○	○			
D.		①																	

①对基本单元的晶体管输出，或是高速输出特殊适配器（该适配器只能连接到 FX$_{3U}$ 型 PLC）的 Y000、Y001 做指定。
②仅支持 FX$_{3U}$、FX$_{3UC}$ 型 PLC。

2. 指令说明

可调速脉冲输出指令 PLSR 是按照（S1.）指定的最高频率分 10 级加速，当达到（S2.）指定的输出脉冲数时，再以最高频率分 10 级减速。

（S1.）为输出的最高频率（Hz），设定范围从 10~20000Hz。

（S2.）为总的输出脉冲数，设定范围：16 位操作为 110~32767，32 位操作为 110~2147483647。若设定值小于 110，则脉冲不能正常输出。

(S3.)为加减速度时间，设定值在 5000ms 以内，加速和减度时间相同。其值应大于 PLC 扫描周期最大值 D8012 的 10 倍。

加减速的时间（S3.）应满足：90000×5≤（S1.）·（S3.）≤818（S2.）。

如果不满足上述条件，则加减速时间的误差将增大。此外，在设定不到 90000/（S1.）的值时，对 90000/（S1.）四舍五入运行。

(D.)为脉冲输出，只限于 Y0 和 Y1。输出控制不受扫描周期的影响。

当 X10=0 时，中断输出，当 X10=1 时，从初始值开始动作。在指令执行过程中，改写操作数，指令运行不受影响。变更内容只有从下一次指令驱动开始时有效。

当（S2.）设定的脉冲数输出结束时，执行结束标志继电器 M8029=1。

需要注意的是：本指令只能使用一次，且要选择晶体管输出方式。

Y0 或 Y1 输出的脉冲数存放在以下特殊辅助继电器中。

（1）D8141、D8140（32 位）：存放 Y0 的脉冲总数。

（2）D8143、D8142（32 位）：存放 Y1 的脉冲总数。

（3）D8137、D8136（32 位）：存放 Y0 和 Y1 的脉冲数之和。

上述各特殊辅助继电器中的数据可以用 DMOV K0 D81□□加以清除。

如图 7-28 所示，当 X10=1 时，Y0 输出脉冲，脉冲频率按最高频率 500Hz 分 10 级加速，即每级按 50Hz 逐步增加，在 3600ms 时间内达到最高频率 500Hz。经过一段时间再按每级 50Hz 逐步减少，当输出频率减少到 0 时，正好达到全部过程的总脉冲数。

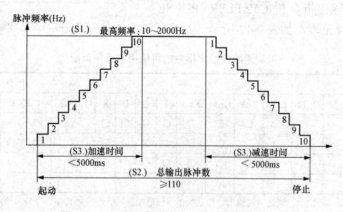

图 7-28 可调速脉冲输出指令（PLSR）说明

7.11 高速计数器表比较指令（D HSCT）

1. 指令格式

高速计数器表比较指令格式如图 7-29 所示。

第 7 章 高速处理指令

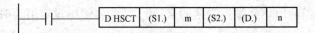

图 7-29 高速计数器表比较指令格式

高速计数器表比较指令 FNC280-D HSCT（TABLE COMPARE FOR HIGH SPEED COUNTER）可使用软元件范围，如表 7-13 所示。

表 7-13 高速计数器表比较指令的可使用软元件范围

元件名称	位 元 件				字 元 件									常 数			指针
	X	Y	M	S	D□.b	KnX	KnY	KnM	KnS	T	C	D	R	U□\G□	V、Z	K	H	E	"□"	P
S1.												○	○							
m																○	○			
S2.											①									
D.		○	○																	
n																○	○			

①仅可以指定高速计数器 C235～C255。

2．指令说明

D HSCT 指令用于将预先制作好的数据表格和高速计数器的当前值做比较，可以对最大 16 点输出进行置位及复位。

如图 7-30 所示，高速计数器对 X0 的脉冲进行计数，当 X10=1 时，高速计数器 C235 的当前值和预先制作好的数据表格（见表 7-14）做比较。

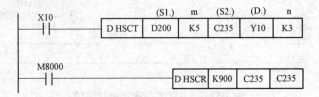

图 7-30 D HSCT 指令说明

表 7-14 D HSCT 指令比较数据和输出设定值

表格编号	比 较 数 据		SET/RESET 模式		表格计数器（D8138）
	软元件	比较值	软元件	动作输出设定值	
0	D201、D200	K220	D202	H0001	0↓
1	D204、D203	K380	D205	H0007	1↓
2	D207、D206	K500	D208	H0002	2↓
3	D210、D209	K650	D211	H0000	3↓
4	D213、D212	K750	D214	H0003	4↓0 开始重复

例如，C235 的当前值达到数据表格的 K220 时，动作输出设定值为 H0001，对应于 Y12、Y11、Y10（Y10、K3）的关系为 Y12、Y11、Y10=H1=（001)$_2$，即 Y12=0、Y11=0、Y10=1。

又如，C235 的当前值达到数据表格的 K380 时，动作输出设定值为 H0007，对应于 Y12、Y11、Y10=H7=$(111)_2$，即 Y12=1、Y11=1、Y10=1。

当 C235 的当前值达到 900 时，由 D HSCR 指令将 C235 的值复位为 0，并重新开始计数。

当 X10=0 时，C235 仍计数，由于不执行 D HSCT 指令，其输出不发生变化。

该指令可以对最大 16 点输出进行置位及复位的指令。

当最后一个表格（m-1）号的动作结束时 M8138=1。

在程序中只能执行 1 次该指令。

当指定了输出（Y）时，务必将软元件编号的最低 1 位数指定为 0。例如，Y000、Y010、Y020 等。D HSCT 指令输出时序图如图 7-31 所示。

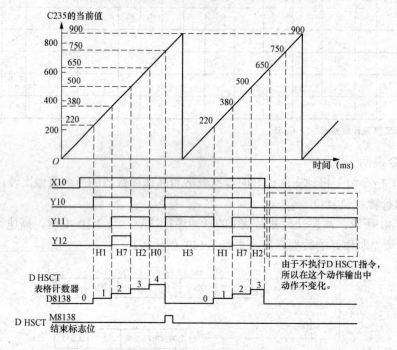

图 7-31　D HSCT 指令输出时序图

第 8 章

方 便 指 令

方便指令如表 8-1 所示。在程序中，方便指令以简单的指令形式实现复杂的控制过程。

表 8-1　　　　　　　　　　　方 便 指 令

功能号	指 令 格 式				程序步	指 令 功 能
FNC60	IST	(S.)	(D1.)	(D2.)	7 步	状态初始化
FNC61	(D) SER (P)	(S1.)	(S2.)	(D.) n	9/17 步	数据查找
FNC62	(D) ABSD	(S1.)	(S2.)	(D.) n	9/17 步	凸轮控制（绝对方式）
FNC63	INCD	(S1.)	(S2)	(D.)	9 步	凸轮控制（增量方式）
FNC64	TTMR	(D.)	n		5 步	示教定时器
FNC65	STMR	(S.)	m		7 步	特殊定时器
FNC66	ALT (P) ▲	(D.)			3 步	交替输出
FNC67	RAMP	(S1.)	(S2.)	(D.) n	9 步	斜波信号
FNC68	ROTC	(S.)	m1	m2 (D.)	9 步	旋转工作台控制
FNC69	SORT	(S)	m1	m2 (D) n	11 步	数据排序

注：表中标注▲的为需要注意的指令。

8.1 状态初始化指令（IST）

1．指令格式

状态初始化指令格式如图 8-1 所示。

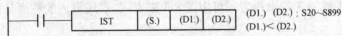

(D1.) (D2.)：S20~S899
(D1.) < (D2.)

图 8-1　状态初始化指令格式

状态初始化指令 FNC60-IST（INITIAL STATE）可使用软元件范围，如表 8-2 所示。

表 8-2　　　　　　　　　状态初始化指令的可使用软元件范围

元件名称	位 元 件				字 元 件									常 数			指针
	X	Y	M	S	D□.b	KnX	KnY	KnM	KnS	T	C	D	R	U□\G□	V、Z	K	H	E	"□"	P
S.	○	○	○	①															
D1.				②															
D2.				②															

①D□.b 仅支持 FX$_{3U}$、FX$_{3UC}$ 型 PLC，但是，不能变址修饰（V、Z）。
②FX$_{3G}$、FX$_{3GC}$、FX$_{3U}$、F$_{X3UC}$ 型 PLC 为 S20~S899、S1000~S4095，FX$_{3S}$ 型 PLC 为 S20~S255。

2. 指令说明

状态初始化指令（IST）用于状态转移图和步进梯形图的状态初始化设定，如图 8-2 所示。

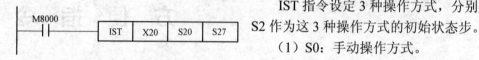

图 8-2 状态初始化指令（IST）说明

IST 指令设定 3 种操作方式，分别用 S0、S1、S2 作为这 3 种操作方式的初始状态步。

(1) S0：手动操作方式。
(2) S1：返回原位操作方式。
(3) S2：自动操作方式。

上述 3 种操作方式的输入控制信号由（S.）设定，图 8-2 中的 X20 表示为从 X20～X27 共 8 点输入控制信号。

(1) X20：用于手动操作方式，当 X20=1 时，起动 S0 初始状态步，执行手动操作方式。可以直接用按钮控制设备的动作（如上行、下行等）。

(2) X21：用于返回原位操作方式，当 X21=1 时，起动 S1 初始状态步，执行返回原位操作方式。按下返回原位按钮 X25，被控制设备将按规定程序返回到原位。

(3) X22、X23、X24：用于自动操作方式。自动操作方式有单步、单循环、自动循环 3 种操作方式，当 X22、X23、X24 中任一个触点闭合时，都起动 S2 初始状态步，执行自动操作方式。

(4) X22：单步操作，当 X22=1 时，当满足转移条件时，状态步不再自动转移，必须按下起动按钮 X26，状态步才能转移。

(5) X23：单循环操作，当 X23=1 时，按下起动按钮 X26，被控制设备按规定方式工作一次循环，返回到原位后停止。

(6) X24：自动循环操作，当 X24=1 时，按下起动按钮 X26，设备按规定方式工作一次循环，返回到原位后继续循环工作，直到按下停止按钮 X27 才停止工作。

(7) X25：返回原位按钮。
(8) X26：起动按钮。
(9) X27：停止按钮。

(D1.) 和 (D2.) 分别指定自动操作方式所用状态器 S 的范围为 S20～S27。

由 IST 指令生成的 3 种操作方式可用图 8-3 来表达，虚线框内的程序是根据控制要求来设计的。

由 IST 指令生成的 X20～X27 共 8 点输入控制信号及与步进梯形图有关的特殊辅助继电器 M8040～M8047 可用图 8-3 和图 8-4 来表达。

例 69　气动机械手控制

一台气动机械手用于将 A 点上的工件搬运到 B 点。机械手的上升、下降、右行、左行执行机构由双线圈 3 位 4 通电磁阀推动气缸来完成。夹紧、放松由单线圈 2 位 2 通电磁阀推动气缸来完成，线圈得电夹紧，失电放松。

气缸的运动由行程开关来控制，机械手的初始状态在左限位、上限位、手为放松状态。

机械手的动作过程为：①下降、②夹紧、③上升、④右行、⑤下降、⑥放松、⑦上升、⑧左行，完成一个单循环，如图 8-5（a）所示。

如果采用图 8-2 所示状态初始化指令 IST 的设置，则 X20～X27 的 8 点输入控制信号设置如图 8-5（b）和图 8-6 所示。其中操作方式 X20～X24 应采用选择开关 SA。

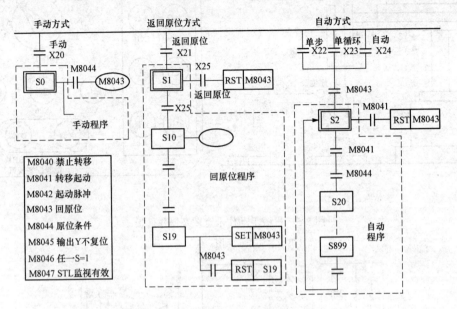

图 8-3　IST 指令设定的 3 种操作方式

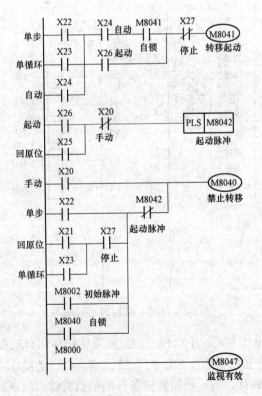

图 8-4　IST 指令生成的控制梯形图

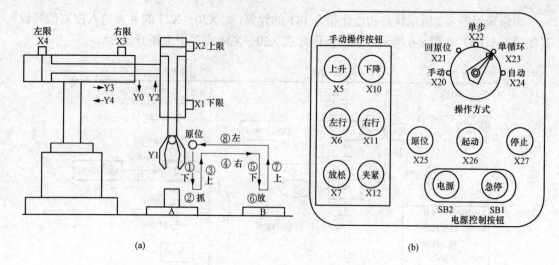

图 8-5 机械手动作示意图及操作面板
(a) 机械手动作示意图；(b) 操作面板

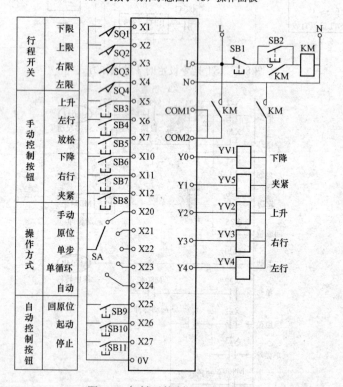

图 8-6 机械手控制 PLC 接线图

IST 指令设定 3 种操作方式：手动程序、返回原位程序和自动程序，如图 8-7 所示。

注意，IST 指令应在初始状态步 S0、S1、S2 之前。在自动操作方式的返回原位方式下，在满足转移条件时不能转移，所示应用转移条件的触点将输出线圈断开。例如，在 S20 状态步时，Y0=1，机械手下降，当下降到下限位，下限位开关 X1 动作时，用 X1 动断触点将 Y0 线圈断开，否则 Y0 将继续得电。

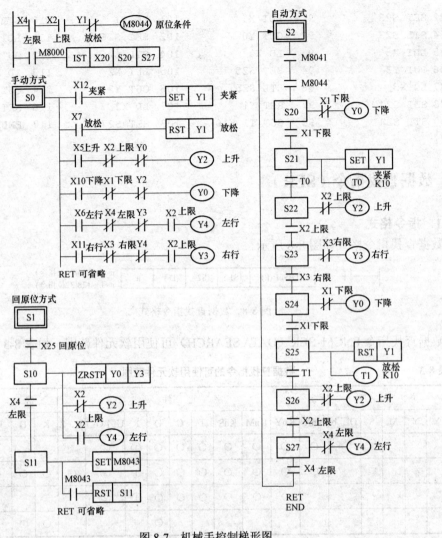

图 8-7　机械手控制梯形图

图 8-7 所示机械手控制梯形图的程序如下：

```
0   LD   X4           23  ANI  X1          38  SET  S10          61  AND  M8044
1   AND  X2           24  ANI  Y2          40  STL  S10          62  SET  S20
2   ANI  Y1           25  OUT  Y0          41  ZRST Y0  Y3       64  STL  S20
3   OUT  M8044        26  LD   X6          46  LDI  X2           65  LDI  X1
5   LD   M8000        27  ANI  X4          47  OUT  Y2           66  OUT  Y0
6   IST  X20 S20 27   28  ANI  Y3          48  LD   X2           67  LD   X1
13  STL  0            29  AND  Y2          49  OUT  Y4           68  SET  S21
14  LD   X12          30  OUT  Y4          50  LD   X4           70  STL  S21
15  SET  Y1           31  LD   X11         51  SET  S11          71  SET  Y1
16  LD   X7           32  ANI  X3          53  STL  S11          72  OUT  T0 K10
17  RST  Y1           33  ANI  Y4          54  SET  M8043        75  LD   T0
18  LD   X5           34  AND  X2          56  LD   M8043        76  SET  S22
19  ANI  X2           35  OUT  Y3          57  RST  S11          78  STL  S22
20  ANI  Y0           （RET）（可不用）     （RET）（可不用）     79  LDI  X2
21  OUT  Y2           36  STL  S1          59  STL  S2           80  OUT  Y2
22  LD   X10          37  LD   X25         60  LD   M8041        81  LD   X2
```

82	SET S23	91	LDI X1	101	LD T1	110	STL S27
84	STL S23	92	OUT Y0	102	SET S26	111	LDI X4
85	LDI X3	93	LD X1	104	STL S26	112	OUT Y4
86	OUT Y3	94	SET S25	105	LDI X2	113	LD X4
87	LD X3	96	STL S25	106	OUT Y2	114	OUT S2
88	SET S24	97	RST Y1	107	LD X2	116	RET
90	STL S24	98	OUT T1 K10	108	SET S27	117	END

8.2 数据查找指令（SER）

1. 指令格式

数据查找指令格式如图 8-8 所示。

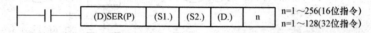

图 8-8 数据查找指令格式

数据查找指令 FNC61-SER（DATA SEARCH）可使用软元件范围，如表 8-3 所示。

表 8-3　　　　　　　　　数据查找指令的可使用软元件范围

元件名称	位 元 件				字 元 件									常 数			指针
	X	Y	M	S	D□.b	KnX	KnY	KnM	KnS	T	C	D	R	U□\G□	V、Z	K	H	E	"□"	P
S1.						○	○	○	○	○	○	○	①	②						
S2.						○	○	○	○	○	○	○	①	②		○	○			
D.							○	○	○			○	①	②						
n												○				○	○			

①仅 FX$_{3G}$、FX$_{3GC}$、FX$_{3U}$、FX$_{3UC}$ 型 PLC 支持。
②仅 FX$_{3U}$、FX$_{3UC}$ 型 PLC 支持。

2. 指令说明

数据查找指令（SER）用于将一组数据与一个数据进行比较，找出与之相同的以及最大的和最小的数据。如图 8-9 所示，当 X10=1 时，将 D100~D109 中的 10 个数据与 D0 中的数据进行比较，然后将比较结果存放在 D10~D14 中。

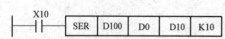

图 8-9 数据查找指令（SER）说明

数据查找的比较与结果如表 8-4 和表 8-5 所示。

表 8-4　　　　　　　　　数 据 查 找 比 较 表

被比较元件	被比较数据	比较数据	数据的位置	最大值	相同值	最小值
D100	K100	D0=K100	0		相同值 K100	
D101	K111		1			

续表

被比较元件	被比较数据	比较数据	数据的位置	最大值	相同值	最小值
D102	K100		2		相同值 K100	
D103	K60		3			最小值 K60
D104	K123		4			
D105	K128	D0=K100	5			
D106	K100		6		相同值 K100	
D107	K78		7			
D108	K234		8	最大值 K234		
D109	K234		9	最大值 K234		

表 8-5　　　　　　　　　　数 据 查 找 结 果 表

比较结果存放元件	存 放 结 果	说　明
D10	3	相同值的个数
D11	0	相同值的最前位置
D12	6	相同值的最后位置
D13	3	最小值的最后位置
D14	9	最大值的最后位置

例 70　寻找最大数和最小数

在寄存器 D0～D6 中存放一组数据，数据范围为 0～99，寻找其中的最大数和最小数。

寻找最大数和最小数梯形图如图 8-10 所示。事先向 D0～D6 中存放好数据，如表 8-6 所示。闭合开关 X0，执行数据查找指令 SER，选择被比较元件为 D0～D6，这样数据的位置编号正好和 D0～D6 的编号相同。比较的结果分别放到 D10～D14 中，其中 D13 中存放的是最小值数据寄存器的编号，D14 中存放的是最大值数据寄存器的编号。

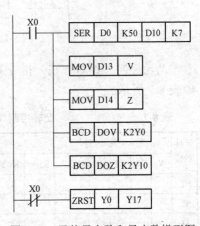

图 8-10　寻找最大数和最小数梯形图

表 8-6　　　　　　　　　　指令 SER 执行情况表

被比较元件	元件中的数据	比较数据	数据位置编号	比较结果存放元件	比较结果的位置	说　明
D0	K58		0	D10	1	相同值的个数
D1	K12（最小值）	K50	1	D11	2	相同值的最前位置
D2	K50（相同值）		2	D12	2	相同值的最后位置
D3	K12（最小值）		3	D13	3	最小值的最后位置

续表

被比较元件	元件中的数据	比较数据	数据位置编号	比较结果存放元件	比较结果的位置	说明
D4	K85（最大值）	K50	4	D14	5	最大值的最后位置
D5	K85（最大值）		5			
D6	K66		6			

将 D13 中的数据（最小值数据寄存器的编号）传送到变址寄存器 V 中，则 D0V 中存放的就是最小值。

将 D14 中的数据（最大值数据寄存器的编号）传送到变址寄存器 Z 中，则 D0Z 中存放的就是最大值。

将 D0V 中的数由 BCD 指令转换成 BCD 数，由 K2Y0 输出显示两位最小数。

将 D0Z 中的数由 BCD 指令转换成 BCD 数，由 K2Y10 输出显示两位最大数。

当 X0=0 时，将 Y0～Y17 复位，数码管停止显示。

8.3 凸轮控制（绝对方式）指令（ABSD）

1. 指令格式

凸轮控制（绝对方式）指令格式如图 8-11 所示。

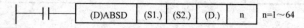

图 8-11 凸轮控制（绝对方式）指令格式

凸轮控制（绝对方式）指令 FNC62-ABSD（ABSOLUTE DRUM）可使用软元件范围，如表 8-7 所示。

表 8-7　　凸轮控制（绝对方式）指令的可使用软元件范围

元件名称	位元件				字元件									常数			指针
	X	Y	M	S	D□.b	KnX	KnY	KnM	KnS	T	C	D	R	U□\G□	V、Z	K	H	E	"□"	P
S1.						○	○	○	○	○	○	○	○					
S2.											○							
D.		○	○	○	①													
n																○	○		

①D□.b 不能变址。

2. 指令说明

凸轮控制（绝对方式）指令（ABSD）用于模拟凸轮控制器的工作方式，可以将凸轮控制器的旋转角度转换成 1～64 个开关的通断。

如图 8-12 所示，用一个有 360 个齿的齿盘来检测旋转角度，当齿盘旋转时，每旋转 1°产生 1 个脉冲，由计数器 C0 对接近开关 X1 检测的齿脉冲进行计数，其计数值就对应齿盘的旋转角度。

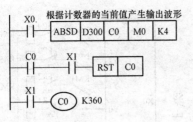

上升点	下降点	输出元件
D300=40	D301=140	M0
D302=100	D303=200	M1
D304=160	D305=60	M2
D306=240	D307=280	M3

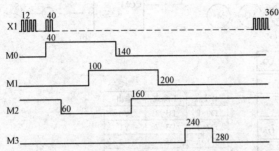

图 8-12 凸轮控制（绝对方式）指令（ABSD）说明

用 MOV 指令将图 8-12 所示的数据写入 D300~D307 中，由 4 个开关 M0~M3 根据 D300~D307 所设置的上升点和下降点进行接通和断开。上升点表示由 0→1 的点，当计数器 C0 的计数值到 40 时，M0=1；下降点表示由 1→0 的点，当计数器 C0 的计数值到 140 时，M0=0。注意，本指令只能用一次。

在用 D ABSD 指令时，(S2.)可以用高速计数器，这时计数器的当前值、输出波形会受到扫描周期的影响，需要及时响应时，要用 HSZ 指令进行高速比较。

例71 用一个按钮控制 4 台电动机顺序起动逆序停止

要求每按一次按钮，按照 M1→M4 顺序起动一台电动机。当全部起动后，每按一次按钮，按照 M4→M1 逆序停止一台电动机。如果前一台电动机因故障停止，则后一台电动机也要停止。

用一个按钮 X0 控制 4 台电动机顺序起动，逆序停止主电路图、PLC 接线图和梯形图如图 8-13 所示。

根据 4 台电动机顺序起动，逆序停止的控制过程，将上述的上升、下降点 1、8、2、7、3、6、4、5 用 MOV 指令依次写入 D0~D7 中，如图 8-13（c）所示。

当第 1 次按按钮时，计数器 C0 的计数值为 1，即为 Y0 的上升点，Y0 得电，第 1 台电动机起动。当第 2 次按按钮时，计数器 C0 的计数值为 2，即为 Y1 的上升点，Y1 得电，第 2 台电动机起动。同时，再按两次按钮，分别起动第 3 台和第 4 台电动机。

当第 5 次按按钮时，计数器 C0 的计数值为 5，即为 Y3 的下降点，Y3 失电，第 4 台电动机先停。再按 3 次按钮，Y2、Y1、Y0 相继失电，分别停止第 3 台、第 2 台和第 1 台电动机。最后一次松开按钮时计数器清零。

本电路要求只有当前一台电动机起动后，后一台电动机才能起动。如果前一台电动机因故障停止，则后一台电动机也要停止，所以要在 PLC 接线图中加 KM1、KM2、KM3 的联锁触点。

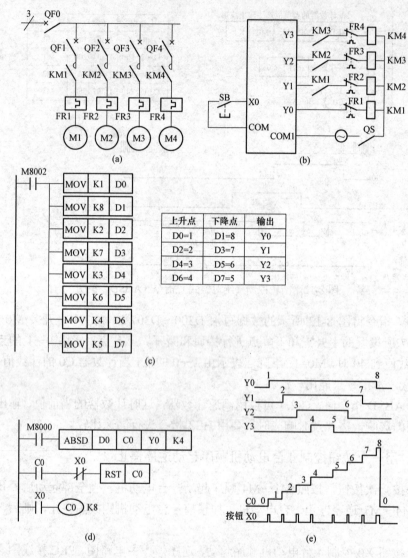

图 8-13 4 台电动机顺序起动逆序停止控制图

(a) 主电路图；(b) PLC 接线图；(c) 上升下降点初始设置梯形图；(d) 凸轮控制器梯形图；(e) 输出波形图

8.4 凸轮控制（增量方式）指令（INCD）

1. 指令格式

凸轮控制（增量方式）指令格式如图 8-14 所示。

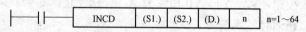

图 8-14 凸轮控制（增量方式）指令格式

凸轮控制（增量方式）指令 FNC63-INCD（INCREMENTDRUM）可使用软元件范围，如表 8-8 所示。

表 8-8　　　　　　　凸轮控制（增量方式）指令的可使用软元件范围

元件名称	位元件				字元件									常数			指针
	X	Y	M	S	D□.b	KnX	KnY	KnM	KnS	T	C	D	R	U□\G□	V、Z	K	H	E	"□"	P
S1.						○	○	○	○	○	○	○	○							
S2.											○									
D.		○	○	○	①															
n																○	○			

①D□.b 不能变址。

2. 指令说明

凸轮控制（增量方式）指令（INCD）也用于模拟凸轮控制器的工作方式，它也是将计数器的计数值转换成 1~64 个开关的通断。

INCD 指令说明梯形图如图 8-15（a）所示，当 X1=1 时，计数器 C0 对秒脉冲 M8013 计数，相当于定时器，由 4 个开关 M0~M3 根据 D300~D303 所设置的数值，按顺序依次动作。计数器 C1 记录 M0~M3 的动作顺序。时序图如图 8-15（b）所示。

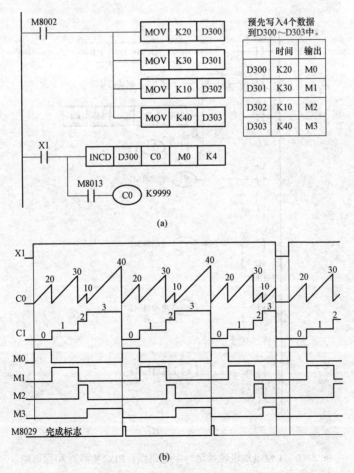

图 8-15　凸轮控制（增量方式）指令（INCD）说明
（a）INCD 指令说明梯形图；(b) 时序图

例72 4台电动机轮换运行控制

控制4台电动机M1~M4，要求每次只运行两台电动机，4台电动机轮换运行，每台电动机连续运行12h。

4台电动机轮换运行主电路图、PLC接线图和梯形图如图8-16所示。

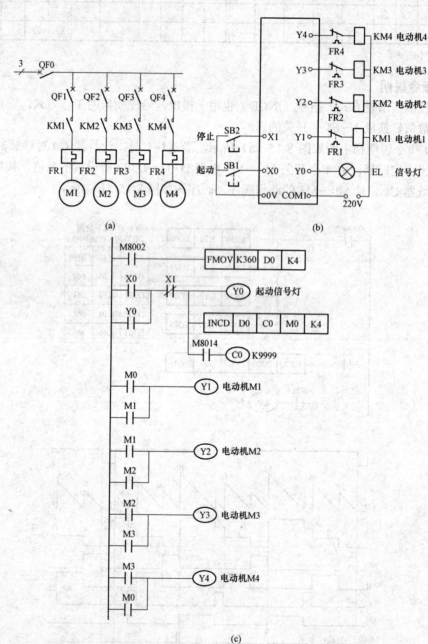

图8-16 4台电动机轮换运行主电路图、PLC接线图和梯形图
(a)主电路图；(b) PLC接线图；(c)梯形图

PLC 初次运行时由 FMOV 指令依次将 360 同时写入 D0~D3 中。

当按下起动按钮 X0 时，Y0 得电自锁，起动信号灯 EL 亮，执行 INCD 指令，计数器 C0 对分脉冲 M8014 进行计数，相当一个定时器。当计数值等于 D0~D3 中的数值 360 时，延时时间为 360min（即 6h），计数器 C0 重新计数，凸轮控制器时序图如图 8-17 所示。由梯形图可得出 Y1~Y4 的时序图。

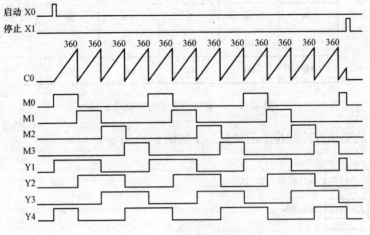

图 8-17 凸轮控制器时序图

例 73 用凸轮控制指令 INCD 实现 PLC 交通灯控制

十字路口交通灯控制要求如下：

（1）在十字路口，要求东西方向和南北方向各通行 35s，并周而复始。

（2）在南北方向通行时，东西方向的红灯亮 35s，而南北方向的绿灯先亮 30s 后再闪 3s（0.5s 暗，0.5s 亮）后黄灯亮 2s。

（3）在东西方向通行时，南北方向的红灯亮 35s，而东西方向的绿灯先亮 30s 后再闪 3s（0.5s 暗，0.5s 亮）后黄灯亮 2s。

十字路口的交通灯接线图和布置示意图如图 8-18 所示。

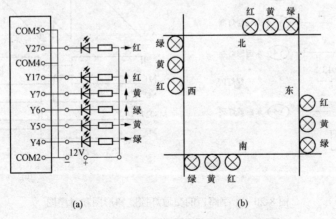

图 8-18 十字路口交通灯的接线图及布置图

（a）十字路口交通灯接线图；（b）十字路口交通灯布置示意图

用凸轮控制指令 INCD，首先将通行时间分为 6 个时间段，由于东南和西北方向的通行时间一样，也可以分为 3 个时间段，分别存放到 D0~D2 中，如图 8-19 所示。

东西方向	红灯 Y0			绿灯 Y4	绿闪 Y4	黄灯 Y5
南北方向	红灯 Y1	绿闪 Y1	黄灯 Y2	红灯 Y3		
	30s	3s	2s	30s	3s	2s
	D0	D1	D2	D0	D1	D2
	M0	M1	M2	M0	M1	M2

图 8-19 十字路口交通灯时间分配图

十字路口的交通灯控制梯形图和时序图如图 8-20 所示。

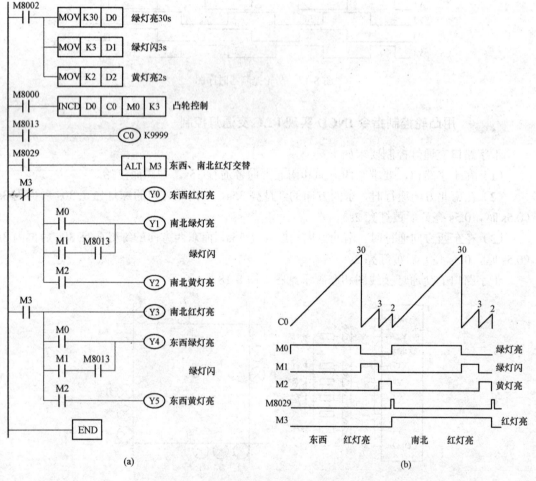

图 8-20 十字路口的交通灯控制梯形图和时序图
（a）梯形图；（b）时序图

8.5 示教定时器指令（TTMR）

1. 指令格式

示教定时器指令格式如图 8-21 所示。

示教定时器指令 FNC64-TTMR（TEACHING TIMER）可使用软元件范围，如表 8-9 所示。

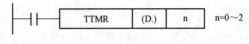

图 8-21 示教定时器指令格式

表 8-9　　　　　示教定时器指令的可使用软元件范围

元件名称	位元件				字元件								常数			指针
	X	Y	M	S	D□.b	KnX	KnY	KnM	KnS	T	C	D	R	U□\G□	V、Z	K	H	E	"□"	P
D.												○	○							
n												○	○			○	○			

2. 指令说明

示教定时器指令（TTMR）用于将按钮闭合的时间记录在数值寄存器中，如图 8-22 所示是把 X10 闭合的时间乘以 10 的值存放在 D300 中。

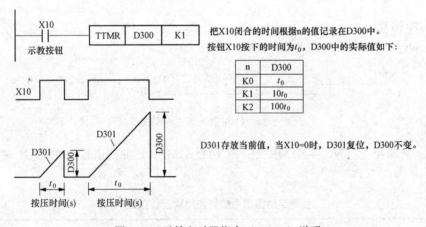

图 8-22 示教定时器指令（TTMR）说明

例 74 用示教定时器指令 TTMR 为 T0~T9 设置延时时间

用数字开关和按钮为定时器设定时间如图 8-23 所示，例如，要修改定时器 T1 的设定值 D301，首先拨动 BCD 码数字开关（连接在输入端 X3~X0）为 1，执行 BIN 指令将数字开关中的 BCD 数转换成 BIN 数存放到变址寄存器 Z 中，其结果 Z 中的数据为 1。

按下示教按钮 X10，将 X10 闭合的时间（秒数）乘以 10 存入 D200 中。当松开按钮时，X10 下降沿触点发出一个脉冲将 D200 中的数据存放到 D300Z 中。由于 Z=1，D300Z 就是 D301，例如，按钮 X10 按下的时间为 5s，D301 中的数据为 K50，T0~T9 为 0.1s 型的定时器，所以 T1 的延时时间也是 5s。

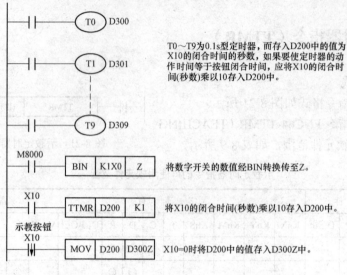

图 8-23 用数字开关和按钮为定时器设定时间

8.6 特殊定时器指令（STMR）

1. 指令格式

特殊定时器指令格式如图 8-24 所示。

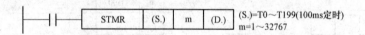

图 8-24 特殊定时器指令格式

特殊定时器指令 FNC65-STMR（SPECIAL TIMER）可使用软元件范围，如表 8-10 所示。

表 8-10　　　　　　　　特殊定时器指令的可使用软元件范围

元件名称	位元件								字元件						常数			指针
	X	Y	M	S	D□.b	KnX	KnY	KnM	KnS	T	C	D	R	U□\G□	V、Z	K	H	E	"□"	P
S.										○									
m												○	○			○	○		
D.	○	○	○	○	①														

①D□.b 不能变址。

2. 指令说明

特殊定时器指令（STMR）用于组成 4 种特殊延时定时器。如图 8-25 所示，当 X0=1 时，M0～M3 按图 8-25 所示时序延时动作。

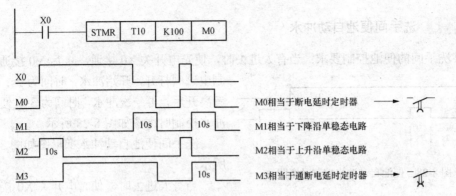

图 8-25 特殊定时器指令（STMR）说明

例 75 **用 STMR 指令组成振荡电路**

用 STMR 指令组成的振荡电路如图 8-26 所示，当 X0=1 时，M2 接通 10s，断开 10s，周而复始，M1 与 M2 相反。

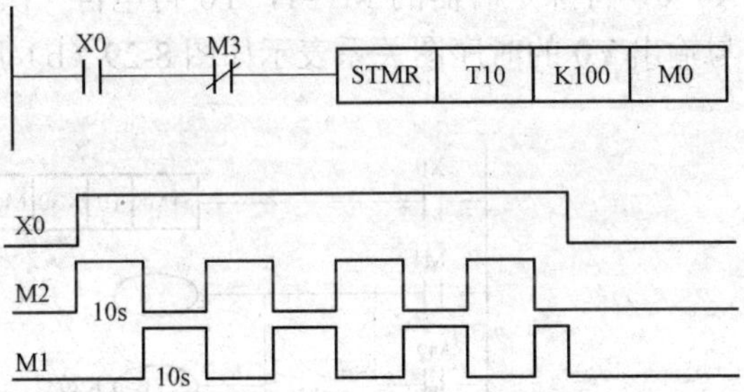

例 76 **点动能耗制动控制电动机**

要求按下按钮时，电动机起动运行，松开按钮时，电动机停止，能耗制动 5s 结束。

图 8-26 振荡电路

点动能耗制动控制电动机主电路图、PLC 接线图和控制梯形图如图 8-27 所示，用特殊定时器编程。

按下按钮 X0 时，特殊定时器指令 STMR 接通，同时 Y0 线圈得电，电动机起动运行。松开按钮时，Y0 线圈失电，电动机停止，STMR 指令的触点 M1 闭合 5s，Y1 线圈得电，电动机能耗制动 5s 结束。

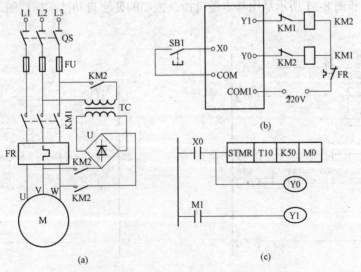

图 8-27 点动能耗制动控制电动机主电路图、PLC 接线图、控制梯形图
（a）主电路图；（b）PLC 接线图；（c）控制梯形图

例 77 洗手间便池自动冲水

某洗手间的便池控制要求:当有人进去时,使光电开关 X0 接通,3s 后 Y0 接通,使控制电磁阀打开,开始冲水,时间为 2s;当使用者离开后,再一次冲水,时间为 3s。便池自动冲水控制时序图如图 8-28 所示。

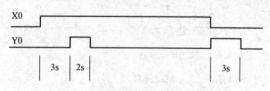

图 8-28 便池自动冲水控制时序图

洗手间便池自动冲水梯形图如图 8-29(a)所示。

当有人进去时,使光电开关 X0 接通,特殊定时器的 M2=1,3s 后 M2=0,M2 下降沿触点接通 Y0 线圈并自锁,使控制电水阀 Y0 得电打开,开始冲水,同时 T1 得电,2s 后 T1 动断触点断开 Y0,停止冲水。当使用者离开后,X0=0,特殊定时器的 M1=1,Y0 得电再一次冲水,时间为 3s。其控制要求可以用输入 X0 与输出 Y0 的时序图关系表示如图 8-29(b)所示。

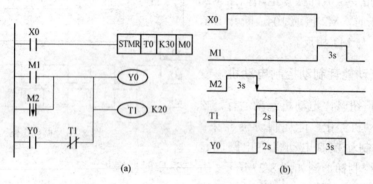

图 8-29 便池自动冲水控制梯形图及时序图
(a)梯形图;(b)时序图

如图 8-30 和图 8-31 所示是用基本逻辑指令控制的便池自动冲水梯形图,控制原理请读者自行分析。

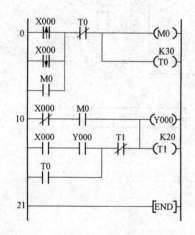

图 8-30 便池自动冲水控制梯形图一

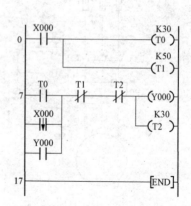

图 8-31 便池自动冲水控制梯形图二

8.7 交替输出指令（ALT）

1. 指令格式

交替输出指令格式如图 8-32 所示。

交替输出指令 FNC66-ALT（ALTERNATE）可使用软元件范围，如表 8-11 所示。

图 8-32 交替输出指令格式

表 8-11　　　　　　　交替输出指令的可使用软元件范围

元件名称	位元件				字元件								常数				指针
	X	Y	M	S	D□.b	KnX	KnY	KnM	KnS	T	C	D	R	U□\G□	V、Z	K	H	E	"□"	P
D.		○	○	○	①															

①D□.b 不能变址。

2. 指令说明

交替输出指令（ALT）相当于前面介绍过的二分频电路或单按钮起动停止电路。如图 8-33 所示，在 X0 的上升沿，M0 的状态发生翻转，由 0 变为 1 或由 1 变为 0。

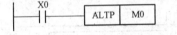

图 8-33 交替输出指令（ALT）说明

例 78　分频电路和振荡电路

如图 8-34（a）所示为多级分频电路。M0 是 X0 的二分频电路，而 M1 又是 M0 的二分频电路，也就是 X0 的四分频电路。

如图 8-34（b）所示为振荡电路，ALT 指令由 T1 的定时脉冲进行控制，形成振荡电路。

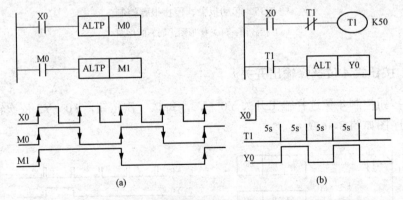

图 8-34 交替输出指令（ALT）的应用
（a）多级分频电路；（b）振荡电路

例 79　单按钮定时报警起动，报警停止控制电动机

控制一台电动机，起动时，按一下按钮 SB1，警铃报警 5s 后电动机起动，停止时，再按一下按钮 SB1，警铃报警 5s 后电动机停止。电动机运行时，按下按钮 SB2 或电动机过载，

电动机立即停止。

单按钮定时报警起动，报警停止控制电动机接线图和梯形图如图 8-35（a）、(b) 所示。

SB1(X1) 为单按钮起动停止控制按钮，起动时，按一下按钮 SB1，X1 闭合一次，M0=1，接通 STMR 指令，M3 触点闭合，Y0 得电警铃报警 5s，M4 触点闭合，Y1 得电，KM 得电，电动机起动。

停止时，再按一下按钮 SB1，X1 闭合一次，M0=0，断开 STMR 指令，M2 触点闭合，Y0 得电警铃报警 5s，之后 M2 和 M4 触点断开，Y0、Y1 失电，警铃和电动机均失电。

当电动机运行时如果过载，则热继电器 FR 触点闭合 X2=1，M0~M4 均复位，警铃和电动机均失电。

当电动机运行时如果按下按钮 SB2，则 X2 闭合，效果与热继电器 FR 触点相同，M0~M4 复位，警铃和电动机均立即失电。

特殊定时器的动作时序图如图 8-35（c）所示。

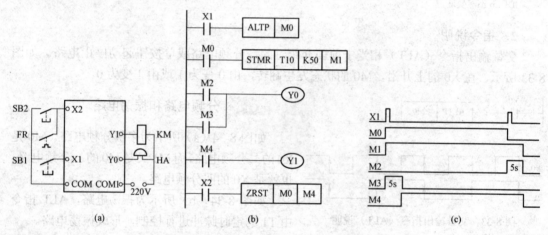

图 8-35　起动报警、停止报警控制
(a) 接线图；(b) 梯形图；(c) 时序图

例 80　按钮式 4 位选择输出开关

用一个按钮控制 4 位选择输出开关 Y0~Y3，每按一次按钮，Y0~Y3 依次轮流接通。梯形图和时序图如图 8-36 所示。

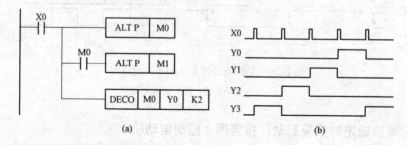

图 8-36　按钮式 4 位选择输出开关
(a) 梯形图；(b) 时序图

初始状态时，M0=M1=0，Y0～Y3=0。

当按钮第 1 次闭合 X0 时，M0 由 0 变 1，M0 触点闭合，M1 由 0 变 1，即 M1M0=$(11)_2$=3。经 DECO 译码指令译码使 Y3=1。

当按钮第 2 次闭合 X0 时，M0 由 1 变 0，M0 触点断开，M1=1 不变，即 M1M0=$(10)_2$=2。经 DECO 译码指令译码使 Y2=1。

当按钮第 3 次闭合 X0 时，M0 由 0 变 1，M0 触点闭合，M1 由 1 变 0，即 M1M0=$(01)_2$=1。经 DECO 译码指令译码使 Y1=1。

当按钮第 4 次闭合 X0 时，M0 由 1 变 0，M0 触点断开，M1=0 不变，即 M1M0=$(00)_2$=1。经 DECO 译码指令译码使 Y0=1。

当按钮 X0 再次闭合时，重复上述过程。

Y0～Y3 的输出结果时序图如图 8-36（b）所示。

8.8 斜波信号指令（RAMP）

1．指令格式

斜波信号指令格式如图 8-37 所示。

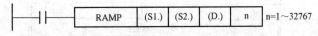

图 8-37　斜波信号指令格式

斜波信号指令 FNC67-RAMP（RAMP）可使用软元件范围，如表 8-12 所示。

表 8-12　　　　　　斜波信号指令的可使用软元件范围

元件名称	位元件				字元件									常数			指针
	X	Y	M	S	D□.b	KnX	KnY	KnM	KnS	T	C	D	R	U□\G□	V、Z	K	H	E	"□"	P
S1.												○	○							
S2.												○	○							
D.												○	○							
n																○	○			

2．指令说明

斜波信号指令（RAMP）用于产生斜波信号。

(S1.) 保存设定的斜坡初始值。

(S2.) 保存设定的斜坡目标值。

(D.) 保存斜坡的当前值数据，(D.+1) 保存扫描次数的当前值。

n 为斜坡的转移时间（扫描周期）[1～32767]。

如图 8-38 所示，一般采用恒定扫描模式（M8039=1），当 X0=1 时，D3 在 10s 内从 200 直线变化到 600。

FX$_{3U}$、FX$_{3UC}$ 型 PLC 中，根据模式标志位 M8026 的 ON/OFF 状态，D3 的内容也作如

图 8-38 所示变更。

FX$_{3S}$、FX$_{3G}$、FX$_{3GC}$ 型 PLC 与 M8026 的 ON/OFF 状态无关，(D.) 与如图 8-38 所示的"M8026=1"时动作相同。

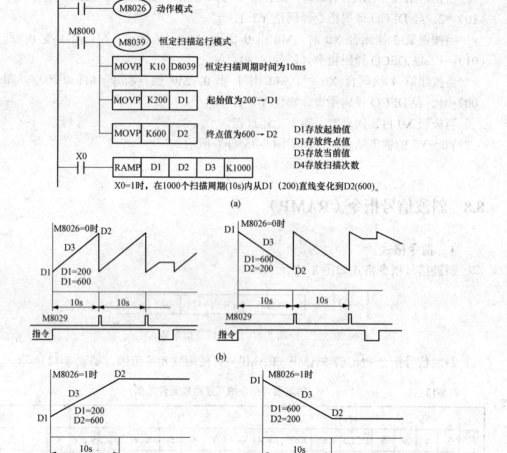

图 8-38 斜波信号指令（RAMP）说明

(a) 斜波信号指令（RAMP）梯形图；(b) M8026=0 的动作模式；(c) M8026=1 的动作模式

例 81　电动机软起动控制

用一个按钮控制一台电动机软起动、停止。起动时按一下按钮，电动机从 0 速线性增速到额定转速，停止时再按一下按钮，电动机从额定转速线性减速到 0。

电动机软起动停止 PLC 接线图和梯形图如图 8-39 所示。

设置 M8026=1，在执行 RAMP 指令时，保持终值不变。按下按钮 X0，M0 由 0→1，M0 上升沿触点闭合一个扫描周期，将斜波控制的初值 0 传送到 D10 中，将斜波控制的终值 100 传送到 D11 中。

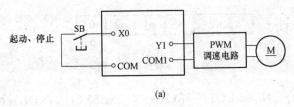

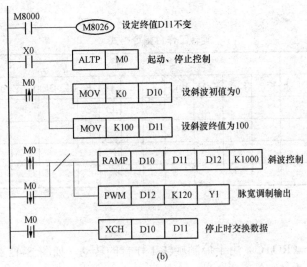

图 8-39 电动机软起动停止 PLC 接线图和梯形图
(a) PLC 接线图;(b) 梯形图

RAMP 和 PWM 指令断开一个扫描周期,开始执行 RAMP 和 PWM 指令。D12 中的值在 1000 个扫描周期内从初值 0 线性变化到终值 100,由于 M8026=1,所以保持终值 100 不变,如图 8-40 所示。

执行 PWM 指令,Y1 的输出占空比由零线性变化到 100/120,电动机的转速由 0 线性变化到额定转速。

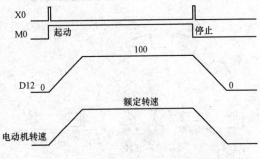

图 8-40 电动机软起动停止时序图

再按下按钮 X0,M0 由 1→0,M0 下降沿触点闭合一个扫描周期,执行交换指令 XCH,交换 D10 和 D11 的值,交换后,D10 中的初值为 100,D11 中的终值为 0。RAMP 和 PWM 指令再断开一个扫描周期,开始执行 RAMP 和 PWM 指令。D12 中的值在 1000 个扫描周期内从初值 100 线性变化到终值 0,电动机从额定转速线性减速到 0。

8.9 旋转工作台指令(ROTC)

1. 指令格式

旋转工作台指令格式如图 8-41 所示。

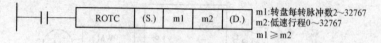
m1:转盘每转脉冲数2～32767
m2:低速行程0～32767
m1≥m2

图 8-41 旋转工作台指令格式

旋转工作台指令 FNC68-ROTC（ROTARY TABLECONTROL）可使用软元件范围，如表 8-13 所示。

表 8-13 旋转工作台指令格式

元件名称	位元件				字元件									常数			指针
	X	Y	M	S	D□.b	KnX	KnY	KnM	KnS	T	C	D	R	U□\G□	V、Z	K	H	E	"□"	P
S.												○	○							
m1																○	○			
m2																○	○			
D.		○	○	○	①															

①D□.b 不能变址。

2. 指令说明

旋转工作台指令（ROTC）用于控制旋转工作台的转动。如图 8-42 所示，K10 表示旋转工作台旋转一圈产生 10 个脉冲。设一个旋转工作台上均匀分布 10 个工件位，工件位编号为 0～9，工作台旁边有 10 个工作位，工作位编号为 0～9。当 0 号工件在 0 号工作位时，原位检测接近开关 X2 动作，作为原位信号。

K2 表示在离停靠点 2 个脉冲区时低速运行。

工作台旋转 1 个工件位产生一个脉冲，用 AB 相计数 1 次，正转计数加 1，反转计数减 1，计数值存放在数据寄存器 D200 中，计数值在 0～9 之间，采用循环计数方式，例如，9+1 变为 0，0-1 变为 9。D201 存放要移动的工件位编号，D202 存放要到达的工作位编号。

该指令产生 M0～M7 共 8 点输出信号，具体如下。

(1) M0：A 相计数信号，接于 X0 输入端。
(2) M1：B 相计数信号，接于 X1 输入端。

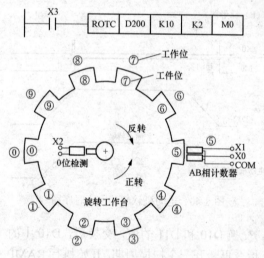

图 8-42 旋转工作台示意图

(3) M2：原位信号，接于 X2 输入端。
(4) M3：高速正转。
(5) M4：低速正转。
(6) M5：停止（制动）。
(7) M6：低速反转。
(8) M7：高速反转。

如果有 10 个工件位，5 个工作位，工作台每转为 100 个脉冲，则可将工件位编号为 0、

10、20、…、90,工作位编号为 0、20、40、60、80。如果定低速运行区间为 1.5 个工件位,则 m2=15。

例82 旋转工作台的控制

图 8-42 所示的旋转工作台的控制梯形图如图 8-43 所示。用 X0、X1 作为 AB 相计数输入端,X2 用于检测原位,由一位数字开关 X4~X7 选择工件号→D201,由一位数字开关 X10~X13 选择工位号→D202。

例如,要把 4 号工件旋转到 0 号工作位,则需将 4 存放到 D201 中,将 0 存放到 D202 中。当 X3=1 时,执行 ROTC 指令,工作台将以最近的距离旋转,把 4 号工件旋转到 0 号工作位。如果旋转时在原点位置,则 M2=1,D200 中的计数值为 0。由于执行 ROTC 指令时反转距离最近,所以 M7=1(高速反转),当 4 号工件旋转到 0 号工作位还有两个间距时,M6=1(低速反转);当 4 号工件旋转到 0 号工作位时,M5=1(停止、制动),D200 为减计数,如表 8-14 所示。

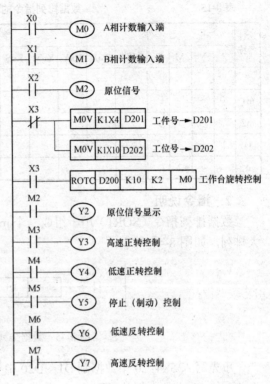

图 8-43 旋转工作台的控制梯形图

表 8-14 4 号工件旋转到 0 号工作位的动作过程

动作过程	初始在原位	反转 1 位	反转 2 位	反转 3 位	反转 4 位
D200 计数	0	9	8	7	6
控制结果	M7=1	M7=1	M6=1	M6=1	M5=1
	（高速反转）		（低速反转）		（停止、制动）

8.10 数据排列指令（SORT）

1. 指令格式

数据排列指令格式如图 8-44 所示。

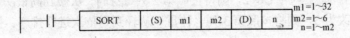

图 8-44 数据排列指令格式

数据排列指令 FNC69-SORT（SORT）可使用软元件范围,如表 8-15 所示。

表 8-15　　数据排列指令的可使用软元件范围

元件名称	位元件				字元件								常数			指针
	X	Y	M	S	D□.b	KnX	KnY	KnM	KnS	T	C	D	R	U□\G□	V、Z	K	H	E	"□"	P
S												○	○							
m1																○	○			
m2																○	○			
D												○	○							
n												○	○			○	○			

2．指令说明

数据排列指令（SORT）用于组成一个 m1 行、m2 列的表格，并可将某列的数据从小到大排列，如图 8-45 所示。

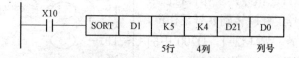

图 8-45　数据排列指令（SORT）说明

事先写入 5×4=20 个数据到 D1～D20 中（见图 8-46），当 X10=1 时，执行 SORT 指令，将 D1～D20 中的数据传送到 D21～D40 中，组成一个 5 行 4 列的表格，并根据 D0 中的列号将该列的数据从小到大排列。执行数据排列完毕时 M8029 动作。

源数据					D0=K2时执行指令					D0=K3时执行指令				
	1	2	3	4		1	2	3	4		1	2	3	4
	学号	身高	体重	年龄		学号	身高	体重	年龄		学号	身高	体重	年龄
1	D1 1	D6 150	D11 45	D16 20	1	D21 4	D26 100	D31 20	D36 8	1	D21 4	D26 100	D31 20	D36 8
2	D2 2	D7 180	D12 50	D17 40	2	D22 1	D27 150	D32 45	D37 20	2	D22 1	D27 150	D32 45	D37 20
3	D3 3	D8 160	D13 70	D18 30	3	D23 5	D28 150	D33 50	D38 45	3	D23 2	D28 180	D33 50	D38 40
4	D4 4	D9 100	D14 20	D19 8	4	D24 3	D29 160	D34 70	D39 30	4	D24 5	D29 150	D34 50	D39 45
5	D5 5	D10 150	D15 50	D20 45	5	D25 2	D30 180	D35 50	D40 40	5	D25 3	D30 160	D35 70	D40 30

图 8-46　数据排列指令例

当 X10=1 时，如果列号 D0=2，则将按照第 2 列"身高"从矮到高依次进行排序。如果把 D0 中的数据改为 3，则将按照第 3 列"体重"从轻到重依次进行排序。排序的结果存放在 D21～D40 中。

数据排序结束后，标志 M8029=1。

第 9 章

外部设备 I/O 指令

外部设备 I/O 指令如表 9-1 所示。在程序中,外部设备 I/O 指令主要用于 PLC 的输入/输出 (I/O) 与外部设备进行数据交换等。使用这些指令可以起到以比较简短的程序与外部输入/输出设备进行接线和控制的目的,此外,为了使基本单元和特殊单元、特殊模块进行连接和数据交换,用于缓冲寄存器 (BFM) 的读出和写入指令 FROM、TO 也在其中。

表 9-1 外部设备 I/O 指令

功能号	指令格式					程序步	指令功能
FNC70	(D) TKY	(S.)	(D1.)	(D2.)		7/13 步	十字键输入
FNC71	(D) HKY	(S.)	(D1.)	(D2.)	(D3.)	9/17 步	十六键输入
FNC72	DSW	(S.)	(D1.)	(D2.)	n	9 步	数字开关
FNC73	SEGD (P)	(S.)	(D.)			5 步	七段码译码
FNC74	SEGL	(S.)	(D.)	n		7 步	带锁存七段码译码
FNC75	ARWS	(S.)	(S1.)	(S2.)	n	9 步	方向开关
FNC76	ASC	(S)	(D.)			11 步	ASC 码转换
FNC77	PR	(S.)	(D.)			5 步	ASC 码打印
FNC78	(D) FROM (P)	ml	m2	(D.)	n	9/17 步	BFM 读出
FNC79	(D) TO (P)	ml	m2	(S.)	n	9/17 步	BFM 写入

9.1 十字键输入指令 (TKY)

1. 指令格式

十字键输入指令格式如图 9-1 所示。

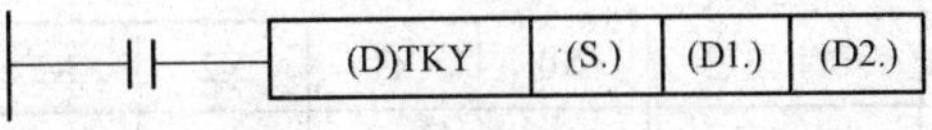

十字键输入指令 FNC70-TKY (TEN KEY) 可使用软元件范围,如表 9-2 所示。

图 9-1 十字键输入指令格式

表 9-2 十字键输入指令的可使用软元件范围

元件名称	位元件				字元件								常数			指针
	X	Y	M	S	D□.b	KnX	KnY	KnM	KnS	T	C	D	R	U□\G□	V、Z	K	H	E	"□"	P
S.	○	○	○	○	①															
D1.							○	○	○	○	○	○	○	○	○					
D2.	○	○	○	①																

①D□.b 不能变址。

2. 指令说明

十字键输入指令（TKY）用于使用 10 个输入按钮输入数字 0~9，通过 0~9 的键盘（数字键）输入，对定时器和计数器等设定数据。

TKY 指令只能使用一次。

如图 9-2（a）所示，当 X12=1 时，使用 X0~X11 的 10 个输入按钮分别输入数字 0~9，对应的继电器动作。如图 9-2（b）所示，如果依次按下 X2、X1、X3 和 X0 按钮，则输入十进制数 2130 到 D0 中（以二进制数形式保存），如果再按下 X4 按钮，则第 1 位数 2 被溢出，变成 1304。

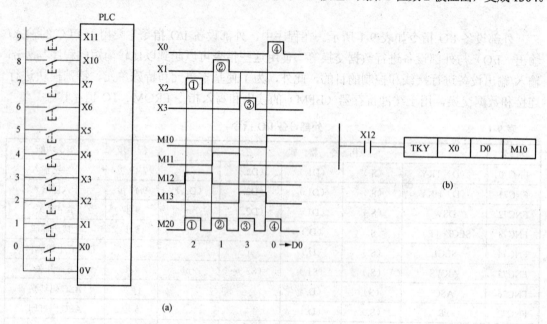

图 9-2 十字键输入指令（TKY）说明
（a）输入数字 0~9 所对应的继电器动作；（b）用 10 个按钮输入数字 0~9

使用 DTKY 指令可输入 8 位十进制数到 D1、D0 中。

当 X0~X11 中的某个输入按钮被按下时，对应的 M10~M19 继电器动作，如表 9-3 所示，并保持到下一个按钮按下时复位。当有多个按钮按下时，先按下的按钮有效。

表 9-3   数字按钮的对应关系

数字按钮	X0	X1	X2	X3	X4	X5	X6	X7	X10	X11
输入数字	0	1	2	3	4	5	6	7	8	9
对应继电器	M10	M11	M12	M13	M14	M15	M16	M17	M18	M19	M20

当某个按钮被按下时，继电器 M20 动作，按钮松开时复位。

当 X12=0 时，D0 中的数据保持不变，但 M10~M19 全部复位。

例 83 TKY 指令用于设定一个定时器的设定值

用 10 个数字键设定一个定时器的设定值。设定值范围在 1~9999。

如果直接用十字键输入应用指令 TKY，则需要占用 10 个输入点，为了减少输入点，可采用编码输入法,如图 9-3(a)所示,这样只需要 4 个输入点就可以了,但是这种方法不能输入数字"0",为了解决这个问题,可通过使用按钮 SB1 输入数字"0",依此类推,按钮 SB10 输入数字"9"。

控制梯形图如图 9-3(b)所示,执行译码指令 DECO,将 X3、X2、X1、X0 所组成的二进制数进行译码,结果如表 9-4 所示。由于不能输入数字"0",所以在 TKY 十字键指令中错开一位,将按钮 SB1 的译码结果 M1 作为输入数字"0"。

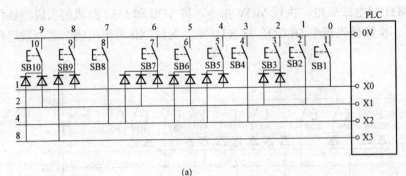

图 9-3 十字键输入

(a) 10 个数字键的 PLC 接线图;(b) 十字键输入

表 9-4 十字键输入数字表

输入键	输入的二进制数	X3	X2	X1	X0	译码结果	输入数字
		0	0	0	0	M0=1	
SB1	1	0	0	0	1	M1=1	0
SB2	2	0	0	1	0	M2=1	1
SB3	3	0	0	1	1	M3=1	2
SB4	4	0	1	0	0	M4=1	3
SB5	5	0	1	0	1	M5=1	4
SB6	6	0	1	1	0	M6=1	5
SB7	7	0	1	1	1	M7=1	6
SB8	8	1	0	0	0	M8=1	7
SB9	9	1	0	0	1	M9=1	8
SB10	10	1	0	1	0	M10=1	9

操作时，按下对应的数字键，可将 4 位十进制数字存放到数据寄存器 D0 中，D0 中的数据即为定时器 T0 的设定值。

例 84 **TKY 指令用于设定多个定时器的设定值**

用 10 个数字键设定 4 个定时器的设定值。设定值范围在 1~9999。

如图 9-4 所示，用于设定 4 个定时器的间接设定值，闭合或断开 SA1（X4）、SA2（X5），使 M30 和 M31 得电或失电，执行 MOV 指令，将 M30 和 M31 组成的二进制数传送到变址寄存器 Z 中。执行译码指令 DECO，将 X3、X2、X1、X0 所组成的二进制数进行译码，如表 9-5 所示。

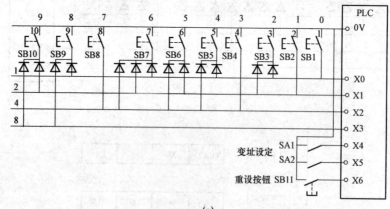

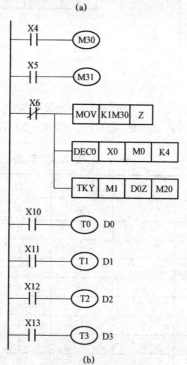

图 9-4 十字键数据设定 4 个定时器
（a）PLC 接线图；（b）梯形图

表9-5 　　　　数据寄存器变址方式表

输入继电器		字元件 K1M30				变址寄存器	数据寄存器
X4	X5	M33	M32	M31	M30	Z	D
0	0	0	0	0	0	0	D0
0	1	0	0	0	1	1	D1
1	0	0	0	1	0	2	D2
1	1	0	0	1	1	3	D3

当Z改变之后，必须用按钮SB11将TKY指令断开一次，TKY指令才起作用。

操作时，按下对应的数字键，可将4位十进制数字存放到数据寄存器D0Z中，如Z=2，即将4位十进制数字存放到数据寄存器D2中，D2中的数据即为定时器T2的设定值。

9.2 十六键输入指令（HKY）

1. 指令格式

十六键输入指令格式如图9-5所示。

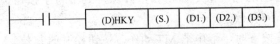

图9-5 十六键输入指令格式

十六键输入指令FNC71-HKY（HEXADECIMAL KEY）可使用软元件范围，如表9-6所示。

表9-6 　　　　十六键输入指令的可使用软元件范围

元件名称	位元件				字元件								常数		指针
	X	Y	M	S	D□.b	KnX	KnY	KnM	KnS	T	C	D	R	U□\G□	V、Z	K	H	E	"□"	P
S.	○																			
D1.		○																			
D2.										○	○	○	○	○						
D3.		○	○	○	①															

①D□.b不能变址。

2. 指令说明

十六键输入指令（HKY）用于组成4×4输入矩阵，使用该指令时输入十进制数或十六进制数，通过0～F的键盘（16键）输入，设定数值（0～9）及运行条件（A～F功能键）等的输入数据。当扩展功能为ON时，可以使用0～F键的十六进制数进行键盘的输入，如图9-6所示。

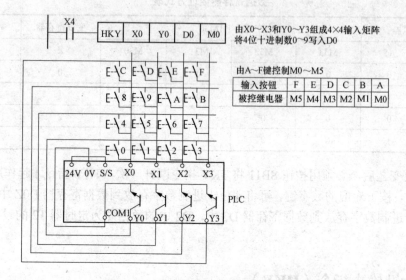

图 9-6 十六键输入指令（HKY）说明

当 X4=1 时，由 X0~X3 和 Y0~Y3 组成 4×4 输入矩阵，使用 0~9 输入按钮输入 4 位数字 0~9 到 D0 中，如果超过 4 位，则高位溢出。由 A~F 输入按钮控制 M0~M5，当某个字母按钮按下时，对应的辅助继电器动作，并保持到下一个按钮按下时复位。如果有多个按钮按下时，先按下的有效。

当某个数字按钮被按下时，继电器 M7 动作，按钮松开时复位。

当某个字母按钮被按下时，继电器 M6 动作，按钮松开时复位。

当 X4=0 时，D0 中的数据保持，M0~M7 全部复位。

当 M8167=1 时，将十六进制数 0~F 写入 D0（以二进制数形式保存）。

每个数据的输入需要 8 个扫描周期，为了防止按钮输入的滤波延迟造成输入错误，可使用恒定扫描模式和定时器中断处理。

例 85　HKY 指令用于电动机的定时控制

控制一台电动机，按下起动按钮，电动机运行一段时间后自动停止，要求电动机运行时间可以调整。

PLC 接线图如图 9-7（a）所示，X0~X3 和 Y0~Y3 组成 4×4 输入矩阵，0~9 号按钮用于定时器的设定值输入，按钮 A 用于电动机的起动控制，按钮 B 用于电动机的停止控制。Y4 控制接触器 KM，用于电动机的控制。

梯形图如图 9-7（b）所示，定时器的设定值由数字按钮 0~9 输入到 D0 中，D0 作为定时器的设定值。

按下起动按钮 A，M0=1，Y4 线圈得电自锁，电动机起动，T0 得电延时，当定时器 T0 达到设定值 D0 时，T0 动断触点断开 Y4 线圈，电动机停止。

按下停止按钮 B，M1=1，M1 动断触点断开 Y4 线圈，电动机停止。

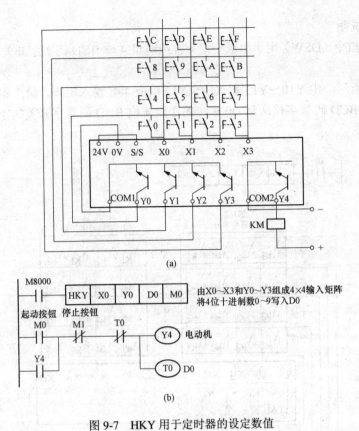

图 9-7 HKY 用于定时器的设定数值
（a）PLC 接线图；（b）梯形图

9.3 数字开关指令（DSW）

1. 指令格式

数字开关指令格式如图 9-8 所示。

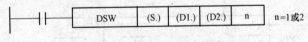

图 9-8 数字开关指令格式

数字开关指令 FNC72-DSW（DIGITAL SWITCH）可使用软元件范围，如表 9-7 所示。

表 9-7　　　　　数字开关指令的可使用软元件范围

元件名称	位 元 件				字 元 件									常 数			指针
	X	Y	M	S	D□.b	KnX	KnY	KnM	KnS	T	C	D	R	U□\G□	V、Z	K	H	E	"□"	P
S.	○																			
D1.		○																		
D2.										○	○	○	○							
n																○	○			

2. 指令说明

数字开关指令（DSW）用于组成一组 4 位或两组 4 位 BCD 码数字开关，可以用于设定值的输入等。

如图 9-9 所示，由 Y10～Y13 和 X10～X17 组成 4×8 输入矩阵。第 1 组 4 位 BCD 码数字开关的 4 位 BCD 码数字传送到 D0 中，第 2 组 4 位 BCD 码数字开关的 4 位 BCD 码数字传送到 D1 中。

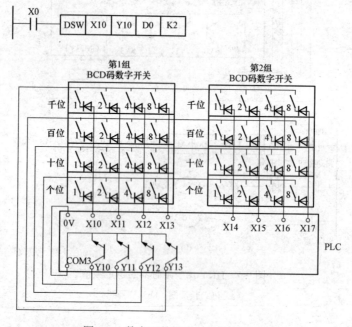

图 9-9　数字开关指令（DSW）说明

当 n=K1 时，只有一组 4 位 BCD 码数字开关。

当 n=K2 时，有两组 4 位 BCD 码数字开关。

当 X0=1 时，Y10～Y13 按图 9-10 所示的顺序将两组 4 位 BCD 数分别传送到 D0、D1 中。第 1 次循环完毕后，M8029 产生一个脉冲，并继续工作。

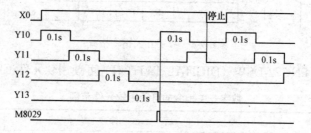

图 9-10　数字开关指令（DSW）输出执行顺序

为了连续输入数字开关的数据，应采用晶体管输出型 PLC，但采用继电器输出型 PLC 也是可以的。为了防止输出继电器连续工作，可采用图 9-11 所示的梯形图，X0 为按钮，这样输出继电器只动作一个循环。

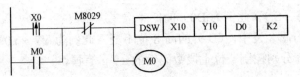

图 9-11　继电器输出型 PLC 的 DSW 指令应用

9.4　七段码译码指令（SEGD）

1．指令格式

七段码译码指令格式如图 9-12 所示。

图 9-12　七段码译码指令格式

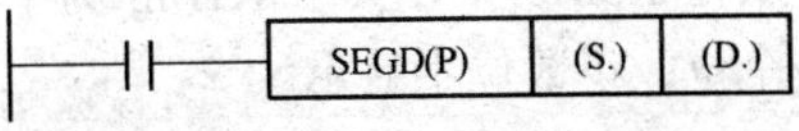

七段码译码指令 FNC73-SEGD（SEVEN SEGMENT DECODER）可使用软元件范围，如表 9-8 所示。

表 9-8　七段码译码指令的可使用软元件范围

元件名称	位元件					字元件											常数				指针
	X	Y	M	S	D□.b	KnX	KnY	KnM	KnS	T	C	D	R	U□\G□	V、Z	K	H	E	“□”	P
S.	○					○	○	○	○	○	○	○	○	○	○	○	○			
D1.		○					○	○	○	○	○	○	○	○	○					

2．指令说明

七段码译码指令（SEGD）用于将一位十六进制数经译码控制一位七段数码管，如图 9-13 所示。

D0		七段码显示	笔画								显示字符
十六进制	二进制		Y7	g Y6	f Y5	e Y4	d Y3	c Y2	b Y1	a Y0	
0	0 0 0 0		0	0	1	1	1	1	1	1	0
1	0 0 0 1		0	0	0	0	0	1	1	0	1
2	0 0 1 0		0	1	0	1	1	0	1	1	2
3	0 0 1 1		0	1	0	0	1	1	1	1	3
4	0 1 0 0		0	1	1	0	0	1	1	0	4
5	0 1 0 1		0	1	1	0	1	1	0	1	5
6	0 1 1 0		0	1	1	1	1	1	0	1	6
7	0 1 1 1		0	0	1	0	0	1	1	1	7
8	1 0 0 0		0	1	1	1	1	1	1	1	8
9	1 0 0 1		0	1	1	0	1	1	1	1	9
A	1 0 1 0		0	1	1	1	0	1	1	1	A
B	1 0 1 1		0	1	1	1	1	1	0	0	b
C	1 1 0 0		0	0	1	1	1	0	0	1	C
D	1 1 0 1		0	1	0	1	1	1	1	0	d
E	1 1 1 0		0	1	1	1	1	0	0	1	E
F	1 1 1 1		0	1	1	1	0	0	0	1	F

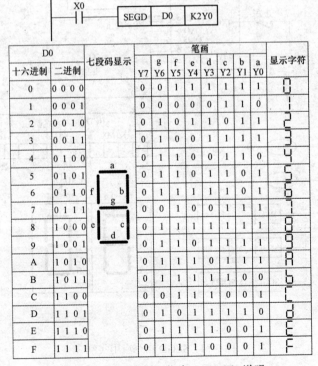

图 9-13　七段码译码指令（SEGD）说明

当 X0=1 时，将（S.）（此例为 D0）的低 4 位二进制数（一位十六进制数）进行译码，结果存放到（D.）的低 8 位中，（D.）的高 8 位不变（此例为 Y7～Y0），显示 0～F 十六进制字符。用 Y0～Y6 分别控制一位七段数码管的 a～g 笔画。

例 86 七段数码管显示定时器的当前值

用两位七段数码管显示定时器的当前值，显示最大值为 99s。

如图 9-14 所示，定时器 T0 的设定值为 99s，需用两位七段数码管，定时器 T0 的当前值为 BIN 数，需将其转换成 BCD 数，执行 BCD 指令，将 T0 的当前值转换成 BCD 数，存放在 K3M0 中，其中 K1M8 为十位数，K1M4 为个位数，K1M0 为小数位。只显示十位和个位，小数位不显示。

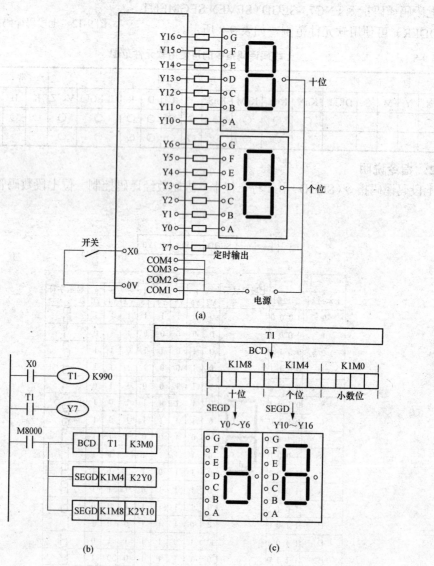

图 9-14 SEGD 指令应用实例

(a) PLC 接线图；(b) 梯形图；(c) 程序动作过程

执行指令 SEGD K1M4 K2Y0，将 K1M4（个位数）译码，经 Y0~Y6 输出直接驱动个位数七段数码管。

执行指令 SEGD K1M8 K2Y10，将 K1M8（十位数）译码，经 Y10~Y16 输出直接驱动十位数七段数码管。

9.5 带锁存七段码译码指令（SEGL）

1. 指令格式

带锁存七段码译码指令格式如图 9-15 所示。

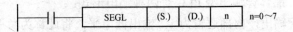

图 9-15 带锁存七段码译码指令格式

带锁存七段码译码指令 FNC74-SEGL（SEVEN SEGMENT WITH LATCH）可使用软元件范围，如表 9-9 所示。

表 9-9 带锁存七段码译码指令的可使用软元件范围

元件名称	位元件				字元件								常数			指针
	X	Y	M	S	D□.b	KnX	KnY	KnM	KnS	T	C	D	R	U□\G□	V、Z	K	H	E	"□"	P
S.					○	○	○	○	○	○	○	○	○	○	○			
D.		○																
n															○	○		

2. 指令说明

带锁存七段码译码指令（SEGL）用于控制一组或两组 4 位带锁存七段译码显示器，如图 9-16 所示。

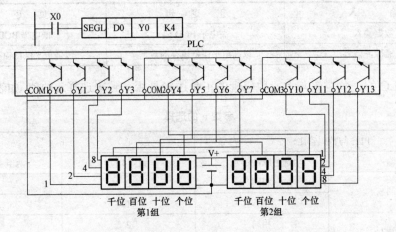

图 9-16 带锁存七段码译码指令（SEGL）说明

当带锁存七段译码显示器为一组时，n=0～3，当 X0=1 时，将 D0 中的 BIN 码转换成 4 位 BCD 码（0～9999），并将各位依次分时经 Y0～Y3 送到各位数码管，Y4～Y7 依次作为各位的选通信号。

当带锁存七段译码显示器为两组时，n=4～7，与一组时类似，当 X0=1 时，将 D0 的数据传送到 Y0～Y3，驱动第 1 组数码管；D1 的数据传送到 Y10～Y13，驱动第 2 组数码管，Y4～Y7 依次作为各位的选通信号。

执行该指令显示 4 位数字，要 12 个扫描周期，结束 4 位数的输出时，M8029=1。当 X0=1 时，指令反复工作；当 X0=0 时，中断工作；当 X0=1 时，重新开始工作。

该指令按照 PLC 的扫描周期来执行分时输出控制，为实施一系列的显示，PLC 的扫描周期应大于 10ms，如果不足 10ms，则应采用 10ms 以上的恒定扫描模式。

如图 9-17 所示，晶体管输出型 PLC 有两种输出形式：

（1）NPN 晶体管输出，内部逻辑为 1，输出低电平，将此称为负逻辑。

（2）PNP 晶体管输出，内部逻辑为 0，输出高电平，将此称为正逻辑。

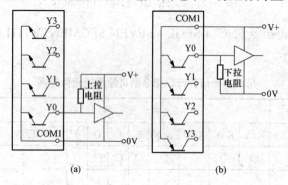

图 9-17 PLC 的逻辑
（a）NPN 晶体管输出；(b）PNP 晶体管输出

七段数码锁存显示器（数码管）也分为高电平和低电平输入两种，如表 9-10 所示。

表 9-10　　　　　　　　七段数码锁存显示器（数码管）逻辑

输　入	正　逻　辑	负　逻　辑
数据输入	高电平 BCD 码	低电平 BCD 码
选通脉冲信号	以高电平保持锁存的数据	以低电平保持锁存的数据

根据 PLC 的正负逻辑与七段数码管的正负逻辑是否一致来选择 n 的值，如表 9-11 所示。

表 9-11　　　　　　　　参数 n 的选择

PLC 与数码管比较		n	
数据输入	选通脉冲信号	一组（4 位）	两组（4 位）
相同	相同	0	4
相同	不相同	1	5
不相同	相同	2	6
不相同	不相同	3	7

例如，PLC 为 NPN 型输出，为负逻辑，数码管的数据输入为负逻辑，数码管的选通脉冲信号为正逻辑，如果用一组 4 位数码管，则 n=1；如果用两组 4 位数码管，则 n=5。

9.6 方向开关指令（ARWS）

1. 指令格式

方向开关指令格式如图 9-18 所示。

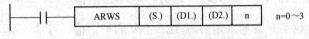

图 9-18　方向开关指令格式

方向开关指令 FNC75-ARWS（ARROW SWITCH）可使用软元件范围，如表 9-12 所示。

表 9-12　　　　　　方向开关指令的可使用软元件范围

元件名称	位 元 件				字 元 件								常 数		指针
	X	Y	M	D□.b	KnX	KnY	KnM	KnS	T	C	D	R	U□\G□	V、Z	K	H	E	"□"	P
S.	○	○	○	①															
D1.									○	○	○	○	○	○					
D2.		○																	
n															○	○			

①D□.b 不能变址。

2. 指令说明

方向开关指令（ARWS）可以用 4 个键逐位设置或修改字元件的数据，并可用 4 位或 8 位七段数码锁存显示器显示修改的数据。

如图 9-19 所示，当 X0=1 时，用 X10～X13，4 个键来设置或修改 D0 的 4 位数据；用 Y0～Y7 显示 4 位数码管的数据。其中，X12 和 X13 用于选择某一位数码管，X10 和 X11 用于改变某一位数码管的数据。

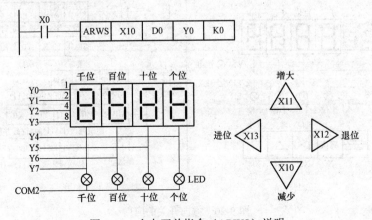

图 9-19　方向开关指令（ARWS）说明

例如，初始千位对应的 LED 灯亮，如果按退位键 X12，则由千位→百位→十位→个位→千位循环选择，对应位的 LED 灯亮。

如果选中百位，原数字为 8，按增大键 X11，则由 8→9→0→1→2 循环增大。

n=K0～K3，可以根据表 9-11 来选择。

该指令按照 PLC 的扫描周期来执行分时输出控制数码管的显示，如果 PLC 的扫描周期比较短，应采用恒定扫描模式与定时中断。

注意，ARWS 指令只能用一次，且用晶体管输出型 PLC。

例 87 修改定时器 T0～T99 的设定值和显示当前值

采用两位 BCD 数字开关输入定时器 T0～T99 的设定值，可输入数字 0～99，用变址的方法选择定时器 T0～T99，并对所选择的定时器进行设定值的修改。采用 4 位数码管显示输入 T0～T99 的设定值，在运行的过程中还可以显示定时器 T0～T99 的当前值。方向开关的应用如图 9-20 所示。

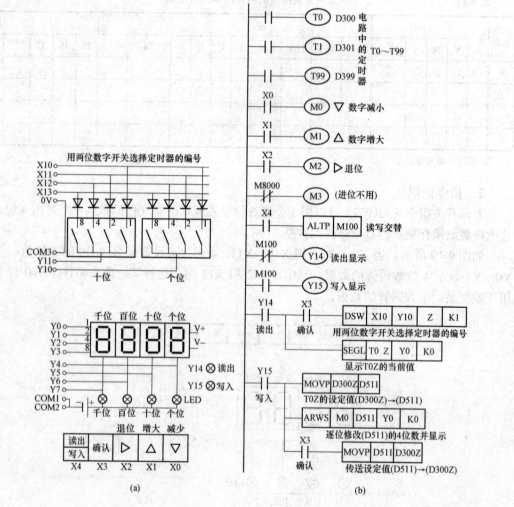

图 9-20 方向开关的应用
（a）PLC 接线图；（b）梯形图

9.7 ASC 码转换指令（ASC）

1．指令格式

ASC 码转换指令格式如图 9-21 所示。

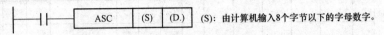

图 9-21　ASC 码转换指令格式

ASC 码转换指令 FNC76-ASC（ASCII CODE）可使用软元件范围，如表 9-13 所示。

表 9-13　　　　　　　　ASC 码转换指令的可使用软元件范围

元件名称	位元件				字元件									常数			指针
	X	Y	M	S	D□.b	KnX	KnY	KnM	KnS	T	C	D	R	U□\G□	V、Z	K	H	E	"□"	P
S.																		○	
D.										○	○	○	○						

2．指令说明

ASC 码转换指令（ASC）用于将（S）中的最多 8 个字符以 ASC 码的形式存放在（D.）中。该指令可用于将电路中的工作状态用文字的方式在外部显示器上显示出来。

如图 9-22 所示，当 X0=1 时，将 8 个字符（由计算机输入）"(M1) STOP" 转换成 ASCII 码并存放到 D300~D303 中。如果 M8161=1，则存在 D300~D307 中的低 8 位中，高 8 位为 0。

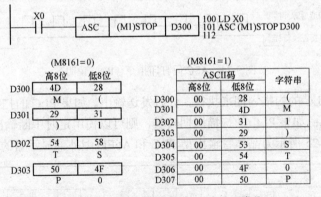

图 9-22　ASC 码转换指令（ASC）说明

如果将数据寄存器 D 中的 ASCII 码传送到外部显示器，则可显示 "(M1) STOP"（即表示电路中的 1 号电动机停止）。

9.8 ASC 码打印指令（PR）

1．指令格式

ASC 码打印指令格式如图 9-23 所示。

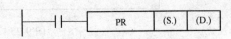

图 9-23　ASC 码打印指令格式

ASC 码打印指令 FNC77-PR（PRINT）可使用软元件范围，如表 9-14 所示。

表 9-14 打印指令 FNC77-PR（PRINT）可使用软元件范围

元件名称	位元件				字元件									常数			指针
	X	Y	M	S	D□.b	KnX	KnY	KnM	KnS	T	C	D	R	U□\G□	V、Z	K	H	E	"□"	P
S.										○	○	○	○						
D.		○																	

2. 指令说明

ASC 码打印指令 PR 用于将（S.）中的 ASC 码数据经过 Y 发送到外部设备。

如图 9-24 所示，当 X0=1 时，字符"(M1) STOP"以 ASC 码的形式存放在 D300～D303 中，当执行 PR 指令时，字符"(M1) STOP"按照（→M→1→）→S→T→O→P 的顺序依次经 Y0～Y7 发送输出。Y10 为选通脉冲信号，Y11 为正在执行标志。

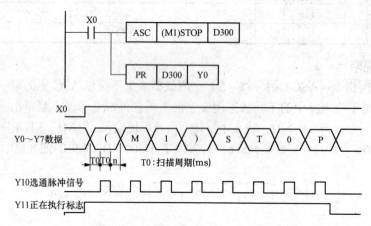

图 9-24 ASC 码打印指令（PR）说明

该指令按照 PLC 的扫描周期来执行，分时发送输出。如果 PLC 的扫描周期较短，则应采用恒定扫描模式；如果 PLC 的扫描周期较长，则可以使用定时中断输出，PLC 需用晶体管输出型，如图 9-25 所示为晶体管输出型 PLC 和 A6FD 型外部显示器的连接的例子。

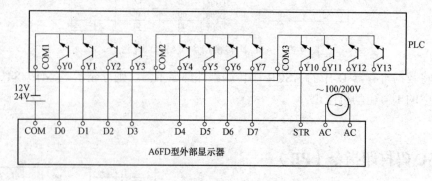

图 9-25 PLC 与外部显示器的连接

型号为 A6FD 的外部显示单元于 2002 年 11 月终止生产。

9.9 BFM 读出指令（FROM）

1．指令格式

BFM 读出指令格式如图 9-26 所示。

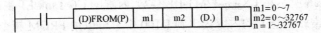

图 9-26　BFM 读出指令格式

BFM 读出指令 FNC78-FROM（FROM）可使用软元件范围，如表 9-15 所示。

表 9-15　　　　　　　　BFM 读出指令格式的可使用软元件范围

元件名称	位元件				字元件								常数			指针
	X	Y	M	S	D□.b	KnX	KnY	KnM	KnS	T	C	D	R	U□\G□	V、Z	K	H	E	"□"	P
m1												○	○			○	○			
m2												○	○			○	○			
D.						○	○	○	○	○	○	○		○						
n												○	○			○	○			

2．指令说明

BFM 读出指令（FROM）用于将特殊单元（模块）缓冲存储器（Buffer Memories of Attached Special Function Blocks，BFM）的内容读到 PLC 基本单元中。

PLC 可分为基本单元、扩展单元、扩展模块、特殊单元和特殊模块等。特殊单元和特殊模块的编号如图 9-27 所示，由靠近基本单元开始，分别为 No0、No1、No2、……例如，No0 特殊模块（FX$_{2N}$-4AD 模拟量输入模块）的缓冲存储器 BFM 有 32 个 16 位寄存器，编号为#0～#31。

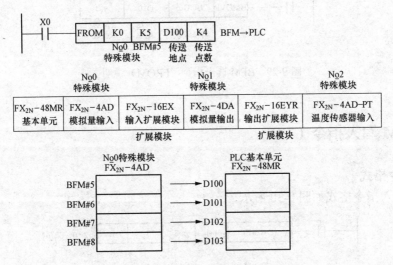

图 9-27　BFM 读出指令（FROM）说明

当 X0=1 时，从 No0 特殊模块（FX$_{2N}$-4AD 模拟量输入模块）BMF#5～#8 中的 16 位数据读到 PLC 基本单元的 D100～D103 中。

使用 FROM 指令，或者使用缓冲存储区的直接指定（仅支持 FX$_{3U}$、FX$_{3UC}$ 型 PLC），将特殊功能单元/模块的缓冲存储区（BFM）的内容读出到（传送给）指定的数据寄存器（D）、扩展寄存器（R）以及辅助继电器（M）的指定位数等。

例如，如图 9-28 所示将 FX$_{3UC}$-32MT-LT（-2）内置的 CC-Link/LT 主站（单元号固定为 0）的 BFM#4（异常站信息）的内容读出到 D100 中。可以用 FROM 指令，也可以用 MOV 指令。

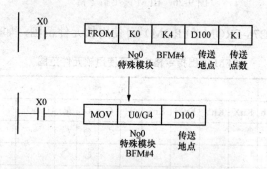

图 9-28 BFM 读出指令（FROM）说明 1

将 FX$_{3UC}$-32MT-LT（-2）内置的 CC-Link/LT 主站（单元号固定为 0）的 BFM#0～#3（远程站的连接信息）的内容读出到 D10～D13 中的程序如图 9-29 所示，可以用 FROM 指令，也可以用 MOV 指令。

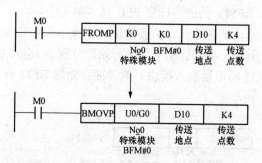

图 9-29 BFM 读出指令（FROM）说明 2

9.10 BFM 写入指令（TO）

1. 指令格式

BFM 写入指令格式如图 9-30 所示。

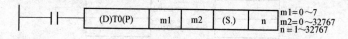

图 9-30 BFM 写入指令格式

BFM 写入指令 FNC79-TO（TO）可使用软元件范围，如表 9-16。

表 9-16　　　　　　　　　BFM 写入指令的可使用软元件范围

元件名称	位元件					字元件								常数			指针
	X	Y	M	S	D□.b	KnX	KnY	KnM	KnS	T	C	D	R	U□\G□	V、Z	K	H	E	"□"	P
m1												○	○			○	○			
m2												○	○			○	○			
D.						○	○	○	○	○	○	○		○	○					
n												○	○			○	○			

2. 指令说明

BFM 写入指令（TO）用于将数据写到特殊单元（模块）的 BFM 中。

如图 9-31 所示，当 X0=1 时，将数据 H3300 写到 No0 特殊模块（FX$_{3U}$-4AD 模拟量输入模块）的 BMF#0 中。

图 9-31　BFM 指令（TO）说明

当用 32 位指令处理 BFM 时，如果指定 BFM#5，则是指定低 16 位为 BFM#5，高 16 位为 BFM#6。如图 9-29 所示的梯形图也可用 32 位，如图 9-32 所示，两个梯形图是相同的。其 DFROM 指令和 DTOP 指令的传送点数取半。

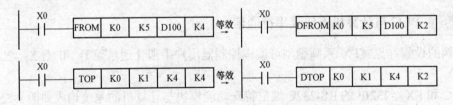

图 9-32　16 位和 32 位指令的等效梯形图

FROM 指令和 TO 指令是对特殊模块、特殊单元进行编程必须使用的指令。

当 M8028=0，FROM、TO 指令执行时自动进入中断禁止状态，输入中断或定时器中断将不能执行。这期间发生的中断在 FROM、TO 指令执行完成后立即执行。另外，FROM、TO 指令也可以在中断程序中使用。

当 M8028=1，FROM、TO 指令执行时可以进入中断状态，但 FROM、TO 指令不可以在中断程序中使用。

当一台 PLC 连接多个特殊模块时，PLC 缓冲存储器运行时的初始化时间会变长，运算时间也会变长。另外，当执行多个 FROM、TO 指令或传送多个缓冲存储器数据时，运算时间也会变长。

为了防止这种情况引起监视定时器超时，可以在程序的初始步附近加入如图 9-33 所示的程序来延长监视定时器的时间，或错开 FROM、TO 指令执行的时间。

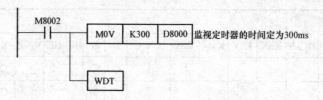

图 9-33　延长监视定时器时间的梯形图

使用 TO 指令或者使用缓冲存储区的直接指定（仅支持 FX$_{3U}$、FX$_{3UC}$ 型 PLC），将特殊功能单元/模块的缓冲存储区（BFM）的内容写入（传送到）指定的数据寄存器（D）、扩展寄存器（R）以及辅助继电器（M）的指定位数（K，H）。

例如，将 H0 写入在 FX$_{3UC}$-32MT-LT（-2）内置的 CC-Link/LT 主站（单元号固定为 0）的 BFM#27（命令）中的程序如图 9-34 所示，可以用 TO 指令，也可以 MOV 指令直接指定。

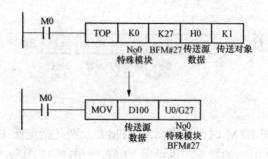

图 9-34　缓冲存储区的直接指定

例 88　PLC 与计算机无协议串行通信

此例的设置详见《FX 系列微型可编程控制器用户手册【通信篇】》和《FX$_{2N}$-232IF 硬件手册》。

PLC 和 FX$_{2N}$-232IF 的 RS-232C 通信特殊功能模块与计算机的系统构成如图 9-35 所示。

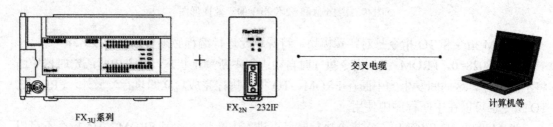

图 9-35　PLC 与计算机系统构成

在这个例子中，可将 PLC 的数据寄存器 D201～D205 中的 ASCII 码发送至对方设备计算机，同时还将从对方设备计算机接收到的数据保存在可编程控制器的数据寄存器 D301～D304 中。PLC 与计算机无协议串行通信梯形图如图 9-36 所示。

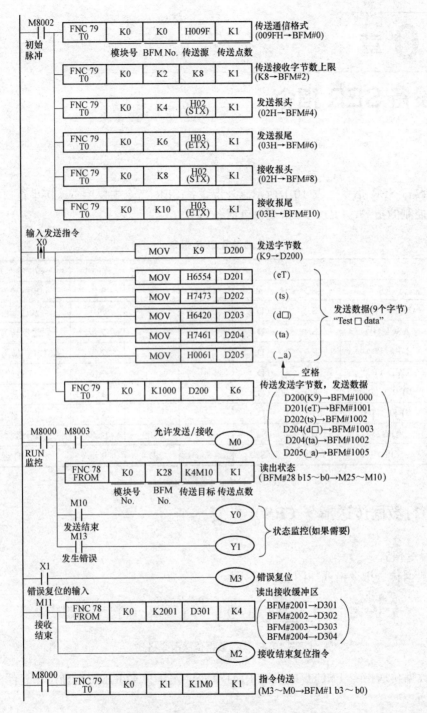

图 9-36　PLC 与计算机无协议串行通信梯形图

第 10 章 外部设备 SER 指令

外部设备 SER 指令如表 10-1 所示。外部设备 SER 指令主要用于连接串行口的特殊适配器进行控制的指令,PID 运算指令也包括在其中。

表 10-1　　　　　　　　　　外部设备 SER 指令

功能号	指令格式					程序步	指令功能
FNC80	RS	(S.)	m	(D.)	n	9步	串行数据传送
FNC81	(D) PRUN (P)	(S.)	(D.)			5/9步	八进制位传送
FNC82	ASCI (P)	(S.)	(D.)	n		7步	十六进制转为ASCII 码
FNC83	HEX (P)	(S.)	(D.)	n		7步	ASCII 码转为十六进制
FNC84	CCD (P)	(S.)	(D.)	n		7步	校验码
FNC85	VRRD (P)	(S.)	(D.)			5步	电位器值读出
FNC86	VRSC (P)	(S.)	(D.)			5步	电位器值刻度
FNC87	RS2	(S1.)	(S2.)	(S3.)	(D.)	11步	串行数据传送 2
FNC88	PID	(S1)	(S2)	(S3)	(D)	9步	PID 运算

10.1　串行数据传送指令(RS)

1. 指令格式

串行数据传送指令格式如图 10-1 所示。

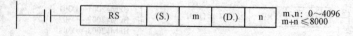

图 10-1　串行数据传送指令格式

串行数据传送指令 FNC80-RS(SERIAL COMMUNICATION)可使用软元件范围,如表 10-2 所示。

表 10-2　　　　　　串行数据传送指令的可使用软元件范围

元件名称	位元件				字元件								常数			指针
	X	Y	M	S	D□.b	KnX	KnY	KnM	KnS	T	C	D	R	U□\G□	V、Z	K	H	"□"	P
S.												○	○					○	○	
m												○	○							

续表

元件名称	位 元 件				字 元 件								常 数			指针
	X	Y	M	S	D□.b	KnX	KnY	KnM	KnS	T	C	D	R	U□\G□	V、Z	K	H	E	"□"	P
D.												○	○							
n												○	○			○	○			

2. 指令说明

串行数据传送指令（RS）用于 PLC 与外部设备进行串行通信，只需在 PLC 上使用 RS-232C 及 RS-485 功能扩展板及特殊适配器，即可进行串行数据的发送和接收，如图 10-2 所示。

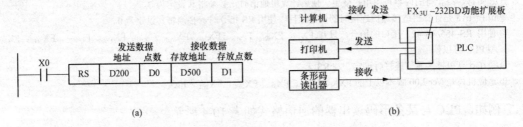

图 10-2　串行数据传送指令（RS）说明
(a) 串行数据通信梯形图；(b) PLC 与外部设备的串行通信

3. 通信格式 D8120

PLC 与外部设备进行串行通信时要进行通信参数设置，FX$_{3U}$系列 PLC 是用特殊辅助寄存器 D8120 进行通信参数设置的，其各位参数功能如表 10-3 所示。

表 10-3　　　　　　通信格式 D8120 的参数设定

D8120 位号	名 称	通信格式与设定值	
		位=0	位=1
b0	数据长	7 位	8 位
b1 b2	奇偶性	b2, b1=00: 无 b2, b1=01: 奇数（ODD） b2, b1=11: 偶数（EVEN）	
b3	停止位	1 位	2 位
b4 b5 b6 b7	传送速率 （bit/s）	b7, b6, b5, b4=0011: 300 b7, b6, b5, b4=0100: 600 b7, b6, b5, b4=0101: 1200 b7, b6, b5, b4=0110: 2400	b7, b6, b5, b4=0111: 4800 b7, b6, b5, b4=1000: 9600 b7, b6, b5, b4=1001: 19200 b7, b6, b5, b4=1010: 38400
b8①	报头	无	有 D8124　初始值 STX（02H）
b9①	报尾	无	有 D8125　初始值 ETX（03H）
b10 b11	控制线	无协议	b11, b10=00: 无（RS-232C 接口） b11, b10=01: 普通模式（RS-232C 接口） b11, b10=10: 互锁模式（RS-232C 接口）⑤ b11, b10=11: 调制解调器模式（RS-232C 接口，RS-485 接口）③

续表

D8120 位号	名称	通信格式与设定值	
		位=0	位=1
b10 b11	控制线	计算机链接通信④	b11, b10=00：RS-485 接口 b11, b10=10：RS-232C 接口
b12		不可使用	
b13②	和校验	不附加	附加
b14②	协议	不使用	使用
b15②	控制顺序	协议格方式1	协议格方式4

①起始符、终止符的内容可由用户变更。使用计算机通信时，必须将其设定为 0。
②b13～b15 是计算机链接通信连接时的设定项目。使用 RS 指令时，必须将其设定为 0。
③使用 RS-485/RS-422 接口的场合，只有 FX_{1S}、FX_{0N}、FX_{1N}、FX_{2N}、FX_{3G}、FX_{3U}、FX_{1NC}、FX_{2NC}、FX_{3GC}、FX_{3UC} 型 PLC 可以使用。
④是在计算机链接通信连接时设定，与 RS 无关。
⑤适应机种是 Ver.2.00 版本以上的 FX_{2N}、FX_{3G}、FX_{3U}、FX_{2NC}、FX_{3GC}、FX_{3UC}。

例如，PLC 与某条形码读出器的通信格式如表 10-4 所示。

表 10-4　　　　PLC 与某条形码读出器的通信格式

数 据 长 度	8 位	b0=1
奇偶性	偶数	b2, b1=11
停止位	1 位	b3=0
传送速率	2400bit/s	b7, b6, b5, b4=0110
起始符	有	b8=1
终止符	有	b9=1

设置 D8120 的值为 H0367，如图 10-3 所示，在 PLC 运行时用初始化脉冲 M8002 将 D8120 的值设置为 H0367。

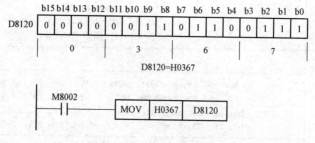

图 10-3　D8120 值的设置

4. 数据传送与接收

接收数据由特殊辅助继电器 M8122 控制，发送数据由特殊辅助继电器 M8123 控制。

数据传送的位数可以是 8 位或 16 位，由 M8161 控制。如图 10-4 所示为 PLC 数据传送指令应用说明。

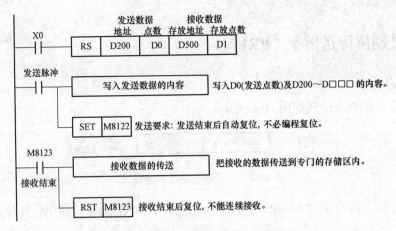

图 10-4　PLC 数据传送指令应用说明

RS 指令可以多次使用，但每个 RS 指令不能在同一个扫描周期内执行，应相隔一个扫描周期以上的断开时间。

RS 指令执行时，改变 D8120 的设定值不被接收，应在 RS 指令断开时改变 D8120 的设定值。

在发送、接收、接收待机时不要改变数据的内容。特别是用 M8000 驱动时，当 PLC 运行时会自动转为接收待机状态，更应注意该特性。

V2.00 以上版本的 FX_{3U} 型 PLC 可以使用全双工双向通信方式，可设置成 4 种模式：无控制线、控制线为普通模式、控制线为互锁模式、控制线为调制解调器模式（参考有关资料）。

例 89　**PLC 与条形码读出器的通信**

在 PLC 上安装一个 FX_{3U}-232-BD 型功能扩展板，用通信电缆将条形码读出器与功能扩展板连接，将 D8120 的值设置为 H0367，其控制梯形图如图 10-5 所示。

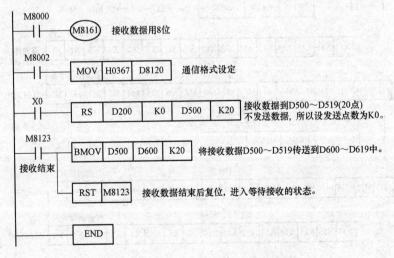

图 10-5　PLC 与条形码读出器的通信

10.2 八进制位传送指令（PRUN）

1．指令格式

八进制位传送指令格式如图 10-6 所示。

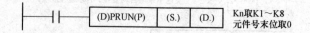

图 10-6　八进制位传送指令格式

八进制位传送指令 FNC81-PRUN（PARALLEL RUNNING）可使用软元件范围，如表 10-5 所示。

表 10-5　　　　　　　　八进制位传送指令的可使用软元件范围

元件名称	位元件				字元件									常数			指针
	X	Y	M	S	D□.b	KnX	KnY	KnM	KnS	T	C	D	R	U□\G□	V、Z	K	H	E	"□"	P
S.						○		○												
D.							○	○												

2．指令说明

八进制位传送指令 PRUN 用于八进制数处理。

信号源（S.）KnX 或 KnM 的元件为八进制编号，目的元件（D.）KnY 或 KnM 也为八进制编号。（S.）和（D.）的元件号末位数取 0，如 X0、X20、M320、Y10 等。

如图 10-7 所示，当 X30=1 时，将 K4X0 中的数据传送到以八进制编号的 K4M0 中，其中 M8、M9 不受影响，即 X0～X7→M0～M7，X10～X17→M10～M17。

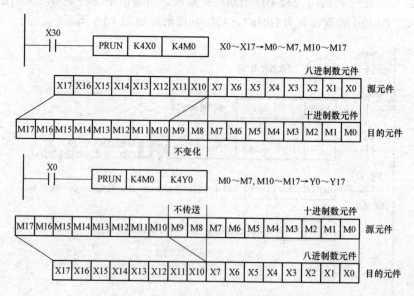

图 10-7　八进制位传送指令（PRUN）说明

当 X0=1 时，将 K4M0 中的数据以八进制编号传送到 K4Y0 中，其中 M8、M9 不传送，即 M0~M7→Y0~Y7，M10~M17→Y10~Y17。

10.3 十六进制数转为 ASCII 码指令（ASCI）

1. 指令格式

十六进制数转为 ASCII 码指令格式如图 10-8 所示。

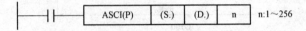

图 10-8 十六进制数转为 ASCII 码指令格式

十六进制数转为 ASCII 码指令 FNC82-ASCI（HEX→ASCII）可使用软元件范围，如表 10-6 所示。

表 10-6　　　　　　　　十六进制数转为 ASCII 码指令格式

元件名称	位元件				字元件								常数			指针
	X	Y	M	S	D□.b	KnX	KnY	KnM	KnS	T	C	D	R	U□\G□	V、Z	K	H	E	"□"	P
S.						○	○	○	○	○	○	○	①	②		○	○			
D.							○	○	○	○	○	○	①	②						
n												○	①			○	○			

①仅 FX_{3G}、FX_{3GC}、FX_{3U}、FX_{3UC} 型 PLC 支持。
②仅 FX_{3U}、FX_{3UC} 型 PLC 支持。

2. 指令说明

十六进制数转为 ASCII 码指令 ASCI 用于将十六进制数 HEX 转换为 8 位的 ASCII 码数据传送到指定单元存放。(ASCI) 指令有 8 位和 16 位两种变换模式，M8161=0，为 16 位模式；M8161=1，为 8 位模式。

在 16 位模式下，(S.) 中的十六进制数据转换为 ASCII 码向 (D.) 的高 8 位和低 8 位都进行传送。在 8 位模式下，只向 (D.) 的低 8 位进行传送，(D.) 的高 8 位为 0。

n 为转换的字符数。

如图 10-9 所示，M8161=0，为 16 位模式。例如，D100=（0ABC）$_H$、D101=（1234）$_H$、D102=（5678）$_H$，当 X10=1 时，将 D102~D100 的最低 4 位（n=K4）的十六进制数（0ABC）$_H$，分别转换成 ASCII 码，以如图 10-9 所示的顺序依次存放在 D200、D201 中，即十六进制数 0→ASCII 码 30H→D200 低 8 位；十六进制数 A→ASCII 码 41H→D200 高 8 位；十六进制数 B→ASCII 码 42H→D201 低 8 位；十六进制数 C→ASCII 码 43H→D201 高 8 位。

图 10-10 是十六进制转为 ASCII 码指令的 8 位转换模式（M8161=1），当 X10=1 时，将 D102~D100 的最低 3 位（n=K3）的十六进制数（ABC）$_H$，分别转换成 ASCII 码，以如图 10-10 所示的顺序依次存放在 D200~D202 的低 8 位中，D200~D202 的高 8 位为 0。

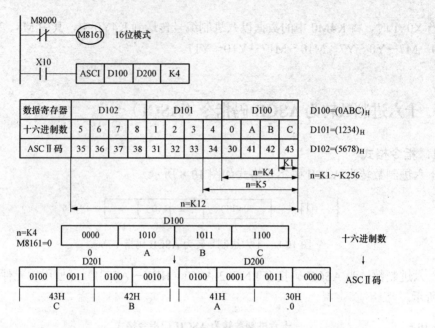

图 10-9 十六进制转为 ASCII 码指令（ASCI）说明（16 位模式）

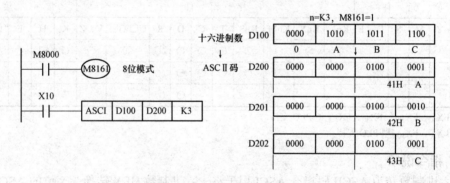

图 10-10 十六进制转为 ASCII 码指令（ASCI）说明（8 位模式）

10.4 ASCII 码转为十六进制数指令（HEX）

1. 指令格式

ASCII 码转为十六进制数指令格式如图 10-11 所示。

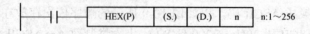

图 10-11 ASCII 码转为十六进制数指令格式

ASCII 码转为十六进制数指令 FNC83-HEX（ASCII→HEX）可使用软元件范围，如表 10-7 所示。

表 10-7　ASCII 码转为十六进制数指令 FNC83-HEX 可使用软元件范围

元件名称	位元件				字元件								常数			指针
	X	Y	M	S	D□.b	KnX	KnY	KnM	KnS	T	C	D	R	U□\G□	V、Z	K	H	E	"□"	P
S.						○	○	○	○	○	○	○	①	②		○	○			
D.							○	○	○	○	○	○	①	②	○					
n												○	①			○	○			

①仅 FX₃G、FX₃GC、FX₃U、FX₃UC 型 PLC 支持。

②仅 FX₃U、FX₃UC 型 PLC 支持。

2．指令说明

ASCII 码转为十六进制数指令（HEX）用于将 ASCII 码转换为十六进制数 HEX，传送到指定单元存放。

如图 10-12 所示，M8161=0，为 16 位模式。当 X10=1 时，将 D200、D201 中的 4 组（n=K4）ASCII 码转换成 4 位十六进制数，以如图 10-12 所示的顺序依次存放在 D100 中。可见，HEX 指令和 ASCI 指令是互为反变换指令。

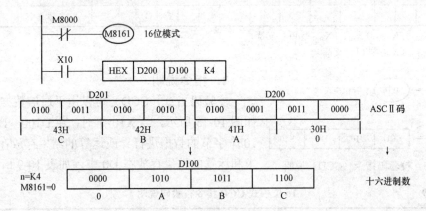

图 10-12　ASCII 码转为十六进制数指令（HEX）说明（16 位模式）

如图 10-13 所示，M8161=1，为 8 位模式。当 X10=1 时，将 D200、D201 低 8 位中的两组（n=K2）ASCII 码转换成两位十六进制数，以如图 10-13 所示的顺序依次存放在 D100 中。

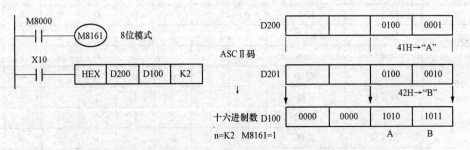

图 10-13　ASCII 码转为十六进制数指令（HEX）说明（8 位模式）

10.5 校验码指令（CCD）

1. 指令格式

校验码指令格式如图 10-14 所示。

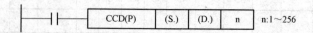

图 10-14 校验码指令格式

校验码指令 FNC84-CCD（CHECK CODE）可使用软元件范围，如表 10-8 所示。

表 10-8 校验码指令的可使用软元件范围

元件名称	位元件				字元件								常数			指针
	X	Y	M	S	D□.b	KnX	KnY	KnM	KnS	T	C	D	R	U□\G□	V、Z	K	H	E	"□"	P
S.					○	○	○	○	○	○	○	①	②					
D.						○	○	○	○	○	○	①						
n												○	①			○	○		

①仅 FX$_{3G}$、FX$_{3GC}$、FX$_{3U}$、FX$_{3UC}$ 型 PLC 支持。
②仅 FX$_{3U}$、FX$_{3UC}$ 型 PLC 支持。

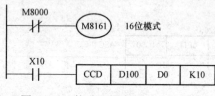

图 10-15 校验码指令（CCD）说明

2. 指令说明

校验码指令（CCD）可以用于通信数据的校验。如图 10-15 所示，当 X10=1 时，将 D100～D104 中的 10 个字节的数据进行异或运算的结果存放在 D1 中；求和运算的结果存放在 D0 中，如表 10-9 所示。

表 10-9 16 位模式 CCD 指令校验码说明

(S.)			数据	
		十进制数	二进制数（8 位）	
D100	低 8 位	K100	0 1 1 0 0 1 0 0	
	高 8 位	K111	0 1 1 0 1 1 1 1	
D101	低 8 位	K100	0 1 1 0 0 1 0 0	
	高 8 位	K98	0 1 1 0 0 0 1 0	
D102	低 8 位	K123	0 1 1 1 1 0 1 1	
	高 8 位	K66	0 1 0 0 0 0 1 0	
D103	低 8 位	K100	0 1 1 0 0 1 0 0	
	高 8 位	K95	0 1 0 1 1 1 1 1	
D104	低 8 位	K210	1 1 0 1 0 0 1 0	
	高 8 位	K88	0 1 0 1 1 0 0 0	
奇偶校验（D1）			1 0 0 0 0 1 0 1	
总和校验（D0）		K1091	D0=0000010001000011	

如果将图 10-15 改为 8 位模式，则校验数据为 D100～D109 的低 8 位。

10.6 电位器值读出指令（VRRD）

1. 指令格式

电位器值读出指令格式如图 10-16 所示。

电位器值读出指令 FNC85-VRRD（VOLUME READ）可使用软元件范围，如表 10-10 所示。

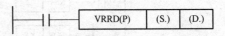

图 10-16 电位器值读出指令格式

表 10-10　　　　电位器值读出指令的可使用软元件范围

元件名称	位元件				字元件									常数			指针
	X	Y	M	D□.b	KnX	KnY	KnM	KnS	T	C	D	R	U□\G□	V、Z	K	H	E	"□"	P
S.											○	①			○	○		
D.						○	○	○	○	○	○	①		○				

①仅 FX$_{3G}$、FX$_{3GC}$、FX$_{3U}$、FX$_{3UC}$ 型 PLC 支持。

2. 指令说明

电位器值读出指令 VRRD 可以通过 FX$_{3U}$-8AV-BD 型模拟量功能扩展板将 8 个 8 位二进制数（0～255）传送到 PLC 中，FX$_{3U}$-8AV-BD 型模拟量功能扩展板上有 8 个可调电位器 VR0～VR7，旋转 VR0～VR7 的可调电位器旋钮，可以调整输入的数值，数值在 0～255 之间。如果需用大于 255 以上的数值，可以用乘法指令将数值变大。

如图 10-17 所示，当 X10=1 时，将可调电位器 VR0 设定的数值传送到 D0 中，而 D0 是定时器 T0 的间接设定值，这样，就可以实现由外部可调电位器旋钮来改变定时器的设定值了。

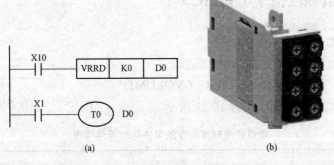

图 10-17　电位器值读出指令（VRRD）说明

（a）梯形图；（b）FX$_{3U}$-8AV-BD 型模拟量功能扩展板

例 90 用模拟量功能扩展板设定 8 个定时器的设定值

首先将 FX$_{3U}$-8AV-BD 型模拟量功能扩展板安装在 FX$_{3U}$ 型 PLC 的基本单元上。旋转扩展板上的可调电位器旋钮 VR0～VR7，以 VR0～VR7 的刻度值分别作为 T0～T7 的外部输入设定值。

用模拟量功能扩展板设定 T0~T7 的设置值梯形图如图 10-18 所示,当 PLC 进入运行状态时,先将变址寄存器 Z 复位,再由 FOR-NEXT 指令经过 8 次循环将 VR0~VR7 事先设定的值存放到 D200~D207 中,D200~D207 分别作为定时器 T0~T7 的间接设定值。

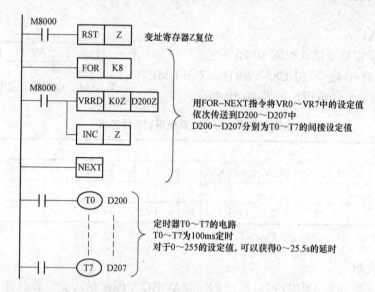

图 10-18 用模拟量功能扩展板设定 T0~T7 的设定值梯形图

VR0~VR7 的数值范围在 0~255 之间,定时器 T0~T7 为 100ms 型定时器,所以可得到 0~25.5s 的延时。

如果需用大于 25.5s 以上的延时时间,则可以用乘法指令将 D200~D207 中的数值变大。

10.7 电位器值刻度指令(VRSC)

1. 指令格式

电位器值刻度指令格式如图 10-19 所示。

电位器值刻度指令 FNC86-VRSC(VOLUME SCALE)可使用软元件范围,如表 10-11 所示。

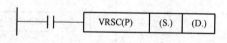

图 10-19 电位器值刻度指令格式

表 10-11　　　　电位器值刻度指令的可使用软元件范围

元件名称	位 元 件				字 元 件								常 数			指针
	X	Y	M	S	D□.b	KnX	KnY	KnM	KnS	T	C	D	R	U□\G□	V、Z	K	H	E	"□"	P
S.												○	○			○	○			
D.							○	○	○	○	○	○		○						

2. 指令说明

电位器值刻度指令(VRSC)可以把模拟量功能扩展板作为 8 个选择开关来使用。

FX₃U-8AV-BD 型模拟量功能扩展板每个选择开关有 11 个位置。旋转 VR0~VR7 的可调电位器旋钮,可以将数值通过四舍五入,化成 0~10 的整数值。

如图 10-20 所示的梯形图,可将可调电位器旋钮 VR1(K1)作为一个有 11 个位置的选择开关。旋转电位器旋钮 VR1,输入刻度值 0~10,以选择 M0~M10 中的一个触点闭合。

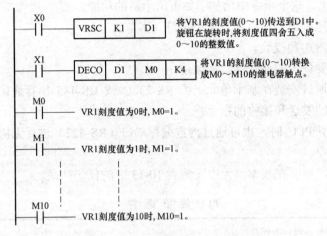

图 10-20 电位器值刻度指令(VRSC)说明

10.8 串行数据传送 2(RS2)

1. 指令格式

串行数据传送 2 指令格式如图 10-21 所示。

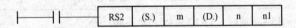

图 10-21 串行数据传送 2 指令格式

m—发送数据的字节数,0~4096;n—接收数据的字节数,0~4096;n1—使用通道编号
(设定内容为 K0——通道 0,K1——通道 1,K2——通道 2)

串行数据传送 2FNC87-RS2(SERIAL COMMUNICATION II)可使用软元件范围,如表 10-12 所示。

表 10-12 串行数据传送 2 的可使用软元件范围

元件名称	位 元 件					字 元 件								常 数			指针
	X	Y	M	S	D□.b	KnX	KnY	KnM	KnS	T	C	D	R	U□\G□	V、Z	K	H	E	"□"	P
S.												○	①							
m												○	①			○	○			
D.												○	①							
n												○	①			○	○			
n1																○	○			

①仅支持 FX₃G、FX₃GC、FX₃U、FX₃UC 型 PLC。

2. 指令说明

RS2 指令是用于通过安装在基本单元上的 RS-232C 或 RS-485 串行通信口进行无协议通信，从而执行数据的发送和接收的指令。

RS2 指令只用于 FX_{3G}、FX_{3U}、FX_{3GC}、FX_{3UC} 型 PLC。

与 RS 指令相比，这个指令中增加了如下所示新的功能。

（1）报头、报尾中最多可以指定 4 个字符（字节）。

（2）可以自动附加和校验。

（3）可以指定要使用的通信端口的通道。

该指令是用于通过安装在基本单元上的 RS-232C 或 RS-485 串行通信口进行无协议通信，从而执行数据的发送和接收的指令。

FX_{3G}、FX_{3GC} 型 PLC 时，也可通过内置编程端口（RS-422）进行无协议通信执行数据的发送和接收的指令。

使用这个指令，需要在基本单元中安装表 10-13 中的任一产品。

表 10-13　　　　　　　　　　PLC 通 信 选 件

PLC	通信的种类	选　件
FX_{3S}	RS-232C	FX_{3G}-232-BD 或 FX_{3U}-232ADP（-MB）（需要 FX_{3S}-CNV-ADP）
	RS-485 通信	FX_{3G}-485-BD（-RJ）或 FX3U-485ADP（-MB）（需要 FX_{3S}-CNV-ADP）
FX_{3G}	RS-232C 通信	FX_{3G}-232-BD 或 FX_{3U}-232ADP（-MB）（需要 FX_{3G}-CNV-ADP） RS-232C/RS-422 转换器①（FX-232AW，FX-232AWC，FX-232AWC-H）
	RS-485 通信	FX_{3G}-485-BD（-RJ）或 FX_{3U}-485ADP（-MB）（需要 FX_{3G}-CNV-ADP）
FX_{3GC}	RS-232C 通信	FX_{3U}-232ADP（-MB）RS-232C/RS-422 转换器①（FX-232AW，FX-232AWC，FX-232AWC-H）
	RS-485 通信	FX_{3U}-485ADP（-MB）
FX_{3U}、FX_{3UC}-32MT-LT（-2）	RS-232C 通信	FX_{3U}-232-BD 或 FX_{3U}-232ADP（-MB）
	RS-485 通信	FX_{3U}-485-BD 或 FX_{3U}-485ADP（-MB）
FX_{3UC}（D，DS，DSS）	RS-232C 通信	FX_{3U}-232ADP（-MB）
	RS-485 通信	FX_{3U}-485ADP（-MB）

①FX_{3G}、FX_{3GC} 型 PLC 中需要使用通道 0（内置编程端口 RS-422）。

有关系统配置，参考所使用的 PLC 主机的硬件篇手册。

有关详细说明，参考通信控制手册。

RS（FNC 80）指令和 RS2（FNC 87）指令的区别如表 10-14 所示。

表 10-14　　　　　RS（FNC 80）指令和 RS2（FNC 87）指令的区别

项目	RS2 指令	RS 指令	备　注
报头点数	1~4 个字符（字节）	最大 1 个字符（字节）	用 RS2 指令报头或报尾中最多可以指定 4 个字符（字节）
报尾点数	1~4 个字符（字节）	最大 1 个字符（字节）	

续表

项 目	RS2 指令	RS 指令	备 注
和校验的附加	可以自动附加	请用用户程序支持	用 RS2 指令可以在收发的数据上自动附加和校验。但是，请务必在收发的通信帧中使用报尾
使用通道编号	通道 0、通道 1、通道 2	通道 1	用 RS2 指令时，通道 0 只适用于 FX$_{3G}$、FX$_{3GC}$ 型 PLC。FX$_{3G}$ 型 PLC（14 点、24 点型）或 FX$_{3S}$ 型 PLC 时，不能使用通道 2

【例 91】 **打印 PLC 发送的数据**

连接 PLC 与带 RS-232C 接口的打印机，选用符合打印机的接口针脚排列的通信用电缆，如图 10-22 所示。

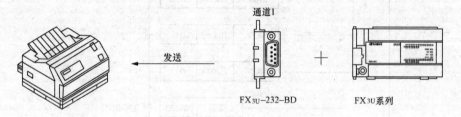

图 10-22　PLC 与打印机的连接

选用的打印机应符合 PLC 一侧的通信格式，D8400 通信格式如表 10-15 所示，设定的通信格式：D8400=（0000 0000 0110 1111）$_2$=H006F（通过通信参数设定的情况下不需要）。

表 10-15　　　　　　　　　　　D8400 通信格式

D8400 位编号	名　称	内　容
b0=1	数据长度	8 位
b2、b1=11	奇偶校验	偶校验
b3=1	停止位	2 位
b7、b6、b5、b4=0110	波特率	2400bit/s
b8=0	报头	无
b9=0	报尾	无
b12、b11、b10=000	控制线（H/W）	普通/RS-232C，有控制线
b14=0	通信方式（协议）	无协议
b15=0	控制顺序（CR, LF）	不使用 CR，LF（协议格式 1）

如图 10-23 所示，PLC 和打印机上电后，将 PLC 设置为 RUN，将打印机设置为在线模式。设定 PLC 一侧的通信格式 D8400=H006F。

将 X0=1，驱动 RS2 指令。此时，发送数据为 D10～D15 之间的 6 点。

将 X1=1 后，D10～D20 的数据被发送给打印机。

在这个例子中使用 ASCII 码（发送结束标志位会自动被复位）。

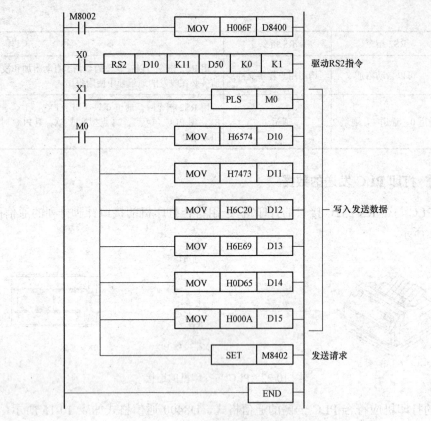

图 10-23　PLC 与打印机通信梯形图

10.9　PID 运算指令（PID）

1. 指令格式

PID 运算指令格式如图 10-24 所示。

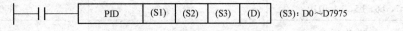

图 10-24　PID 运算指令格式

PID 运算指令 FNC88-PID（PID）可使用软元件范围，如表 10-16 所示。

表 10-16　　　　　　　　PID 运算指令的可使用软元件范围

元件名称	位 元 件				字 元 件									常　数			指针
	X	Y	M	S	D□.b	KnX	KnY	KnM	KnS	T	C	D	R	U□\G□	V、Z	K	H	E	"□"	P
S1												○	○	○						
S2												○	○	○						
S3												○	○							
D												○	○	○						

2. 指令说明

PID 运算指令 PID 可进行 PID 回路控制的 PID 运算程序。在达到采样时间后的扫描时进行 PID 运算，如图 10-25 所示。

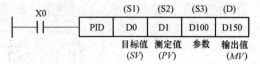

图 10-25 PID 运算指令（PID）说明

（1）(S1)：D0 用于设定目标值（SV）。

（2）(S2)：D1 用于设定测定现在值（PV）。

（3）(S3)：D100~D124 共占用 25 个数据寄存器，其中 D100~D106 用于设定控制参数。

（4）(D)：D150 用于执行程序时，存入运算输出结果（MV）。

对于（D）最好使用非电池保持的数据寄存器，若使用 D200 以上的电池保持寄存器，在 PLC 运行时，必须用程序清除所保持的内容。

3. 参数设定

（1）控制参数的设定。控制用参数设定值需在 PID 运算开始前，通过 MOV 指令预先写入。若使用停电保持型数据寄存器，应在 PLC 断电后设定值保持，就不需要再重复地写入处理了。

控制参数（S3）的 25 个数据寄存器 D100~D124 的名称、参数设定内容如下。

1）D100：采样时间（T_s），设定范围为 1~32767ms（若设定值比扫描周期短，则无法执行）。

2）D101：动作方向（ACT）bit0=0 正向动作，bit0=1 反向动作；bit1=0 无输入变化量报警，bit1=1 输入变化量报警有效；bit2=0 无输出变化量报警，bit2=1 输出变化量报警有效；bit3 不可使用；bit4=0 不执行自动调节，bit4=1 执行自动调节；bit5=0 不设定输出值上下限，bit5=1 输出上下限设定有效；bit6~bit15 不可使用。另外，bit2 和 bit5 不能同时为 1。

3）D102：输入滤波常数（α）。设定范围为 0~99%，0 时无输入滤波。

4）D103：比例增益（K_p）。设定范围为 1%~32767%。

5）D104：积分时间（T_I）。设定范围为 0~32767（×100ms），0 时作为∞处理（无积分）。

6）D105：微分增益（K_D）。设定范围为 0~100%，0 时无积分增益。

7）D106：微分时间（T_n）。设定范围为 0~32767（×100ms），0 时无微分处理。

8）D107~D119：PID 运算的内部处理占用。

9）D120：输入变化量（增量方向）报警设定值，0~32767（D101 的 bit1=1 时有效）。

10）D121：输入变化量（减量方向）报警设定值，0~32767（D101 的 bit1=1 时有效）。

11）D122：输出变化量（增量方向）报警设定值，0~32767（D101 的 bit2=1，bit5=0 时有效）。另外，输出上下限设定值，−32768~32767（D101 的 bit2=1，bit5=1 时有效）。

12）D123：输出变化量（减量方向）报警设定值，0~32767（D101 的 bit2=1，bit5=0 时有效）。另外，输出上下限设定值，−32768~32767（D101 的 bit2=1，bit5=1 时有效）。

13）D124：报警输出。bit0=1，输入变化量（增量方向）溢出报警；bit1=1，输入变化量（减量方向）溢出报警；bit2=1，输出变化量（增量方向）溢出报警；bit3=1，输出变化量（减量方向）溢出报警；注意，D101 的 bit1=1 或 bit2=1 时溢出报警有效。

（2）控制参数说明。PID 指令可以同时多次执行（循环次数无限制），但要注意，用于运算的（S3）或（D）软元件号码不得重复。

PID 指令在定时器中断、子程序、步进梯形图、跳转指令中也可使用，但需在执行 PID 指令前清除（S3）+7 单元后再使用，如图 10-26 所示。

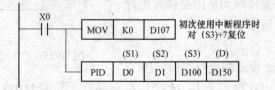

图 10-26　执行 PID 指令前对（S3）+7 复位的梯形图

采样时间 T_s 的最大误差为：$-(1$ 个扫描周期$+1ms) \sim +(1$ 个扫描周期$)$，当采样时间 T_s 较小时，要用恒定扫描模式或在定时器中断程序中编程。

如果采样时间 T_s 小于等于 1 个扫描周期，则会发生下述运算错误（错误代码为 K6740），并以 T_s 等于 1 个扫描周期执行 PID 运算，在此种情况下，建议最好在定时器中断（I6□□～I8□□）中使用 PID 指令。

1）输入滤波常数具有使测定值平滑变化的效果。

2）微分增益具有缓和输出值剧烈变化的效果。

（3）输入/输出变化量报警设定。使（S3）+1（ACT）的 bit1=1、bit2=1 时，用户可任意检测输入/输出变化量的检测。检测按（S3）+20～（S3）+23 的值进行。超出设定的输入/输出变化值时，作为报警标志（S3）+24 的各位在其 PID 指令执行后立即为 ON，如图 10-27 所示。

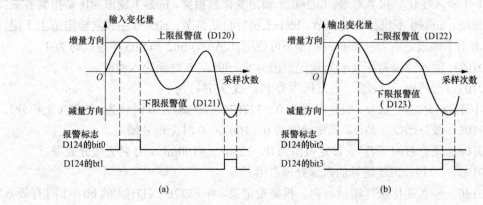

图 10-27　输入/输出变化量设置与报警

(a) 输入变化量（D101 的 bit1=1）；(b) 输出变化量（D101 的 bit2=1）

所谓变化量：上次的值−本次的值=变化量。

（4）PID 的 3 个常数 K_p、T_I 和 T_n 的求法。为了执行 PID 得到良好的控制效果，必须求得适合于控制对象的 3 个常数（比例增益 K_p、积分时间 T_I、微分时间 T_n）的最佳值。工程上常采用阶跃响应法求出这 3 个常数。

阶跃响应法是使控制系统产生 0～100%（也可以是 0～70%或 0～50%）的阶跃输出，测量输入值变化对输出的动作特性参数无用时间 L 和最大斜率 K 来换算出 PID 的 3 个常数，如图 10-28 所示。

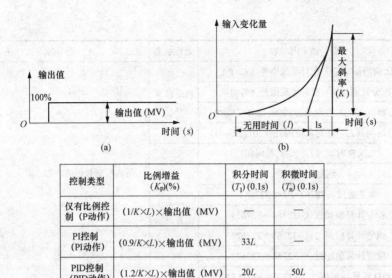

图 10-28 输入/输出动作特性和 PID 常数

(a) 输入特性；(b) 输出特性；(c) PID 常数

4. 自动调节功能

使用自动调节功能可以得到最佳的 PID 控制，用阶跃响应法自动设定重要常数，如动作方向 [(S3)+1] 的 bit0、比例增益 [(S3)+3]、积分时间 [(S3)+4]、微分时间 [(S3)+6]。

自动调节方法如下：

(1) 传送自动调节用的（采样时间）输出值至（D）中。这个自动调节用的输出值应根据输出设备在输出可能最大值的 50%～100% 范围内选用。

(2) 设定自动调节的采样时间、输入滤波、微分增益以及目标值等。为了正确执行自动调节，目标值的设定应保证自动调节开始时的测定位与目标值之差要大于 150 以上。若不能满足，则可以先设定自动调节目标值，待自动调节完成后，再次设定目标值。

自动调节时的采样时间必须大于 1s 以上，并且要远大于输出变化的周期时间。

(3) 设 D101 的 bit4=1，则自动调节开始。自动调节开始时的测定值达到目标值的变化量变化在 1/3 以上时自动调节结束，bit4 自动为 0。

注意：自动调节应在系统处于稳态时进行，否则不能正确进行自动调节。

5. 错误代码

控制参数的设定值或 PID 运算中的数据发生时，运算错误标志 M8067=1。D8067 中存有以下错误代码，如表 10-17 所示。

表 10-17　　　　　　　　　　D8067 中的错误代码

错误代码	错误内容	处理状态	处理方法
K6705	应用指令的操作数在软元件范围外	PID 命令运算停止	确认控制数据的内容
K6706	应用指令的操作数在软元件范围外		
K6730	采样时间 (T_s) 在软元件范围外 ($T_s<0$)		
K6732	输入滤波常数 (α) 在对象范围外 ($100 \leqslant \alpha < 0$)		

续表

错误代码	错误内容	处理状态	处理方法
K6733	比例增益（K_P）在对象范围外（$K_P<0$）	PID 命令运算停止	确认控制数据的内容
K6734	积分时间（T_I）在对象范围外（$T_I<0$）		
K6735	微分增益（K_D）在对象范围外（$201≤K_D<0$）		
K6736	微分时间（T_D）在对象范围外（$201≤K_D<0$）		
K6740	采样时间（T_S）≤扫描周期	PID 命令运算继续	
K6742	测定值变化量		
K6743	偏差超过（$32767<PV<-32768$）		
K6744	积分计算值超过（$-32768～32767$）		
K6745	微分计算值超过（$-32768～32767$）		
K6746	微分计算值超过（$-32768～32767$）		
K6747	PID 运算结果超过（$-32768～32767$）		
K6750	自动调整结果不良	自动调整结束	自动调整开始时的测定值和目标值的差为 150 以下或自动调整开始时的测定值和目标值的差的 1/3 以上，则结束确认测定值、目标值后再次进行自动调整
K6751	自动调整动作方向不一致	自动调整继续	从自动调整开始时的测定值预测的动作方向和自动调整用输出时实际动作方向不一致。应使目标值自动调整用输出值和测定值的关系正确后再进行自动调整
K6752	自动调整动作不良	自动调整结束	自动调整中测定值因上下变化不能正确动作。应使采样时间远大于输出的变化周期，增大输入滤波常数。设定变更后再进行自动调整

注意：PID 运算实行前必须将正确的测定值读入 PID 测定值（PV）中，尤其是在 PID 对模拟输入模块 FX_{2N}-4AD 的输入值进行运算时，请注意其转换时间。

6. PID 基本运算公式

（1）正向动作。

$$\Delta MV = K_P \left[(EV_n - EV_{n-1}) + \frac{T_S}{T_I} EV_n + D_n \right]$$

$$EV_n = PV_{nf} - SV$$

$$D_n = \frac{T_D}{T_S + \alpha_D T_n}(-2PV_{nf-1} + PV_{nf} + PV_{nf-2}) + \frac{\alpha_D T_n}{T_S + \alpha_D T_n} D_{n-1}$$

$$MV_n = \sum \Delta MN$$

（2）反向动作。

$$\Delta MV = K_P \left[(EV_n - EV_{n-1}) + \frac{T_S}{T_I} EV_n + D_n \right]$$

$$EV_n = SV - PV_{nf}$$

$$D_n = \frac{T_n}{T_S + \alpha_D T_n}(2PV_{nf-1} - PV_{nf} + PV_{nf-2}) + \frac{\alpha_D T_n}{T_S + \alpha_D T_n} D_{n-1}$$

$$MV_n = \sum \Delta MN$$

式中，EV_n 为本次采样时的偏差；EV_{n-1} 为上次采样时的偏差；SV 为设定目标值；PV_{nf} 为本次采样时的过程值（滤波后）；PV_{nf-1} 为上一个前的过程值（滤波后）；PV_{nf-2} 为上两个采样时周期前的过程值（滤波后）；ΔMV 为输出变化量；MV_n 为本次输出控制值；D_n 为本次的微分项；D_n 为上一个采样时周期前的微分项；K_p 为比例系数；T_S 为采样周期；T_I 为积分时间常数；T_n 为微分时间常数；α_D 为微分系数；PV_{nf} 是根据读入的当前过程值，由运算式 $PV_{nf}=PV_n+\alpha(PV_{nf-1}-PV_n)$ 求得的值，其中 PV_n 为本次采样时的测定值，α 为滤波系数，PV_{nf-1} 为上一个周期前的测定值（滤波后）。

例 92 温度闭环控制系统

如图 10-29 所示，用 FX_{3U}-32MR/ES 基本单元和 FX_{2N}-16EYT 晶体管输出扩展单元驱动电加热器给温度箱加温，由热电偶检测温度箱温度的模拟信号经模拟输入模块 FX_{2N}-4AD-TC 进行模数转换，PLC 执行程序，调节温度箱温度保持在 50℃。

图 10-29 中模拟输入模块 FX_{2N}-4AD-TC 与扩展单元连接，编号为 0，它有 4 个通道，程序中选用通道 2 作为对热电偶检测输出的模拟电压采样，其他通道不使用，因此，模拟输入模块 FX_{2N}-4AD-TC 的 BFM#0 中设定值应为 H3303（3303 从最低位到最高位数字分别表示通道 1 至通道 4 设定方式，每位数字可由 0～3 表示，0 表示通道 2 设定输入电压范围为−10V～+10V，3 表示该通道不使用）。

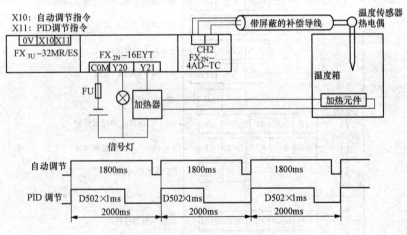

图 10-29 温度箱加温闭环控制系统

如表 10-18 所示为自动调节和 PID 控制的参数设定。由控制参数设定内容可知，设定目标值为 500（即温度保持在 500×0.1℃/单位变化量=50℃），要求输入输出变化量报警有效，有输出上下限设定，自动调节+PID 控制。

表 10-18　　　　　　　　　　温度箱加温闭环控制系统参数设定

项目 参数	设定内容	软元件		自动调节	PID 控制
目标值	温度	(S1)	D500	500（50℃）	500（50℃）
参数设定	采样时间（T_s）	(S3)	D510	3000（ms）	500（ms）
	输入滤波常数（α）	(S3)+2	D512	70%	70%

续表

项目 参数	设定内容	软元件		自动调节	PID 控制
参数设定	微分增益（K_D）	(S3)+5	D515	0%	0%
	输出值上限	(S3)+22	D532	2000（ms）	2000（ms）
	输出值下限	(S3)+23	D533	0	0
动作方向 (ACT)	输入变化量报警	(S3)+1	D511 bit1	无	无
	输出变化量报警		D511 bit2	无	无
	输出值上下限设定		D511 bit5	有	有
输出值	—	(D)	Y21	1800（ms）	根据运算

如图 10-30 所示为自动调节控制梯形图。

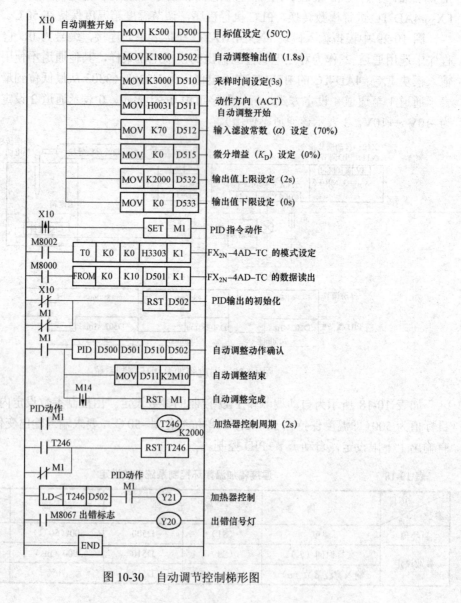

图 10-30　自动调节控制梯形图

如图 10-31 所示为自动调节和 PID 控制梯形图。在程序中，X10=1、X11=0 时，先执行自动调节，然后进行 PID 控制（实际为 PI 控制）；若 X10=0、X11=1，仅执行 PID 控制。

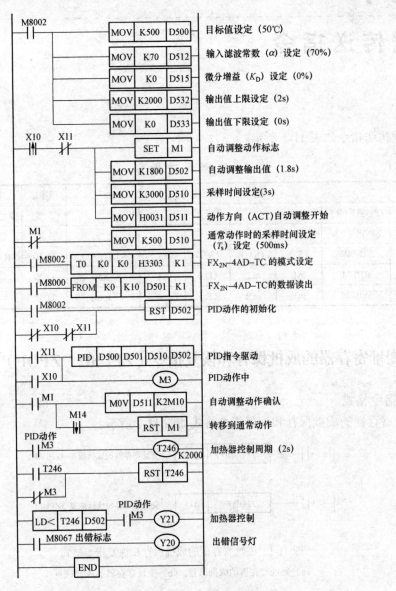

图 10-31　自动调节和 PID 控制梯形图

第 11 章

数据传送指令

数据传送指令如表 11-1 所示。

表 11-1　　数据传送指令

功能号	指令格式					程序步	指令功能
FNC102	ZPUSH（P）	(D)				3 步	变址寄存器的成批保存
FNC103	ZPOP（P）	(D)				3 步	变址寄存器的恢复
FNC276	ADPRW	(S.)	(S1.)	(S2.)	(S3.)	(S3.)/(D.)	11 步	MODBUS 读出·写入
FNC278	RBFM	m1	m2	(D.)	n1	n2	11 步	BFM 分割读出
FNC279	WBFM	m1	m2	(S.)	n1	n2	11 步	BFM 分割写入

11.1　变址寄存器的成批保存和恢复指令（ZPUSH、ZPOP）

1. 指令格式

变址寄存器的成批保存和恢复指令格式如图 11-1 所示。

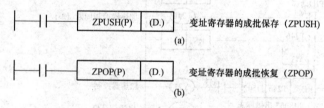

图 11-1　变址寄存器的成批保存和恢复指令格式
(a) 变址寄存器的成批保存；(b) 变址寄存器的成批恢复

变址寄存器的成批保存指令 FNC102-ZPUSH（INDEX REGISTER PUSH）、变址寄存器的成批恢复指令 FNC103-ZPOP（INDEX REGISTER POP）可使用软元件范围，如表 11-2 所示。

表 11-2　　变址寄存器的成批保存和恢复指令的可使用软元件范围

元件名称	位元件				字元件									常数			指针
	X	Y	M	S	D□.b	KnX	KnY	KnM	KnS	T	C	D	R	U□\G□	V、Z	K	H	E	"□"	P
D.												①○	○							

①特殊数据寄存器（D）除外。

2. 指令说明

ZPUSH（FNC102）指令用于暂时保存变址寄存器 V0~V7、Z0~Z7 的当前值。

ZPOP（FNC103）指令用于返回暂时保存的当前值。

如图 11-2 所示：ZPUSH 和 ZPOP 指令通常成对使用。

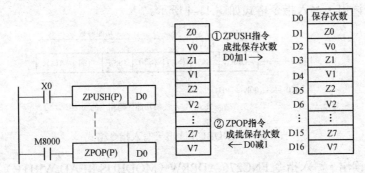

图 11-2　ZPUSH、ZPOP 指令使用说明

（1）当 X0=1 时，执行 ZPUSH 指令，将变址寄存器 V0~V7、Z0~Z7 的当前值保存在 D1~D16 中，D0 加 1，为保存次数。

（2）执行变址寄存器的成批恢复指令 ZPOP，再把 Z0~Z7 的值恢复到原来的状态，同时 D0 中的保存次数减 1。

ZPUSH~ZPOP 指令可以嵌套使用。此时，每次执行 ZPUSH（FNC 102）指令时，(D.) 开始使用的区域会每次增加 16 点。因此，请事先确保嵌套中使用的次数的区域。

例 93　**变址寄存器的成批保存和恢复**

如图 11-3 所示，PLC 初次运行，初始化脉冲 M8002 先将 D0 复位，由 X5 调整改变 V0 的值。当 X0=1 时，调用子程序，调用子程序之前先执行 ZPUSH 指令将变址寄存器 V0~V7、Z0~Z7 的当前值保存在 D1~D16 中，D0 加 1，D0 为保存次数。

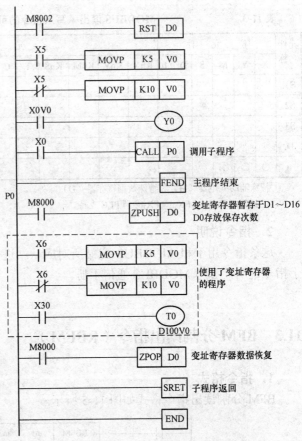

图 11-3　ZPUSH、ZPOP 指令使用说明

在子程序中，由 X6 来调整改变 V0 的值。

子程序结束，执行变址寄存器的成批恢复指令 ZPOP，再把 Z0~Z7 的值恢复到原来的状态，同时 D0 中的保存次数减 1。

11.2 MODBUS 读出·写入指令（ADPRW）

1. 指令格式

MODBUS 读出·写入指令格式如图 11-4 所示。

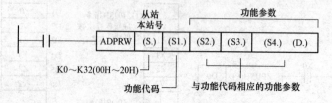

图 11-4　MODBUS 读出·写入指令格式

MODBUS 读出·写入指令 FNC276-ADPRW（MODBUS READ/WRITE）可使用软元件范围，如表 11-3 所示。

表 11-3　　　　MODBUS 读出·写入指令的可使用软元件范围

元件名称	位元件				字元件									常数			指针
	X	Y	M	S	D□.b	KnX	KnY	KnM	KnS	T	C	D	R	U□\G□	V、Z	K	H	E	"□"	P
S1.													①	②		○	○			
S2.													①	②		○	○			
S3.													①	②		○	○			
D.													①	②		○	○			
n	○	○	①	○									①	②		○	○			

①特殊辅助继电器（M）和特殊数据寄存器（D）除外。
②仅 FX$_{3G}$、FX$_{3GC}$、FX$_{3U}$、FX$_{3UC}$ 型 PLC 支持。

2. 指令说明

这条指令用于和 MODBUS 主站所对应从站进行通信（数据的读出/写入）的指令。关于指令说明，参考 MODBUS 通信手册。

11.3 BFM 分割读出指令（RBFM）

1. 指令格式

BFM 分割读出指令格式如图 11-5 所示。

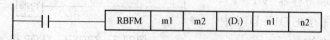

图 11-5　BFM 分割读出指令格式

BFM 分割读出指令 FNC278-RBFM（READ BUFFER MEMOR）可使用软元件范围，如表 11-4 所示。

表 11-4　　　　　　　BFM 分割读出指令的可使用软元件范围

元件名称	位元件				字元件									常 数			指针
	X	Y	M	S	D□.b	KnX	KnY	KnM	KnS	T	C	D	R	U□\G□	V、Z	K	H	E	"□"	P
m1												○	○			○	○			
m2												○	○			○	○			
D.												①	○							
n1												○	○			○	○			
n2												○	○			○	○			

①特殊数据寄存器（D）除外。

2．指令说明

RBFM 指令可分几个运算周期，从特殊功能单元/模块中连续的缓冲存储区（BFM）读取数据的指令。可以将保存在通信用特殊功能单元/模块的 BFM 中的接收数据等分割后读出，因此非常方便。此外，作为读取缓冲存储区（BFM）数据的指令还有 FROM（FNC 78）指令。

如图 11-6 所示，当 X1=1 时，M5 置位，执行 RBFM 指令，从 No.2 单元号的特殊功能单元/模块的缓冲存储区（BFM）的 BFM#2001 开始到#2080 共 80 点，按每个扫描周期 16 点（共用 5 个扫描周期），传送（读出）到 PLC 从 D200～D279 的软元件中。传送结束后，M8029=1，M5 复位。

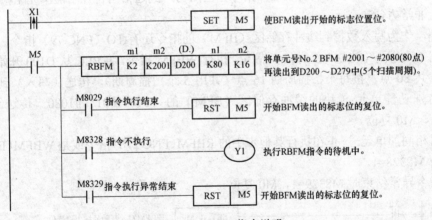

图 11-6　RBFM 指令说明

针对相同的单元号，正在执行其他步中的 RBFM（FNC 278）指令或是 WBFM（FNC 279）指令时为 M8328=1。

当指令异常结束时 M8329=1，M5 复位。

11.4　BFM 分割写入指令（WBFM）

1．指令格式

BFM 分割写入指令格式如图 11-7 所示。

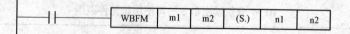

图 11-7 BFM 分割写入指令格式

BFM 分割写入指令 FNC279-WBFM（WRITE BUFFER MEMOR Y）可使用软元件范围，如表 11-5 所示。

表 11-5　　　　　　　BFM 分割写入指令的可使用软元件范围

元件名称	位元件				字元件									常数			指针
	X	Y	M	S	D□.b	KnX	KnY	KnM	KnS	T	C	D	R	U□\G□	V、Z	K	H	E	"□"	P
m1												○	○			○	○	○		
m2												○	○			○	○	○		
S.												①	○							
n1												○	○			○	○	○		
n2												○	○			○	○	○		

①特殊数据寄存器（D）除外。

2. 指令说明

WBFM 指令分几个运算周期，将数据写入到特殊功能单元/模块中连续的缓冲存储区（BFM）中的指令。由于可以将发送数据等分割后写入到通信用特殊功能单元/模块的 BFM 中，因此非常方便。

此外，作为写入数据到缓冲存储区（BFM）的指令还有 TO（FNC 79）指令。

如图 11-8 所示，当 X0=1 时，M0 置位，执行 WBFM 指令，将 PLC 从 D100 开始到 D179 的软元件共 80 点，按每个扫描周期 16 点（共用 5 个扫描周期），传送（写入）到 No.2 单元号的特殊功能单元/模块的缓冲存储区（BFM）的 BFM#1001～#1080。传送结束后，M8029=1，M0 复位。

针对相同的单元号，正在执行其他步中的 RBFM（FNC 278）指令或是 WBFM（FNC 279）指令时为 M8328=1。

当指令异常结束时 M8329=1，M0 复位。

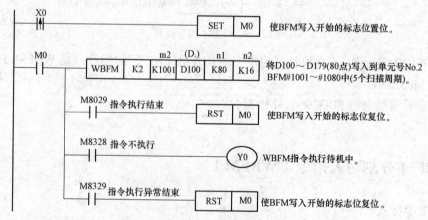

图 11-8 WBFM 指令说明

第 12 章

二进制浮点数指令

二进制浮点数指令如表 12-1 所示，在程序中，二进制浮点数指令主要用于二进制浮点数的比较、转换、传送、加、减、乘、除、开方以及三角函数运算等。除了 INT（FNC129）指令之外，其他二进制浮点数指令只能用 32 位指令。

表 12-1　　　　　　　　二进制浮点数指令

功能号	指　令　格　式				程序步	指　令　功　能
FNC110	D ECMP（P）	(S1.)	(S2.)	(D.)	13 步	二进制浮点比较
FNC111	D EZCP（P）	(S1.)	(S2.)	(S.)	(D.)	17 步	二进制浮点区域比较
FNC112	D EMOV（P）	(S.)	(D.)		9 步	二进制浮点数数据传送
FNC116	D ESTR（P）	(S1.)	(S2.)	(D.)	13 步	二进制浮点数→字符串
FNC117	D EVAL（P）	(S.)	(D.)		9 步	字符串→二进制浮点数
FNC118	D EBCD（P）	(S.)	(D.)		9 步	二转十进制浮点数
FNC119	D EBIN（P）	(S.)	(D.)		9 步	十转二进制浮点数
FNC120	D EADD（P）	(S1.)	(S2.)	(D.)	13 步	二进制浮点数加法
FNC121	D ESUB（P）	(S1.)	(S2.)	(D.)	13 步	二进制浮点数减法
FNC122	D EMUL（P）	(S1.)	(S2.)	(D.)	13 步	二进制浮点数乘法
FNC123	D EDIV（P）	(S1.)	(S2.)	(D.)	13 步	二进制浮点数除法
FNC124	D EXP（P）	(S.)	(D.)		9 步	二进制浮点数指数
FNC125	D LOGE（P）	(S.)	(D.)		9 步	二进制浮点数自然对数
FNC126	D LOG10（P）	(S.)	(D.)		9 步	二进制浮点数常用对数
FNC127	D ESQR（P）	(S.)	(D.)		9 步	二进制浮点数开方
FNC128	DENEG（P）	(D.)			9 步	二进制浮点数符号翻转
FNC129	(D) INT（P）	(S.)	(D.)		5/9 步	二进制浮点数转整数
FNC130	D SIN（P）	(S.)	(D.)		9 步	浮点数 sin 运算
FNC131	D COS（P）	(S.)	(D.)		9 步	浮点数 cos 运算
FNC132	D TAN（P）	(S.)	(D.)		9 步	浮点数 tan 运算
FNC133	D ASIN（P）	(S.)	(D.)		9 步	二进制浮点数 $\sin^{-1}$
FNC134	D ACOS（P）	(S.)	(D.)		9 步	二进制浮点数 $\cos^{-1}$
FNC135	D ATAN（P）	(S.)	(D.)		9 步	二进制浮点数 $\tan^{-1}$ 运算
FNC136	D RAD（P）	(S.)	(D.)		9 步	二进制浮点数角度→弧度
FNC137	D DEG（P）	(S.)	(D.)		9 步	弧度→二进制浮点数角度

12.1 二进制浮点比较指令（ECMP）

1. 指令格式

二进制浮点比较指令格式如图 12-1 所示。

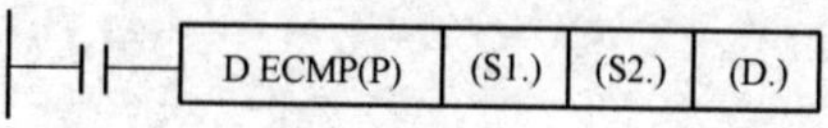

二进制浮点比较指令 FNC110-ECMP（EXTENDED COMPAR E）可使用软元件范围，如表 12-2 所示。

图 12-1 二进制浮点比较指令格式

表 12-2 二进制浮点比较指令的可使用软元件范围

元件名称	位元件				字元件									常数			指针
	X	Y	M	S	D□.b	KnX	KnY	KnM	KnS	T	C	D	R	U□\G□	V、Z	K	H	E	"□"	P
S1.												○	②	③		○	○	○		
S2.												○	②	③		○	○	○		
D.		○	○	○	①															

①D□.b 仅支持 FX₃ᵤ、FX₃ᵤc 型 PLC，但是，不能进行变址修饰（V、Z）。
②仅 FX₃G、FX₃Gc、FX₃ᵤ、FX₃ᵤc 型 PLC 支持。
③仅 FX₃ᵤ、FX₃ᵤc 型 PLC 支持。

2. 指令说明

二进制浮点比较指令（ECMP）和比较指令（CMP）基本相同，都是将两个源数据（S1.）、（S2.）的数值进行比较，比较结果由 3 个连续的继电器来表示。不同的是 ECMP 指令是两个二进制浮点数的比较，如图 12-2 所示。当 X0=1 时，执行 ECMP 指令，将浮点数（D11，D10）和（D21，D20）比较，若（D11，D10）>（D21，D20），则 M0=1；若（D11，D10）=（D21，D20），则 M1=1；若（D11，D10）<（D21，D20），则 M2=1。当 X0=0 时，不执行 ECMP 指令，但 M0、M1、M2 保持不变。若要将比较结果复位，可用 ZRST 指令将 M0、M1、M2 置 0。

当源数据（S1.）、（S2.）为常数 K、H 时，将自动转换成二进制浮点数。

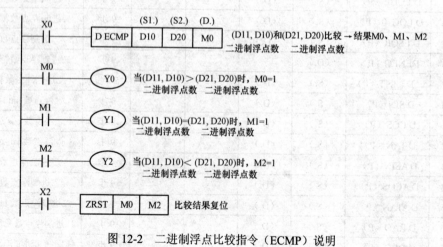

图 12-2 二进制浮点比较指令（ECMP）说明

12.2 二进制浮点区域比较指令（EZCP）

1. 指令格式

二进制浮点区域比较指令格式如图 12-3 所示。

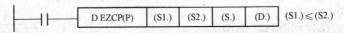

图 12-3 二进制浮点区域比较指令格式

二进制浮点区域比较指令 FNC111-EZCP（EXTENDED ZONE COMPARE）可使用软元件范围，如表 12-3 所示。

表 12-3 二进制浮点区域比较指令的可使用软元件范围

元件名称	位元件				字元件									常数			指针
	X	Y	M	S	D□.b	KnX	KnY	KnM	KnS	T	C	D	R	U□\G□	V、Z	K	H	E	"□"	P
S1.												○	○	○		○	○	○		
S2.												○	○	○		○	○	○		
S3.												○	○	○		○	○	○		
D.		○	○	○	①															

①D□.b 不能变址。

2. 指令说明

二进制浮点区域比较指令（EZCP）和区间比较指令（ZCP）基本相同，都是将一个源数据（S.）和两个源数据（S1.）、（S2.）的数值进行比较，其中源数据（S1.）不得大于（S2.）的数值，比较结果由 3 个连续的继电器来表示。不同的是 EZCP 指令是 3 个二进制浮点数的比较，并且只限于 32 位指令。

如图 12-4 所示，当 X0=1 时，将（D1, D0）与（D21, D20）和（D31, D30）进行比较，若（D21, D20）>（D1, D0），则 Y0=1；若（D21, D20）≤（D1, D0）≤（D31, D30），则 Y1=1；若（D1, D0）>（D31, D30），则 Y2=1。当 X0=0 时，不执行 EZCP 指令，但 Y0、Y1、Y2 保持不变。若要将比较结果复位，可用 ZRST 指令将 Y0、Y1、Y2 置 0。

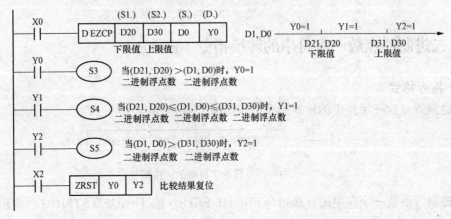

图 12-4 二进制浮点区域比较指令（EZCP）说明

当源数据（S1.）、（S2.）为常数K、H时，将自动转换成二进制浮点数。

12.3 二进制浮点数传送指令（EMOV）

1．指令格式

二进制浮点数传送指令格式如图12-5所示。

D EMOV(P)
(S.)
(D.)

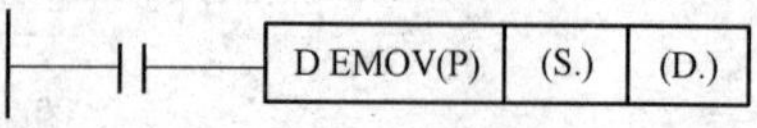

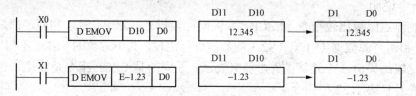

图12-5 二进制浮点数传送指令格式

二进制浮点数传送指令FNC112-EMOV（EXTENDED MOVE）可使用软元件范围，如表12-4所示。

表12-4 二进制浮点数传送指令的可使用软元件范围

元件名称	位元件					字元件										常数				指针
	X	Y	M	S	D□.b	KnX	KnY	KnM	KnS	T	C	D	R	U□\G□	V、Z	K	H	E	“□”	P
S.												○	○	○				○		
D.												○	○	○						

2．指令说明

二进制浮点数传送指令EMOV是将（S.）中的32位二进制浮点数数据传送到（D.）中。此外，还可以在（S.）中直接指定实数（E）。

EMOV指令使用说明如图12-6所示。

X0
D EMOV
D10
D0
D11
D10
12.345
D1
D0
12.345
X1
D EMOV
E–1.23
D0
D11
D10
–1.23
D1
D0
–1.23

图12-6 EMOV指令使用说明

（1）当X0=1时，将D11、D10中的实数12.345保存到D1、D0中。

（2）当X1=1时，直接将实数–1.23保存到D1、D0中。

12.4 二进制浮点数→字符串的转换指令（ESTR）

1．指令格式

二进制浮点数→字符串的转换指令格式如图12-7所示。

D ESTR(P)
(S1.)
(S2.)
(D.)

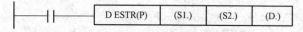

图12-7 二进制浮点数→字符串的转换指令格式

二进制浮点数→字符串的转换指令FNC116-ESTR（EXTENDED STRING）可使用软元件范围，如表12-5所示。

表 12-5　二进制浮点数→字符串的转换指令的可使用软元件范围

元件名称	位元件				字元件								常数			指针
	X	Y	M	S	D□.b	KnX	KnY	KnM	KnS	T	C	D	R	U□\G□	V、Z	K	H	E	"□"	P
S1.												○	○	○				○		
S2.						○	○	○	○	○	○	○	○	○						
D.							○	○	○	○	○	○	○	○						

2．指令说明

ESTR 指令根据（S2.）、（S2.）+1、（S2.）+2 中指定的格式，将（S1.）、（S1.）+1 中的内容（二进制浮点数数据）转换成字符串（ASCII 码）保存至（D.）开始的软元件中。此外，还可以在（S1.）中直接指定实数。

（S2）、（S2）+1、（S2）+2 指定的格式如下。

（S2）：0 为小数点形式，1 为指数形式。

（S2）+1：所有位数（可以在 2～24 之间设定）。

（S2）+2：小数部分位数（位数为 0～7 位数）。

注意：小数部分位数≤（所有位数–3）。

（1）小数点形式时。

（S1）→为 D0，如 D1、D0 中存放的数为–1023456。

（S2）→为 D10、D11、D12，如 D10=0，表示为小数点形式；D11=8，表示所有位数为 8 位；D12=3，表示小数位数为 3 位。

如图 12-8 所示，当 X0=1 时，执行 D ESTRP 指令，将 D1、D0 中存放的数–1.23456，变成 8 位格式–1.235 以 ASCII 码的形式存放到 D20～D23 中。

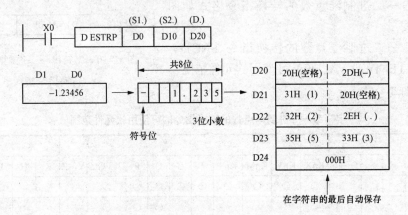

图 12-8　小数点形式 ESTR 指令说明

字符中，二进制浮点数数据为正时保存"20H"（空格），为负时保存"2DH"（–）。

如小数部分位数的范围中不能容纳二进制浮点数数据的小数部分时，小数低位部分被四舍五入。

（2）指数形式。

（S1）→为 D0，如 D1、D0 中存放的数为 0.0327457。

(S2)→为 D10、D11、D12,如 D10=1,表示为指数形式;D11=12,表示所有位数为 12 位;D12=4,表示小数位数为 4 位。

当 X0=1 时,执行 D ESTRP 指令,将 D1、D0 中存放的数为 0.0327457,变成 12 位格式 3.2746E−02 以 ASCII 码的形式存放到 D20~D26 中,如图 12-9 所示。

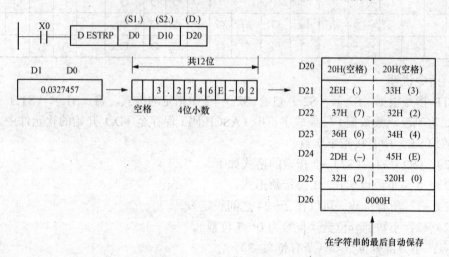

图 12-9 指数形式 ESTR 指令说明

12.5 字符串→二进制浮点数的转换指令（EVAL）

1. 指令格式

字符串→二进制浮点数的转换指令格式如图 12-10 所示。

字符串→二进制浮点数的转换指令 FNC117-EVAL（EXTENDED VALUE）可使用软元件范围,如表 12-6 所示。

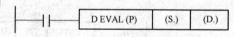

图 12-10 字符串→二进制浮点数的转换指令格式

表 12-6　　字符串→二进制浮点数的转换指令的可使用软元件范围

元件名称	位 元 件				字 元 件									常 数		指针
	X	Y	M	S	D□.b	KnX	KnY	KnM	KnS	T	C	D	R	U□\G□	V、Z	K	H	E	"□"	P
S.						○	○	○	○	○	○	○	○						○	
D.												○	○	○						

2. 指令说明

EVAL 是将（S.）开始的软元件中保存的字符串转换成二进制浮点数数据后,保存到（D.）+1、（D.）中。

（1）小数点形式时。

如图 12-11 所示,当 X0=1 时,执行 D EVALP 指令,将 D20~D23 中存放的 ASCII 码变成−1.235 以小数点形式的形式存放到 D101、D100 中。

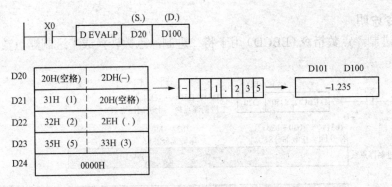

图 12-11 小数点形式 EVAL 指令说明

（2）指数形式时。

如图 12-12 所示，当 X0=1 时，执行 D EVALP 指令，将 D20~D26 中存放的（□□3.2746E-02）ASCII 码变成二进制浮点数 0.0327457，存放到 D101~D100 中。

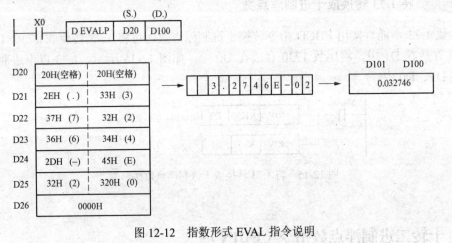

图 12-12 指数形式 EVAL 指令说明

12.6 二转十进制浮点数指令（EBCD）

1．指令格式

二转十进制浮点数指令格式如图 12-13 所示。

二转十进制浮点数指令 FNC118-EBCD（EXTENDED BINARY CODE TO DECIMAL）可使用软元件范围，如表 12-7 所示。

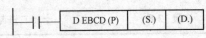

图 12-13 二转十进制浮点数指令格式

表 12-7　　　　　　二转十进制浮点数指令的可使用软元件范围

元件名称	位元件				字元件									常数			指针
	X	Y	M	S	D□.b	KnX	KnY	KnM	KnS	T	C	D	R	U□\G□	V、Z	K	H	E	"□"	P
S.												○	○	○						
D.												○	○	○						

2. 指令说明

二转十进制浮点数指令（EBCD）用于将二进制浮点数转换成十进制浮点数，如图 12-14 所示。

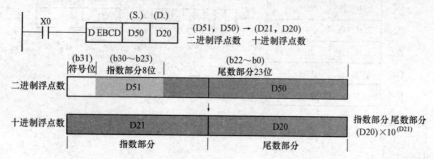

图 12-14　二转十进制浮点数指令（EBCD）说明

例 94　将 1.73 转换成十进制浮点数

常数 1.73 不能直接用 EBCD 指令转换十进制浮点数，可将 1.73 转换成 1730×10^{-3}，将指数 -3 存放在 D1 中，将尾数 1730 存放在 D0 中，如图 12-15 所示。1.73 以十进制浮点数存放在 D1、D0 中。

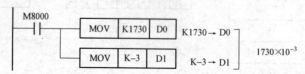

图 12-15　将 1.73 转换成十进制浮点数梯形图

12.7　十转二进制浮点数指令（EBIN）

1. 指令格式

十转二进制浮点数指令格式如图 12-16 所示。

十转二进制浮点数指令 FNC119-EBIN（EXTENDED BINARY）可使用软元件范围，如表 12-8 所示。

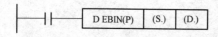

图 12-16　十转二进制浮点数指令格式

表 12-8　　十转二进制浮点数指令的可使用软元件范围

元件名称	位 元 件				字 元 件								常 数			指针
	X	Y	M	S	D□.b	KnX	KnY	KnM	KnS	T	C	D	R	U□\G□	V、Z	K	H	E	"□"	P
S.												○	○	○				○		
D.												○	○	○						

2. 指令说明

十转二进制浮点数指令 EBIN 用于将十进制浮点数转换成二进制浮点数，如图 12-17 所示。

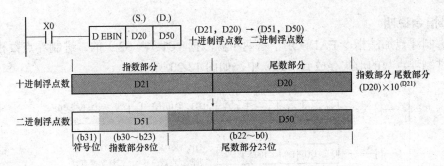

图 12-17 十转二进制浮点数指令（EBIN）说明

例 95 将 3.14 转换成二进制浮点数

用 EBIN 指令可以将十进制小数等直接转换成二进制浮点数，如图 12-18 所示，将 3.14 变成 3140×10^{-3}（或 314×10^{-2}）。

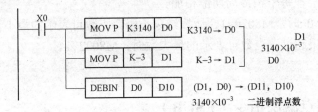

图 12-18 将 3.14 转换成二进制浮点数

将指数 -3 存放在 D1 中，将尾数 3140 存放在 D0 中，3.14 以十进制浮点数存放在 D1、D0 中。执行 EBIN 指令后，3.14 以二进制浮点数存放在 D11、D10 中。

12.8 二进制浮点加法指令（EADD）

1. 指令格式

二进制浮点加法指令格式如图 12-19 所示。

二进制浮点加法指令 FNC120-EADD（EXTENDED ADDITION）可使用软元件范围，如表 12-9 所示。

图 12-19 二进制浮点加法指令格式

表 12-9　　　　　　二进制浮点加法指令的可使用软元件范围

元件名称	位元件				字元件									常数			指针
	X	Y	M	S	D□.b	KnX	KnY	KnM	KnS	T	C	D	R	U□\G□	V、Z	K	H	E	"□"	P
S1.												○	①	②		○	○	○		
S2.												○	①	②		○	○	○		
D.												○	①	②						

①仅 FX_{3G}、FX_{3GC}、FX_{3U}、FX_{3UC} 型 PLC 支持。

②仅 FX_{3U}、FX_{3UC} 型 PLC 支持。

2. 指令说明

二进制浮点加法指令 EADD 用于将两个源数据（S1.）、（S2.）的二进制浮点数相加，结果以二进制浮点数的形式存放到（D.）中，如图 12-20 所示。

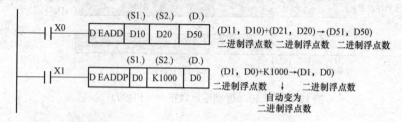

图 12-20　二进制浮点加法指令（EADD）说明

如果源数据（S1.）、（S2.）为常数 K、H，能自动转为二进制浮点数。

（S1.）、（S2.）和（D.）可以是同一元件号，如图 12-20 中的 D0，这时应注意如果用连续执行型指令，则会在每个扫描周期都相加。

当运算结果为 0 时，M8020=1，运算结果小于浮点数可表示的最小数（不是 0）时，M8021=1，运算结果超过浮点数可表示的最大数时，M8022=1。

12.9　二进制浮点减法指令（ESUB）

1. 指令格式

二进制浮点减法指令格式如图 12-21 所示。

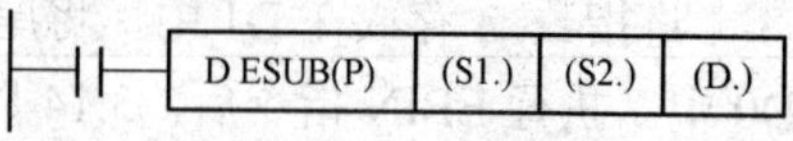

二进制浮点减法指令 FNC121-ESUB（EXTENDED SUBTRACTION）可使用软元件范围，如表 12-10 所示。

图 12-21　二进制浮点减法指令格式

表 12-10　　二进制浮点减法指令的可使用软元件范围

元件名称	位元件				字元件								常数			指针
	X	Y	M	S	D□.b	KnX	KnY	KnM	KnS	T	C	D	R	U□\G□	V、Z	K	H	E	"□"	P
S1.												○	①	②		○	○	○		
S2.												○	①	②		○	○	○		
D.												○	①	②						

①仅 FX_{3G}、FX_{3GC}、FX_{3U}、FX_{3UC} 型 PLC 支持。
②仅 FX_{3U}、FX_{3UC} 型 PLC 支持。

2. 指令说明

二进制浮点减法指令 ESUB 用于将两个源数据（S1.）、（S2.）的二进制浮点数相减，结果以二进制浮点数的形式存放到（D.）中，如图 12-22 所示。

（S1.）、（S2.）和（D.）可以是同一元件号，如图 12-22 中的 D0，这时应注意如果用连续执行型指令，则会在每个扫描周期都相减。

当运算结果为 0 时，M8020=1，运算结果小于浮点数可表示的最小数（不是 0）时，M8021=1，运算结果超过浮点数可表示的最大数时，M8022=1。

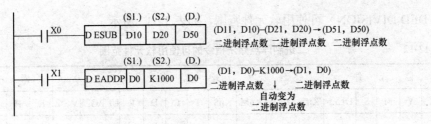

图 12-22 二进制浮点减法指令（ESUB）说明

12.10 二进制浮点乘法指令（EMUL）

1. 指令格式

二进制浮点乘法指令格式如图 12-23 所示。

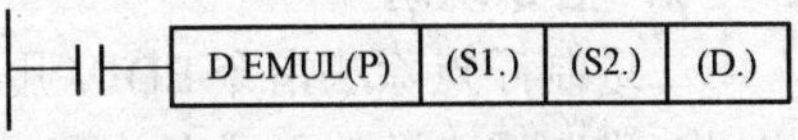

二进制浮点乘法指令 FNC122-EMUL（EXTENDED MULTIPLICATION）可使用软元件范围，如表 12-11 所示。

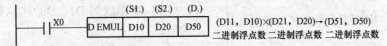

图 12-23 二进制浮点乘法指令格式

表 12-11　　　　　二进制浮点乘法指令的可使用软元件范围

元件名称	位元件					字元件								常数			指针
	X	Y	M	S	D□.b	KnX	KnY	KnM	KnS	T	C	D	R	U□\G□	V、Z	K	H	E	"□"	P
S1.												○	①	②		○	○	○		
S2.												○	①	②		○	○	○		
D.												○	①	②						

①仅 FX$_{3G}$、FX$_{3GC}$、FX$_{3U}$、FX$_{3UC}$ 型 PLC 支持。
②仅 FX$_{3U}$、FX$_{3UC}$ 型 PLC 支持。

2. 指令说明

二进制浮点乘法指令 EMUL 用于将两个源数据（S1.）、（S2.）的二进制浮点数相乘，结果以二进制浮点数的形式存放到（D.）中，如图 12-24 所示。

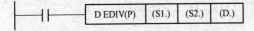

图 12-24 二进制浮点乘法指令（EMUL）说明

如果源数据（S1.）、（S2.）为常数 K、H，则将自动转换成二进制浮点数。

12.11 二进制浮点除法指令（EDIV）

┤├──[D EDIV(P) | (S1.) | (S2.) | (D.)]

图 12-25 二进制浮点除法指令格式

1. 指令格式

二进制浮点除法指令如图 12-25 所示。

二进制浮点除法指令 FNC123-EDIV（E

XTEN DED DIVISION）可使用软元件范围，如表 12-12 所示。

表 12-12　　　　　二进制浮点除法指令的可使用软元件范围

元件名称	位元件				字元件							常数			指针
	X	Y	M	S	D□.b	KnX	KnY	KnM	KnS	T	C	D	R	U□\G□	V、Z	K	H	E	"□"	P
S1.												○	①	②		○	○	○		
S2.												○	①	②		○	○	○		
D.												○	①	②						

①仅 FX$_{3G}$、FX$_{3GC}$、FX$_{3U}$、FX$_{3UC}$ 型 PLC 支持。
②仅 FX$_{3U}$、FX$_{3UC}$ 型 PLC 支持。

2．指令说明

二进制浮点除法指令 EDIV 用于将两个源数据（S1.）、（S2.）的二进制浮点数相除，结果以二进制浮点数的形式存放到（D.）中，如图 12-26 所示。

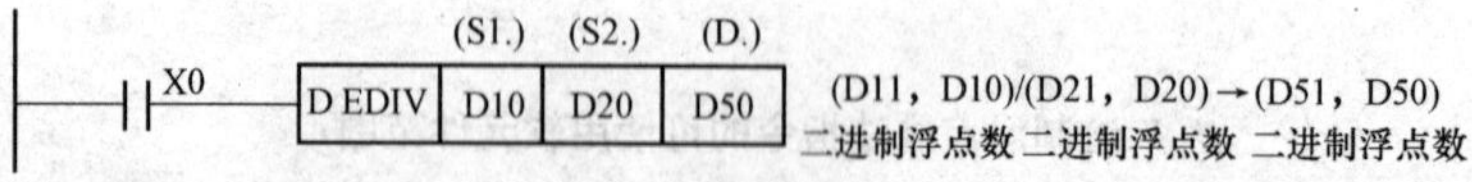

```
    X0        (S1.) (S2.) (D.)
───┤├────[D EDIV D10  D20  D50]    (D11, D10)/(D21, D20)→(D51, D50)
                                    二进制浮点数 二进制浮点数  二进制浮点数
```

图 12-26　二进制浮点除法指令（EDIV）说明

如果源数据（S1.）、（S2.）为常数 K、H，则将自动转换成二进制浮点数。
如果除数（S2.）为 0，则运算错误，指令不能执行。

例 96　计算 $Y=[(5.2-X)^2+1200]/(-0.025)$

如图 12-27 所示，式中的数都应该是二进制浮点数，浮点数有几种表示方式，如 20、5.2、1200、–0.025 的浮点数分别为 E20、E5.2、E1.2+3 和 E–0.025。

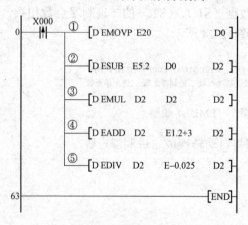

图 12-27　计算 $Y=[(5.2-X)^2+1200]/(-0.025)$ 梯形图

设 X=20，将 20 存放到 D1、D0 中。
当 X0=1 时，执行如图 12-27 所示的计算：
①将 20 存放到 D1、D0 中，（D1、D0）为 X 的值。
②计算 5.2–X=5.2–20=–14.8，结果（D3、D2）=–14.8。
③计算（–14.8）（–14.8）=219.04，结果存放到（D3、D2）=219.04。
④计算 219.04+1200=1419.04，结果存放到（D3、D2）=1419.04。
⑤计算 1419.04/（–0.025）=56761.6，结果存放到（D3、D2）=56761.6。

12.12 二进制浮点数指数运算指令（EXP）

1. 指令格式

二进制浮点数指数运算指令格式如图 12-28 所示。

二进制浮点数指数运算指令 FNC124-XP（EXPONENT）可使用软元件范围，如表 12-13 所示。

图 12-28　二进制浮点数指数运算指令格式

表 12-13　二进制浮点数指数运算指令的可使用软元件范围

元件名称	位元件				字元件									常数			指针
	X	Y	M	S	D□.b	KnX	KnY	KnM	KnS	T	C	D	R	U□\G□	V、Z	K	H	E	"□"	P
S.												○	○	○				○		
D.												○	○	○						

2. 指令说明

EXP 指令是以 e（2.71828）为底的指数运算指令。以（S.）+1、（S.）为指数做运算，将运算结果保存到（D.）+1、（D.）中。

此外，在（S.）中也可以直接指定实数。

例 97　计算 e^x 的值

如图 12-29 所示，当 X0=1 时，对用数字开关 X020～X027 设置的 2 位 BCD 数转换成 BIN 的数值存放到 D20 中，当 D20 中的数值小于等于 88 时，先将 D20 中的二进制数转换成浮点数存放到 D11、D10 中，再将 D11、D10 中的数进行指数运算，并且保存在二进制浮点数 D0、D1 中。

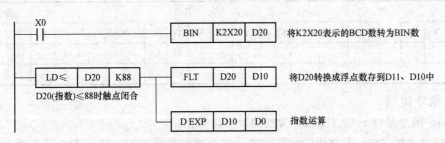

图 12-29　计算 e^x 梯形图

注意：由于浮点数的最大值为 2^{128}，而 $\log_e 2^{128}$=88.7，因此 X020～X027 的 BCD 值不得超过 88。

设 X020～X027 的 BCD 值为 63，计算 e^x 仿真梯形图的控制原理说明如图 12-30 所示。计算 e^x 仿真梯形图如图 12-31 所示。

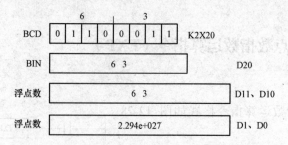

图 12-30　计算 e^x 仿真梯形图的控制原理说明

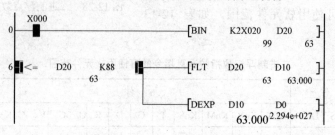

图 12-31　计算 e^x 仿真梯形图

12.13　二进制浮点数自然对数运算指令（LOGE）

1. 指令格式

二进制浮点数自然对数运算指令格式如图 12-32 所示。

二进制浮点数自然对数运算指令 FNC125-LOGE（NATURAL LOGARITHM）可使用软元件范围，如表 12-14 所示。

图 12-32　二进制浮点数自然对数运算指令格式

表 12-14　　二进制浮点数自然对数运算指令的可使用软元件范围

元件名称	位 元 件				字 元 件									常 数			指针
	X	Y	M	S	D□.b	KnX	KnY	KnM	KnS	T	C	D	R	U□\G□	V、Z	K	H	E	"□"	P
S.												○	○					○		
D.												○	○	○						

2. 指令说明

LOGE 指令是以 e（2.71828）为底的对数运算指令。

以（S.）+1、（S.）为对数做运算，将运算结果保存到（D.）+1、（D.）中。此外，也可以在（S.）中直接指定实数。

例 98　计算 loge10

如图 12-33（a）所示，当 X0=1 时，求出 D50 中设定的"10"的自然对数，并保存到 D30、D31 中。（对于 FX$_{3U}$ 之前的产品不能使用浮点数，应该先将常数转化成 BIN 数，再将 BIN 数转化成浮点数才能进行对数计算）。

该指令可以在（S.）中直接指定实数。将常数 10 用实数 E1.0+1（$1×10^1$）或用 E10 指定，梯形图如图 12-33（b）所示。

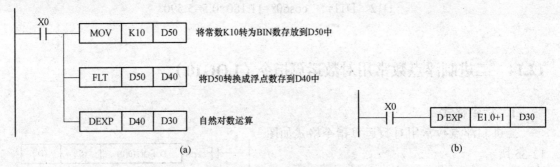

图 12-33　计算 $\log_e 10$ 梯形图

(a) 梯形图一；(b) 梯形图二

例 99　求 $5^{3/2}\cos 60°$ 的值

在 FX_{2N} 型等 PLC 的应用指令中 $5^{3/2}$ 是不好计算的。计算三角函数时，要将角度转换成二进制浮点数，将二进制浮点数角度转换成弧度，比较麻烦，采用 FX_{3U} 型 PLC 新增指令就比较容易实现了，如图 12-34 所示。

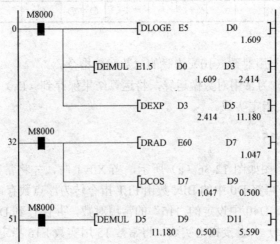

图 12-34　求 $5^{3/2}\cos 60°$ 的梯形图

$5^{3/2}$ 是不能直接计算的，可以将 $5^{3/2}$ 变成 $e^{1.5\ln 5}$，具体如下：

$$5^{3/2}=e^{1.5\ln 5}$$

$$\cos 60°=\cos[(\pi/180)×60]$$

$$5^{3/2}\cos 60°=e^{1.5\ln 5}\cos[(\pi/180)×60]$$

梯形图中数据寄存器所表达的计算结果如下：

$$D1、D0=\ln 5=1.609$$

$$D4、D3=1.5×\ln 5=1.5×1.609=2.414$$

$$D6、D5=5^{3/2}=e^{1.5\ln 5}=e^{2.414}=11.180$$

D8、D7=60°=1.047rad
D10、D9=cos60°=cos1.047=0.5
D12、D11=$5^{3/2}$cos60°=11.180×0.5=5.590

12.14 二进制浮点数常用对数运算指令（LOG10）

1. 指令格式

二进制浮点数常用对数运算指令格式如图 12-35 所示。

二进制浮点数常用对数运算指令 FNC126-LOG10（COMMON LOGARITHM）可使用软元件范围，如表 12-15 所示。

图 12-35 二进制浮点数常用对数运算指令格式

表 12-15　　二进制浮点数常用对数运算指令的可使用软元件范围

元件名称	位元件				字元件									常数			指针
	X	Y	M	S	D□.b	KnX	KnY	KnM	KnS	T	C	D	R	U□\G□	V、Z	K	H	E	"□"	P
S.												○	○	○				○		
D.												○	○	○						

2. 指令说明

LOG10 指令是以常用对数（10）为底的对数运算指令。

以（S.）+1、（S.）为常用对数做运算，将运算结果保存到（D.）+1、（D.）中。此外，也可以在（S.）中直接指定实数。

例 100 计算 log15

计算 log15 的梯形图如图 12-36（a）所示，当 X0=1 时，先将常数 15 存放到 D0 中，D0 中的数为 BIN 数，再将 D0 中的 BIN 数由 FLT 指令转为浮点数存放到 D41、D40 中，D LOG10 指令求出 D41、D40 中设定的 "15" 的常用对数，并保存到 D30、D31 中。

该指令可以在（S.）中直接指定实数。将常数 15 用实数 E15 指定，用图 12-36（b）的梯形图就可以了。

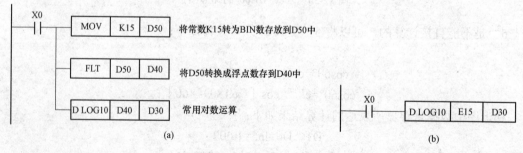

图 12-36　求 log15 的梯形图

（a）梯形图一；（b）梯形图二

最终结果为 log15=1.176091。

12.15 二进制浮点数开方指令（ESQR）

1. 指令格式

二进制浮点数开方指令格式如图 12-37 所示。

二进制浮点数开方指令 FNC127-ESQR（EXTENDED SQUARE ROOT）可使用软元件范围，如表 12-16。

图 12-37 二进制浮点数开方指令格式

表 12-16　　　　　二进制浮点数开方指令的可使用软元件范围

元件名称	位元件				字元件									常数			指针
	X	Y	M	S	D□.b	KnX	KnY	KnM	KnS	T	C	D	R	U□\G□	V、Z	K	H	E	"□"	P
S.												○	○	○		○	○	○		
D.												○	○	○						

2. 指令说明

二进制浮点开方指令 ESQR 用于将（S.）的二进制浮点数进行开平方运算，结果以二进制浮点数存放到（D.）中。（S.）内的二进制浮点数值应为正，否则运算出错，M8067=1，指令不执行。

源操作数（S.）若为常数 K、H 时，将自动转换成二进制浮点数处理，如图 12-38 所示。若运算结果为 0 时，零标志 M8020=1。

图 12-38 二进制浮点开方指令（ESQR）说明

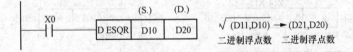
例 101　计算视在功率 $S=\sqrt{P^2+Q^2}$

要求用 3 位 BCD 数字开关输入 P 和 Q 的值，P 为有功功率，Q 为无功功率。P 和 Q 均为 3 位有效数字，一位小数。梯形图如图 12-39 所示。

设 P=30（kW），Q=40（kvar），计算结果 S=50kVA。

梯形图控制原理：

将数字开关 K3X10 拨为 300，按一下按钮 X0，将 300 转为 BIN 传送到（R1、R0）中，将数字开关 K3X10 拨为 400，按一下按钮 X1，将 400 转为 BIN 传送到（R3、R2）中，将（R1、R0）=300 转为浮点数传送到（R11、R10）中，将（R3、R2）=400 转为浮点数传送到（R21、R20）中，将（R11、R10）/10=30 传送到（R31、R30）中，将（R21、R20）/10=40 传送到（R41、R40）中，将（R31、R30）×（R31、R30）=900 传送到（R51、R50）中，将（R41、R40）×（R41、R40）=1600 传送到（R61、R60）中，将（R51、R50）+（R61、

R60）=2500 传送到（R71、R70）中，将（R71、R70）开方等于 50 传送到（R81、R80）中，（R81、R80）中的 50 就是视在功率 $S = \sqrt{P^2 + Q^2}$ 的值，如图 12-40 所示。

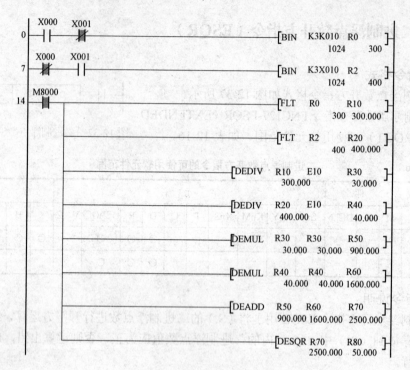

图 12-39 计算视在功率 S 梯形图

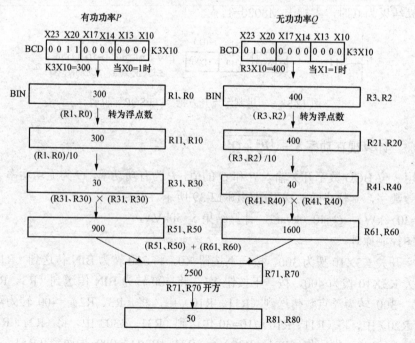

图 12-40 计算视在功率 S 梯形图的控制过程

12.16 二进制浮点数符号翻转指令（ENEG）

1. 指令格式

二进制浮点数符号翻转指令格式如图 12-41 所示。

二进制浮点数符号翻转指令 FNC128-ENEG（EXTENDED NEGATION）可使用软元件范围，如表 12-17 所示。

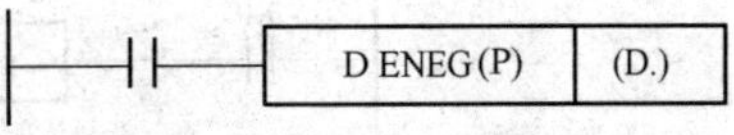

图 12-41 二进制浮点数符号翻转指令格式

表 12-17 二进制浮点数符号翻转指令的可使用软元件范围

元件名称	位元件				字元件									常数			指针
	X	Y	M	S	D□.b	KnX	KnY	KnM	KnS	T	C	D	R	U□\G□	V、Z	K	H	E	"□"	P
S.												○	○					○	○	
D.												○	○	○						

2. 指令说明

ENEG 指令是将（D.）+1、（D.）中的二进制浮点数数据的符号翻转，保存在（D.）+1、（D.）中。

如图 12-42 所示，设 D11、D10 中的值为 1.2345，执行 ENEG D10 指令后，D11、D10 中的值就变为 –1.2345。

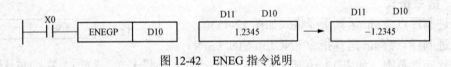

图 12-42 ENEG 指令说明

12.17 二进制浮点数转整数指令（INT）

1. 指令格式

二进制浮点数转整数指令格式如图 12-43 所示。

二进制浮点数转整数指令 FNC129-INT（FLOAT TO INTEGER）可使用软元件范围，如表 12-18 所示。

图 12-43 二进制浮点数转整数指令格式

表 12-18 二进制浮点数转整数指令 FNC129-INT 可使用软元件范围

元件名称	位元件				字元件									常数			指针
	X	Y	M	S	D□.b	KnX	KnY	KnM	KnS	T	C	D	R	U□\G□	V、Z	K	H	E	"□"	P
S.												○	①	②						
D.												○	①	②						

①仅 FX$_{3G}$、FX$_{3GC}$、FX$_{3U}$、FX$_{3UC}$ 型 PLC 支持。
②仅 FX$_{3U}$、FX$_{3UC}$ 型 PLC 支持。

2. 指令说明

二进制浮点转整数指令 INT 用于将（S.）中的二进制浮点数转换成二进制整数，舍去小数点后的值，取其 BIN 整数存入目标数据（D.）中，如图 12-44 所示。

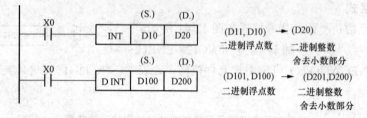

图 12-44　二进制浮点转整数指令（INT）说明

该指令是 FNC49（FLT）指令的逆变换。

当运算结果为 0 时，零标志 M8020=1；若转换时的值小于 1 舍去小数后，整数为 0，借位标志 M8021=1；当运算结果超出以下范围时，进位标志 M8022=1。

16 位运算时：-32768～+32767。

32 位运算时：-2147483648～+2147483647。

12.18　二进制浮点数 sin 运算指令（SIN）

1. 指令格式

二进制浮点数 sin 运算指令格式如图 12-45 所示。

二进制浮点数 sin 运算指令 FNC130-SIN（SIN）可使用软元件范围，如表 12-19 所示。

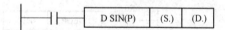

图 12-45　二进制浮点数 sin 运算指令格式

表 12-19　二进制浮点数 sin 运算指令格式

元件名称	位元件				字元件									常数			指针
	X	Y	M	S	D□.b	KnX	KnY	KnM	KnS	T	C	D	R	U□\G□	V、Z	K	H	E	"□"	P
S.												○	○	○				○		
D.												○	○	○						

2. 指令说明

浮点 sin 运算指令（SIN）用于计算（S.）中的二进制浮点数弧度值对应的 sin 值，并将其存入目标数据（D.）中，如图 12-46 所示。

弧度（rad）=角度×π/180。

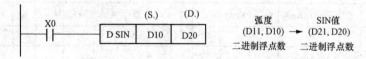

图 12-46　浮点 sin 运算指令（SIN）说明

例 102 计算 sin（π/3）的值

如图 12-47 所示，先用除法指令 D EDIV 计算出 π/3 的值（弧度），结果存放在 D1、D0 中，再执行 D SIN D0 D2 指令，求出对应于 sin（D1、D0）的值，结果存放在 D3、D2 中，得 sin（π/3）=0.866。

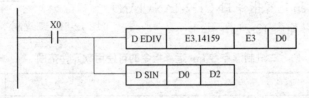

图 12-47 计算 sin（π/3）的值

12.19 二进制浮点数 cos 运算指令（COS）

1. 指令格式

二进制浮点数 cos 运算指令格式如图 12-48 所示。

二进制浮点数 cos 运算指令 FNC131-COS（COS）可使用软元件范围，如表 12-20 所示。

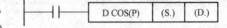

图 12-48 二进制浮点数 cos 运算指令格式

表 12-20 二进制浮点数 cos 运算指令的可使用软元件范围

元件名称	位元件				字元件									常数		指针
	X	Y	M	D□.b	KnX	KnY	KnM	KnS	T	C	D	R	U□\G□	V、Z	K	H	E	"□"	P
S.											○	○	○				○	
D.											○	○	○					

2. 指令说明

浮点 cos 运算指令（COS）用于计算（S.）中的二进制浮点数弧度值对应的 cos 值，并将其存入目标数据（D.）中，如图 12-49 所示。

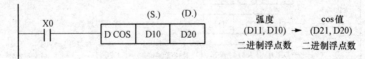

图 12-49 cos 运算指令

例 103 计算 cos45°的值

如图 12-50 所示，先将 45°的角度值由 DRAD 指令转换成弧度值存放在 D1、D0 中，再求对应于 cos（D1、D0）的值。

cos45°=0.707。

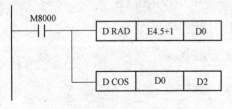

图 12-50 计算 cos45°的值

12.20 二进制浮点数 tan 运算指令（TAN）

1. 指令格式

二进制浮点数 tan 运算指令格式如图 12-51 所示。

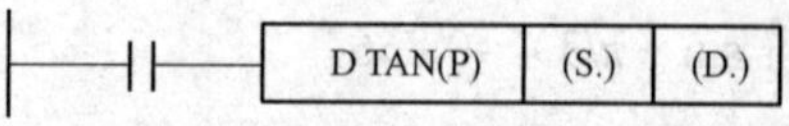

二进制浮点数 tan 运算指令 FNC132-TAN（TAN）可使用软元件范围，如表 12-21 所示。

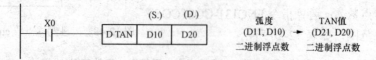

图 12-51 二进制浮点数 tan 运算指令格式

表 12-21 二进制浮点数 tan 运算指令的可使用软元件范围

元件名称	位元件					字元件									常数			指针
	X	Y	M	S	D□.b	KnX	KnY	KnM	KnS	T	C	D	R	U□\G□	V、Z	K	H	E	"□"	P
S.												○	○	○				○		
D.												○	○	○						

2. 指令说明

浮点 tan 运算指令（TAN）用于计算（S.）中的二进制浮点数弧度值对应的 tan 值，并将其存入目标数据（D.）中，如图 12-52 所示。

图 12-52 浮点 tan 运算指令（TAN）说明

例 104 求对应角度的 $\sin\varphi$、$\cos\varphi$、$\tan\varphi$

$\sin\varphi$、$\cos\varphi$、$\tan\varphi$ 的角度采用弧度，因此，在计算三角函数时应用公式：弧度（rad）= 角度×π/180 将角度转换成弧度值，如图 12-53 所示。

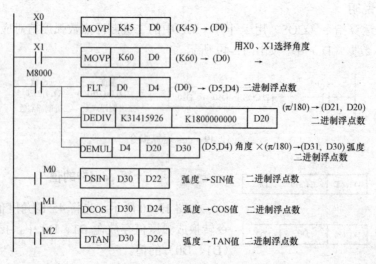

图 12-53 三角函数计算举例

12.21 二进制浮点数 $\sin^{-1}$ 运算指令（ASIN）

1. 指令格式

二进制浮点数 $\sin^{-1}$ 运算指令格式如图 12-54 所示。

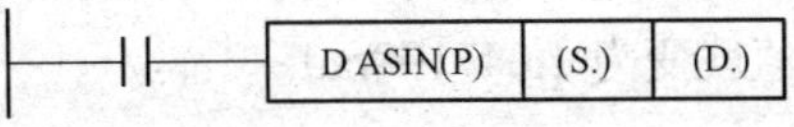

二进制浮点数 $\sin^{-1}$ 运算指令 FNC133-ASIN（ARC SINE）可使用软元件范围，如表 12-22 所示。

图 12-54　二进制浮点数 $\sin^{-1}$ 运算指令格式

表 12-22　二进制浮点数 $\sin^{-1}$ 运算指令的可使用软元件范围

元件名称	位元件				字元件									常数			指针
	X	Y	M	S	D□.b	KnX	KnY	KnM	KnS	T	C	D	R	U□\G□	V、Z	K	H	E	"□"	P
S.												○	○	○				○		
D.												○	○	○						

2. 指令说明

ASIN 指令是将（D.）+1、（D.）中的 sin 值求出角度，将运算结果保存到（D.）+1、（D.）中。此外，可以在（S.）中直接指定实数。

例 105　计算 $\sin^{-1}0.5$ 的弧度值

如图 12-55 所示，设 D1、D0 中 $\sin^{-1}$ 的值为 0.5，执行 D ASIN D10 指令后，D11、D10 中的值就变为 0.5235988rad。

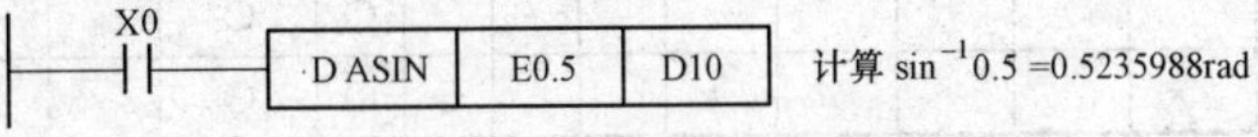

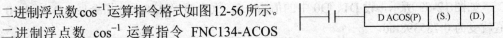

图 12-55　计算 $\sin^{-1}0.5$ 梯形图

12.22 二进制浮点数 $\cos^{-1}$ 运算指令（ACOS）

1. 指令格式

二进制浮点数 $\cos^{-1}$ 运算指令格式如图 12-56 所示。

二进制浮点数 $\cos^{-1}$ 运算指令 FNC134-ACOS（ARC COSINE）可使用软元件范围，如表 12-23 所示。

图 12-56　二进制浮点数 $\cos^{-1}$ 运算指令格式

表 12-23　二进制浮点数 $\cos^{-1}$ 运算指令的可使用软元件范围

元件名称	位元件				字元件									常数			指针
	X	Y	M	S	D□.b	KnX	KnY	KnM	KnS	T	C	D	R	U□\G□	V、Z	K	H	E	"□"	P
S.												○	○	○				○		
D.												○	○	○						

2. 指令说明

ACOS 指令是将（D.）+1、（D.）中 $\cos^{-1}$ 的值求出角度，将运算结果保存到（D.）+1、

(D.) 中。此外，可以在（S.）中直接指定实数。

例 106 计算 $\cos^{-1}0.5$ 的弧度值

如图 12-57 所示，设 D1、D0 中的值为 0.5，执行 D ACOS D10 指令后，D11、D10 中的值就变为 1.047198rad。

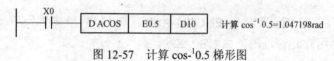

图 12-57　计算 $\cos^{-1}0.5$ 梯形图

12.23　二进制浮点数 $\tan^{-1}$ 运算指令（ATAN）

1. 指令格式

二进制浮点数 $\tan^{-1}$ 运算指令格式如图 12-58 所示。

二进制浮点数 $\tan^{-1}$ 运算指令 FNC135-ATAN（ARC TANGENT）可使用软元件范围，如表 12-24 所示。

图 12-58　二进制浮点数 $\tan^{-1}$ 运算指令格式

表 12-24　二进制浮点数 $\tan^{-1}$ 运算指令的可使用软元件范围

元件名称	位 元 件								字 元 件						常　数			指针
	X	Y	M	S	D□.b	KnX	KnY	KnM	KnS	T	C	D	R	U□\G□	V、Z	K	H	E	"□"	P
S.												○	○	○				○		
D.												○	○	○						

2. 指令说明

ATAN 指令是将（D.）+1、（D.）中 $\tan^{-1}$ 的值求出角度，将运算结果保存到（D.）+1、（D.）中。此外，可以在（S.）中直接指定实数。

例 107 计算 $\tan^{-1}1$ 的弧度值

如图 12-59 所示，设 D1、D0 中的值为 0.5，执行 D ATAN D10 指令后，D11、D10 中的值就变为 0.785398rad。

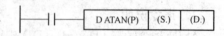

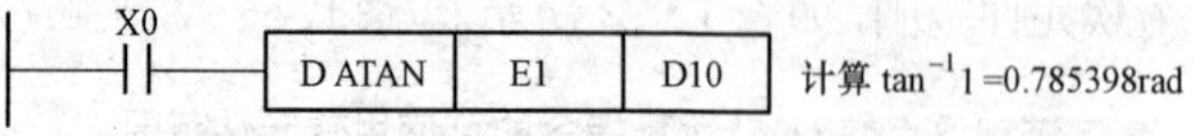

图 12-59　计算 $\tan^{-1}1$ 梯形图

12.24　二进制浮点数角度→弧度的转换指令（RAD）

1. 指令格式

二进制浮点数角度→弧度的转换指令格式如图 12-60 所示。

二进制浮点数角度→弧度的转换指令 FNC136-RAD（DEGREE）可使用软元件范围，如表 12-25 所示。

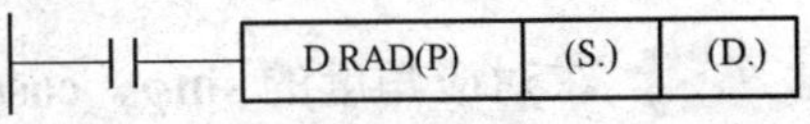

图 12-60 二进制浮点数角度→弧度的转换指令格式

表 12-25 二进制浮点数角度→弧度的转换指令的可使用软元件范围

元件名称	位元件				字元件									常数			指针
	X	Y	M	D□.b	KnX	KnY	KnM	KnS	T	C	D	R	U□\G□	V、Z	K	H	E	"□"	P
S.										○	○	○					○	
D.											○	○	○					

2．指令说明

RAD 指令是将（D.）+1、（D.）中的角度值转换成弧度值，将运算结果保存到（D.）+1、（D.）中。此外，可以在（S.）中直接指定实数，弧度单位与角度单位转换如下。

弧度单位＝角度单位×（π/180）

例 108 将 3 位十进制数表示的角度转换成弧度值

如图 12-61 所示，X0=1 时，首先执行 BIN 指令，将 X20～X33 中 3 位 BCD 数（例如 120°）转换成二进制数存放到 D0 中，再执行 FLT 指令将 D0 中的二进制数（120°）转换成二进制浮点数存放到 D11、D10 中，最后执行 DRAD 指令，将 D11、D10 中的二进制浮点数角度（120°）转换成二进制浮点数弧度（2.094395rad），保存在 D20、D21 中。

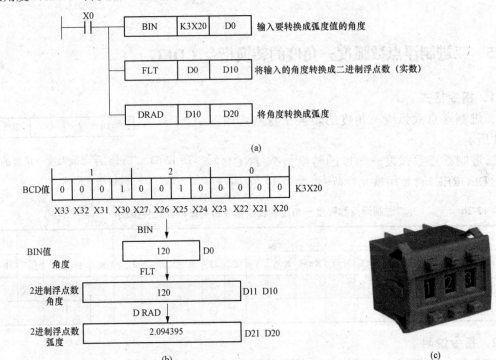

图 12-61 指令 RAD 应用说明
（a）角度转换成弧度值；（b）梯形图执行过程；（c）3 位 BCD 码数字开关外形

例 109 求对应角度的 sinφ、cosφ、tanφ

由附录 A 可知，RAD 指令只能用于 FX$_{3U}$、FX$_{3UC}$ 型 PLC，在前面讲的例 104 中，未用 RAD 指令，求对应角度的 sinφ、cosφ、tanφ 的梯形图比较麻烦。如使用 FX$_{3U}$、FX$_{3UC}$ 型 PLC，使用 RAD 指令，梯形图得到了化简，如图 12-62 所示。

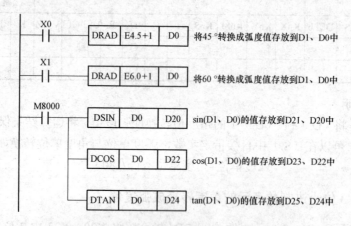

图 12-62　计算 sinφ、cosφ、tanφ 的梯形图

注意：RAD 指令不能用十进制常数，45 和 60 为十进制常数，应使用浮点数 E45 和 E60，或化成对应的浮点数 E4.5+1（$4.5×10^1$）和 E6.0+1（$6×10^1$）。

12.25　二进制浮点数弧度→角度的转换指令（DEG）

1．指令格式

二进制浮点数弧度→角度的转换指令格式如图 12-63 所示。

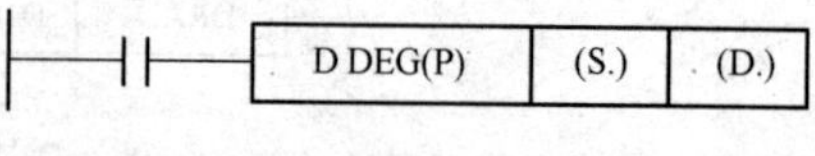

二进制浮点数弧度→角度的转换指令 FNC137-DEG（DEGREE）可使用软元件范围，如表 12-26 所示。

图 12-63　二进制浮点数弧度→角度的转换指令格式

表 12-26　二进制浮点数弧度→角度的转换指令的可使用软元件范围

元件名称	位元件				字元件									常数			指针
	X	Y	M	S	D□.b	KnX	KnY	KnM	KnS	T	C	D	R	U□\G□	V、Z	K	H	E	"□"	P
S.												○	○	○				○		
D.												○	○	○						

2．指令说明

DEG 指令是将（D.）+1、（D.）中的弧度值转换成角度值，将运算结果保存到（D.）+1、（D.）中。

第 12 章 二进制浮点数指令

例 110 将弧度转换成角度后输出到数码管显示器上

如图 12-64 所示，X0=1 时，执行 D DEG 指令，将 D20、D21 中以二进制浮点数形式设定的弧度值（例如，3.1416rad）转换成角度（180.000412°）存放到 D11、D10 中。

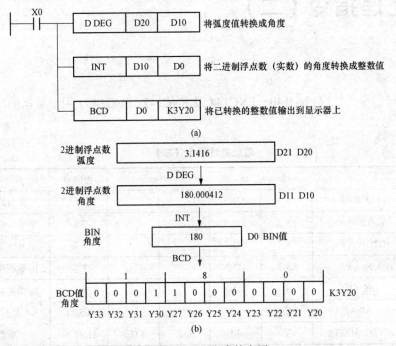

图 12-64　DEG 指令的应用
(a) 将弧度转换成角度的梯形图；(b) 将弧度转换成角度的梯形图的说明

执行 INT 指令，将 D11、D10 中的二进制浮点数 180.000412° 转换成二进制整数 180° 存放到 D0 中。

执行 BCD 指令，将 D0 中的二进制整数 180° 转换成 BCD 值的形式输出到 Y20～Y33 中。其中 Y20～Y23 为个位数，Y24～Y27 为十位数，Y30～Y33 为百位数。

如 D20、D21 中的弧度值取 3.14159rad，则转换成角度为 179.999847°，执行 INT 指令舍去小数部分后就会变成 179°。

例 111 计算 $\cos^{-1}0.9$ 的角度

如图 12-65 所示，当 X0=1 时，将 $\cos^{-1}0.9=0.451$ 的弧度值存到 D10 中，再 D10 中弧度值转化成角度值 25.842° 存到 D20 中，即

$$\cos^{-1}0.9=25.842°$$

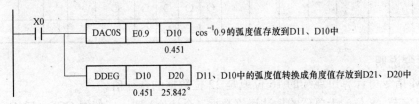

图 12-65　计算 $\cos^{-1}0.9$ 的梯形图

第 13 章

数据处理指令（二）

数据处理指令（二）（FNC140～FNC144 及 FNC147、FNC149）用于数据的结合与分离，如表 13-1 所示。

表 13-1　　　　　　　　　　数据处理指令（二）

功能号	指令格式					程序步	指令功能
FNC140	(D) WSUM (P)	(S.)	(D.)			7/13 步	算出数据合计值
FNC141	WTOB (P)	(S.)	(D.)			7 步	字节单位的数据分离
FNC142	BTOW (P)	(S.)	(D.)			7 步	字节单位的数据结合
FNC143	UNI (P)	(S.)	(D.)			7 步	16 数据位的 4 位结合
FNC144	DIS (P)	(S.)	(D.)			7 步	16 数据位的 4 位分离
FNC147	(D) SWAP (P)	(S.)				3/5 步	上下字节变换
FNC149	(D) SORT2	(S.)	m1	m2	(D.)	11/21 步	数据排序 2

13.1 算出数据合计值指令（WSUM）

1. 指令格式

算出数据合计值指令格式如图 13-1 所示。

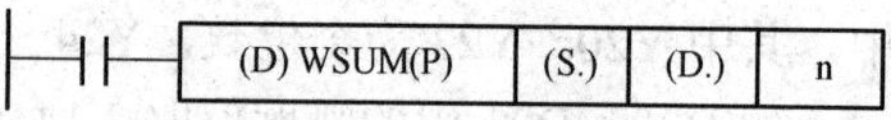

算出数据合计值指令 FNC140-WSUM（WORD SUM）可使用软元件范围，如表 13-2 所示。

图 13-1　算出数据合计值指令格式

表 13-2　　　　　算出数据合计值指令的可使用软元件范围

元件名称	位元件				字元件								常数				指针
	X	Y	M	S	D□.b	KnX	KnY	KnM	KnS	T	C	D	R	U□\G□	V、Z	K	H	E	"□"	P
S.										○	○	○	○							
D.										○	○	○	○							
n												○	○			○	○			

2. 指令说明

WSUM 指令可计算出连续的 16 位或是 32 位数据的合计值。

计算以字节（8 位）为单位的加法运算数据（合计值）时，应使用 CCD（FNC 84）指令。

(1) 16 位运算（WSUM/WSUMP）。

将开始（S.）的 n 点 16 位数据的合计值，以 32 位数据形式保存在（D.）、（D.）+1 中。

如图 13-2 所示，当 X0=1 时，将 D10~D15 共 6 个 16 位数据的合计值，保存在 D21、D20 的 32 位数据形式中。

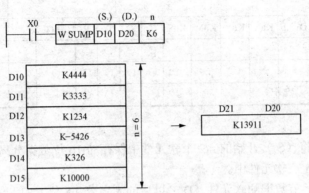

图 13-2　16 位指令 WSUM 说明

(2) 32 位运算（DWSUM/DWSUMP）。

将（S.）+1、（S.）开始的 n 点 32 位数据的合计值，以 64 位数据形式保存在（D.）+3、（D.）+2、（D.）+1、（D.）中。

如图 13-3 所示，当 X0=1 时，将 D10~D19 共 5 个 32 位数据的合计值，保存在 D103、D102、D101、D100 的 64 位数据形式中。

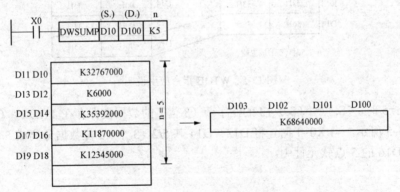

图 13-3　32 位指令 WSUM 说明

13.2 字节单位的数据分离指令（WTOB）

1. 指令格式

字节单位的数据分离指令格式如图 13-4 所示。

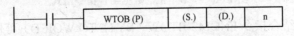

图 13-4　字节单位的数据分离指令格式

字节单位的数据分离指令 FNC141-WTOB（WORD TO BYTE）可使用软元件范围，如表 13-3 所示。

表 13-3　　　　　　　字节单位的数据分离指令的可使用软元件范围

元件名称	位元件					字元件								常数			指针
	X	Y	M	S	D□.b	KnX	KnY	KnM	KnS	T	C	D	R	U□\G□	V、Z	K	H	E	"□"	P
S.										○	○	○	○						
D.										○	○	○	○						
n												○	○			○	○		

2．指令说明

WTOB 指令是将（S.）开始的 n/2 个软元件中保存的 16 位数据分离成 n 个字节，保存到以（D.）开始的 n 点软元件中。

在保存分离后字节数据的软元件（D.）以后的高字节（8 位）中，保存 00H。

n 为奇数时，如图 13-5 所示，在分离源的最终数据中，只有低字节（8 位）为对象数据。

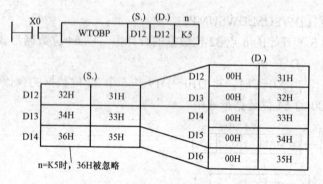

图 13-5　WTOB 指令应用说明

例如，n=5 时，（S.）～（S.）+2 的低字节（8 位）的数据被保存在（D.）～（D.）+4 中。

如图 13-5 所示，当 X0=1 时，将 D12～D14 共 5/2，3 个 16 位数据分离成 5 个字节，保存在 D12～D16 的 5 点软元件中。

13.3　字节单位的数据结合指令（BTOW）

1．指令格式

字节单位的数据结合指令格式如图 13-6 所示。

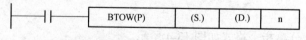

图 13-6　字节单位的数据结合指令格式

字节单位的数据结合指令 FNC142-BTOW（BYTE TO WORD）可使用软元件范围，如表 13-4 所示。

表 13-4　　　　　字节单位的数据结合指令的可使用软元件范围

元件名称	位元件				字元件									常数			指针
	X	Y	M	S	D□.b	KnX	KnY	KnM	KnS	T	C	D	R	U□\G□	V、Z	K	H	E	"□"	P
S.										○	○	○	○	○					
D.										○	○	○	○						
n												○	○			○	○		

2. 指令说明

BTOW 指令是将（S.）开始的 n 点 16 位数据的低字节（8 位）结合在一起后的 16 位数据，保存到以（D.）开始的 n/2 点软元件中。（S.）的高字节（8 位）被忽略。n 为奇数时，最后数据的高字节（8 位）为 00H。

例如，n=5 时，（S.）～（S.）+4 的低字节（8 位）的数据被保存在（D.）～（D.）+2 中。（D.）+2 的高字节（8 位）为 00H。

如图 13-7 所示，当 X0=1 时，将共 D20～D25 共 6 个（n=K6）16 位数据分离成 6 个字节，保存在 D12～D14 的 3 点软元件中。

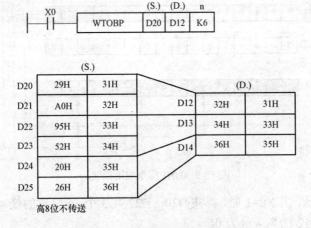

图 13-7　BTOW 指令控制说明

13.4　16 位数据的 4 位结合指令（UNI）

1. 指令格式

16 位数据的 4 位结合指令格式如图 13-8 所示。

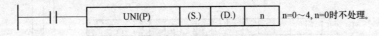

图 13-8　16 位数据的 4 位结合指令格式

16 位数据的 4 位结合指令 FNC143-UNI（UNIFICATION）可使用软元件范围，如表 13-5 所示。

表 13-5　16 位数据的 4 位结合指令的可使用软元件范围

元件名称	位元件				字元件								常数			指针
	X	Y	M	S	D□.b	KnX	KnY	KnM	KnS	T	C	D	R	U□\G□	V、Z	K	H	E	"□"	P
S.										○	○	○	○							
D.										○	○	○	○							
n												○	○			○	○			

2. 指令说明

UNI 指令是将（S.）开始的 n 点 16 位数据的低 4 位依次保存到（D.）中。

如图 13-9 所示，当 X0=1 时，将共 D20～D23 共 4 个 16 位数的低 4 位依次保存到 D12 中。

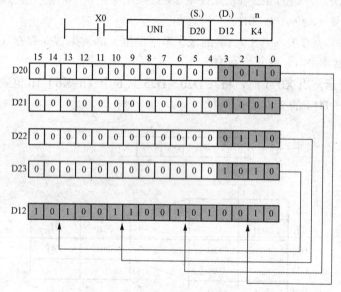

图 13-9　UNI 指令应用说明一

如图 13-10 所示，当 X0=1 时，将共 D20～D22 共 3 个 16 位数的低 4 位依次保存到 D12 中。由于 n=K3，D12 的高 4 位为 0。

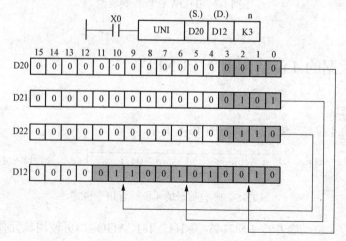

图 13-10　UNI 指令应用说明二

13.5 16 数据位的 4 位分离指令（DIS）

1．指令格式

16 数据位的 4 位分离指令格式如图 13-11 所示。

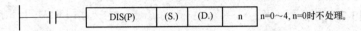

图 13-11　16 数据位的 4 位分离指令格式

16 数据位的 4 位分离指令 FNC144-DIS（DISSOCIATION）可使用软元件范围，如表 13-6 所示。

表 13-6　16 数据位的 4 位分离指令的可使用软元件范围

元件名称	位元件				字元件							常数			指针
	X	Y	M	S	D□.b	KnX	KnY	KnM	KnS	T	C	D	R	U□\G□	V、Z	K	H	E	"□"	P
S.										○	○	○	○							
D.										○	○	○	○							
n												○	○			○	○			

2．指令说明

DIS 指令是将（S.）的 16 位数据以 4 位结合为单位分离后，保存在（D.）中。

如图 13-12 所示，当 X0=1 时，将共 D12 的 16 位数据以 4 位结合为单位分离后，依次保存到 D20~D23 的低 4 位中。

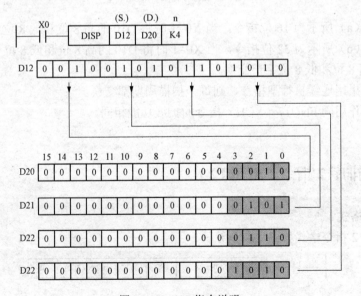

图 13-12　DIS 指令说明

13.6 上下字节变换指令（SWAP）

1. 指令格式

上下字节变换指令格式如图 13-13 所示。

上下字节变换指令 FNC147-SWAP（SWAP）可使用软元件范围，如表 13-7 所示。

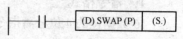

图 13-13　上下字节变换指令格式

表 13-7　　　　　　　　上下字节变换指令的可使用软元件范围

元件名称	位元件				字元件									常数			指针
	X	Y	M	S	D□.b	KnX	KnY	KnM	KnS	T	C	D	R	U□\G□	V、Z	K	H	E	"□"	P
S.						○	○	○	○	○	○	○	○	○					

2. 指令说明

上下字节变换指令 SWAP 用于高 8 位和低 8 位字节交换，如图 13-14 所示。

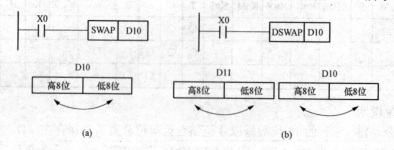

图 13-14　上下字节变换指令（SWAP）说明
（a）16 位指令；（b）32 位指令

图 13-14（a）所示为 16 位指令，当 X0=1 时将 D10 的高 8 位和低 8 位字节交换。

图 13-14（b）所示为 32 位指令，当 X0=1 时将 D10 的高 8 位和低 8 位字节交换，同时也将 D11 的高 8 位和低 8 位字节交换。

注意：如果用连续执行型指令，则每个扫描周期都交换。

此指令的作用同 FNC17（XCH）指令的扩展功能相同。

13.7 数据排序 2 指令（SORT2）

1. 指令格式

数据排序 2 指令格式如图 13-15 所示。

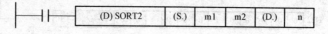

图 13-15　数据排序 2 指令格式

m1—行数（1～32）；m2—列数（1～6）；n—列号（1～6）

数据排序 2 指令 FNC149-SORT2（SORT2）可使用软元件范围，如表 13-8 所示。

表 13-8　　　　　　　　数据排序 2 指令的可使用软元件范围

元件名称	位元件					字元件								常数			指针
	X	Y	M	S	D□.b	KnX	KnY	KnM	KnS	T	C	D	R	U□\G□	V、Z	K	H	E	"□"	P
S.												○	○	○						
m1												○	○	○		○	○			
m2																○	○			
D.												○	○							
n												○	○			○	○			

2．指令说明

SORT（FNC69）指令和数据排列 2 指令 SORT2 基本相同，用于组成一个 m1 行 m2 列的表格，可将某列的数据从小到大排列。不同的是 SORT2 的软元件编号是按行方向依次增加排列的，所以便于增加数据（行）。此外，还支持升降序排列。

M8165=1 为降序排列，M8165=0 为升序排列。

例 112　5 行 4 列数据排序

如图 13-16 所示，例如，事先写入 5 行 4 列的 20 个数据到 D1~D20 中，当 X3=1 时，执行 SORT 指令，将 D1~D20 中的数据传送到 D21~D40 中，组成一个 5 行 4 列的表格，并根据 D0 中的列号将该列的数据从小到大排列。数据排列完毕时 M8029 动作。

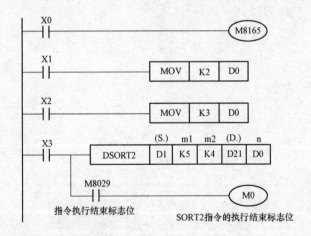

图 13-16　5 行 4 列数据排序梯形图

X0=0 时选择升序排列，当 X1=1，选择列号 D0=2，则将按照第 2 列"身高"从矮到高依次进行升序排列。

X0=1 时选择降序排列，当 X2=1，把 D0 中的数据改为 3，则将按照第 3 列"体重"从重到轻依次进行降序排序。排序的结果存放在 D21~D40 中。数据排序结束后，标志 M8029=1，如图 13-17 所示。

	源数据					D0=K2时身高升序排列					D0=K3时体重降序排列			
	1行	2行	3行	4行		1行	2行	3行	4行		1行	2行	3行	4行
	学号	身高	体重	年龄		学号	身高	体重	年龄		学号	身高	体重	年龄
1列	D1 1	D2 150	D3 45	D4 20	1列	D21 4	D22 100	D23 20	D24 8	1列	D21 3	D22 160	D23 70	D24 30
2列	D5 2	D6 180	D7 50	D8 40	2列	D25 1	D26 150	D27 45	D28 20	2列	D25 1	D26 180	D27 -45	D28 40
3列	D9 3	D10 160	D11 70	D12 30	3列	D29 5	D30 150	D31 50	D32 45	3列	D29 5	D30 150	D31 50	D32 45
4列	D13 4	D14 100	D15 20	D16 8	4列	D33 3	D34 160	D35 70	D36 30	4列	D33 1	D34 150	D35 45	36D 20
5列	D17 5	D18 150	D19 50	D20 45	5列	D37 2	D38 180	D39 50	D40 40	5列	D37 4	D38 100	D39 20	D40 8

图 13-17 5 行 4 列数据排序图表

第 14 章

定位控制指令

定位控制指令主要用于机械设备的定位控制,定位控制指令如表 14-1 所示。

表 14-1　　　　　　　　　　定 位 指 令

功能号	指　令　格　式				程序步	指令功能
FNC150	DSZR	(S1.)	(S2.)	(D1.)	(D2.)	9 步	带 DOG 搜索原点回归
FNC151	(D) DVIT	(S1.)	(S2.)	(D1.)	(D2.)	9/17 步	中断定位
FNC152	D TBL	(D.)	n		17 步	表格设定定位
FNC155	D ABS	(S.)	(D1.)	(D2.)		13 步	读出 ABS 当前值
FNC156	(D) ZRN	(S1.)	(S2.)	(S3.)	(D.)	9/17 步	原点回归
FNC157	(D) PLSV	(S1.)	(D1.)	(D2.)		9/17 步	可变速脉冲输出
FNC158	(D) DRVI	(S1.)	(S2.)	(D1.)	(D2.)	9/17 步	相对定位
FNC159	(D) DRVA	(S1.)	(S2.)	(D1.)	(D2.)	9/17 步	绝对定位

定位控制指令的控制功能如表 14-2 所示。

表 14-2　　　　　　　　　定位指令控制功能一览表

定 位 指 令		动　作	说　明
机械原点回归			
DSZR 指令	带 DOG 搜索的原点回归	爬行速度、原点回归速度 零点:ON　DOG:ON　起动 (ZRN 指令时 DOG:OFF)	通过驱动 DSZR/ZRN 指令,开始机械原点回归,以指定的原点回归速度动作。如果 DOG 的传感器为 ON,则减速为爬行速度。有零点信号输入时停止,完成原点回归(使用 ZRN 指令时,在 DOG 传感器为 OFF 时停止)
ZRN 指令	原点回归		
绝对位置检出系统			
ABS 指令	ABS 当前值读取	当前值读取	通过驱动 ABS 指令,从伺服放大器中读出电动机的当前值地址
单速定位			
DRVI 指令	相对定位	运行速度、移动量 起动　目标位置	通过驱动 DRVI/DRVA 指令,以运行速度开始动作,在目标位置停止
DRVA 指令	绝对定位		

续表

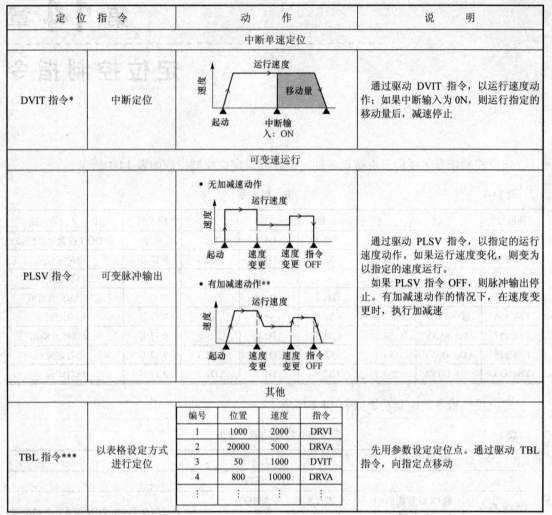

* 只支持 FX₃U、FX₃UC 型 PLC。
** Ver.2.20 以上的 FX₃UC 型 PLC 或 FX₃S、FX₃G、FX₃GC、FX₃U 型 PLC 支持。
*** Ver.2.20 以上的 FX₃UC 型 PLC 或 FX₃G、FX₃GC、FX₃U 型 PLC 支持。

14.1 带 DOG 搜索的原点回归指令（DSZR）

1. 指令格式

带 DOG 搜索的原点回归指令格式如图 14-1 所示。

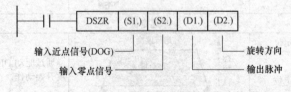

图 14-1 带 DOG 搜索的原点回归指令格式

带 DOG 搜索的原点回归指令 FNC150-DSZR（ZERO RETURN WITH DOG SEARCH）可使用软元件范围，如表 14-3 所示。

表 14-3　　　　　带 DOG 搜索的原点回归指令的可使用软元件范围

元件名称	位元件				字元件									常数			指针
	X	Y	M	S	D□.b	KnX	KnY	KnM	KnS	T	C	D	R	U□\G□	V、Z	K	H	E	"□"	P
S1.	○	○	○	○	①															
S2.	②																			
D1.		③																		
D2.		④	○	○	①															

①D□.b 只支持 FX₃ᵤ、FX₃ᵤc 型 PLC，但是不可以修饰变址（V、Z）。
②FX₃G、FX₃GC、FX₃U、FX₃UC 型 PLC 时，应指定 X0～X7。FX₃S 型 PLC 时，应指定 X0～X5。
③请指定基本单元的晶体管输出 Y0、Y1、Y2*或者高速输出特殊适配器**的 Y0、Y1、Y2***、Y3***。
　* FX₃G 型 PLC（14 点、24 点型）或 FX₃S、FX₃GC 型 PLC 时不能使用 Y2。
　** 高速输出特殊适配器只可以连接 FX₃U 型 PLC。
　*** 在高速输出特殊适配器中使用 Y2、Y3 的时候，需要第 2 台高速输出特殊适配器。
④FX₃U 型 PLC 中，使用高速输出特殊适配器作为脉冲输出端时，旋转方向信号使用表 14-4 的输出。FX₃S、FX₃G、FX₃GC、FX₃U、FX₃UC 型 PLC 中，使用内置的晶体管输出作为脉冲输出端时，旋转方向信号请使用晶体管输出。

表 14-4　　　　　PLC 的脉冲输出和旋转方向输出

高速输出特殊适配器的连接位置	脉冲输出	旋转方向输出
第 1 台	D1.=Y0 D1.=Y1	D2.=Y4 D2.=Y5
第 2 台	D1.=Y2 D1.=Y3	D2.=Y6 D2.=Y7

2．指令说明

带 DOG 搜索的原点回归指令（DSZR）用于设备返回到机械原点位置，如图 14-2 所示。由 Y0 发出一定频率的脉冲，近点行程开关为 X10，零点信号为 X4，旋转方向为 Y4。

当 M100=1 时，执行 DSZR 指令，Y0 发出的频率从基底速度加速到原点回归速度 50000Hz，当近点限位开关为 X10 到达 DOG 挡块的前端时，减速到爬行速度 1000Hz，当近点行程开关为 X10 到达 DOG 挡块的后端时，出现第 1 个零点信号 X4，在 1ms 以内将当前值寄存器清零，并发出清零信号。

带 DOG 搜索的原点回归有以下几种形式，如图 14-3 所示。

（1）正常情况下，在 a 点处。执行原点回归用指令，向原点回归方向开始反转移动，检测出 DOG 的前端，就开始减速到爬行速度。检测出 DOG 的后端后，在检测出第 1 个零点信号时停止。

（2）如果开始位置在 DOG 之内的 b 点处。执行原点回归用指令，以原点回归速度向与原点回归方向相反的方向移动。检测出 DOG 的前端后减速停止（离开 DOG）。以原点回归速度，向原点回归方向开始移动（再次进入 DOG）。一旦检测出 DOG 的前端，就开始减速到爬行速度。检测出 DOG 的后端后，在检测出第 1 个零点信号时停止。

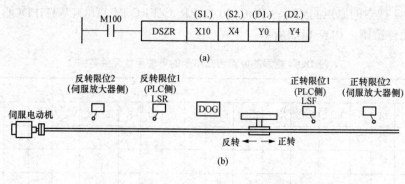

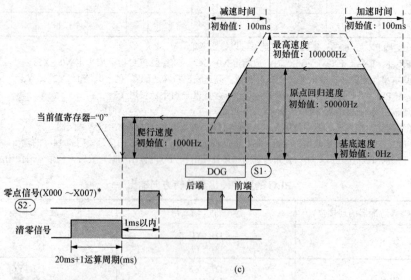

图 14-2 DSZR 指令说明

(a) 带 DOG 搜索的原点回归指令 (DSZR) 梯形图; (b) 伺服电动机驱动示意图;
(c) 执行带 DOG 搜索的原点回归指令 (DSZR) 过程时序图

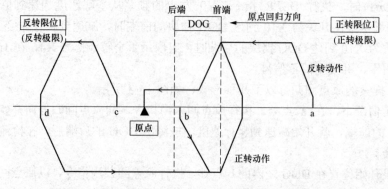

图 14-3 带 DOG 搜索的原点回归的几种形式

(3) 如果开始位置在近点信号 OFF (通过 DOG 后) 的 c 点处。执行原点回归用指令,开始原点回归动作。以原点回归速度向原点回归方向开始移动。检测出反转限位 1 (反转极限）时减速停止。以原点回归速度向与原点回归方向相反的方向开始移动。检测出 DOG 的前端后减速停止。以原点回归速度，向原点回归方向开始移动，再次进入 DOG。一旦检测出 DOG 的前端，就开始减速到爬行速度。检测出 DOG 的后端后，在检测出第 1 个零点信号时停止。

（4）如果开始位置在限位开关（正转限位 1 或者反转限位 1）为 ON 的 d 点处。通过执行原点回归用指令，开始原点回归动作。以原点回归速度，向与原点回归方向相反的方向开始移动。检测出 DOG 的前端后减速停止。以原点回归速度，向原点回归方向开始移动（再次进入 DOG）。一旦检测出 DOG 的前端，就开始减速到爬行速度。检测出 DOG 的后端后，在检测出第 1 个零点信号时停止。

14.2 中断定位指令（DVIT）

1．指令格式

中断定位指令格式如图 14-4 所示。

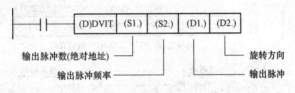

图 14-4 中断定位指令格式

（S1.）设定范围：16 位运算时为 −32768～+32767（0 除外），32 位运算时为 −999999～+999999（0 除外）。

（S2.）设定范围：16 为运算时为 10～32767Hz，32 位运算时如表 14-5 所示。

表 14-5　　　　　　　　　32 位运算时（S2.）设定范围

脉 冲 输 出 对 象		设 定 范 围
FX$_{3U}$ 型 PLC	高速输出特殊适配器	10～200000Hz
FX$_{3U}$、FX$_{3UC}$ 型 PLC	基本单元（晶体管输出）	10～100000Hz

中断定位指令 FNC151-DVIT（DRIVE INTERRUPT）可使用软元件范围，如表 14-6 所示。

表 14-6　　　　　　　　中断定位指令的可使用软元件范围

元件名称	位 元 件				字 元 件								常 数			指针
	X	Y	M	S	D□.b	KnX	KnY	KnM	KnS	T	C	D	R	U□\G□	V、Z	K	H	E	"□"	P
S1.						○	○	○	○	○	○	○	○	○	○	○	○		
S2.						○	○	○	○	○	○	○	○	○	○	○	○		

续表

元件名称	位元件					字元件									常数			指针
	X	Y	M	S	D□.b	KnX	KnY	KnM	KnS	T	C	D	R	U□\G□	V、Z	K	H	E	"□"	P
D1.		①																		
D2.		②	○	○	③															

①请指定基本单元的晶体管输出 Y0、Y1、Y2 或者高速输出特殊适配器*的 Y0、Y1、Y2**、Y3**。
　*　高速输出特殊适配器只可以连接 FX$_{3U}$ 型 PLC。
　**　在高速输出特殊适配器中使用 Y2、Y3 的时候，需要第 2 台高速输出特殊适配器。
②FX$_{3U}$ 型 PLC 中，使用高速输出特殊适配器作为脉冲输出端时，旋转方向信号使用表 14-4 的输出。FX$_{3U}$、FX$_{3U}$C 型 PLC 中，使用内置的晶体管输出作为脉冲输出端时，旋转方向信号使用晶体管输出。
③D□.b 不可以修饰变址（V、Z）。

2．指令说明

DVIT 指令用于执行单速中断定长进给。

如图 14-5 所示，执行 DVIT 指令，以运行速度（脉冲频率为 30000Hz）动作；如果中断输入为 ON，则运行指定的移动量（脉冲数为 2000000）减速停止。

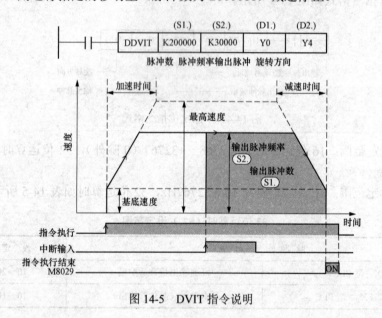

图 14-5 DVIT 指令说明

例 113　中断定位

如图 14-6 所示，PLC 初次运行时，M8002 接通一个扫描周期，将 D8336 设置为 HFFF8（FFF 表示 Y3、Y2、Y1 不使用，8 表示 Y0 为脉冲端，其中断输入信号为 M8460）。M8336 置位，中断输入指定功能有效。

当 X20=1 时，M100 得电自锁，执行中断定位指令 DVIT，Y0 发出指定频率为 30000Hz 的脉冲，M100 上升沿触点使 M103 置位。

当出现 X1 的上升沿时，执行中断，发出 200000 个脉冲后停止，M8029=1，M101 得电，M101 动断触点断开 DVIT 指令和 M100。M100=0，M100 下降沿触点使 M103 复位。

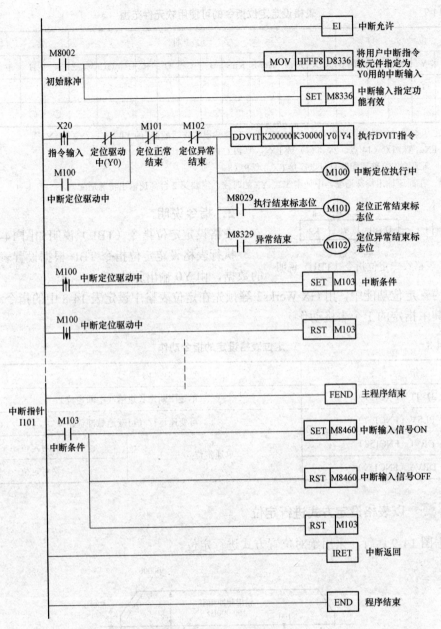

图 14-6 中断定位示例梯形图

14.3 表格设定定位指令（TBL）

1. 指令格式

表格设定定位指令格式如图 14-7 所示。

表格设定定位指令 FNC152-TBL（TABLE）可使用软元件范围，如表 14-7 所示。

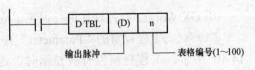

图 14-7 表格设定定位指令格式

表14-7 表格设定定位指令的可使用软元件范围

元件名称	位元件				字元件									常数		指针
	X	Y	M	S	D□.b	KnX	KnY	KnM	KnS	T	C	D	R	U□\G□	V、Z	K	H	"□"	P
D.		①																	
n.																○	○		

①指定基本单元的晶体管输出 Y0、Y1、Y2*或者高速输出特殊适配器**的 Y0、Y1、Y2***、Y3***。
*. FX$_{3G}$型 PLC（14点、24点型）或 FX$_{3GC}$型 PLC 时不能使用 Y2。
**. 高速输出特殊适配器只可以连接 FX$_{3U}$型 PLC。
***. 在高速输出特殊适配器中使用 Y2、Y3 的时候，需要第 2 台高速输出特殊适配器。

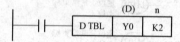

图 14-8 表格设定定位指令（TBL）说明

2. 指令说明

表格设定定位指令（TBL）说明如图 14-8 所示。

执行表格设定定位指令 TBL 根据设置表 14-4 中的数据，由 Y0 输出脉冲。

在内置定位功能中，用 GX Works2 等预先在定位表格中设定表 14-8 中的指令动作，然后按照其中指定的 1 个表格动作。

表14-8 定位表格设定的指令动作

指令	内容	
DVIT（FNC151）	单速中断定长进给（中断定位）	
PLSV（FNC157）	可变速运行（可变速脉冲输出）	
DRVI（FNC158）	单速定位	相对定位
DRVA（FNC159）		绝对定位

例 114 以表格设定方式进行定位

根据图 14-9 运行，采用绝对位置方式进行定位。

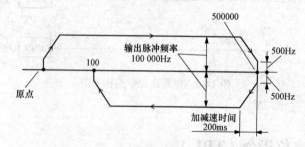

图 14-9 绝对位置方式进行表格定位示意图

用 GX Works2 编程软件进行内置定位设置参数的设定操作如下。

（1）双击工程视窗的"Parameter"在打开的列表中双击"PLC Parameter"图标，如图 14-10 所示。工程视窗没有被显示时，选择菜单栏的"View"→"Docking Window"→"Navigation"命令。

第 14 章 定位控制指令

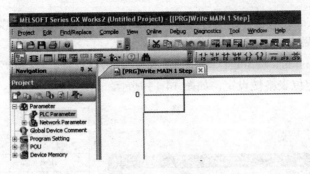

图 14-10 工程视窗

（2）在"Memory Capacity"对话框中勾选"Positioning Instruction Settings"复选框。内置定位设置需要 9000 步。程序容量不足时，将"Memory Capacity"下拉列表框设定为 16000 步以上。

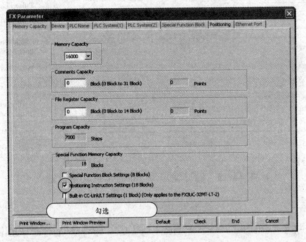

图 14-11 勾选"Positioning Instruction Settings"复选框

（3）选择"Positioning"选项卡，对脉冲输出端 Y0 做设定，如图 14-12 所示。

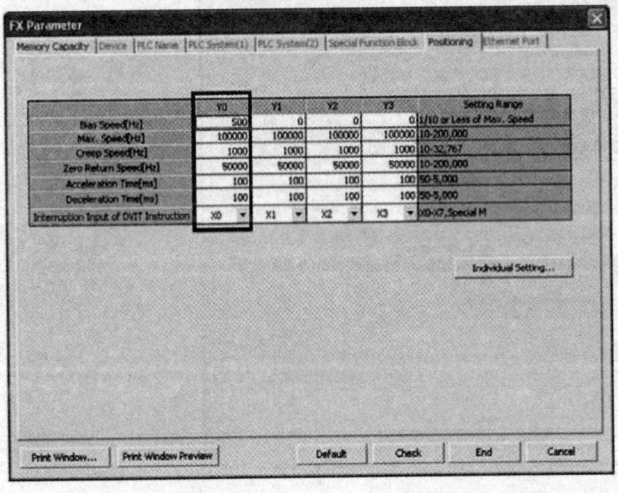

设定项目	设定内容
Bias Speed[Hz]	500
Max. Speed[Hz]	100 000
Creep Speed[Hz]	1000
Zero Return Speed[Hz]	50 000
Acceleration Time[ms]	100
Deceleration Time[ms]	100
Interrupt Input of DVIT Instruction	X000

图 14-12 脉冲输出端 Y0 设定

在"Memory Capacity"界面中,选中"Positioning Instruction Settings"后,就可以对"Positioning"界面做设定了。

(4)单击"Individual Setting"按钮,显示详细设置对话框。选择"Y0"选项卡,对脉冲输出端 Y000 的定位表格做设定,如图 14-13 所示。

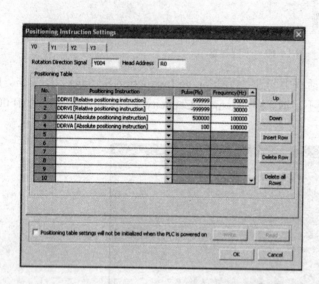

	设定项目	设定内容
	Rotation Direction Signal	Y004
	Head Address	R0
No1	Positioning Instruction	DDRVI(相对定位)
	Pulse(Pls)	999999
	Frequency(Hz)	30000
No2	Positioning Instruction	DDRVI(相对定位)
	Pulse(Pls)	-999999
	Frequency(Hz)	30000
No3	Positioning Instruction	DDRVA(绝对定位)
	Pulse(Pls)	500000
	Frequency(Hz)	100000
No4	Positioning Instruction	DDRVA(绝对定位)
	Pulse(Pls)	100
	Frequency(Hz)	100000

图 14-13 脉冲输出端 Y0 的定位表格设定

(5)编写程序。

(6)选择菜单栏的"Online"→"Write to PLC"命令,显示"Online Data Operation"(在线数据操作)对话框,如图 14-14 所示。

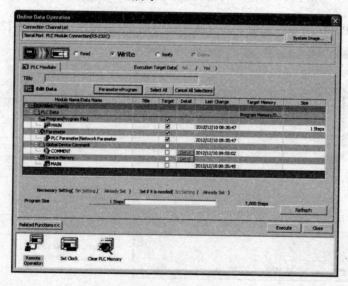

图 14-14 "Online Data Operation"对话框

（7）单击"Parameter+Program"按钮后，单击"Execute"按钮。

将参数编写后的程序传入 PLC 中。

传送的参数在 PLC 中选择 STOP→RUN 命令后有效。

表格定位控制梯形图如图 14-15 所示。

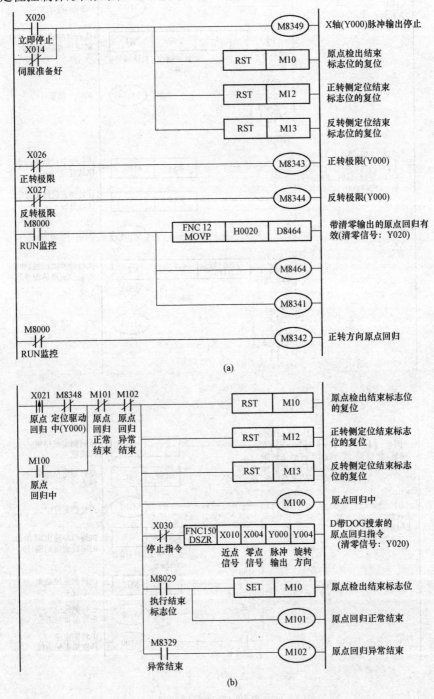

图 14-15　表格定位控制梯形图（一）

(a) 正反转极限及停止；(b) 原点回归

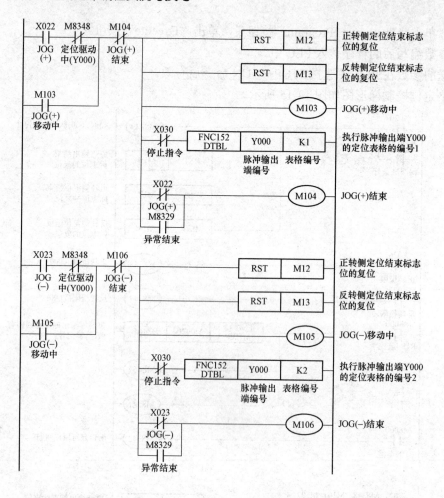

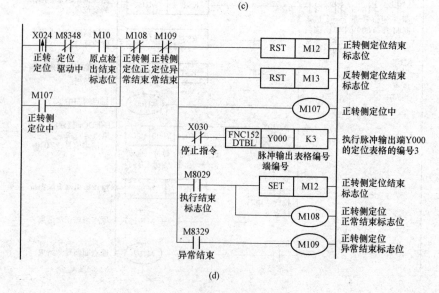

图 14-15　表格定位控制梯形图（二）
（c）JOG 运行；（d）正转方向定位

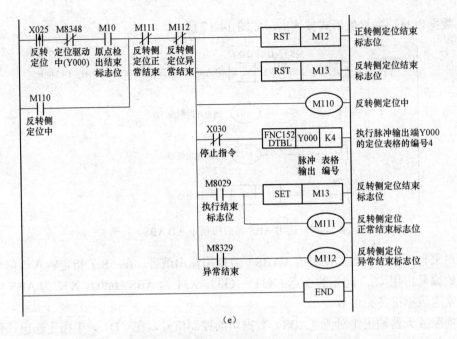

图 14-15　表格定位控制梯形图（三）

(e) 反转方向定位

14.4　读出 ABS 当前值指令（D ABS）

1. 指令格式

读出 ABS 当前值指令格式如图 14-16 所示。

读出 ABS 当前值指令 FNC155-ABS（ABSOLUTE）可使用软元件范围，如表 14-9 所示。

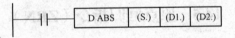

图 14-16　读出 ABS 当前值指令格式

表 14-9　读出 ABS 当前值指令的可使用软元件范围

元件名称	位元件				字元件								常　　数			指针
	X	Y	M	S	D□.b	KnX	KnY	KnM	KnS	T	C	D	R	U□\G□	Z	K	H	E	"□"	P
S.	○	○	○	○	②															
D1.		①	○	○	②															
D2.							○	○	○	○	○	○	③	④	○					

① 指定晶体管输出。
② D□.b 只支持 FX$_{3U}$、FX$_{3UC}$ 型 PLC。但是不可以修饰变址（V、Z）。
③ 只支持 FX$_{3G}$、FX$_{3GC}$、FX$_{3U}$、FX$_{3UC}$ 型 PLC。
④ 只支持 FX$_{3U}$、FX$_{3UC}$ 型 PLC。

2. 指令说明

读出 ABS 当前值指令用于与三菱公司的型号为 MR-J4□A、MR-J3□A、MR-J2（S）□A 或 MR-H□A 的伺服放大器（带绝对位置检测功能）连接后，读出绝对位置（ABS）的数据。数据以脉冲换算值形式被读出,如图 14-17 所示。

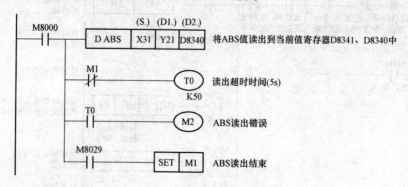

图 14-17 读出 ABS 当前值指令(D ABS)说明

针对来自伺服放大器的绝对值(ABS)数据用输出信号,在(S.)指定输入该信号的软元件起始编号占用(S.)起始的 3 点(X31～X33)。X31 为 ABS(bit0),X32 为 ABS(bit1),X33 为发送数据准备完信号。

向伺服放大器输出绝对值(ABS)数据用的控制信号,在(D1.)中指定输出该信号的软元件的起始编号。PLC 的输出使用晶体管输出。

(D1.)起始的 3 点(Y21～Y23),Y21 为伺服 ON,Y22 为 ABS 传送模式,Y23 为 ABS 请求信号。

从伺服放大器中读出绝对值(ABS)数据(32 位值),保存在指定的当前值寄存器 D8341、D8340 中(输出脉冲为 Y0 的当前值寄存器为 D8341、D8340)。

14.5 原点回归指令(ZRN)

1. 指令格式

原点回归指令格式如图 14-18 所示。

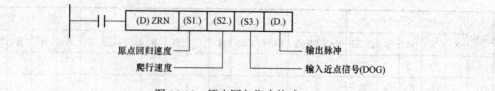

图 14-18 原点回归指令格式

原点回归指令 FNC156-ZRN(ZERO RETURN)可使用软元件范围,如表 14-10 所示。

表 14-10 原点回归指令的可使用软元件范围

元件名称	位元件				字元件								常数			指针
	X	Y	M	S	D□.b	KnX	KnY	KnM	KnS	T	C	D	R	U□\G□	V、Z	K	H	E	"□"	P
S1.						○	○	○	○	○	○	○	③	④		○	○			
S2.						○	○	○	○	○	○	○	③	④		○	○			

续表

元件名称	位元件				字元件								常数			指针
	X	Y	M	S	D□.b	KnX	KnY	KnM	KnS	T	C	D	R	U□\G□	V、Z	K	H	E	"□"	P
S3.	○	○	○	○	①															
D.		②																		

①D□.b 只支持 FX$_{3U}$、FX$_{3UC}$ 型 PLC，但是不可以修饰变址（V、Z）。
②指定基本单元的晶体管输出 Y0、Y1、Y2 或者高速输出特殊适配器的 Y0、Y1、Y2、Y3。
③只支持 FX$_{3G}$、FX$_{3GC}$、FX$_{3U}$、FX$_{3UC}$ 型 PLC。
④只支持 FX$_{3U}$、FX$_{3UC}$ 型 PLC。

2. 指令说明

原点回归指令（ZRN）用于返回到机械原点位置，原点回归方向只有反转方向。

如图 14-19 所示，由 Y0 发出一定频率的脉冲，原点回归的频率为 50000Hz，爬行速度为 1000Hz，近点行程开关为 X0。

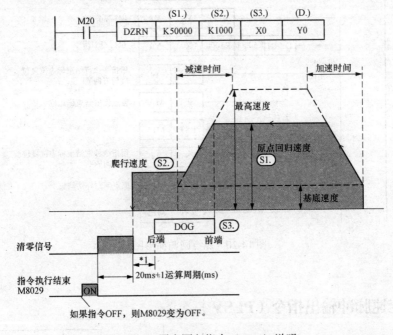

图 14-19 原点回归指令（ZRN）说明

*1. 基本单元的 X0~X7（FX3S 为 X0~X5）为 1ms 以内，X10 以后（FX3S 为 X006 以后）为 1ms+1 运算周期以内。

当 M20=1 时，执行 DZRN 指令，Y0 发出的频率从基底速度加速到原点回归速度 50000Hz，当近点行程开关 X0 到达 DOG 挡块的前端时，减速到爬行速度 1000Hz，

例 115 原点回归

如图 14-20 所示，按下原点回归按钮 X20，M12 置位，M12 触点闭合接通电路并自锁。Y4 置位，向伺服放大器发出一个反向旋转的信号。

执行刷新指令 REFP，使 Y0~Y7 输出刷新，将 Y4 的信号立即输出。

执行 DZRN 指令，Y0 向伺服放大器发出脉冲，驱动伺服电动机运行，当返回到 DOG 的前端，X0 动作，由原点回归速度 50000Hz 降到爬行速度 1000Hz，当到达 DOG 的后端时，在 1ms 之内停止，并发出清零信号，清零信号结束后 M8029=1。

M8029=1，M8029 触点闭合将 Y4 复位，将 M10 置位，表示程序正常结束。将 M12 复位，M12 触点断开全部指令，M8029=0，但 M10 仍为 1。

如果程序异常结束，M8329=1，M8329 触点闭合将 Y4 复位。将 M11 置位，表示程序异常结束。将 M12 复位，M12 触点断开全部指令。

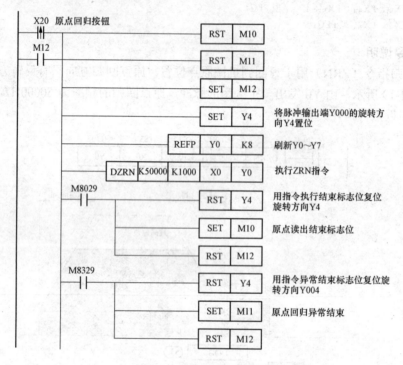

图 14-20 原点回归梯形图

14.6 可变速脉冲输出指令（PLSV）

1. 指令格式

可变速脉冲输出指令格式如图 14-21 所示。

可变速脉冲输出指令 FNC157-PLSV（PULSE V）可使用软元件范围，如表 14-11 所示。

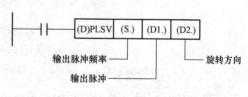

图 14-21 可变速脉冲输出指令格式

表 14-11　　　　可变速脉冲输出指令的可使用软元件范围

元件名称	位元件				字元件									常数			指针
	X	Y	M	S	D□.b	KnX	KnY	KnM	KnS	T	C	D	R	U□\G□	V、Z	K	H	E	"□"	P
S.						○	○	○	○	○	○	○	④	⑤	○	○	○		
D1.		①																	

续表

元件名称	位元件				字元件								常数			指针
	X	Y	M	S	D□.b	KnX	KnY	KnM	KnS	T	C	D	R	U□\G□	V、Z	K	H	E	"□"	P
D2.		②	○	○	③															

①指定基本单元的晶体管输出 Y0、Y1、Y2*，或是高速输出特殊适配器**Y0、Y1、Y2***、Y3***。

　* FX$_{3G}$ 型 PLC（14 点、24 点型）或 FX$_{3S}$、FX$_{3GC}$ 型 PLC 时，不能使用 Y2。

　** 高速输出特殊适配器只可连接 FX$_{3U}$ 型 PLC。

　*** 使用高速输出特殊适配器的 Y2、Y3 时，需要使用第 2 台的高速输出特殊适配器。

②使用 FX$_{3U}$ 型 PLC 的脉冲输出对象地址中的高速输出特殊适配器时，旋转方向信号请使用表 14-4 中的输出。在使用 FX$_{3S}$、FX$_{3G}$、FX$_{3GC}$、FX$_{3U}$、FX$_{3UC}$ 型 PLC 的脉冲输出对象标址中内置的晶体管输出时，旋转方向信号使用晶体管输出。

③D□.b 仅支持 FX$_{3U}$、FX$_{3UC}$ 型 PLC，但是，不能变址修饰（V、Z）。

④仅支持 FX$_{3G}$、FX$_{3GC}$、FX$_{3U}$、FX$_{3UC}$ 型 PLC。

⑤仅支持 FX$_{3U}$、FX$_{3UC}$ 型 PLC。

2．指令说明

PLSV 指令是带旋转方向输出的可变速脉冲输出指令。在可变速脉冲输出（PLSV）指令中，有带加减速动作和无加减速动作。

如图 14-22 所示，M8338=0，无加减速动作。当指令 DPLSV 接通时，由 Y0 发出脉冲，脉冲频率为 D1、D0 中的值，改变 D1、D0 中的值，即改变脉冲频率。D1、D0 中的值为正数时正转，Y4=1；为负数时反转，Y4=0。当指令 DPLSV 断开时停止。

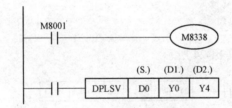

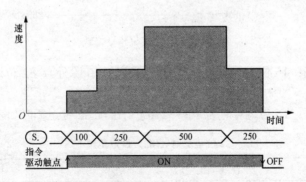

图 14-22　无加减速动作（M8338=OFF）

如图 14-23 所示，M8338=1，为带加减速动作。当指令 DPLSV 接通时，由 Y0 发出脉冲，脉冲频率为 D1、D0 中的值，改变 D1、D0 中的值，即改变脉冲频率。D1、D0 中的值为正数时正转，Y4=1；为负数时反转，Y4=0。当指令 DPLSV 断开时停止。

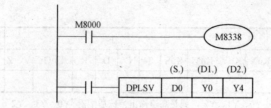

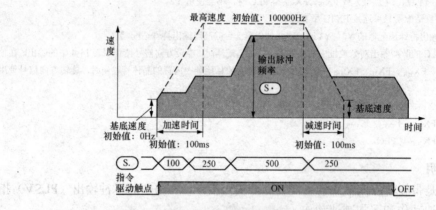

图 14-23 带加减速动作（M8338=ON）

14.7 相对定位指令（DRVI）

1. 指令格式

相对定位指令格式如图 14-24 所示。

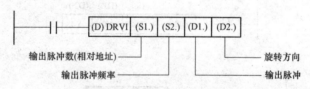

图 14-24 相对定位指令格式

(S1.) 设定范围：16 位运算时为 –32768～+32767（0 除外），32 位运算时为 –999999～+999999（0 除外）。

(S2.) 设定范围：16 为运算时为 10～32767（Hz），32 位运算时如表 14-12 所示。

表 14-12　　　　　　　　　　32 位运算时（S2.）设定范围

脉 冲 输 出 对 象		设　定　范　围
FX_{3U} 型 PLC	高速输出特殊适配器	10～200000Hz
FX_{3S}、FX_{3G}、FX_{3GC}、FX_{3U}、FX_{3UC} 型 PLC	基本单元（晶体管输出）	10～100000Hz

相对定位指令 FNC158-DRVI（DRIVE TO INCREMENT）可使用软元件范围，如表 14-13 所示。

表 14-13　　　　　　　　相对定位指令的可使用软元件范围

元件名称	位元件				字元件									常数			指针
	X	Y	M	S	D□.b	KnX	KnY	KnM	KnS	T	C	D	R	U□\G□	V、Z	K	H	E	"□"	P
S1.						○	○	○	○	○	○	○	④	⑤		○	○	○		
S2.						○	○	○	○	○	○	○	④	⑤		○	○	○		
D1.		①																		
D2.		②	○	○	③															

①指定基本单元的晶体管输出 Y0、Y1、Y2*或是高速输出特殊适配器**Y0、Y1、Y2***、Y3***。
　* FX$_{3G}$ 型 PLC（14 点、24 点型）或 FX$_{3S}$、FX$_{3GC}$ 型 PLC 时，不能使用 Y2。
　** 高速输出特殊适配器只可连接 FX$_{3U}$ 型 PLC。
　*** 使用高速输出特殊适配器的 Y2、Y3 时，需要使用第 2 台的高速输出特殊适配器。
②使用 FX$_{3U}$ 型 PLC 的脉冲输出对象地址中的高速输出特殊适配器时，旋转方向信号使用表 14-4 中的输出。在使用 FX$_{3S}$、FX$_{3G}$、FX$_{3GC}$、FX$_{3U}$、FX$_{3UC}$ 型 PLC 的脉冲输出对象标地址中内置的晶体管输出时，旋转方向信号使用晶体管输出。
③D□.b 仅支持 FX$_{3U}$、FX$_{3UC}$ 型 PLC，但是，不能变址修饰（V、Z）。
④仅 FX$_{3G}$、FX$_{3GC}$、FX$_{3U}$、FX$_{3UC}$ 型 PLC 支持。
⑤仅 FX$_{3U}$、FX$_{3UC}$ 型 PLC 支持。

2. 指令说明

DRVI 是以相对驱动方式执行单速定位的指令。用带正/负的符号指定从当前位置开始的移动距离的方式，也称为增量（相对）驱动方式。

如图 14-25 所示，当指令 DDRVI 接通时，由 Y0 发出脉冲，从规定的起始频率（基底速度）加速到 K30000Hz（输出脉冲频率），接近末点时减速，达到 999999 个脉冲数时停止。停止时 M8029=1，再由 M8029 将 DDRVI 指令断开。

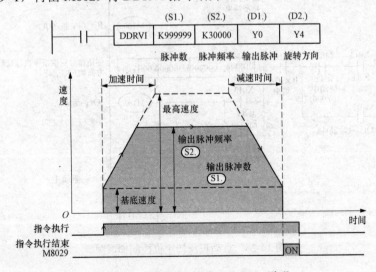

图 14-25　相对定位指令（DRVI）说明

例 116　点动正反转定位控制

用正转点动按钮 X012 控制电动机的正转，用反转点动按钮 X013 控制电动机的反转，正转行程开关 X010 和反转行程开关 X011 采用动断触点。脉冲输出为 Y000，旋转方向输出为Y004。如图14-26所示,设置最高速度为100000Hz,基底速度为0Hz,加减速度均为100ms。

按下正转点动按钮 X012,接通 DDRVI 指令,M8348 动断触点断开,但是 M100 得电自锁,仍接通 DDRVI 指令,Y000 输出脉冲,电动机正转。松开正转点动按钮 X12,X12 动断触点闭合,M101 线圈得电,M101 动断触点断开 DDRVI 指令,电动机停止。

按下反转点动按钮 X013,电动机反转,松开点动按钮 X013,电动机停止。

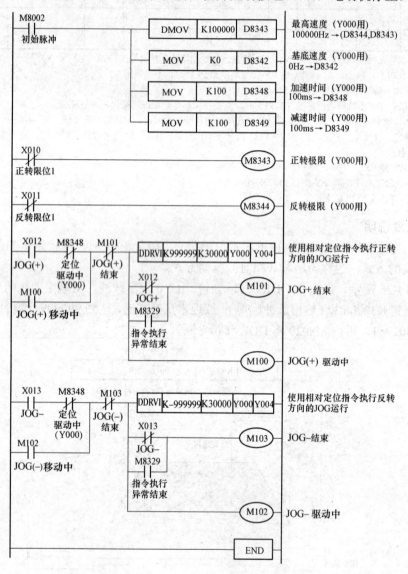

图 14-26 点动正反转定位控制梯形图

14.8 绝对定位指令（DRVA）

1. 指令格式

绝对定位指令格式如图14-27所示。

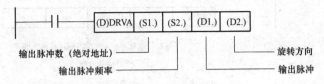

图 14-27　绝对定位指令格式

（S1.）设定范围：16 位运算时为–32768～+32767，32 位运算时为–999999～+999999。

（S2.）设定范围：16 为运算时为 10～32767Hz，32 位运算时如表 14-12 所示。

绝对定位指令 FNC159-DRVA（DRIVE TOABSOLUTE）可使用软元件范围，如表 14-14 所示。

表 14-14　　　　　　　　　绝对定位指令的可使用软元件范围

元件名称	位元件				字元件								常数			指针
	X	Y	M	S	D□.b	KnX	KnY	KnM	KnS	T	C	D	R	U□\G□	V、Z	K	H	E	"□"	P
S1.						○	○	○	○	○	○	○	④	⑤		○	○			
S2.						○	○	○	○	○	○	○	④	⑤		○	○			
D1.		①																		
D2.		②	○	○	③															

①指定基本单元的晶体管输出 Y0、Y1、Y2*或是高速输出特殊适配器**Y0、Y1、Y2***、Y3***。

　*FX₃G 型 PLC（14 点、24 点型）或 FX₃S、FX₃GC 型 PLC 时，不能使用 Y2。

　**高速输出特殊适配器只可连接 FX₃U 型 PLC。

　***使用高速输出特殊适配器的 Y2、Y3 时，需要使用第 2 台的高速输出特殊适配器。

②使用 FX₃U 型 PLC 的脉冲输出对象地址中的高速输出特殊适配器时，旋转方向信号使用表 14-4 中的输出。在使用 FX₃S、FX₃G、FX₃GC、FX₃U、FX₃UC 型 PLC 的脉冲输出对象标地址中内置的晶体管输出时，旋转方向信号使用晶体管输出。

③D□.b 仅支持 FX₃U、FX₃UC 型 PLC，但是，不能变址修饰（V、Z）。

④仅 FX₃G、FX₃GC、FX₃U、FX₃UC 型 PLC 支持。

⑤仅 FX₃U、FX₃UC 型 PLC 支持。

2．指令说明

DRVA 是以绝对驱动方式执行单速定位的指令。用指定从原点（零点）开始的移动距离的方式，也称为绝对驱动方式。

如图 14-28 所示，当指令接通时，由 Y0 发出脉冲，从规定的起始频率（基底速度）加速到 K30000Hz（输出脉冲频率），接近绝对位置（离原点 100 个脉冲的位置）时减速，达到绝对位置（离原点 100 个脉冲的位置）时停止。停止时 M8029=1，再由 M8029 将 DDRVA 指令断开。

例 117　绝对位置方式进行定位

控制系统示意图如图 14-29（a）所示，要求根据图 14-29（b）方式运行，采用绝对位置方式进行定位。PLC 输入输出连接端及作用如表 14-15 所示。

PLC 应用指令编程实例与技巧

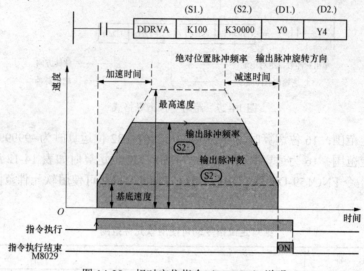

图 14-28 相对定位指令（DDRVI）说明

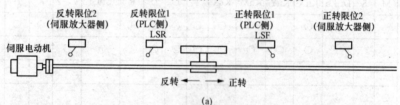

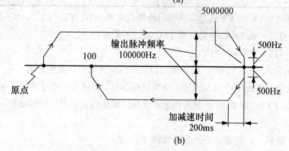

图 14-29 绝对位置方式定位控制
（a）控制系统示意图；（b）绝对位置方式定位示意图

表 14-15　　　　　　　PLC 输入输出连接端及作用

信 号 名 称	输入输出编号	连 接 端
脉冲串（脉冲输出端）	Y000	连接 MELSERVO 系列的伺服放大器
方向（旋转方向信号）	Y004	
清零信号	Y020	
零点信号	X004	
伺服准备好	X014	
立即停止指令	X020	连接外部开关
原点回归指令	X021	
JOG（+）指令	X022	
JOG（-）指令	X023	
正转定位指令	X024	

续表

信 号 名 称	输入输出编号	连 接 端
反转定位指令	X025	连接外部开关
停止指令	X030	
近点信号（DOG）	X010	连接传感器、行程开关
中断信号	X000	
正转限位1（LSF）	X026	
反转限位1（LSR）	X027	
ABS（bit0）	X031	绝对位置检出系统使用时，连接MELSERVO系列的伺服放大器（MR-J4□A、MR-J3□A、MR-J2S□A、MR-J2□A、MR-H□A）
ABS（bit1）	X032	
发送数据准备结束	X033	
伺服ON	Y021	
ABS传送模式	Y022	
ABS请求	Y023	

用绝对位置方式进行定位控制梯形图如图14-30所示。

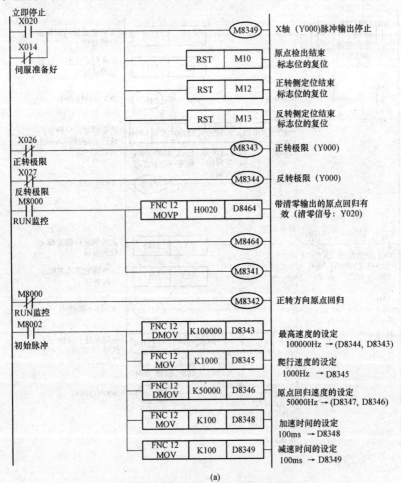

图 14-30　绝对位置方式控制梯形图（一）
(a) 正反转极限、停止及参数设定梯形图

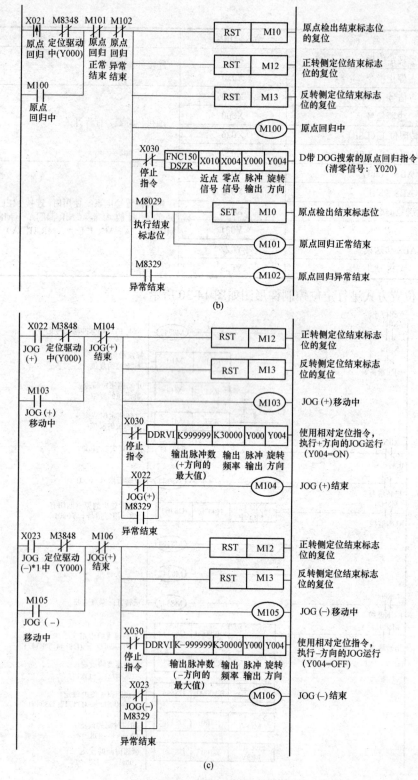

图 14-30 绝对位置方式控制梯形图（二）
(b) 原点回归梯形图；(c) JOG 运行梯形图

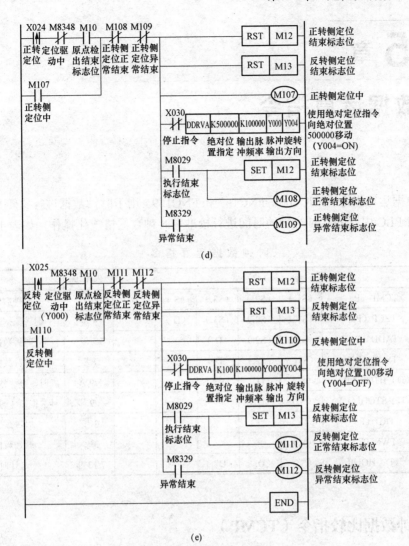

图 14-30 绝对位置方式控制梯形图（三）
（d）正转方向定位梯形图；（e）反转方向定位梯形图

第 15 章 时钟数据运算指令

时钟数据运算指令（FNC160~FNC167 和 FNC169）用于时钟数据进行比较和运算，另外还可以对 PLC 内置的实时时钟的时间进行校准和时钟数据格式化操作，如表 15-1 所示。

表 15-1　　　　　　　　　　时钟数据运算指令

功能号	指令格式					程序步	指令功能
FNC160	TCMP（P）	(S1.)	(S2.)	(S3.)	(S.) (D.)	11 步	时钟数据比较
FNC161	TZCP（P）	(S1.)	(S2.)	(S3.)	(D.)	9 步	时钟数据区间比较
FNC162	TADD（P）	(S1.)	(S2.)	(D.)		7 步	时钟数据加法
FNC163	TSUB（P）	(S1.)	(S2.)	(D.)		7 步	时钟数据减法
FNC164	(D) HTOS（P）	(S.)	(D.)			5/9 步	时、分、秒数据转秒
FNC165	(D) STOH（P）	(S.)	(D.)			5/9 步	秒数据转 [时、分、秒]
FNC166	TRD（P）	(D.)				3 步	时钟数据读出
FNC167	TWR（P）	(S.)				3 步	时钟数据写入
FNC169	(D) HOUR	(S.)	(D.)	(D2.)		7/13 步	计时表

15.1　时钟数据比较指令（TCMP）

1．指令格式

时钟数据比较指令格式如图 15-1 所示。

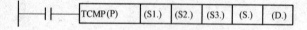

图 15-1　时钟数据比较指令格式

时钟数据比较指令 FNC160-TCMP（TIME COMPARE）可使用软元件范围，如表 15-2 所示。

表 15-2　　　　　　时钟数据比较指令的可使用软元件范围

元件名称	位元件				字元件										常数		"□"	指针
	X	Y	M	S	D□.b	KnX	KnY	KnM	KnS	T	C	D	R	U□\G□	V、Z	K	H		P
S1.						○	○	○	○	○	○	○	○	○		○	○		
S2.							○	○	○	○	○	○	○	○		○	○		

续表

元件名称	位元件				字元件								常数			指针
	X	Y	M	S	D□.b	KnX	KnY	KnM	KnS	T	C	D	R	U□\G□	V、Z	K	H	E	"□"	P
S3.					○	○	○	○	○	○	○	○	○	○	○	○		
S.									○	○	○	○	○					
D.		○	○	○	①													

①D□.b 不能变址。

2. 指令说明

时钟数据比较指令（TCMP）用于将源数据（S1.）时、（S2.）分、（S3.）秒设定的时间与（S.）起始的 3 点时间数据进行比较，比较结果由 3 个连续的继电器来表示。

如图 15-2 所示，D0 中的数据为"时"，D1 中的数据为"分"，D2 中的数据为"秒"。当 X0=1 时，将 D0 与 10 时 30 分 50 秒比较，根据比较结果，使（D.）中指定的连续 3 点输出中一点动作。

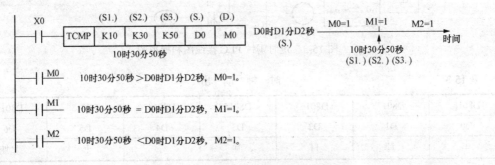

图 15-2 时钟数据比较指令（TCMP）说明

"时""分""秒"设定值范围分别为 0~23、0~59 和 0~59。

利用时钟数据读取指令 TRD（FCN166）也可以和 PLC 内置的实时时钟数据进行比较。

例 118 定时闹钟

用 PLC 控制一个电铃，要求除了星期六、星期日以外，每天早上 7 点 10 分电铃响 10s，按下复位按钮，电铃停止。如果不按下复位按钮，每隔 1min 再响 10s 进行提醒，共响 3 次结束。

定时闹钟 PLC 接线图和梯形图如图 15-3 所示，执行功能指令 TRD D0，将 PLC 中 D8013~D8019（实时时钟）的时间传送到 D0~D6 中，如表 15-3 所示。

执行 TCMP 指令进行时钟比较，如果当前时间 D3、D4、D5 中的时、分、秒等于 7 时 10 分 0 秒，则 M1=1，M1 动合触点闭合，M3 线圈得电自锁，但是当 D8019=0（星期日），或 D8019=6（星期六）时，M3 线圈不得电。

M3 动合触点闭合，定时器 T0、T1 得电开始计时，计数器 C0 计一次数，Y0 得电电铃响，响 10s 后 T1 动断触点断开，Y0 失电，60s 后 T0 动断触点断开，T0、T1、C0 失电，Y0 再次得电电铃响，第 2 个扫描周期 T0 动断触点闭合，T0、T1 得电重新计时，C0 再计一次数，当 C0 计数值为 4 时，M3 失电，C0 复位，T0、T1、C0、Y0 均失电。

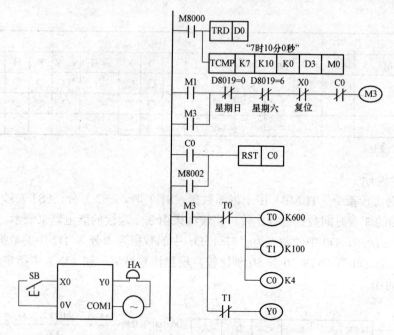

图 15-3 定时闹钟 PLC 接线图和梯形图

表 15-3 时 钟 读 出

D8018	D8017	D8016	D8015	D8014	D8013	D8019
D0	D1	D2	D3	D4	D5	D6
年	月	日	时	分	秒	星期

按下复位按钮，电铃停止。

定时闹钟指令表如下。

```
0  LD   M8000              32 RST  C0
1  TRD  D0                 34 LD   M3
4  TCMP K7 K10 K0 D3 M0    35 MPS
15 LD   M1                 36 ANI  T0
16 OR   M3                 37 OUT  T0 K600
17 AND<> D8019 K0          40 OUT  T1 K100
22 AND<> D8019 K6          43 OUT  C0 K4
27 ANI  X000               46 MPP
28 ANI  C0                 47 ANI  T1
29 OUT  M3                 48 OUT  Y000
30 LD   C0                 49 END
31 OR   M8002
```

15.2 时钟数据区间比较指令（TZCP）

1. 指令格式

时钟数据区间比较指令格式如图 15-4 所示。

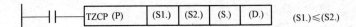

图 15-4 时钟数据区间比较指令格式

时钟数据区间比较指令 FNC161-TZCP（TIME ZONE COMPARE）可使用软元件范围，如表 15-4 所示。

表 15-4　　时钟数据区间比较指令的可使用软元件范围

元件名称	位元件				字元件								常数			指针
	X	Y	M	D□.b	KnX	KnY	KnM	KnS	T	C	D	R	U□\G□	V、Z	K	H	E	"□"	P
S1.									○	○	○	○						
S2.									○	○	○	○						
S.									○	○	○	○						
D.	○	○	○	①														

①D□.b 不能变址。

2．指令说明

时钟数据区间比较指令（TZCP）用于将源数据（S.）与（S1.）、（S2.）设定的"时""分""秒" 3 点时间数据进行比较，其中源数据（S1.）不得大于（S2.）的数值，比较结果由 3 个连续的继电器来表示。

如图 15-5 所示，当 X0=1 时，将（D2，D1，D0）的时间分别与（D20，D21，D22）和（D30，D31，D32）的时间进行比较，若（D20，D21，D22）＞（D0，D1，D2），则 Y0=1；若（D20，D21，D22）≤（D0，D1，D2）≤（D30，D31，D32），则 Y1=1；若（D0，D1，D2）＞（D30，D31，D32），则 Y2=1。当 X0=0 时，不执行 TZCP 指令，但 Y0、Y1、Y2 保持不变。若要将比较结果复位，可用 ZRST 指令将 Y0、Y1、Y2 置 0。

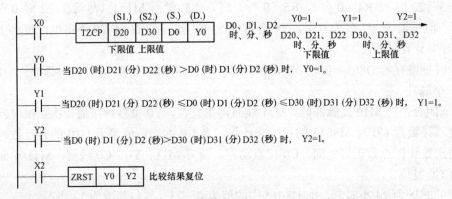

图 15-5　时钟数据区间比较指令（TZCP）说明

例 119　闹钟整点报时

对 PLC 中的时钟进行整点报时，要求几点钟响几次（按 12 小时制，如下午 13 点钟为下午 1 点钟，只响 1 次），每秒钟一次。为了不影响晚间休息，只在早晨 6 时到晚上 21 时之间报时。

整点报时的梯形图如图 15-6 所示,执行 TRD D0 指令,将 D8013～D8019 中的时间读到对应的数据寄存器 D0～D6 中,其中 D3 中存放的是时钟 D8015 的"时",D4 中存放的是 D8014 分钟的"分",D5 中存放的是 D8013 秒钟的"秒"(参见 TRD D0 指令说明)。

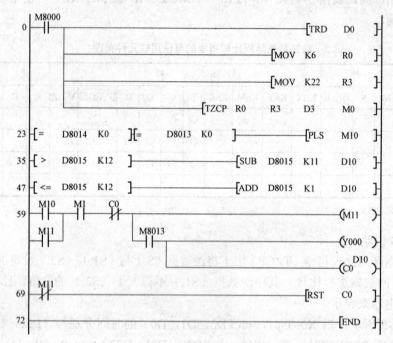

图 15-6　整点报时的梯形图

设报时时间的下限值为 6 时 0 分 0 秒(MOV K6 R0),上限值为 22 时 0 分 0 秒(MOV K22 R3),执行时钟数据区间比较指令 TZCP,当 R0(6 时)、R1(0 分)、R2(0 秒)≤D3、D4、D5≤R3(22 时)、R4(0 分)、R5(0 秒)时,比较触点 M1=1(尽管在 22 时 0 分 0 秒时 M1=1,但是很快 M1 就为 0 了,Y0 会得一次电,如需在 22 时 Y0 不得电,可将上限值设为 21 时 1 分 0 秒即可)。

当分钟时钟寄存器 D8014=0(0 分),秒钟时钟寄存器 D8013=0(0 秒)时为整点时间,M10 发出一个脉冲。

M1 触点闭合,当 M10 发脉冲时,M11 线圈得电自锁,Y0 每秒钟接通一次,报时器每秒钟响一次。计数器 C0 对 M8013 的秒脉冲计数。当 C0 的当前值等于 D10 的钟点数时,报时器响的次数和钟点数正好相同,C0 接点动作,断开 M11、Y0、C0 线圈,M11 动断触点闭合,将 C0 复位。

PLC 中的时钟为 24 小时制,即 D8015 中的值为 0～23,需将其改为 12 小时制。

在上午,时钟小时数 D8015≤12 时,C0 的设定值 D10=D8015+1。

在下午,时钟小时数 D8015>12 时,C0 的设定值 D10=D8015+1-12。

以上 D8015+1 考虑的是 n 点钟响 n 次,在 n+1 次时停止。也就是说计数值 C0 应比整点数多一次。

整点报时指令表如下:

```
 0   LD    M8000                          59   LD    M10
 1   TRD   D0                             60   OR    M11
 4   MOV   K6     R0                      61   AND   M1
 9   MOV   K22    R3                      62   ANI   C0
14   TZCP  R0     R3    D3   M0           63   OUT   M11
23   LD=   D8014  K0                      64   AND   M8013
28   AND=  D8013  K0                      65   OUT   Y000
33   PLS   M10                            66   OUT   C0    D10
35   LD>   D8015  K12                     69   LDI   M11
40   SUB   D8015  K12   D10                70   RST   C0
47   LD<=  D8015  K12                     72   END
52   ADD   D8015  K1    D10
```

15.3 时钟数据加法指令（TADD）

1. 指令格式

时钟数据加法指令格式如图 15-7 所示。

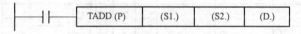

图 15-7 时钟数据加法指令格式

时钟数据加法指令 FNC162-TADD（TIME ADDITION）可使用软元件范围，如表 15-5 所示。

表 15-5　　　　　　　　　时钟数据加法指令的可使用软元件范围

元件名称	位元件								字元件					常数				指针
	X	Y	M	S	D□.b	KnX	KnY	KnM	KnS	T	C	D	R	U□\G□	V、Z	K	H	E	"□"	P
S1.										○	○	○	○	○					
S2.										○	○	○	○	○					
D.										○	○	○	○						

2. 指令说明

时钟数据加法指令（TADD）用于将存于（S1.）起始单元的 3 点时、分、秒时钟数据与（S2.）起始单元的 3 点时、分、秒时钟数据相加，结果存入目标数据（D.）起始的 3 个单元中，如图 15-8 所示。

运算结果若为 0（0 时 0 分 0 秒）时，零标志 M8020=1。

时钟数据加法运算结果大于 24 小时，将自动减去 24 小时后的结果进行保存，标志 M8022=1，如 18 时 30 分 10 秒+10 时 20 分 5 秒=4 时 50 分 15 秒。

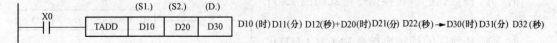

图 15-8 时钟数据加法指令（TADD）说明

15.4 时钟数据减法指令（TSUB）

1. 指令格式

时钟数据减法指令格式如图 15-9 所示。

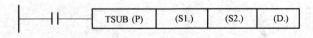

图 15-9　时钟数据减法指令格式

时钟数据减法指令 FNC163-TSUB（TIME SUBTRACTION）可使用软元件范围，如表 15-6 所示。

表 15-6　时钟数据减法指令的可使用软元件范围

元件名称	位 元 件								字 元 件						常 数			指针
	X	Y	M	S	D□.b	KnX	KnY	KnM	KnS	T	C	D	R	U□\G□	V、Z	K	H	E	"□"	P
S1.										○	○	○	○						
S2.										○	○	○	○						
D.										○	○	○	○						

2. 指令说明

时钟数据减法指令（TSUB）用于将存于（S1.）起始单元的 3 点时、分、秒时钟数据与（S2.）起始单元的 3 点时、分、秒时钟数据相减，结果存入目标数据（D.）起始的 3 个单元中，如图 15-10 所示。

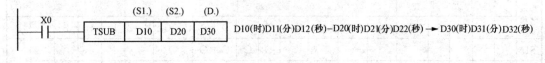

图 15-10　时钟数据减法指令（TSUB）说明

运算结果若为 0（0 时 0 分 0 秒）时，零标志 M8020=1。

时钟数据加法运算结果小于 0 小时时，将自动加上 24 小时后的结果进行保存，标志 M8021=1，如 5 时 20 分 10 秒-18 时 10 分 5 秒=11 时 10 分 5 秒。

15.5 时、分、秒数据的秒转换指令（HTOS）

1. 指令格式

时、分、秒数据的秒转换指令格式如图 15-11 所示。

时、分、秒数据的秒转换指令 FNC164-HTOS（HOUR TO SECOND）可使用软元件范围，如表

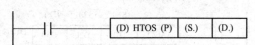

图 15-11　时、分、秒数据的秒转换指令格式

15-7 所示。

表 15-7　　　时、分、秒数据的秒转换指令的可使用软元件范围

元件名称	位元件				字元件								常数			指针
	X	Y	M	S	D□.b	KnX	KnY	KnM	KnS	T	C	D	R	U□\G□	V、Z	K	H	E	"□"	P
S.						○	○	○	○	○	○	○	○	○					
D.							○	○	○	○	○	○	○	○					

2. 指令说明

时、分、秒数据的秒转换指令 HTOS 用于将（S.，S.+1，S.+2）的时间（时刻）数据（时、分、秒）换算成秒后，将结果保存到（D.）中。

如图 15-12（a）所示，当 X0=1 时，从 PLC 内置的实时时钟中读出时间数据，换算成秒，然后保存到 D100、D101 中。

图 15-12（b）为使用 TRD（FNC 166）指令读出时间数据存放在 D10~D16 中。

图 15-12（c）为使用 DHTOS（FNC 164）指令将 D13~D15 中的 20 时 21 分 23 秒转换成 73283 秒存放在 D101、D102 中。

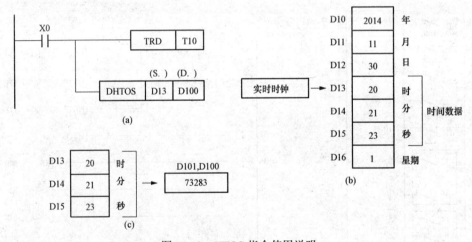

图 15-12　HTOS 指令使用说明

(a) 梯形图；(b) 使用 TRD 指令；(c) 使用 DHTOS 指令

例 120　将 32767s 用"时、分、秒"表示

一个 16 位数据寄存器表达的最大数为 32767，执行下列程序将 32767s 用"时、分、秒"表示：

```
LD   M8000
MOV  K32767  R0
STOH R0  R10
```

将 32767 存放到 R0 中，执行指令 STOH　R0　R10，将 R0 中的 32767 转化成"时、分、秒"依次存放在 R10、R11、R12 中，R10=9h、R11=6min、R12=7s，即 32767 秒等于 9 小时 6 分 7 秒。

一个定时器最多可以延时多长时间？

定时器的最大设定值为 32767，如采用 100ms 的定时器，最多可以延时多长时间为 3276.7s，执行下列程序：

```
LD   M8000
MOV  K3276  R0
STOH R0     R10
```

可得 R10=0h、R11=54min、R12=36s 即 3276s 等于 54 分 36 秒。

一个定时器最多可以延时 54 分 36 秒。

例 121 用"时、分、秒"设定定时器的动作时间

有时用秒来设定定时器很不直观，例如，设定定时器的动作时间为 5 小时 48 分 46 秒，要把它化成秒也比较麻烦，用"时、分、秒"直接设定定时器的动作时间就比较直观了。

PLC 接线图如图 15-13（a）所示。用 2 位 8421BCD 码数字开关来设定定时器的动作时间，K1X0 为时间的个位数（0～9），K1X4 为时间的十位数（0～6）。

梯形图如图 15-13（b）所示，采用 16 位定时器最多可以延时 0.91h，为增加延时时间，可以采用 16 位计数器对秒脉冲 M8013 计数可以延时 9.1h。

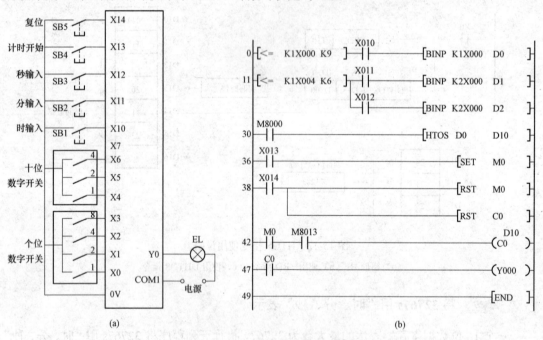

图 15-13 用"时、分、秒"设定定时器的动作时间
(a) PIC 接线图；(b) 梯形图

规定最多延时时间为 9h，同时要求秒钟合分钟的设置范围为 0～60。

D0 设置小时数（0～9），D1 设置分钟数（0～60），D2 设置秒钟数（0～60）。

由于设置小时数为 0～9，当大于 9 时，由比较触点将其断开，实际上个位数 BCD 数字开关输入的数字不可能大于 9，所以这个比较触点也可以不要。

由于设置分钟和秒钟数为 0～60，当十位数 BCD 数字开关输入的数字大于 6，由比较

接点将其断开，使之不能设置分钟和秒钟数。

执行 HTOS D0 D10 指令，将 D0（小时）、D1（分）、D2（秒）所表示的时间转换成秒钟，存放在 D10 中，D10 作为计数器的设定值。

按下计时按钮 SB4，X13=1，M0=1，接通计数器 C0，C0 对秒脉冲 M8013 计数，当计数值等于设定值 D10 时，C0 触点闭合接通输出继电器 Y0，按下复位按钮 X14，将 M0 和 C0 复位。

15.6 秒数据的（时、分、秒）转换指令（STOH）

1. 指令格式

秒数据的（时、分、秒）转换指令格式如图 15-14 所示。

秒数据的（时、分、秒）转换指令 FNC165-STOH（SECOND TO HOUR）可使用软元件范围，如表 15-8 所示。

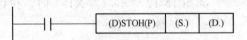

图 15-14 秒数据的（时、分、秒）转换指令格式

表 15-8　　秒数据的（时、分、秒）转换指令的可使用软元件范围

元件名称	位元件				字元件								常数			指针
	X	Y	M	D□.b	KnX	KnY	KnM	KnS	T	C	D	R	U□\G□	V、Z	K	H	E	"□"	P
S.					○	○	○	○	○	○	○	○						
D.						○	○	○	○	○	○	○						

2. 指令说明

STOH 指令是将（S.）中的秒数据换算成时、分、秒，其结果保存到（D，D+1，D+2）（时、分、秒）中。

如图 15-15 所示，当 X0=1 时，将 D0、D1 中保存的 73283s 数据换算成 20 时、21 分、23 秒后，其结果保存到（D100、D101、D102）中。

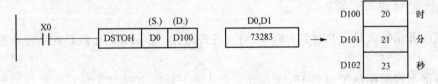

图 15-15　STOH 指令使用说明

15.7 时钟数据读出指令（TRD）

1. 指令格式

时钟数据读出指令格式如图 15-16 所示。

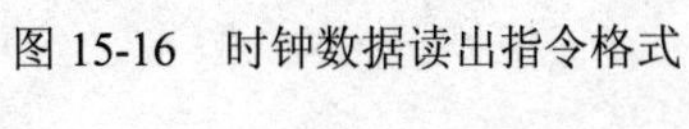

时钟数据读出指令 FNC166-TRD（TIME READ）可使

图 15-16　时钟数据读出指令格式

用软元件范围，如表 15-9 所示。

表 15-9   时钟数据读出指令的可使用软元件范围

元件名称	位元件				字元件									常数			指针
	X	Y	M	S	D□.b	KnX	KnY	KnM	KnS	T	C	D	R	U□\G□	V、Z	K	H	E	"□"	P
D.										○	○	○	○	○					

2. 指令说明

时钟数据读出指令（TRD）用于将 PLC 中的实时时钟数据读到 7 点数据寄存器中。

在 PLC 中，有 7 点实时时钟用的特殊数据寄存器 D8013～D8019，用于存放年、月、日、时、分、秒和星期。

如图 15-17 所示，当 X1=1 时，执行 TRD 指令，将 D8013～D8019 中的时间读到对应的数据寄存器 D0～D6 中。

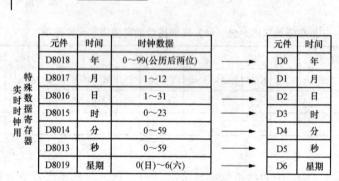

图 15-17　时钟数据读出指令（TRD）说明

例 122　花园定时浇水

某花园要求每天早上 8 时到 8 时 15 分对花卉进行一次浇水，用 PLC 控制浇水泵的起动和停止。

花卉浇水控制梯形图如图 15-18 所示。首先将开始浇水时间 8 时 0 分 0 秒写到 D20、D21、D22 中，将停止浇水时间 8 时 15 分 0 秒写到 D30、D31、D32 中。

当 X1=1 时，执行 TRD 指令，将 D8013～D8019 中的时间读到对应的数据寄存器 D0～D6 中，其中 D3、D4、D5 为实时时钟的×时×分×秒。

执行 TZCP 指令，当 D3、D4、D5 为实时时钟的×时×分×秒在 D20、D21、D22（8 时 0 分 0 秒）和 D30、D31、D32（8 时 15 分 0 秒）之间时，比较结果 M1=1，Y0 得电，浇水泵起动进行浇水。

第 15 章 时钟数据运算指令

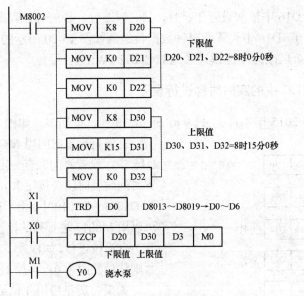

图 15-18 花卉浇水控制梯形图

15.8 时钟数据写入指令（TWR）

1. 指令格式

时钟数据写入指令格式如图 15-19 所示。

时钟数据写入指令 FNC167-TWR（TIME WRITE）可使用软元件范围，如表 15-10 所示。

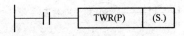

图 15-19 时钟数据写入指令格式

表 15-10　　　　　　　时钟数据写入指令的可使用软元件范围

元件名称	位元件				字元件									常数			指针
	X	Y	M	S	D□.b	KnX	KnY	KnM	KnS	T	C	D	R	U□\G□	V、Z	K	H	E	"□"	P
D.										○	○	○	○						

2. 指令说明

时钟数据写入指令（TWR）用于修正或设置 PLC 内部的实时时钟数据，如图 15-20 所示。

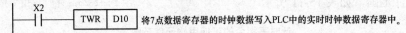

将 7 点数据寄存器的时钟数据写入 PLC 中的实时时钟数据寄存器中。

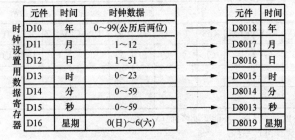

图 15-20 时钟数据写入指令（TWR）说明

首先在 D10～D16 中依次设置年、月、日、时、分、秒的时钟数据,当 X2=1 时,执行 TWR 指令,将 D10～D16 中设置的时钟数据传送到如图 15-20 所示的 D8013～D8019 中。D8018（年）可以改为 4 位模式（见 FNC167 TWR）。

例 123 对 PLC 中的实时时钟进行设置

如设置时间为 2015 年 4 月 21 日 9 时 58 分 30 秒,星期二,如图 15-21 所示。

首先将设置时间用 MOV 指令传送到 D10～D16 中,设置时间应有一定的提前量,当到达设置时间时及时闭合按钮 X0,同时将设置时间传送到 D8013～D8019 中。由于秒不太容易设置准确,可以用 M8017 进行秒的校正。当闭合 X1 时,在其上升沿校正秒,如秒数小于 30s,将秒数改为 0,否则将秒数改为 0,再加 1min。

如果公历年份用 4 位数字表达,可以追加,如图 15-22 所示。

公历年份用 4 位数字表达方式时,设定值 80～99 对应于 1980～1999 年,00～79 对应于 2000～2079 年。

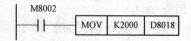

图 15-21　PLC 实时时钟设置梯形图　　　　图 15-22　年份用 4 位数字表达方式

15.9　计时表指令（HOUR）

1. 指令格式

计时表指令格式如图 15-23 所示。

计时表指令 FNC169-HOUR（HOUR METER）

可使用软元件范围,如表 15-11 所示。

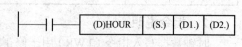

图 15-23　计时表指令格式

表 15-11　　　　　　　计时表指令的可使用软元件范围

元件名称	位元件				字元件									常数			指针
	X	Y	M	S	D□.b	KnX	KnY	KnM	KnS	T	C	D	R	U□\G□	V、Z	K	H	E	"□"	P
S.						○	○	○	○	○	○	○	②	③	○	○	○		
D1.												○	②						
D2.		○	○	○	①														

①D□.b 仅支持 FX$_{3U}$、FX$_{3UC}$ 型 PLC,但是,不能变址修饰（V、Z）。
②仅 FX$_{3G}$、FX$_{3GC}$、FX$_{3U}$、FX$_{3UC}$ 型 PLC 支持。
③仅 FX$_{3U}$、FX$_{3UC}$ 型 PLC 支持。

2．指令说明

HOUR 指令是以小时为单位,对输入触点持续接通时间进行累加检测的指令。

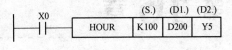

图 15-24 HOUR 指令说明

如图 15-24 所示。当 X0 触点闭合的时间超出 100 个小时的时候,Y5=1。

在 D200 中存放的是以小时为单位的当前值。

在 D201 中以秒为单位,保存不满 1 个小时的当前值。

例 124 显示时分秒

模拟 1 个时钟显示时分秒,如图 15-25 所示,当 X0=1 时,执行 HOUR 指令,D0 中存放的是小时数,D1 中存放的是不满 1h 的秒数。将 D1 除以 60,D2 中的数为分钟数,D3 中存放的是不满 1min 的秒数。

将 D0 中的 BIN 数转成 BCD 数,传送到 K2Y0 中,用两个数码管显示小时数。

将 D2 中的 BIN 数转成 BCD 数,传送到 K2Y10 中,用两个数码管显示分钟数。

将 D3 中的 BIN 数转成 BCD 数,传送到 K2Y20 中,用两个数码管显示分钟数。

当 D0=12（12 点钟）时,M0=1,M0 上升沿触点将 D0~D3 全部复位一个扫描周期,又重新开始计时。

当 X0=0 时,D0~D3 全部复位,时分秒全部显示为 0。

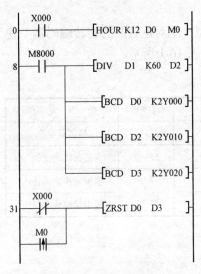

图 15-25 模拟时钟显示时分秒梯形图

第 16 章

外部设备指令

外部设备指令（FNC 170～FNC 179）提供了在绝对型（绝对位置）的旋转编码器中使用的格雷码转换指令以及模拟量模块的读写专用指令，如表 16-1 所示。

表 16-1　　　　　　　　　　　　外部设备指令

功能号	指令格式				程序步	指令功能
FNC170	(D) GRY (P)	(S.)	(D.)		5/9 步	格雷码变换
FNC171	(D) GBIN (P)	(S.)	(D.)		5/9 步	格雷码逆变换
FNC176	RD3A	m1	m2	(D.)	7 步	模拟量模块的读入
FNC177	WR3A	m1	m2	(S.)	7 步	模拟量模块的写出

16.1 格雷码变换指令（GRY）

1. 指令格式

格雷码变换指令格式如图 16-1 所示。

格雷码变换指令 FNC170-GRY（GRAY CODE）可使用软元件范围，如表 16-2 所示。

图 16-1　格雷码变换指令格式

表 16-2　　　　　　　格雷码变换指令的可使用软元件范围

元件名称	位元件				字元件								常数			指针
	X	Y	M	S	D□.b	KnX	KnY	KnM	KnS	T	C	D	R	U□\G□	V、Z	K	H	"□"	P
S.					○	○	○	○	○	○	○	○	○	○	○	○		
D.						○	○	○		○	○	○	○	○				

2. 指令说明

格雷码变换指令（GRY）用于将二进制数转换为格雷码。格雷码是一种常见的无权码，这种码的特点是：相邻的两组码之间仅有一位变化，在数据传送过程中有很高的可靠性。

格雷码变换指令（GRY）说明如图 16-2 所示，如 D20 中的数据为 1234，当 X0=1 时，将 D20 中的二进制数 1234 转换为格雷码 1234，存放到 K3Y0 中。

(S.) 指定的数据范围：16 位转换为 0～32767，32 位转换为 0～2147483647。

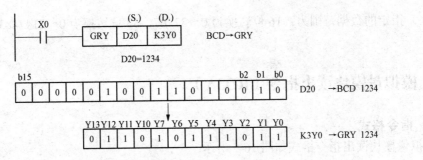

图 16-2 格雷码变换指令（GRY）说明

16.2 格雷码逆变换指令（GBIN）

1. 指令格式

格雷码逆变换指令格式如图 16-3 所示。

格雷码逆变换指令 FNC171-GBIN（GRAY CODE TO BINARY）可使用软元件范围，如表 16-3 所示。

图 16-3 格雷码逆变换指令格式

表 16-3　　　　　格雷码逆变换指令的可使用软元件范围

元件名称	位元件				字元件									常数				指针
	X	Y	M	S	D□.b	KnX	KnY	KnM	KnS	T	C	D	R	U□\G□	V、Z	K	H	E	"□"	P
S.						○	○	○	○	○	○	○	○	○	○	○	○			
D.							○	○	○	○	○	○	○	○	○					

2. 指令说明

格雷码逆变换指令（GBIN）用于把（S.）指定的格雷码转换为二进制码，并将其传送到（D.）中。格雷码数据一般来源于外部输入设备，如格雷码绝对值编码器，它们输出的是格雷码，而 PLC 只能处理 BIN 数据，这时可以用格雷码逆变换指令（GBIN）来把格雷码转换为 BIN 码。

由于输入继电器（X）输入响应时间为"PLC 的扫描时间+输入滤波时间常数"，如果希望去除滤波时间常数的延迟，可通过 FNC51（RFFF）滤波调整指令或 D8020 滤波调整时间常数来调整 X0~X17（FX$_{3U}$-16M 型为 X0~X7）的输入滤波时间常数，如图 16-4 所示。

图 16-4 格雷码逆变换指令（GBIN）说明

(S.) 指定的数据范围为：16 位转换为 0～32767，32 位转换为 0～2147483647。

16.3 模拟量模块读出指令（RD3A）

1. 指令格式

模拟量模块读出指令格式如图 16-5 所示。

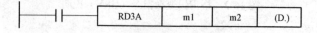

图 16-5 模拟量模块读出指令格式

m1：特殊模块编号。

FX_{3G}、FX_{3GC}、FX_{3U}、FX_{3UC}（D、DS、DSS）系列：K0～K7。

FX_{3UC}-32MT-LT（-2）：K1～K7（K0 为内置 CC-Link/LT 主站）。

m2：模拟量输入通道编号。

FX_{0N}-3A：K1（通道 1），K2（通道 2）仅支持 FX_{3U}、FX_{3UC} 型 PLC。

FX_{2N}-2AD：K21（通道 1）、K22（通道 2）。

D.：读出数据。

保存从模拟量模块中读出的数值。

FX_{0N}-3A：0～255（8 位）仅支持 FX_{3U}、FX_{3UC} 型 PLC。

FX_{2N}-2AD：0～4095（12 位）。

模拟量模块读出指令 FNC176-RD3A（READ ANALOG）可使用软元件范围，如表 16-4 所示。

表 16-4 模拟量模块读出指令的可使用软元件范围

元件名称	位元件				字元件								常数			指针
	X	Y	M	S	D□.b	KnX	KnY	KnM	KnS	T	C	D	R	U□\G□	V、Z	K	H	E	"□"	P
m1.						○	○	○	○	○	○	○			○	○	○			
m2.																○	○			
D.							○	○	○	○					○					

2. 指令说明

RD3A 指令用于读取 FX_{0N}-3A 以及 FX_{2N}-2AD 模拟量模块的模拟量输入值。

如图 16-6 所示。当 X2=1 时，将 0 号特殊模块 FX_{2N}-2AD 模拟量模块通道 1 中的模拟量读入到 PLC 中的 D10 中。K0 表示 0 号特殊模块，K21 表示 FX_{2N}-2AD 模拟量模块的通道 1。

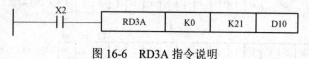

图 16-6 RD3A 指令说明

16.4 模拟量模块写入指令（WR3A）

1．指令格式

模拟量模块写入指令格式如图 16-7 所示。

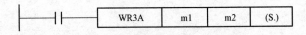

图 16-7　模拟量模块写入指令格式

m1：特殊模块编号。

FX_{3G}、FX_{3GC}、FX_{3U}、FX_{3UC}（D、DS、DSS）系列：K0～K7。

FX_{3UC}-32MT-LT（-2）：K1～K7（K0 为内置 CC-Link/LT 主站）。

m2：模拟量输出通道编号。

FX_{0N}-3A：K1（通道 1）仅支持 FX_{3U}、FX_{3UC} 型 PLC。

FX_{2N}-2DA：K21（通道 1）、K22（通道 2）。

S.：写入数据。指定输出到模拟量模块的数值。

FX_{0N}-3A：0～255（8 位）仅支持 FX_{3U}、FX_{3UC} 型 PLC。

FX_{2N}-2DA：0～4095（12 位）。

模拟量模块写入指令 FNC177-WR3A（WRITE ANALOG）可使用软元件范围，如表 16-5 所示。

表 16-5　　　　　　　模拟量模块写入指令的可使用软元件范围

元件名称	位元件				字元件								常数			指针
	X	Y	M	S	D□.b	KnX	KnY	KnM	KnS	T	C	D	R	U□\G□	V、Z	K	H	E	"□"	P
m1.						○	○	○	○	○	○	○			○	○		
m2.						○	○	○	○	○	○	○			○	○		
S.						○	○	○	○	○	○	○			○			

2．指令说明

RD3A 指令用于 PLC 向 FX_{0N}-3A 以及 FX_{2N}-2AD 模拟量模块写入数字值。

如图 16-8 所示，当 X2=1 时，将 PLC 中 D20 的数表示据写到 1 号模块 FX_{2N}-2AD 模拟量模块的通道 2 中。K1 表示 1 号特殊模块，K22 表示 FX_{2N}-2AD 模拟量模块的通道 2。

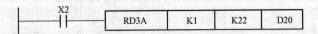

图 16-8　RD3A 指令说明

第 17 章

其他指令

表 17-1 所示的指令为用于产生随机数、CRC 数据运算、高速计数器运算的数据处理的指令。

表 17-1　　　　　　　　　　　其他指令

功能号	指令格式				程序步	指令功能
FNC182	COMRD（P）	(S.)	(D.)		5 步	读出软元件的注释数据
FNC184	RND（P）	(D.)			3 步	产生随机数
FNC186	DUTY	n1	n2	(D.)	7 步	产生定时脉冲
FNC188	CRC（P）	(S.)	(D.)		7 步	CRC 运算
FNC189	D HCMOV	(S)	(D)	n	13 步	高速计数器传送

17.1 读出软元件的注释数据指令（COMRD）

1. 指令格式

读出软元件的注释数据指令格式如图 17-1 所示。

读出软元件的注释数据指令 FNC182-COMRD（COMMENT READ）可使用软元件范围，如表 17-2 所示。

图 17-1　读出软元件的注释数据指令格式

表 17-2　　　　读出软元件的注释数据指令的可使用软元件范围

元件名称	位元件				字元件								常数			指针
	X	Y	M	S	D□.b	KnX	KnY	KnM	KnS	T	C	D	R	U□\G□	V、Z	K	H	E	"□"	P
S.					○	○	○	○	○	○	○	②	③		○	○	○		
D1.												○	②						
D2.		○	○	○	①														

① D□.b 仅支持 FX$_{3U}$、FX$_{3UC}$ 型 PLC，但是，不能变址修饰（V、Z）。
② 仅 FX$_{3G}$、FX$_{3GC}$、FX$_{3U}$、FX$_{3UC}$ 型 PLC 支持。
③ 仅 FX$_{3U}$、FX$_{3UC}$ 型 PLC 支持。

2. 指令说明

COMRD 指令是将用 GX Works2 等编程软件登录（写入）的软元件的注释数据读出来，

如图 17-2 所示。X10=1，M8091=0 时，D100 的注释"Target Line A"以 ASCII 码保存到从 D0 开始的软元件中的程序。

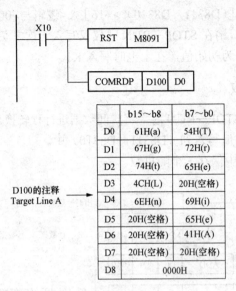

图 17-2　COMRD 指令说明

17.2　产生随机数指令（RND）

1．指令格式

产生随机数指令格式如图 17-3 所示。

产生随机数指令 FNC184-RND（RANDOM NUMBERS）可使用软元件范围，如表 17-3 所示。

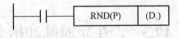

图 17-3　产生随机数指令格式

表 17-3　　　　　　　　产生随机数指令的可使用软元件范围

元件名称	位元件				字元件								常数				指针
	X	Y	M	S	D□.b	KnX	KnY	KnM	KnS	T	C	D	R	U□\G□	V、Z	K	H	E	"□"	P
S.						○	○	○	○	○	○	○	②	③		○	○			
D1.												○	②							
D2.	○	○	○	①																

①D□.b 仅支持 FX$_{3U}$、FX$_{3UC}$ 型 PLC，但是，不能变址修饰（V、Z）。
②仅 FX$_{3G}$、FX$_{3GC}$、FX$_{3U}$、FX$_{3UC}$ 型 PLC 支持。
③仅 FX$_{3U}$、FX$_{3UC}$ 型 PLC 支持。

2．指令说明

RND 指令产生 0～32767 的伪随机数，将其数值作为随机数保存到（D.）中。

在伪随机数系列中，每次计算出随机数的原始值，然后使用这随机数的原始值计算出伪随机数。

伪随机数的计算公式：

(D8311，D8310) = (D8311，D8310) ×1103515245+12345⋯

(D.) = [(D8311，D8310) >>16] &<逻辑与>00007FFFh

在(D8311，D8310)中，请在 STOP→RUN 时仅仅写入一次非负的数值(0～2147483647)。(D8311，D8310)作为初始值，在上电时写入 K1。

例 125 产生随机数

如图 17-4 所示，从 STOP→RUN 时，将时间数据进行秒转换后的结果，与 [(年+月)× 日] 的值相加，得到的数值写入到 (D8311，D8310) 中。

X10=1 时，在 D100 中保存一个随机数。

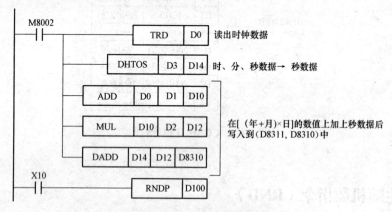

图 17-4 产生随机数梯形图

17.3 产生定时脉冲指令（DUTY）

1. 指令格式

产生定时脉冲指令格式如图 17-5 所示。

产生定时脉冲指令 FNC186-DUTY（DUTY）可使用软元件范围，如表 17-4 所示。

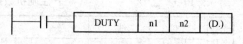

图 17-5 产生定时脉冲指令格式

表 17-4 产生定时脉冲指令的可使用软元件范围

元件名称	位元件				字元件								常数				指针
	X	Y	M	S	D□.b	KnX	KnY	KnM	KnS	T	C	D	R	U□\G□	V、Z	K	H	E	"□"	P
n1										○	○	○	○			○	○			
n1											○	○	○	○		○	○			
D.			①																	

① 指定 M8330～M8334。

2. 指令说明

定时时钟输出按照 n1 个扫描周期 ON，n2 个周期扫描 OFF 的方式进行 ON/OFF。

定时时钟的输出（D.）指定 M8330~M8334。与定时时钟输出的目标地址对应的扫描数的计数值被保存到 D8330~D8334 中，如表 17-5 所示。

表 17-5　　　　　　　　　　　　相　关　软　元　件

M8330	定时时钟输出 1	
M8331	定时时钟输出 2	
M8332	定时时钟输出 3	DUTY（FNC 186））指令的定时时钟输出
M8333	定时时钟输出 4	
M8334	定时时钟输出 5	
D8330	M8330 扫描次数的计数	DUTY 指令的定时时钟输出 1 用的扫描次数的计数值
D8331	M8331 扫描次数的计数	DUTY 指令的定时时钟输出 2 用的扫描次数的计数值
D8332	M8332 用扫描次数的计数	DUTY 指令的定时时钟输出 3 用的扫描次数的计数值
D8333	M8333 扫描次数的计数	DUTY 指令的定时时钟输出 4 用的扫描次数的计数值
D8334	M8334 扫描次数的计数	DUTY 指令的定时时钟输出 5 用的扫描次数的计数值

扫描数的计数值 D8330~D8334，在计数值变为 n1+n2 时，或者在指令输入（指令）变为 ON 时复位。

在指令输入的上升沿开始动作，在 END 指令处，ON/OFF 定时时钟输出。

此外，指令输入即使被切断动作也不停止。STOP 时，通过中断或断电时停止。

该指令能使用 5 次（点），但是，在多个 DUTY（FNC 186）指令中不能使用相同的定时时钟输出目标地址（D.）。

如图 17-6 所示，X10=1 时，M8330 为 2 个扫描周期为 ON，3 个扫描为 OFF。当 X10=0 时，M8330 继续动作。

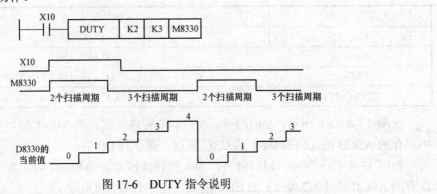

图 17-6　DUTY 指令说明

17.4　CRC 运算指令（CRC）

1. 指令格式

CRC 运算指令格式如图 17-7 所示。

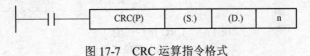

图 17-7　CRC 运算指令格式

CRC 运算指令 FNC188-CRC(CYCLIC REDUNDANCY CHECK(CRC)GENERATION)可使用软元件范围,如表 17-6 所示。

表 17-6　　　　　　　　　CRC 运算指令的可使用软元件范围

元件名称	位元件				字元件								常数			指针
	X	Y	M	S	D□.b	KnX	KnY	KnM	KnS	T	C	D	R	U□\G□	V、Z	K	H	E	"□"	P
S.					①	①	①	①	○	○	○	○						
D.						①	①	①	○	○	○	○						
n											○				○	○		

①位软元件的位数指定,指定 4 位数(K4□○○○)。

2. 指令说明

CRC 指令以(S.)中指定的软元件为起始的 n 点 8 位数据(字节单位),对其生成 CRC 值后保存到(D.)中。在这个指令中有 8 位(M8161=1)和 16 位(M8161=0)两种的转换模式。

在通信等中被使用的错误校验方法之一为 CRC(Cyclic Redundancy Check,循环冗余校验),用 CRC 指令计算出该 CRC 值。在错误校验的方法中,除了 CRC 以外还有奇偶校验以及和校验(校验和),在求水平校验值时,可以使用 CCD 指令(FNC 84)。

在这个指令中,使用了生成 CRC 值(CRC-16)用的 $[X^{16}+X^{15}+X^2+1]$ 的生成多项式,且初始值为 $[FFFFH]$。此外,针对在 CRC 值,还有各种标准化的生成多项式。

如果使用了不同的生成多项式,会产生完全不同的 CRC 值,如表 17-7 所示。

表 17-7　　　　　　　　　主要的 CRC 值生成多项式

名　称	生 成 多 项 式
CRC-12	$X^{12}+X^{11}+X^3+X^2+X+1$
CRC-16	$X^{16}+X^{15}+X^2+1$
CRC-32	$X^{32}+X^{26}+X^{23}+X^{22}+X^{16}+X^{12}+X^{11}+X^{10}+X^8+X^7+X^5+X^4+X^2+X+1$
CRC-CCITT	$X^{16}+X^{12}+X^5+1$

如图 17-8(a)所示,M8161=0,为 16 位转换模式。当 M0=1 时,生成 D100~D103 中保存的 ASCII 码[0123456]的 CRC 值后,保存到 D0 中。

如图 17-8(b)所示,M8161=1,为 8 位转换模式。当 M0=1 时,生成 D100~D106 中保存的 ASCII 码[0123456]的 CRC 值后,保存到 D1、D0 中。

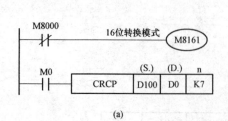

保存生成CRC值的对象数据的地址		高字节	低字节
	D100	3130H	31H	30H
	D101	3332H	33H	32H
	D102	3534H	35H	34H
	D103	3736H	—	36H
保存CRC值的地址	D0	2ACFH	2AH	CFH

图 17-8　CRC 指令说明(一)
(a)16 位转换模式

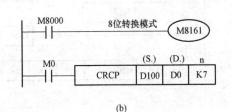

图 17-8　CRC 指令说明（二）

（b）8 位转换模式

17.5　高速计数器传送指令（D HCMOV）

1．指令格式

高速计数器传送指令格式如图 17-9 所示。

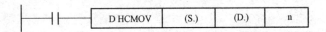

图 17-9　高速计数器传送指令格式

高速计数器传送指令 FNC189-HCMOV（HIGH SPEED COUNTER MOVE）可使用软元件范围，如表 17-8 所示。

表 17-8　　　　　　高速计数器传送指令的可使用软元件范围

元件名称	位元件				字元件									常数			指针
	X	Y	M	S	D□.b	KnX	KnY	KnM	KnS	T	C	D	R	U□\G□	V、Z	K	H	E	"□"	P
S.											①	①							
D.												○	○						
n												○	○			○	○		

①仅可以指定高速计数器（C235～C255）、环形计数器（D8099，D8398）。

2．指令说明

D HCMOV 指令是将高速计数器或环形计数器的当前值传送到（D.）中。

n 为 K0（H0）不清除当前值（不处理）。

n 为 K1（H1）将当前值清除为 0。

如图 17-10 所示，将 C235 的当前值传送到 D1、D0 中（不清除 C235 的当前值），每个扫描周期比较高速计数器 C235 的当前值，当为 K500 以上时，使 Y0=1。

如图 17-11 所示，当 X1=1 时，执行 I101～IRET 的中断程序。将 C235 的当前值传送到 D1、D0 中，并清除 C235 的当前值。

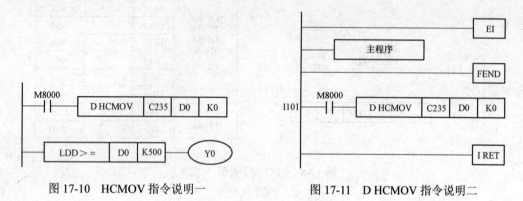

图 17-10　HCMOV 指令说明一　　　　　图 17-11　D HCMOV 指令说明二

第18章 数据块处理指令

在 FNC 192~FNC 199 中，提供了执行数据块的加法运算、减法运算、比较的指令，如表 18-1 所示。

表 18-1　　　　　　　　　　数据块处理指令

功能号	指令格式				程序步	指令功能
FNC192	(D) BK+ (P)	(S1.)	(S2.)	(D.)	n	9/17 步	数据块的加法运算
FNC193	(D) BK– (P)	(S1.)	(S2.)	(D.)	n	9/17 步	数据块的减法运算
FNC194	(D) BKCMP= (P)	(S1.)	(S2.)	(D.)	n	9/17 步	数据块比较 S1=S2
FNC195	(D) BKCMP> (P)	(S1.)	(S2)	(D.)	n	9/17 步	数据块比较 S1>S2
FNC196	(D) BKCMP< (P)	(S1.)	(S2.)	(D.)	n	9/17 步	数据块比较 S1<S2
FNC197	(D) BKCMP<> (P)	(S1.)	(S2.)	(D.)	n	9/17 步	数据块比较 S1<>S2
FNC198	(D) BKCMP<= (P)	(S1.)	(S2.)	(D.)	n	9/17 步	数据块比较 S1≤S2
FNC199	(D) BKCMP>= (P)	(S1.)	(S2)	(D.)	n	9/17 步	数据块比较 S1≥S2

18.1 数据块的加法运算指令（BK+）

1. 指令格式

数据块的加法运算指令格式如图 18-1 所示。

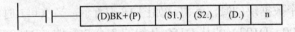

图 18-1　数据块的加法运算指令格式

数据块的加法运算指令 FNC192-BK+（BLOCK+）可使用软元件范围，如表 18-2 所示。

表 18-2　　　　　数据块的加法运算指令的可使用软元件范围

元件名称	位元件				字元件									常数			指针
	X	Y	M	S	D□.b	KnX	KnY	KnM	KnS	T	C	D	R	U□\G□	V、Z	K	H	E	"□"	P
S1.										○	○	○								
S2.										○	○	○				○	○			
D.										○	○	○								
n											○	○				○	○			

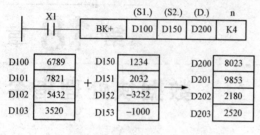

图 18-2 BK+指令说明

2．指令说明

BK+指令用于两个数据块的加法运算，如图 18-2 所示，当 X1=1 时，将从 D100 开始的 4 个软元件数据（D100～D103）和从 D150 开始的 4 个软元件（D150～D153）数据对应进行加法运算，并将其结果分别保存到 D200～D203 中。

18.2 数据块的减法运算指令（BK–）

1．指令格式

数据块的减法运算指令格式如图 18-3 所示。

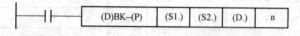

图 18-3 数据块的减法运算指令格式

数据块的减法运算指令 FNC193-BK-（BLOCK-）可使用软元件范围，如表 18-3 所示。

表 18-3 数据块的减法运算指令 FNC193-BK-（BLOCK-）可使用软元件范围

元件名称	位元件				字元件								常数			指针
	X	Y	M	S	D□.b	KnX	KnY	KnM	KnS	T	C	D	R	U□\G□	V、Z	K	H	E	"□"	P
S1.										○	○	○	○							
S2.										○	○	○	○			○	○			
D.												○	○							
n												○				○	○			

2．指令说明

BK-指令用于两个数据块的减法运算，如图 18-4 所示，当 X1=1 时，将从 D100 开始的 3 个软元件数据（D100～D102）和从 D150 开始的 3 个软元件（D150～D152）数据对应进行减法运算，并将其结果分别保存到 D200～D202 中。

如图 18-5 所示，当 X2=1 时，将从 D100 开始的 3 个软元件数据（D100～D102）和常数 8765 进行减法运算，并将其结果分别保存到 D200～D202 中。

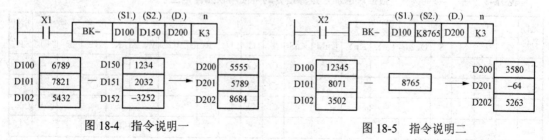

图 18-4 指令说明一　　　　　　　　图 18-5 指令说明二

18.3 数据块比较指令（BKCMP□）

1. 指令格式

数据块比较指令格式如图18-6所示。

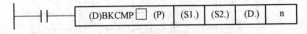

图18-6 数据块比较指令格式

在"□"中可选择输入（=、>、<、<>、<=、>=）。

数据块比较指令有6条如表18-4所示。

表18-4　　　　　　　　　　指令的比较结果

指　令		比较结果=1的条件	比较结果=0的条件
（FNC 194）	BKCMP=	S1=S2	S1<>S2
（FNC 195）	BKCMP>	S1>S2	S1≤S2
（FNC 196）	BKCMP<	S1<S2	S1≥S2
（FNC 197）	BKCMP<>	S1<>S2	S1=S2
（FNC 198）	BKCMP<=	S1≤S2	S1>S2
（FNC 199）	BKCMP>=	S1≥S2	S1<S2

数据块比较指令 BKCMP□（FNC194～FNC199）可使用软元件范围，如表18-5所示。

表18-5　　　　　　　数据块比较指令的可使用软元件范围

元件名称	位元件				字元件									常数			指针
	X	Y	M	S	D□.b	KnX	KnY	KnM	KnS	T	C	D	R	U□\G□	V、Z	K	H	E	"□"	P
S1.						○	○	○	○	○	○	○	○			○	○			
S2.						○	○	○	○	○	○	○	○			○	○			
D.		○	○	○	①															
n												○	○			○	○			

①D□.b 不能变址。

2. 指令说明

BKCMP□指令用于两个数据块的比较，如图18-7所示，当X20=1时，使用 BKCMP=（FNC 194）指令对D100开始的4点16位数据（BIN）和D200开始的4点16位数据（BIN）进行比较，如果满足比较条件，比较结果为1，如果不满足比较条件，比较结果为0，并将其结果保存到M10开始的4点软元件中。

如果全部比较结果都为1时，块比较信号M8090=1，否则M8090=0。

如图18-8所示，当X2=1时，使用32位指令DBKCMP=（FNC 194）对D100开始的4点16位数据（BIN）和D200开始的4点32位数据（BIN）进行比较，并将其结果保存到M10开始的4点软元件中。

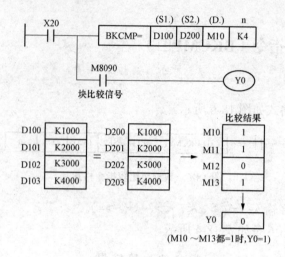

图 18-7 BKCMP=指令说明

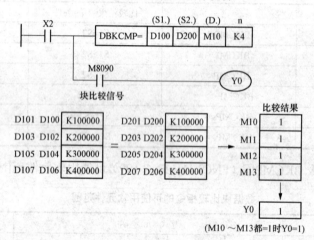

图 18-8 DBKCMP=指令说明

由于全部比较结果都为 1 时，块比较信号 M8090=1，Y0=1。

如图 18-9 所示，当 X10=1 时，将常数 K1000 和 D100 开始的 4 点数据进行比较，然后将其结果保存到 D0 的 b4~b7 中。例如，D100≠1000，比较结果 D0.4=1，D101=1000，比较结果 D0.5=0。

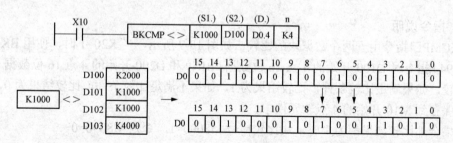

图 18-9 BKCMP<>指令说明

第 19 章 字符串控制指令

字符串控制指令 FNC200～FNC209 提供了结合字符串数据、替换部分字符以及从左右取出部分字符等的针对字符串进行控制的指令，字符串控制指令如表 19-1 所示。

表 19-1　　　　　　　　　　字符串控制指令

功能号	指令格式				程序步	指令功能
FNC200	(D) STR (P)	(S1.)	(S2.)	(D.)	7/13 步	BIN→字符串的转换
FNC201	(D) VAL (P)	(S.)	(D1.)	(D2.)	7/13 步	字符串→BIN 的转换
FNC202	$+ (P)	(S1.)	(S2.)	(D.)	7 步	字符串的结合
FNC203	LEN (P)	(S.)	(D.)		5 步	检测出字符串的长度
FNC204	RIGHT (P)	(S.)	(D.)	n	7 步	从字符串的右侧取出
FNC205	LEFT (P)	(S.)	(D.)	n	7 步	从字符串的左侧取出
FNC206	MIDR (P)	(S1.)	(D.)	(S2)	7 步	从字符串中的任意取出
FNC207	MIDW (P)	(S1.)	(D.)	(S2)	7 步	字符串中的任意替
FNC208	INSTR (P)	(S1.)	(S2.)	(D.)	n	9 步	符字串的检索
FNC209	$MOV (P)	(S.)	(D.)		5 步	字符串的传送

19.1　BIN→字符串的转换指令（STR）

1. 指令格式

BIN→字符串的转换指令格式如图 19-1 所示。

BIN→字符串的转换指令 FNC200-STR（STRING）可使用软元件范围，如表 19-2 所示。

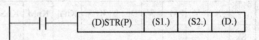

图 19-1　BIN→字符串的转换指令格式

表 19-2　　　　BIN→字符串的转换指令的可使用软元件范围

元件名称	位元件				字元件								常数			指针
	X	Y	M	S	D□.b	KnX	KnY	KnM	KnS	T	C	D	R	U□\G□	V、Z	K	H	E	"□"	P
S1.											○	○	○							
S2.						○	○	○	○	○	○	○	○	○	○					
D.										○	○	○							

2. 指令说明

STR 指令用于将 BIN 数据转换成字符串（ASCII 码）。还有将浮点数数据转换成字符串的 ESTR（FNC116）指令。

如图 19-2 所示，当 X0=1 时，根据 D0、D1 的位数指定，将 D10 中保存的 16 位 BIN 数据（12672）转换成字符串，然后保存到 D20～D23 中。

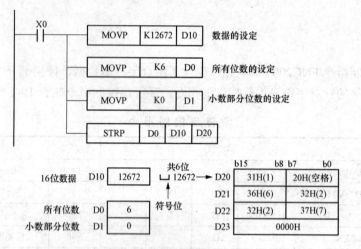

图 19-2　STR 指令说明

19.2　字符串→BIN 的转换指令（VAL）

1. 指令格式

字符串→BIN 的转换指令格式如图 19-3 所示。

字符串→BIN 的转换指令 FNC201-VAL（VALUE）可使用软元件范围，如表 19-3 所示。

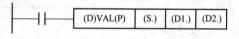

图 19-3　字符串→BIN 的转换指令格式

表 19-3　字符串→BIN 的转换指令的可使用软元件范围

元件名称	位元件					字元件								常数			指针
	X	Y	M	S	D□.b	KnX	KnY	KnM	KnS	T	C	D	R	U□\G□	V、Z	K	H	E	"□"	P
S.												○	○					○	
D1.												○	○						
D2						○	○	○	○	○	○	○	○						

2. 指令说明

VAL 指令用于将字符串（ASCII 码）转换成 BIN 数据的指令。还有将字符串（ASCII 码）转换成浮点数数据的 EVAL（FNC 117）指令。

VAL 指令要转换的字符中使用的字符种类和数值范围如表 19-4 和表 19-5 所示。

表 19-4　　　　　　　　　VAL 指令转换的字符种类

项　　目		字　符　的　种　类
符号	正数	"空格（20H）"
	负数	"−（2DH）"
小数点		".（2EH）"
数字		"0（30H）" ～ "9（39H）"

表 19-5　　　　　　　字符串的字符数，忽略小数点时的数值范围

项　　目	16 位运算（VAL/VALP）	32 位运算（DVAL/DVALP）
所有字符（位）数	2～8 个字符	2～13 个字符
小数部分的字符（位）数	0～5 个字符但是在［所有位数−3］以下	0～10 个字符但是在［所有位数−3］以下
忽略小数点时的数值范围	−32768～+32767 例如，"123.45" → "12345"	−2147483648～+2147483647 例如，"12345.678" → "12345678"

（1）16 位运算［VAL（P）］。如图 19-4 所示，当 X0=1 时，将 D20～D22 中保存的字符串数据视为整数值转换成 BIN 值，然后保存到 D0 中。然后将所有位数 "6" 保存到 D10 中，将小数部分位数 "2" 保存到 D11 中。

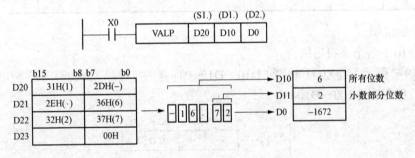

图 19-4　VALP 指令说明（16 位运算）

（2）32 位运算［DVAL（P）］。如图 19-5 所示，当 X0=1 时，将 D20～D24 中保存的字符串数据视为整数值转换成 BIN 值，然后保存到 D1、D0 中。然后将所有位数 "10" 保存到 D10 中，将小数部分位数 "3" 保存到 D11 中。

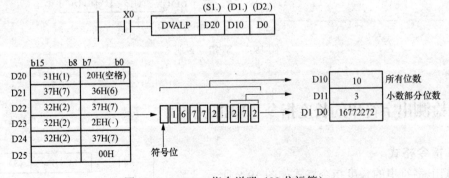

图 19-5　DVALP 指令说明（32 位运算）

19.3 字符串的结合指令（$+）

1. 指令格式

字符串的结合指令格式如图19-6所示。

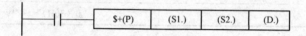

图19-6 字符串的结合指令格式

字符串的结合指令FNC202-$+（$+）可使用软元件范围，如表19-6所示。

表19-6　　　　　字符串的结合指令的可使用软元件范围

元件名称	位元件				字元件									常数			指针
	X	Y	M	S	D□.b	KnX	KnY	KnM	KnS	T	C	D	R	U□\G□	V、Z	K	H	E	"□"	P
S1.						○	○	○	○	○	○	○	○						○	
S2.						○	○	○	○	○	○	○	○						○	
D.										○	○	○	○							

2. 指令说明

$+指令用于两个字符串的合并。

如图19-7所示，当X0=1时，将D10～D12中保存的字符串（abcde）和字符串"ABCD"结合，然后保存到D100～D104中。

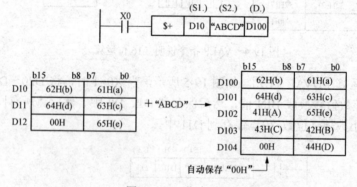

图19-7 $+指令说明

19.4 检测出字符串的长度指令（LEN）

1. 指令格式

检测出字符串的长度指令格式如图19-8所示。

检测出字符串的长度指令FNC203-LEN（LENGTH）

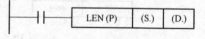

图19-8 检测出字符串的长度指令格式

可使用软元件范围，如表19-7所示。

表19-7　　　　　　检测出字符串的长度指令的可使用软元件范围

元件名称	位元件				字元件								常数			指针
	X	Y	M	S	D□.b	KnX	KnY	KnM	KnS	T	C	D	R	U□\G□	V、Z	K	H	E	"□"	P
S.						○	○	○	○	○	○	○	○	○						
D.							○	○	○	○	○	○	○	○						

2. 指令说明

LEN指令用于检测出指定字符串的字符数（字节数）。

如图19-9所示，当X0=1时，将D0开始存放的"MITSUBISHI"字符串的长度"10"存放到D10中，再由BCD指令转换成4位BCD数形式输出到Y040~Y057中。

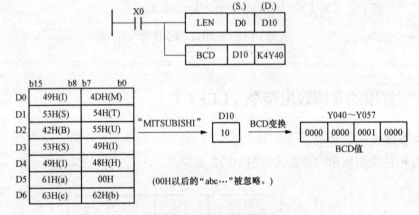

图19-9　LEN指令说明

19.5　从字符串的右侧取出指令（RIGHT）

1. 指令格式

从字符串的右侧取出指令格式如图19-10所示。

从字符串的右侧取出指令 FNC204-RIGHT（RIGHT）可使用软元件范围，如表19-8所示。

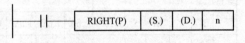

图19-10　从字符串的右侧取出指令格式

表19-8　　　　　　从字符串的右侧取出指令的可使用软元件范围

元件名称	位元件				字元件								常数			指针
	X	Y	M	S	D□.b	KnX	KnY	KnM	KnS	T	C	D	R	U□\G□	V、Z	K	H	E	"□"	P
S.							○	○	○	○	○	○	○	○						
D.								○	○	○	○	○	○	○						
n											○	○				○	○			

2. 指令说明

RIGHT 指令用于从指定的字符串的右侧取出指定字符数的字符。

如图 19-11 所示，当 X0=1 时，将 R0 开始的软元件中被保存的字符串数据的右侧起的 4 个字符数据，保存到 D0 开始的软元件中。

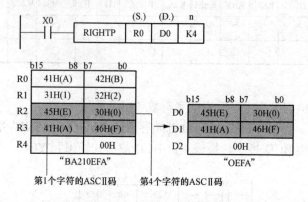

图 19-11　RIGHT 指令说明

19.6　从字符串的左侧取出指令（LEFT）

1. 指令格式

从字符串的左侧取出指令格式如图 19-12 所示。

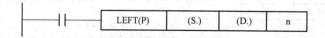

图 19-12　从字符串的左侧取出指令格式

从字符串的左侧取出指令 FNC205-LEFT（LEFT）可使用软元件范围，如表 19-9 所示。

表 19-9　　　　　　　　从字符串的左侧取出指令的可使用软元件范围

元件名称	位元件				字元件								常数			指针
	X	Y	M	S	D□.b	KnX	KnY	KnM	KnS	T	C	D	R	U□\G□	V、Z	K	H	E	"□"	P
S.						○	○	○	○	○	○	○	○							
D.							○	○	○	○	○	○	○							
n												○	○			○	○			

2. 指令说明

LEFT 指令用于从指定的字符串的左侧取出指定字符数的字符。

如图 19-13 所示，当 X0=1 时，将 R0 开始的软元件中被保存的字符串数据的左侧起的 6 个字符数据，保存到 D0 开始的软元件中。

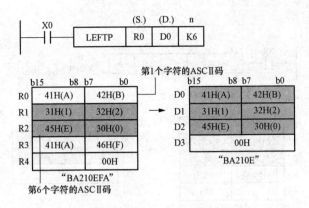

图 19-13　LEFT 指令说明

19.7　从字符串中的任意取出指令（MIDR）

1. 指令格式

从字符串中的任意取出指令格式如图 19-14 所示。

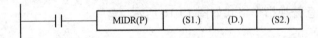

图 19-14　从字符串中的任意取出指令格式

从字符串中的任意取出指令 FNC206-MIDR（MIDDLE READ）可使用软元件范围，如表 19-10 所示。

表 19-10　　　　从字符串中的任意取出指令的可使用软元件范围

元件名称	位元件				字元件								常数			指针
	X	Y	M	S	D□.b	KnX	KnY	KnM	KnS	T	C	D	R	U□\G□	V、Z	K	H	E	"□"	P
S.																			○	
D.							○	○	○	○	○	○	○							
n											○	○				○	○			

2. 指令说明

MIDR 指令是从（S1.）开始的软元件中保存的字符串数据的左侧（字符串的开头）起第（S2.）个字符开始，取出［(S2.)+1］个字符数据，保存到（D.）开始的软元件中。

取出字符串时，会在最后自动附加"00H"。

取出的字符数［(S2.)+1］为奇数时，在保存最终字符的软元件的高字节中保存"00H"。

取出的字符数［(S2.)+1］为偶数时，在保存最终字符的软元件的下一个软元件中保存"0000H"。

如图 19-15 所示，当 X0=1 时，从 R0 开始的软元件中保存的字符串数据的左侧开始数起，将第 3 个字符开始的 4 个字符的数据保存到 D0 开始的软元件中。

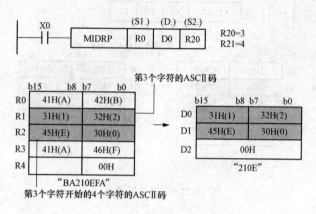

图 19-15　MIDR 指令说明

19.8　字符串中的任意替换指令（MIDW）

1．指令格式

字符串中的任意替换指令格式如图 19-16 所示。

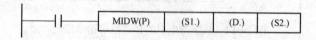

图 19-16　字符串中的任意替换指令格式

字符串中的任意替换指令 FNC207-MIDW（MIDDLE WRITE）可使用软元件范围，如表 19-11 所示。

表 19-11　字符串中的任意替换指令的可使用软元件范围

元件名称	位元件				字元件								常数			指针
	X	Y	M	S	D□.b	KnX	KnY	KnM	KnS	T	C	D	R	U□\G□	V、Z	K	H	E	"□"	P
S1.					○	○	○	○	○	○	○	○						
D.						○	○	○	○	○	○	○						
S2.												○						

2．指令说明

MIDW 指令用于指定的字符串中任意位置上的字符串去替换指定的字符串。

如图 19-17 所示，当 X0=1 时，将从 D0 起始的软元件中保存的字符串数据中的 4 个字符，保存到 D100 起始的字符串数据中，保存位置从左起的第 3 个字符开始。

取出字符串时，会在最后自动附加"00H"。

取出的字符数 R1 为奇数时，在保存最终字符的软元件的高字节中保存"00H"。

取出的字符数 R1 为偶数时，在保存最终字符的软元件的下一个软元件中保存"0000H"。

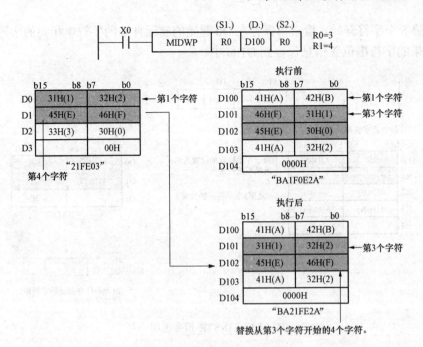

图 19-17 MIDW 指令说明

19.9 字符串的检索指令（INSTR）

1. 指令格式

字符串的检索指令格式如图 19-18 所示。

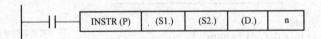

图 19-18 字符串的检索指令格式

字符串的检索指令 FNC208-INSTR（INSTRING）可使用软元件范围，如表 19-12 所示。

表 19-12　　　　　　　字符串的检索指令的可使用软元件范围

元件名称	位 元 件				字 元 件								常 数			指针
	X	Y	M	S	D□.b	KnX	KnY	KnM	KnS	T	C	D	R	U□\G□	V、Z	K	H	E	"□"	P
S1.										○	○	○							○	
S2.										○	○	○							○	
D.										○	○	○								
n												○	○			○	○			

2. 指令说明

INSTR 指令用于从指定的字符串中检索指定字符串。

如图 19-19 所示，当 X0=1 时，从 R0 起始的软元件中保存的检索源字符串的左起（起始字符）第 5 个字符开始，检索与保存在 D0 起始的软元件中的字符串相同的字符串，然后将检索结果的字符串位置信息保存到 D100 中。

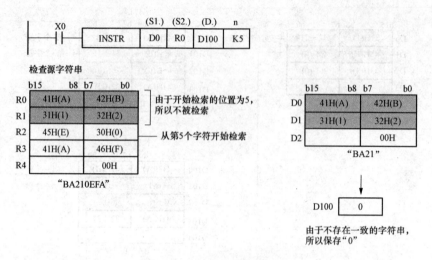

图 19-19　INSTR 指令说明一

检索的结果，就是检索源字符串左起（起始字符）的第几个字符的字符位置信息。

在要检索的字符串（S1.）中，可以直接指定字符串。

如图 19-20 所示，当 X0=1 时，从 R0 左起第 3 个字符开始，检索字符串"0E"，检索结果为第 5 个字符开始的字符串和"0E"一致，结果 D100=5。

检索的结果，就是检索源字符串左起（起始字符）的第几个字符的字符位置信息。

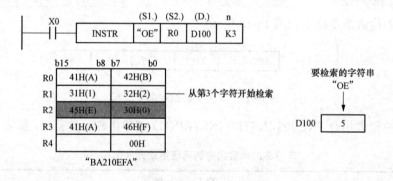

图 19-20　INSTR 指令说明二

19.10　字符串的传送指令（$MOV）

1. 指令格式

字符串的传送指令格式如图 19-21 所示。

字符串的传送指令 FNC209-$MOV（$MOV）可使用软元件范围，如表 19-13 所示。

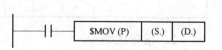

图 19-21　字符串的传送指令格式

表 19-13　　　　　　　　　字符串的传送指令的可使用软元件范围

元件名称	位元件				字元件									常数			指针
	X	Y	M	S	D□.b	KnX	KnY	KnM	KnS	T	C	D	R	U□\G□	V、Z	K	H	E	"□"	P
S.						○	○	○	○	○	○	○	○	○					○	
D.							○	○	○	○	○	○	○	○						

2．指令说明

$MOV 指令用于字符串的传送，如图 19-22 所示，当 X0=1 时，将保存在 D10～D12 中的字符串"BA21"数据传送到 D20～D22 中。

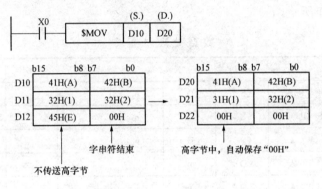

图 19-22　$MOV 指令说明

第 20 章

数据处理指令（三）

FNC210～FNC214 提供了数据表的数据删插读取后入的数据、控制带进位的左右移位的指令，如表 20-1 所示。

表 20-1　　　　　　　　　数据处理 3 指令

功能号	指令格式				程序步	指令功能
FNC210	FDEL（P）	(S.)	(D.)	n		数据表的数据删
FNC211	FINS（P）	(S.)	(D.)	n		数据表的数据插
FNC212	POP（P）▲	(S.)	(D.)	n		读取后入的数据
FNC213	SFR（P）▲	(D.)	n			16 位数据 n 位右移
FNC214	SFL（P）▲	(D.)	n			16 位数据 n 位左移

注：表中标注▲的为需要注意的指令。

20.1 数据表的数据删指令（FDEL）

1. 指令格式

数据表的数据删除指令格式如图 20-1 所示。

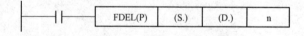

图 20-1　数据表的数据删除指令格式

数据表的数据删除指令 FNC210-FDEL（DATE TABLE DELETE）可使用软元件范围，如表 20-2 所示。

表 20-2　　　　数据表的数据删除指令的可使用软元件范围

元件名称	位元件				字元件								常数			指针
	X	Y	M	S	D□.b	KnX	KnY	KnM	KnS	T	C	D	R	U□\G□	V、Z	K	H	E	"□"	P
S.							○	○	○			○								
D.							○	○	○			○								
n											○	○				○	○			

2. 指令说明

FDEL 指令用于删除数据表格中任意数据。

如图 20-2 所示,当 X10=1 时,并且 0<D100≤7,删除 D101~D105 的数据表格中的第 2 个数据,将删除的数据保存到 D0 中(数据表格中使用的软元件范围为 D100~D107)。

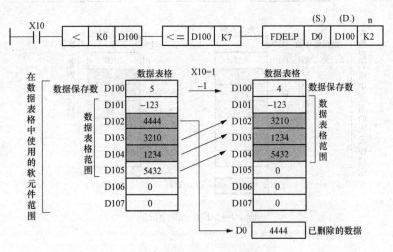

图 20-2 FDEL 指令说明

20.2 数据表的数据插入指令(FINS)

1. 指令格式

数据表的数据插入指令格式如图 20-3 所示。

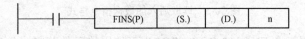

图 20-3 数据表的数据插入指令格式

数据表的数据插入指令 FNC211-FINS(DATA TABLE INSERT)可使用软元件范围,如表 20-3 所示。

表 20-3　　　　数据表的数据插入指令的可使用软元件范围

元件名称	位元件				字元件								常数			指针
	X	Y	M	S	D□.b	KnX	KnY	KnM	KnS	T	C	D	R	U□\G□	V、Z	K	H	E	"□"	P
S.										○	○	○	○			○	○			
D.											○	○	○							
n												○	○			○	○			

2. 指令说明

FINS 指令用于在数据表格中的任意位置处插入数据。

如图 20-4 所示，当 X10=1 时，并且 0≤D100<7，在 D101～D105 的数据表格中的第 2 个数据，将插入 D0 的数据"4444"（数据表格中使用的软元件范围为 D100～D107）。

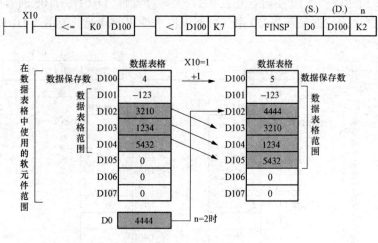

图 20-4　FINS 指令说明

20.3　读取后入的数据指令（POP）

1. 指令格式

读取后入的数据指令格式如图 20-5 所示。

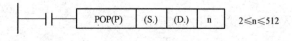

图 20-5　读取后入的数据指令格式

读取后入的数据指令 FNC212-POP（POP）可使用软元件范围，如表 20-4 所示。

表 20-4　　　　　　　　读取后入的数据指令的可使用软元件范围

元件名称	位元件				字元件								常数			指针
	X	Y	M	S	D□.b	KnX	KnY	KnM	KnS	T	C	D	R	U□\G□	V、Z	K	H	E	"□"	P
S.							○	○	○	○	○	○	○							
D.							○	○	○	○	○	○	○	○						
n																○	○			

2. 指令说明

POP 指令用于读出使用先入后出控制用的移位写入指令（SFWR），写入的最后数据。

如图 20-6 所示，首先由输入开关 K4X0 输入一个数，如 H1234，按一下按钮 X20，将 H1234 传送到 D20 中，再由 SFWR 指令传送给 D101（D101=H1234），D100 指针加 1（D100=K1）。

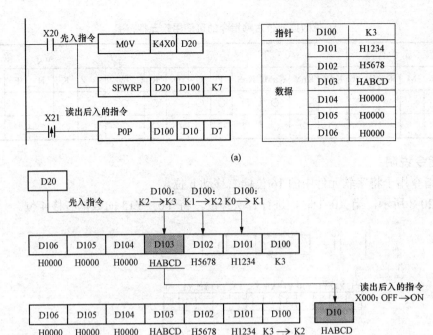

图 20-6　POP 指令说明

（a）梯形图；（b）梯形图工作过程

再输入一个数，如 H5678，按一下按钮 X20，将 H5678 传送到 D20 中，再由 SFWR 指令传送给 D102（D102=H5678），D100 指针再加 1（D100=K2）。

再输入一个数，如 HABCD，按一下按钮 X20，将 HABCD 传送到 D20 中，再由 SFWR 指令传送给 D103（D103=HABCD），D100 指针再加 1（D100=K3）。

按一下按钮 X21，将最后输入到 D103 的数据 HABCD 读入到 D10 中，D100 指针减 1（D100=K2）。再按一下按钮 X21，将 D102 的数据 H5678 读入到 D10 中，D100 指针减 1（D100=K1）。

20.4　16 位数据 n 位右移指令（SFR）

1. 指令格式

16 位数据 n 位右移指令格式如图 20-7 所示。

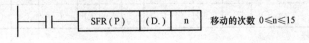

图 20-7　16 位数据 n 位右移指令格式

16 位数据 n 位右移指令 FNC213-SFR（16 BIT DATA SHIFT RIGHT）可使用软元件范围，如表 20-5 所示。

表 20-5　　　　　　　16 位数据 n 位右移指令的可使用软元件范围

元件名称	位元件				字元件									常数			指针
	X	Y	M	S	D□.b	KnX	KnY	KnM	KnS	T	C	D	R	U□\G□	V、Z	K	H	E	"□"	P
D.							○	○	○	○	○	○	○						
n						○	○	○	○	○	○	○	○	○	○	○			

2. 指令说明

SFR 指令用于将字软元件中的 16 位向右移动 n 位。

如图 20-8 所示,当 X0=1 时,进行一次移位,将 Y0~Y13 的数据右移 4 位。

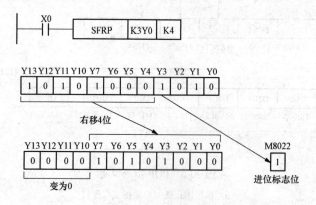

图 20-8　SFR 指令说明

20.5　16 位数据 n 位左移指令（SFL）

1. 指令格式

16 位数据 n 位左移指令格式如图 20-9 所示。

16 位数据 n 位左移指令 FNC214-SFL（16 BIT DATA SHIFT LEFT）可使用软元件范围,如表 20-6 所示。

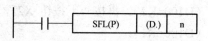

图 20-9　16 位数据 n 位左移指令格式

表 20-6　　　　　　　16 位数据 n 位左移指令的可使用软元件范围

元件名称	位元件				字元件									常数			指针
	X	Y	M	S	D□.b	KnX	KnY	KnM	KnS	T	C	D	R	U□\G□	V、Z	K	H	E	"□"	P
D.							○	○	○	○	○	○	○						
n						○	○	○	○	○	○	○	○	○	○	○			

2. 指令说明

SFL 指令用于将字软元件中的 16 位向左移动 n 位。

如图 20-10 所示,当 X0=1 时,将 Y0~Y13 的数据左移 4 位。

第20章 数据处理指令(三)

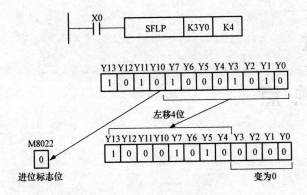

图 20-10 SFL 指令说明

第 21 章

比较型触点

21.1 比较型接点指令

比较型接点指令有 3 种形式：初始比较触点、串联比较触点和并联比较触点，每种又有 6 种比较方式：=（等于）、>（大于）、<（小于）、<>（不等于）、≤（小于等于）、≥（大于等于）。比较型触点是根据两个数据的比较结果而动作的，比较的数据也有 16 位和 32 位两种。比较型触点指令如表 21-1 所示。

表 21-1　　　　　　　　　　比较型触点指令

功能号	指令格式			程序步	触点动作条件	
FNC224	LD (D) =	(S1.)	(S2.)	5/9 步	(S1.) = (S2.)	初始比较触点
FNC225	LD (D) >	(S1.)	(S2.)	5/9 步	(S1.) > (S2.)	
FNC226	LD (D) <	(S1.)	(S2.)	5/9 步	(S1.) < (S2.)	
FNC228	LD (D) <>	(S1.)	(S2.)	5/9 步	(S1.) <> (S2.)	
FNC229	LD (D) <=	(S1.)	(S2.)	5/9 步	(S1.) ≤ (S2.)	
FNC230	LD (D) >=	(S1.)	(S2.)	5/9 步	(S1.) ≥ (S2.)	
FCN232	AND (D) =	(S1.)	(S2.)	5/9 步	(S1.) = (S2.)	串联比较触点
FNC233	AND (D) >	(S1.)	(S2.)	5/9 步	(S1.) > (S2.)	
FNC234	AND (D) <	(S1.)	(S2.)	5/9 步	(S1.) < (S2.)	
FNC236	AND (D) <>	(S1.)	(S2.)	5/9 步	(S1.) <> (S2.)	
FNC237	AND (D) <=	(S1.)	(S2.)	5/9 步	(S1.) ≤ (S2.)	
FNC238	AND (D) >=	(S1.)	(S2.)	5/9 步	(S1.) ≥ (S2.)	
FNC240	OR (D) =	(S1.)	(S2.)	5/9 步	(S1.) = (S2.)	并联比较触点
FNC241	OR (D) >	(S1.)	(S2.)	5/9 步	(S1.) > (S2.)	
FNC242	OR (D) <	(S1.)	(S2.)	5/9 步	(S1.) < (S2.)	
FNC244	OR (D) <>	(S1.)	(S2.)	5/9 步	(S1.) <> (S2.)	
FNC245	OR (D) <=	(S1.)	(S2.)	5/9 步	(S1.) ≤ (S2.)	
FNC246	OR (D) >=	(S1.)	(S2.)	5/9 步	(S1.) ≥ (S2.)	

1. 指令格式

比较型触点指令格式如图 21-1 所示。

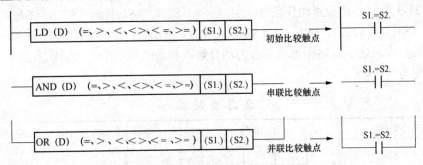

图 21-1 比较型触点指令格式

比较型触点（FNC224～FNC246）可使用软元件范围，如表 21-2 所示。

表 21-2 比较型触点的可使用软元件范围

元件名称	位元件				字元件									常数		指针
	X	Y	M	S	D□.b	KnX	KnY	KnM	KnS	T	C	D	R	U□\G□	V、Z	K	H	E	"□"	P
S.						○	○	○	○	○	○	○	○	○	○	○	○	○		
D.							○	○	○	○	○	○	○	○	○					

2. 指令说明

比较型触点指令 LD（D）=～OR（D）≥（FNC224～FNC246 共 18 条）用于将两个源数据（S1.）、（S2.）的数据进行比较，根据比较结果决定触点的通断，如图 21-2 所示。

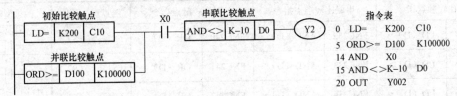

图 21-2 比较型触点指令 LD（D）=～OR（D）>=说明

初始比较触点指令和基本指令中的初始触点指令类似，用于和左母线连接或用于触点组中的第 1 个触点。在图 21-2 中，当 C10 的当前值等于 200 时该触点闭合。

串联比较触点指令和基本指令中的串联触点指令类似，用于和前面的触点组或单触点串联。在图 21-2 中，当 D0 的数值不等于 –10 时该触点闭合。

并联比较触点指令和基本指令中的并联触点指令类似，用于和前面的触点组或单触点并联。在图 21-2 中，当 D100 的数值大于等于 100000 时该触点闭合。

21.2 比较型触点的改进

在以前所提及的触点都是继电器的触点，均属于位元件，而比较触点相当于字元件，比较的两个元件（S1.）、（S.）都必须是字元件。

在 FX_{3U} 型 PLC 中的比较型触点指令相当于动合触点，在编程过程中显得不太直观，如果将其画成触点的形式则比较符合读图习惯。

如表 21-3 所示，将触点动作条件（S1.）<>（S2.）、（S1.）≤（S2.）、（S1.）≥（S2.）分别改为（S1.）=（S2.）、（S1.）>（S2.）、（S1.）<（S2.），这些触点动作条件的指令就可以用动断触点来表达了。将图形符号改为动合触点和动断触点来，表示原来的 6 种触点动作条件就变为 3 种。

表 21-3　　　　　　　　　　　　改进型触点

触点动作条件	原比较触点	等效动合触点	改进型触点
（S1.）=（S2.）	= S1. S2.	S1.=S2. ⊣⊢	S1.=S2. ⊣⊢
（S1.）>（S2.）	> S1. S2.	S1.>S2. ⊣⊢	S1.>S2. ⊣⊢
（S1.）<（S2.）	< S1. S2.	S1.<S2. ⊣⊢	S1.<S2. ⊣⊢
（S1.）<>（S2.）	<> S1. S2.	S1.<>S2. ⊣⊢	S1.=S2. ⊣/⊢
（S1.）<=（S2.）	<= S1. S2.	S1.≤S2. ⊣⊢	S1.>S2. ⊣/⊢
（S1.）>=（S2.）	>= S1. S2.	S1.≥S2. ⊣⊢	S1.<S2. ⊣/⊢

各种比较触点指令对应的改进型触点如表 21-4 所示。

表 21-4　　　　　　　　　　　　改进型比较触点型式

初始比较触点指令		串联比较触点指令		并联比较触点指令		触点动作条件	改进型触点
FNC224	LD（D）=	FNC232	AND（D）=	FNC240	OR（D）=	（S1.）=（S2.）	(S1.)(D)=(S2.) ⊣⊢
FNC225	LD（D）>	FNC233	AND（D）>	FNC241	OR（D）>	（S1.）>（S2.）	(S1.)(D)>(S2.) ⊣⊢
FNC226	LD（D）<	FNC234	AND（D）<	FNC242	OR（D）<	（S1.）<（S2.）	(S1.)(D)<(S2.) ⊣⊢
FNC228	LD（D）<>	FNC236	AND（D）<>	FNC244	OR（D）<>	（S1.）=（S2.）	(S1.)(D)=(S2.) ⊣/⊢
FNC229	LD（D）<=	FNC237	AND（D）<=	FNC245	OR（D）<=	（S1.）>（S2.）	(S1.)(D)>(S2.) ⊣/⊢
FNC230	LD（D）>=	FNC238	AND（D）>=	FNC246	OR（D）>=	（S1.）<（S2.）	(S1.)(D)<(S2.) ⊣/⊢

这样，图 21-2 所示的梯形图就可以用图 21-3 来表示。例如，图中 32 位指令用 D=、D>、D<来表示；图中的并联动断触点为 32 位比较触点，表示当 D101、D100 中的 32 位数据小于 100000 时动断触点动作断开。

建议在梯形图设计和绘制时采用如图 21-3 所示的梯形图。

例 126　5 位选择按钮开关

5 位选择按钮开关的接线图和梯形图如图 21-4 所示，（X0～X4 均为输入按钮）。当按下任一个按钮 X1～X4 时，K1X1>0，比较触点接通，首先执行 ZRSTP 指令，将 Y0～Y3 复位一次,再将 K1X1 与 K1Y0 进行字或运算,结果仍放在 K1Y0 中。

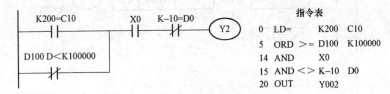

图 21-3　改进的比较触点梯形图

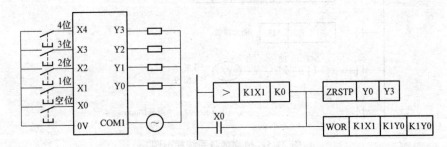

图 21-4　5 位选择按钮开关接线图和梯形图

如按下按钮 X1 时,X1=1,K1X1>0,比较触点接通,首先执行 ZRSTP Y0 Y3 使 Y0～Y3 全部复位一次,紧接着执行 WOR 指令,将 K1X1=$(0001)_2$ 与 K1Y0=$(0000)_2$ 进行字或运算,结果 K1Y0=$(0001)_2$ 仍放在 K1Y0 中(即 Y0=1)。松开按钮 X1 时比较触点断开,K1Y0 中的数据不变。使对应的输出继电器 Y0 得电。

同理,如按下按钮 X3,Y2 得电。

如按下按钮 X0 时,X0=1,首先执行 ZRST Y0 Y3,使 Y0～Y3 全部复位。再执行 WOR 指令,将 K1X1=$(0000)_2$ 与 K1Y0 进行字或运算,结果 K1Y0=0,输出全部断开。

【例 127】　**植物园灌溉控制**

某植物园对 A、B 两种植物进行灌溉,控制要求如下:A 类植物需要定时灌溉,要求在早上 6:00～6:30 之间,晚上 23:00～23:30 之间灌溉;B 类植物需要每隔一天的晚上 23:10 灌溉一次,每次 10min。

控制梯形图如 21-5 所示(采用比较触点)。

【例 128】　**商店自动门控制**

某商店自动门控制如图 21-6 所示,它主要由微波人体检测开关 SQ1(进门检测 X0)、SQ2(出门检测 X1)和门限位开关 SQ3(开门限位 X2)、SQ4(关门限位 X3)、门控电动机 M 和接触器 KM1(开门 Y0)、KM2(关门 Y1)组成。当人接近大门时,微波检测开关 SQ1、SQ2 检测到人就开门,当人离开时,检测不到人,经 2s 后自动关门。

在商店开门期间(上午 8 时到下午 18 时),检测开关 SQ1、SQ2 只要检测到人就开门;下午 18 时到 19 时,顾客只能出不能进,只有出门检测开关 SQ2 检测到人才开门,而进门检测开关 SQ1 不起作用。

商店自动门的控制接线图与梯形图如图 21-7 所示(采用改进的比较触点)。

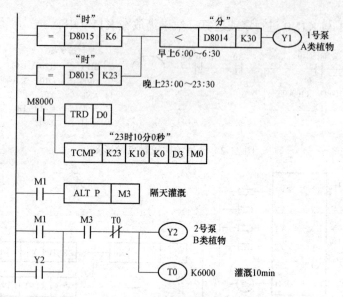

图 21-5　植物灌溉系统梯形图

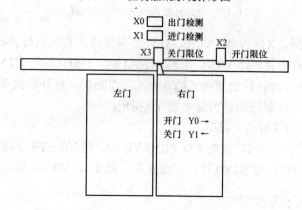

图 21-6　商店自动门示意图

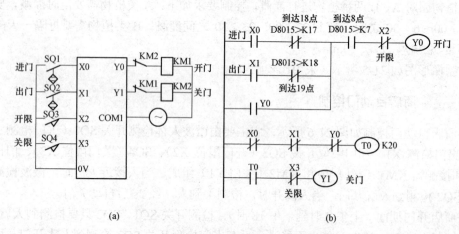

图 21-7　商店自动门控制接线图与梯形图
（a）接线图；（b）商店自动门控制梯形图

第 22 章 数据表处理指令

数据表处理指令如表 22-1 所示。

表 22-1　　　　　数据表处理指令

功能号	指令格式				程序步	指令功能
FNC256	(D) LIMIT (P)	(S1.)	(S2.)	(S3.)	(D.)	9/17 步	上下限限位控制
FNC257	(D) BAND (P)	(S1.)	(S2.)	(S3.)	(D.)	9/17 步	死区控制
FNC258	(D) ZONE (P)	(S1.)	(S2.)	(S3.)	(D.)	9/17 步	区域控制
FNC259	(D) SCL (P)	(S1.)	(S2.)	(D.)		7/13 步	定坐标（不同点坐标）
FNC260	(D) DABIN (P)	(S.)	(D.)			5/9 步	十进制 ASCII→BIN
FNC261	(D) BINDA (P)	(S.)	(D.)			5/9 步	BIN→十进制 ASCII
FNC269	(D) SCL2 (P)	(S1.)	(S2.)	(D.)		7/13 步	定坐标 2（X/Y 坐标）

22.1　上下限限位控制指令（LIMIT）

1. 指令格式

上下限限位控制指令格式如图 22-1 所示。

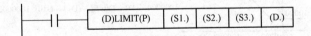

图 22-1　上下限限位控制指令格式

上下限限位控制指令 FNC256-LIMIT（LIMIT）可使用软元件范围，如表 22-2 所示。

表 22-2　　　　　上下限限位控制指令的可使用软元件范围

元件名称	位元件				字元件									常数			指针
	X	Y	M	S	D□.b	KnX	KnY	KnM	KnS	T	C	D	R	U□\G□	V、Z	K	H	E	"□"	P
S1.						○	○	○	○	○	○	○	○	○		○	○			
S2.						○	○	○	○	○	○	○	○	○		○	○			
S3.						○	○	○	○	○	○	○	○	○		○	○			
D.							○	○	○	○	○	○	○	○						

2. 指令说明

LIMIT 指令用于设置输入数值的上限值/下限值然后输出。

如图 22-2 所示,当 X0=1 时,用 X20~X37 的 BCD 值作为输入量来控制输出 D1,设置 D1 的下限为 500,上限为 5000。由于 D0 中只能存放 BIN 数据,所以要将 K4X20 表示的 BCD 值转为 BIN 值。

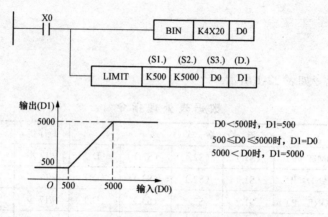

图 22-2 LIMIT 指令说明

如图 22-3 所示,当 X0=1 时,对 X20~X57 中以 BCD 值设定的数据执行 10000~1000000 的限位值控制,并保存到 D11、D10 中。

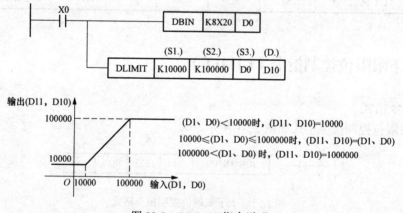

图 22-3 DLIMIT 指令说明

22.2 死区控制指令(BAND)

1. 指令格式

死区控制指令格式如图 22-4 所示。

图 22-4 死区控制指令格式

死区控制指令 FNC257-BAND（FNC257）可使用软元件范围，如表 22-3 所示。

表 22-3　　　　　　　　　死区控制指令的可使用软元件范围

元件名称	位元件				字元件									常数			指针
	X	Y	M	S	D□.b	KnX	KnY	KnM	KnS	T	C	D	R	U□\G□	V、Z	K	H	E	"□"	P
S1.						○	○	○	○	○	○	○	○			○	○			
S2.						○	○	○	○	○	○	○	○			○	○			
S3.										○	○	○	○							
D.						○	○	○	○	○	○	○	○							

2. 指令说明

BAND 指令通过判断输入值是否在指定的死区的上下限范围内，从而来控制输出值。

如图 22-5 所示，当 X0=1 时，根据 X20～X37 的 BCD 输入值，设定下限死区为 –1000，上限死区为 1000 的死区控制，根据图中所列计算确定输出值 D1。

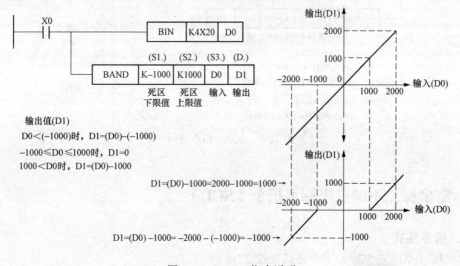

图 22-5　BAND 指令说明

22.3　区域控制指令（ZONE）

1. 指令格式

区域控制指令格式如图 22-6 所示。

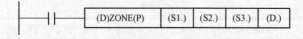

图 22-6　区域控制指令格式

区域控制指令 FNC258-ZONE（ZONE）可使用软元件范围，如表 22-4 所示。

表 22-4　　　　　　　　区域控制指令的可使用软元件范围

元件名称	位元件				字元件									常数			指针
	X	Y	M	S	D□.b	KnX	KnY	KnM	KnS	T	C	D	R	U□\G□	V、Z	K	H	E	"□"	P
S1.						○	○	○	○	○	○	○	○	○					
S2.																○	○		
S3.																○	○		
D.							○	○	○	○	○	○	○	○					

2. 指令说明

ZONE 指令用于根据输入值是正数还是负数,用指定的偏差值来控制输出值。

如图 22-7 所示,当 X0=1 时,根据 X20～X37 的 BCD 输入值,设定正偏差为 –1000,负偏差为 1000 的控制,根据下式确定输出值 D1。

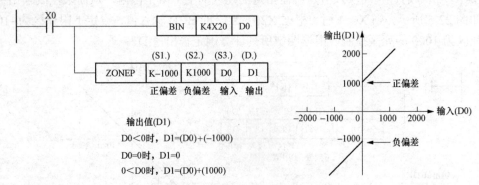

图 22-7　ZONE 指令说明

22.4 定坐标（不同点坐标）指令（SCL）

1. 指令格式

定坐标（不同点坐标）指令格式如图 22-8 所示。

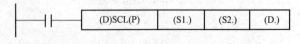

图 22-8　定坐标（不同点坐标）指令格式

定坐标（不同点坐标）指令 FNC259-SCL（SCALING）可使用软元件范围,如表 22-5 所示。

表 22-5　　　　　　定坐标（不同点坐标）指令的可使用软元件范围

元件名称	位元件				字元件									常数			指针
	X	Y	M	S	D□.b	KnX	KnY	KnM	KnS	T	C	D	R	U□\G□	V、Z	K	H	E	"□"	P
S1.						○	○	○	○	○	○	○	○	○					
S2.												○							
D.							○	○	○	○	○	○	○	○					

2．指令说明

SCL 指令用于根据指定的数据表格，对输入值执行定坐标后输出。

此外，还有数据表格结构不同的 SCL2 指令。

如图 22-9 所示，当执行 SCL 指令时，根据 R0 开始的软元件设定的定坐标用转换表格，如表 22-6 所示，对 D0 给定的输入值 "X"，产生对应的输出值 D10。例如，当输入值 D0=7 时，对应的输出值 D10=35。当输入值 D0=30 时，对应的输出值 D10=100 等。

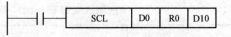

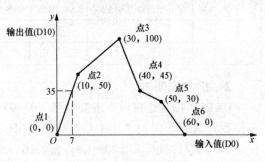

图 22-9　SCL 指令说明

表 22-6　　　　　　　　　定坐标用转换设定数据表格

设定项目		软元件	设定内容
坐标点数		R0	K6
点 1	x 坐标	R1	K0
	y 坐标	R2	K0
点 2	x 坐标	R3	K10
	y 坐标	R4	K50
点 3	x 坐标	R5	K30
	y 坐标	R6	K100
点 4	x 坐标	R7	K40
	y 坐标	R8	K45
点 5	x 坐标	R9	K50
	y 坐标	R10	K30
点 6	x 坐标	R11	K60
	y 坐标	R12	K0

22.5　十进制 ASCII 码→BIN 指令（DABIN）

1．指令格式

十进制 ASCII 码→BIN 指令格式如图 22-10 所示。

十进制 ASCII 码→BIN 指令 FNC260-DABIN（DECIMAL ASCII TO BIN）可使用软元件范围，如表 22-7 所示。

图 22-10　十进制 ASCII 码→BIN 指令格式

表22-7 十进制ASCII码→BIN指令的可使用软元件范围

元件名称	位元件				字元件									常数			指针
	X	Y	M	S	D□.b	KnX	KnY	KnM	KnS	T	C	D	R	U□\G□	V、Z	K	H	E	"□"	P
S.										○	○	○	○						
D.							○	○	○	○	○	○	○	○					

2. 指令说明

DABIN指令是将以十进制数字（0~9）的ASCII码（30H~39H）转换成BIN数据。各位数的ASCII码为"20H（空格）""00H（NULL）"时，作为"30H"处理。

如图22-11所示，当X0=1时，将D20~D22中设定的符号以及5位十进制数字的ASCII码数据"-00276"转换成BIN值后，保存到D0中。

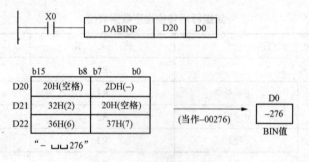

图22-11 DABIN指令说明

22.6 BIN→十进制ASCII码指令（BINDA）

1. 指令格式

BIN→十进制ASCII码指令格式如图22-12所示。

BIN→十进制ASCII码指令FNC261-BINDA（BIN TO DECIMAL ASCII）可使用软元件范围，如表22-8所示。

图22-12 BIN→十进制ASCII码指令格式

表22-8 BIN→十进制ASCII码指令的可使用软元件范围

元件名称	位元件				字元件									常数			指针
	X	Y	M	S	D□.b	KnX	KnY	KnM	KnS	T	C	D	R	U□\G□	V、Z	K	H	E	"□"	P
S.						○	○	○	○	○	○	○	○	○	○				
D.							○	○	○	○	○	○	○						

2. 指令说明

BINDA指令用于将BIN数据（0~9）转换成ASCII码（30H~39H）。

如图22-13所示，当X0=1时，将16位数据（BIN）D0中的值转换成十进制数字的ASCII码，然后使用PR（FNC 77）指令将已经转换的ASCII码逐个字符依次时分输出到Y40~

Y51 中。输出字符的切换信号 M8091=0，通过将 PR 模式标志位 M8027=1，使 ASCII 码一直输出到 00H 为止。

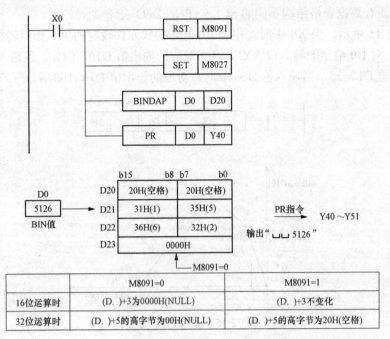

图 22-13　BINDA 指令说明

22.7　定坐标 2（X/Y 坐标）指令（SCL2）

1. 指令格式

定坐标 2（X/Y 坐标）指令格式如图 22-14 所示。

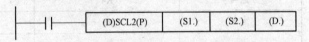

图 22-14　定坐标 2（X/Y 坐标）指令格式

定坐标 2（X/Y 坐标）指令 FNC269-SCL2（SCALING2）可使用软元件范围，如表 22-9 所示。

表 22-9　定坐标 2（X/Y 坐标）指令的可使用软元件范围

元件名称	位元件				字元件								常数		指针
	X	Y	M	S	D□.b	KnX	KnY	KnM	KnS	T	C	D	R	U□\G□	V、Z	K	H	E	"□"	P
S1.						○	○	○	○	○	○	○	○			○	○			
S2.												○	○							
D.							○	○	○	○	○	○	○							

2. 指令说明

SCL2 指令根据指定的数据表格，对输入值执行定坐标后输出。

此外，还有数据表格结构不同的 SCL2（FNC 259）指令。

如图 22-15 所示，当 X0=1 时，根据 R0 开始的软元件设定的定坐标用转换表格，如表 22-10 所示，对 D0 给定的输入值"X"，产生对应的输出值 D10。例如，当输入值 D0=7 时，对应的输出值 D10=35。当输入值 D0=30 时，对应的输出值 D10=100 等。

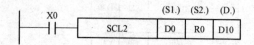

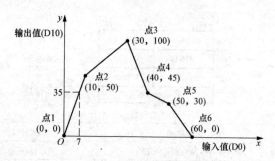

图 22-15　SCL2 指令说明

表 22-10　　　　　　　　　　　定坐标用转换设定数据表格

设定项目		软元件	设定内容
坐标点数		R0	K6
x 坐标	点 1	R1	K0
	点 2	R2	K10
	点 3	R3	K30
	点 4	R4	K40
	点 5	R5	K50
	点 6	R6	K60
y 坐标	点 1	R7	K0
	点 2	R8	K50
	点 3	R9	K100
	点 4	R10	K45
	点 5	R11	K30
	点 6	R12	K0

第 23 章

变频器通信指令

EXTR 指令（FNC180）用于 FX_{2N}、FX_{2NC} 型 PLC 的变频器通信功能。FX_{3S}、FX_{3G}、FX_{3GC}、FX_{3U}、FX_{3UC} 型 PLC 内置了变频器通信功能，提供了以下专用指令 FNC 270～FNC 275，如表 23-1 所示。

表 23-1　　　　　　　　　　变 频 器 通 信 指 令

功能号	指 令 格 式					程序步	指 令 功 能
FNC180	EXTR	K10	(S1.)	(S2.)	(D.)		9 步	变换器的运转监视
	EXTR	K11	(S1.)	(S2.)	(S3.)		9 步	变频器的运行控制
	EXTR	K12	(S1.)	(S2.)	(D.)		9 步	读取变频器的参数
	EXTR	K13	(S1.)	(S2.)	(S3.)		9 步	写入变频器的参数
FNC270	IVCK	(S1.)	(S2.)	(D.)	n		9 步	变换器的运转监视
FNC271	IVDR	(S1.)	(S2.)	(S3.)	n		9 步	变频器的运行控制
FNC272	IVRD	(S1.)	(S2.)	(D.)	n		9 步	读取变频器的参数
FNC273	IVWR	(S1.)	(S2.)	(S3.)	n		9 步	写入变频器的参数
FNC274	IVBWR	(S1.)	(S2.)	(S3.)	n		9 步	成批写入变频器参数
FNC275	IVMC	(S1.)	(S2.)	(S3.)	(D.)	n	11 步	变频器的多个命令

23.1　变频器控制替代指令（EXTR）

EXTR（FNC180）指令只用于 FX_{2N}、FX_{2NC} 型 PLC。其详细内容，参考有关变频器手册和通信控制手册。

1．指令格式

变频器控制替代指令格式如图 23-1 所示。

图 23-1　变频器控制替代指令格式

2．指令说明

变频器控制替代指令 FNC180-EXTR 指令有 4 种编号（K10～K13），分别对应于 FNC 270～FNC 273 指令。例如，EXTR K10 指令等同于 FNC 270 指令，该指令用于变换器的运转监视，如表 23-2 所示。

表 23-2　　　　　　　　　　　指令替换对照表

FX_{2N}、FX_{2NC} 型 PLC		FX_{3S}、FX_{3G}、FX_{3GC}、FX_{3U}、FX_{3UC} 型 PLC		内容
EXTR K10	→	FNC 270	IVCK	变换器的运转监视
EXTR K11	→	FNC 271	IVDR	变频器的运行控制
EXTR K12	→	FNC 272	IVRD	变频器的参数读取
EXTR K13	→	FNC 273	IVWR	变频器的参数写入
—	—	FNC 274	IVBWR①	变频器的参数成批写入
—	—	FNC 275	IVMC	变频器的多个命令

①仅 FX_{3U}、FX_{3UC} 型 PLC 支持。

如图 23-2（a）所示的 EXTR K10 指令等同于图 23-2（b）中的 IVCK（FNC 270）指令，其意义都是将 6 号变频器中的输出频率（变频器指令代码 H6F）传送到 PLC 中的 D100 中。

FX_{2N}、FX_{2NC} 型 PLC 只有一个通信通道，所以 EXTR 指令中没有通道号。

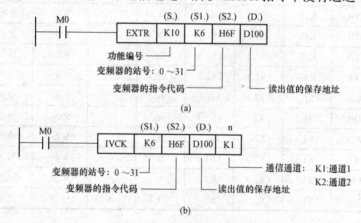

图 23-2　指令（EXTR）说明

（a）FX_{2N}、FX_{2NC} 型 PLC 应用指令；（b）FX_{3S}、FX_{3G}、FX_{3GC}、FX_{3U}、FX_{3UC} 型 PLC 应用指令

例 129 用 FX_{2N} 型 PLC 控制 1 台变频器

用 FX_{2N} 型 PLC 控制 1 台变频器，如图 23-3 所示，X0 为停止，X1 为正转，X2 为反转，在控制过程中可以（通过 PLC 或人机界面）反映变频器的状态和频率等。

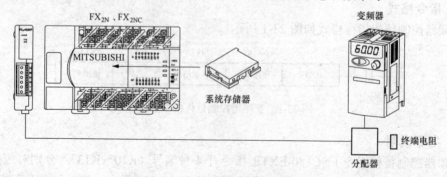

图 23-3　FX_{2N} 型 PLC 和变频器连接图

由于只连接了 1 台变频器，所以这台变频器的站号为 0 号。

控制梯形图如图 23-4 所示。

(1) 如图 23-4（a）所示，在 PLC 运行时，M8002 产生一个脉冲使 M0 置位，M0 触点接通 EXTR 指令，向变频器写入设定参数值，设置结束后，M8029 触点接通，使 M0 复位。

(2) 如图 23-4（b）所示，变频器起动时频率设为 60Hz，当 M17=1 时，变频器运行频率改为 40Hz，当 M18=1 时，变频器运行频率改为 20Hz。

变频器指令代码"HED"为写入设定频率。

(3) 如图 23-4（c）所示，为变频器的运行控制。X0 为停止按钮，X1 为正转按钮，X2 为反转按钮。

当正转按钮 X1 按下时，M21=1，执行 EXTR 指令，将 K4M20 的值传送到 HFA，HFA 的 b1 位=1，变频器为正转。

当反转按钮 X2 按下时，M22=1，执行 EXTR 指令，将 K4M20 的值传送到 HFA，HFA 的 b2 位=1，变频器为反转。

当反转按钮 X0 按下时，执行 EXTR 指令，将 K4M20=0 的值传送到 HFA，HFA=0，变频器为停止。

(4) 如图 23-4（d）所示，为变频器的运行监视。执行 EXTR 指令，变频器指令代码"H7A"为读出变频器的状态，变频器指令代码"H6F"为读出变频器的输出频率。

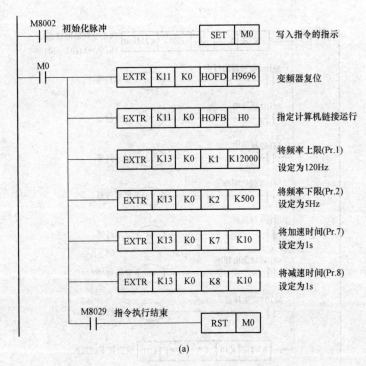

(a)

图 23-4　FX_{2N} 型 PLC 控制 1 台变频器梯形图（一）
(a) 向变频器写入设定参数值

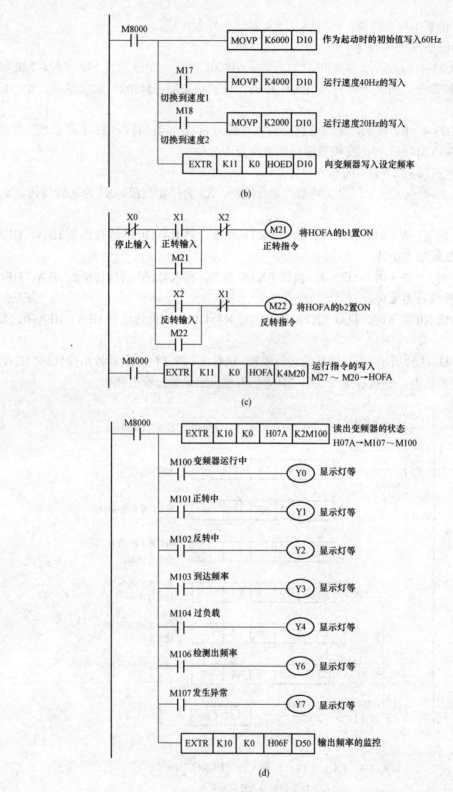

图 23-4　FX_{2N} 型 PLC 控制 1 台变频器梯形图（二）

(b) 通过顺控程序更改速度；(c) 变频器的运行控制；(d) 变频器的运行监视

23.2 变频器的运转监视指令（IVCK）

1. 指令格式

变频器的运转监视指令格式如图 23-5 所示。

变频器的运转监视指令 FNC270-IVCK（INVERTER CHECK）可使用软元件范围，如表 23-3 所示。

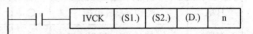

图 23-5 变频器的运转监视指令格式

表 23-3 变频器的运转监视指令的可使用软元件范围

元件名称	位元件				字元件								常 数			指针
	X	Y	M	D□.b	KnX	KnY	KnM	KnS	T	C	D	R	U□\G□	V、Z	K	H	E	"□"	P
S1.											○	①	②		○	○		
S2.											○	①	②		○	○		
D.					○	○	○				○	①	②					
n															○	○		

①仅 FX$_{3G}$、FX$_{3GC}$、FX$_{3U}$、FX$_{3UC}$ 型 PLC 支持。
②仅 FX$_{3U}$、FX$_{3UC}$ 型 PLC 支持。

2. 指令说明

IVCK 指令使用变频器一侧的计算机链接运行功能，在 PLC 中读出变频器运行状态。根据版本不同，该指令适用的变频器也不同。相当于 FX$_{2N}$、FX$_{2NC}$ 系列的 EXTR 指令（K10）。IVCK 指令针对通信口 n 上连接的变频器的站号（S1.），根据（S2.）的指令代码，如表 23-4 所示，将相应的变频器运行状态读出到（D.）中。

表 23-4 变频器指令代码

变频器指令代码	读出内容	三菱变频器型号								
		F700	A700	E700	D700	V500	F500	A500	E500	S500
H7B	运行模式	○	○	○	○	○	○	○	○	○
H6F	输出频率[速度]	○	○	○	①	○	○	○	○	○
H70	输出电流	○	○	○	○	○	○	○	○	○
H71	输出电压	○	○	○	○	○	○	○	○	—
H72	特殊监控	○	○	○	○	○	○	○	○	○
H73	特殊监控的选择编号	○	○	○	○	○	○	○	—	—
H74	异常内容	○	○	○	○	○	○	○	○	○
H75	异常内容	○	○	○	○	○	○	○	○	○
H76	异常内容	○	○	○	○	○	○	○	○	○
H77	异常内容	○	○	○	○	○	○	○	○	—

续表

变频器指令代码	读出内容	三菱变频器型号							
		F700	A700	E700	D700	V500	F500	A500	E500	S500
H79	变频器状态监控（扩展）	○	○	○	○	—	—	—	—	—
H7A	变频器状态监控	○	○	○	○	○	○	○	○	○
H6E	读出设定频率（E2PROM）	○	○	○	○	①	○	○	○	○
H6D	读出设定频率（RAM）	○	○	○	○	①	○	○	○	○
H7F	链接参数的扩展设定	在本指令中，不能用给出（S2.）指令。在 IVRD 指令中，通过指定「第 2 参数指定代码」会自动处理								
H6C	第 2 参数的切换									

①进行频率读出时，请在执行 IVCK 指令前向指令代码 HFF（链接参数的扩展设定）中写入 "0"。没有写入 "0" 时，频率可能无法正常读出。

有关指令相关软元件和执行结束标志位的使用方法如表 23-5 所示。

表 23-5　　　　　有关软件相关软元件和执行结束标志位的使用方法

通道 1	通道 2	内　　容	通道 1	通道 2	内　　容
M8029		指令执行结束	D8063	D8438	串行通信错误代码①
M8063	M8438	串行通信错误①	D8150	D8155	变频器通信响应等待时间①
M8151	M8156	变频器通信中	D8151	D8156	变频器通信中的步编号③
M8152	M8157	变频器通信错误②	D8152	D8157	变频器通信错误代码②
M8153	M8158	变频器通信错误锁定②	D8153	D8158	发生变频器通信错误的步②③
M8154	M8159	IVBWR 指令错误②	D8154	D8159	IVBWR 指令错误的参数编号②③

①电源从 OFF 变为 ON 时清除。
②从 STOP→RUN 时清除。
③初始值：-1。

如图 23-6 所示，当 M0=1 时，将连接 1 通道的 6 号变频器中的输出频率（H6F）传送到 PLC 的 D100 中。

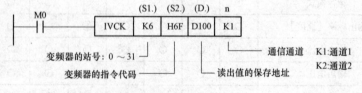

图 23-6　IVCK 指令说明

例 130　变频器的运行监视

如图 23-7 所示，当 M0=1 时，将连接 1 通道的 0 号变频器中的变频器状态监控指令代码（H7A）传送到 PLC 的 K2M100 中。查阅 FR-E700 型变频器使用手册，（H7A）各位的定义如表 23-6 所示。

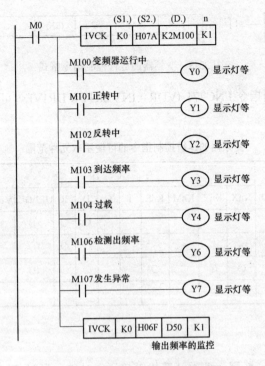

图 23-7 变频器的运行监视梯形图

表 23-6　　　　　　　　　变频器状态监视器各位定义

变频器状态监视器	变频器状态监视器（扩展）
指令代码：H7A	指令代码：H79
位长：8bit	位长：16bit
b0：RUN（变频器运行中）	b0：RUN（变频器运行中）
b1：正转中	b1：正转中
b2：反转中	b2：反转中
b3：SU（频率到达）	b3：SU（频率到达）
b4：OL（过载）	b4：OL（过载）
b5：—	b5：—
b6：FU（频率检测）	b6：FU（频率检测）
b7：ABC（异常）	b7：ABC（异常）
	b8~b14：—
	b15：发生异常

23.3 变频器的运行控制指令（IVDR）

1. 指令格式

变频器的运行控制指令格式如图 23-8 所示。

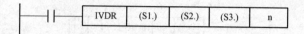

图 23-8 变频器的运行控制指令格式

变频器的运行控制指令 FNC271-IVDR（INVERTER DRIVE）可使用软元件范围，如表 23-7 所示。

表 23-7 变频器的运行控制指令的可使用软元件范围

元件名称	位元件				字元件								常数			指针
	X	Y	M	S	D□.b	KnX	KnY	KnM	KnS	T	C	D	R	U□\G□	V、Z	K	H	E	"□"	P
S1.												○	○	①		○	○			
S2.												○	○	①		○	○			
S3.						○	○	○	○			○		①		○	○			
D.																		○	○	

①仅 FX₃U、FX₃UC 型 PLC 对应。

2. 指令说明

IVDR 指令是使用变频器一侧的计算机链接运行功能，通过 PLC 中写入变频器运行所需的控制值，相当于 FX₂N、FX₂NC 系列的 EXTR 指令（K11）。

如图 23-9 所示，当 M0=1 时，将 PLC 中的 K2M50 中的值经通道 1 写到 6 号变频器中。变频器指令代码如表 23-8 所示。

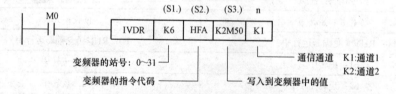

图 23-9 IVDR 指令说明

表 23-8 写入变频器指令代码

变频器指令代码	写入内容	三菱变频器型号								
		F700	A700	E700	D700	V500	F500	A500	E500	S500
HFB	运行模式	○	○	○	○	○	○	○	○	○
HF3	特殊监控的选择 No.	○	○	○	○	○	○	○	—	—
HF9	运行指令（扩展）	○	○	○	○	—	—	—	—	○
HFA	运行指令	○	○	○	○	○	○	○	○	○
HEE	写入设定频率（EEPROM）	○	○	○	○	③	○	○	○	○
HED	写入设定频率（RAM）	○	○	○	○	③	○	○	○	○
HFD①	变频器复位②	○	○	○	○	○	○	○	○	○

续表

变频器指令代码	写入内容	三菱变频器型号								
		F700	A700	E700	D700	V500	F500	A500	E500	S500
HF4	异常内容的成批清除	○	○	○	○	○	○	○	○	○
HFC	参数的全部清除	○	○	○	○	○	○	○	○	○
HFC	用户清除	○	○	—	—	○	○	○	—	—
HFF	链接参数的扩展设定	○	○	○	○	○	○	○	○	○

①由于变频器不会对指令代码 HFD（变频器复位）给出响应，所以即使对没有连接变频器的站号执行变频器复位，也不会报错。此外，变频器的复位，到指令执行结束需要约 2.2s。
②进行变频器复位时，在 IVDR 指令的操作数中指定 H9696。不要使用 H9966。
③进行频率读出时，在执行 IVDR 指令前向指令代码 HFF（链接参数的扩展设定）中写入"0"。没有写入"0"时，频率可能无法正常读出。

例 131 更改变频器速度

如图 23-10 所示，变频器起动时频率设为 60Hz，当 M17=1 时，变频器运行频率改为 40Hz，当 M18=1 时，变频器运行频率改为 20Hz。

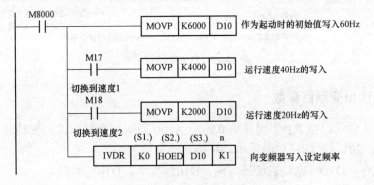

图 23-10 更改变频器速度梯形图

23.4 读取变频器的参数指令（IVRD）

1. 指令格式

读取变频器的参数指令格式如图 23-11 所示。

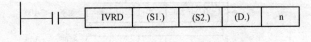

图 23-11 读取变频器的参数指令格式

读取变频器的参数指令 FNC272-IVRD（INVERTER READ）可使用软元件范围，如表 23-9 所示。

表 23-9　　　　　　　　读取变频器的参数指令的可使用软元件范围

元件名称	位元件				字元件									常数			指针
	X	Y	M	S	D□.b	KnX	KnY	KnM	KnS	T	C	D	R	U□\G□	V、Z	K	H	E	"□"	P
S1.												○	○	①		○	○			
S2.												○	○	①		○	○			
D.												○	○	①						
n																○	○			

①仅对应 FX$_{3U}$、FX$_{3UC}$ 型 PLC。

2. 指令说明

IVRD 指令使用变频器一侧的计算机链接运行功能，在 PLC 中读出变频器参数的指令。相当于 FX$_{2N}$、FX$_{2NC}$ 系列的 EXTR 指令（K12）。

如图 23-12 所示，当 M0=1 时，将在 IVRD 指令中指定变频器的参数编号"K7"后，将变频器的参数值读出到 PLC 的 D100 中。

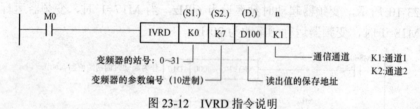

图 23-12　IVRD 指令说明

例 132　读出变频器参数

如图 23-13 所示，当 X1=1 时，从 0 站号 A500 型变频器的中读出变频器参数，参数编号 201（频率：201，时间：1201，电动机旋转方向：2201）。

读出软元件：D100=电动机旋转方向，D101=频率，D102=时间。

指令结束后，M8029=1，M0 复位，M0 触点断开。

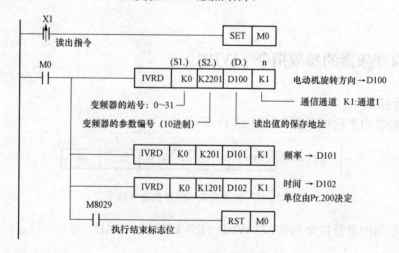

图 23-13　读出变频器参数梯形图

23.5 写入变频器的参数指令（IVWR）

1. 指令格式

写入变频器的参数指令格式如图 23-14 所示。

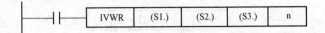

图 23-14　写入变频器的参数指令格式

写入变频器的参数指令 FNC273-IVWR（INVERTER WRITE）可使用软元件范围，如表 23-10 所示。

表 23-10　　　　写入变频器的参数指令 FNC273-IVWR 可使用软元件范围

元件名称	位元件				字元件									常数			指针
	X	Y	M	S	D□.b	KnX	KnY	KnM	KnS	T	C	D	R	U□\G□	V、Z	K	H	E	"□"	P
S1.												○	○	①		○	○		
S2.												○	○	①		○	○		
S3.												○	○	①		○	○		
n																○	○		

①仅对应 FX$_{3U}$、FX$_{3UC}$ 型 PLC。

2. 指令说明

IVWR 指令使用变频器一侧的计算机链接运行功能，写入变频器的参数，相当于 FX$_{2N}$、FX$_{2NC}$ 系列的 EXTR 指令（K13）。

如图 23-15 所示，当 M0=1 时，将在 IVWR 指令中指定变频器的参数编号"K7"后，将 PLC 中 D100 的值写入到变频器。

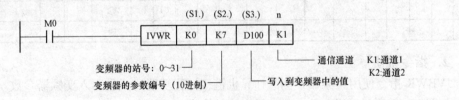

图 23-15　IVWR 指令说明

例 133　写入变频器参数

如图 23-16 所示，当 X1=1 时，从 1 号通道向 0 站号 A500 型变频器的中写入变频器参数，参数编号 201（频率：201，时间：1201，电动机旋转方向：2201）。

写入内容：正转，20Hz，1：00。

指令结束后，M8029=1，M0 复位，M0 触点断开。

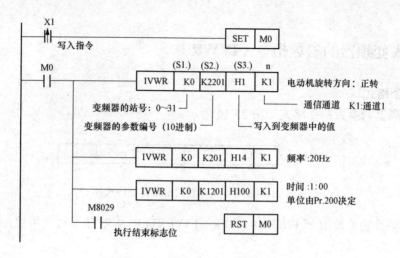

图 23-16 写入变频器参数梯形图

23.6 成批写入变频器参数指令（IVBWR）

1. 指令格式

成批写入变频器参数指令格式如图 23-17 所示。

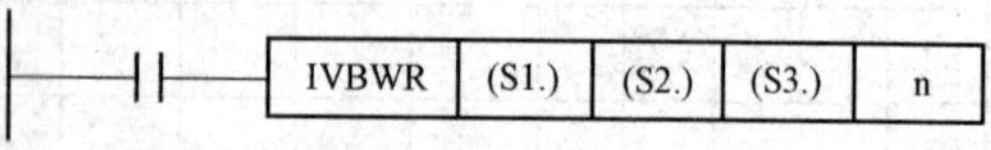

成批写入变频器参数指令 FNC274-IVBWR（INVERTER BLOCK WRITE）可使用软元件范围，如表 23-11 所示。

图 23-17 成批写入变频器参数指令格式

表 23-11　　　　　成批写入变频器参数指令的可使用软元件范围

元件名称	位 元 件				字 元 件									常 数			指针
	X	Y	M	S	D□.b	KnX	KnY	KnM	KnS	T	C	D	R	U□\G□	V、Z	K	H	E	"□"	P
S1.												○	○	○		○	○		
S2.												○	○	○		○	○		
S3.												○	○						
n																○	○		

2. 指令说明

IVBWR 指令使用变频器一侧的计算机链接运行功能，成批写入变频器参数。

如图 23-18 所示，当 M0=1 时，以字软元件 D200 为起始，在 D200~D215 连续 16 个数据寄存器范围内，连续写入要写入的参数编号以及写入值（2 个字/1 点），如表 23-12 所示。

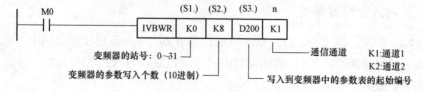

图 23-18　IVBWR 指令说明

表 23-12　　　　　　　　　写入的参数编号以及写入值

D200	参数编号 1
D201	参数写入值 1
D202	参数编号 2
D203	参数写入值 2
⋮	⋮
D214	参数编号 8
D215	参数写入值 8

例 134 向变频器成批写入参数值

如图 23-19 所示，在 PLC 运行时，向变频器写入 4 个参数值：频率上限、频率下限、加速时间、减速时间。

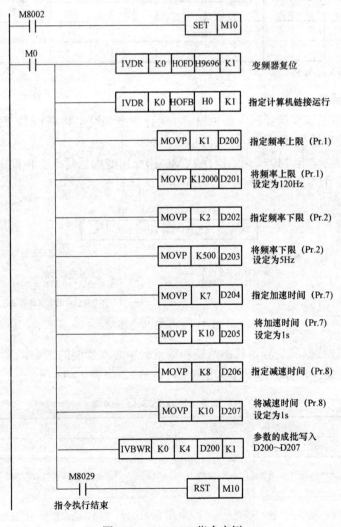

图 23-19　IVBWR 指令实例

23.7 变频器的多个命令指令（IVMC）

1. 指令格式

变频器的多个命令指令格式如图23-20所示。

变频器的多个命令指令 FNC275-IVMC（INVERTER MULTI COMMAND）可使用软元件范围，如表23-13所示。

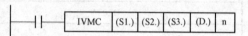

图23-20 变频器的多个命令指令格式

表23-13　　　　变频器的多个命令指令的可使用软元件范围

元件名称	位元件				字元件								常数			指针
	X	Y	M	S	D□.b	KnX	KnY	KnM	KnS	T	C	D	R	U□\G□	V、Z	K	H	E	"□"	P
S1.												○	○	①		○	○			
S2.												○	○	①		○	○			
S3.												○	○	①						
D.												○	○	①						
n																○	○			

①仅对应 FX$_{3U}$、FX$_{3UC}$ 型 PLC。

2. 指令说明

IVMC指令用于向变频器写入2种设定（运行指令和设定频率）时，同时执行2种数据（变频器状态监控和输出频率等）读取的指令。

如图23-21所示，当M0=1时，执行IVMC指令向变频器写入2种设定（运行指令和设定频率），向D10中写入运行指令，向D11中写入运行频率。

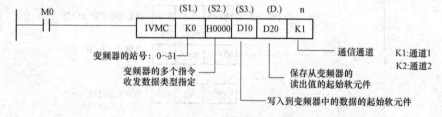

图23-21　IVMC指令说明

同时执行2种数据（变频器状态监控和输出频率等）读取的指令，从D20中读取变频器状态监控，从D21中读取变频器输出频率（转速），如表23-14所示。

表23-14　　　　IVMC指令（S2.）收发数据类型

(S2.) 收发数据类型（十六进制）	发送数据（向变频器写入内容）		接收数据（从变频器读出内容）	
	数据1（S3.）	数据2（S3.+1）	数据1（D.）	数据2（D.+1）
H0000	运行指令（扩展）	设定频率（RAM）	变频器状态监控（扩展）	输出频率（转速）
H0001				特殊监控
H0010	运行指令（扩展）	设定频率（RAM、EEPROM）	变频器状态监控（扩展）	输出频率（转速）
H0011				特殊监控

例 135 IVMC 指令用于变频器的运行监视

如图 23-22 所示，X0 为停止按钮，X1 为正转按钮，X2 为反转按钮，查三菱变频器使用手册，运行指令（扩展）HF9 的 b1 位=1 为正转，HF9 的 b2 位=1 为反转，HF9 为 H00 时为停止。K4M20 的 b1 位"M21"为正转，b2 位"M22"为反转。将运行指令 K4M20 传送到 D10 中。D10 用于 IVMC 指令的运行指令（扩展）写入。

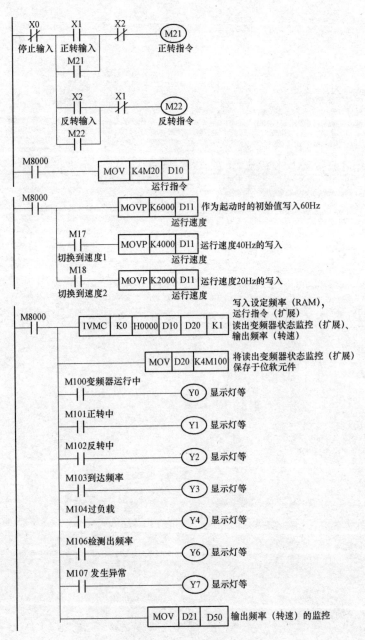

图 23-22 IVMC 指令说明

设定频率写入 D11，变频器起动时频率设为 60Hz，当 M17=1 时，变频器运行频率改为 40Hz，当 M18=1 时，变频器运行频率改为 20Hz。D11 用于 IVMC 指令的设定频率写入。

D20 为用于读出变频器的状态监控（扩展），D20 的各位用位元件 K4M100 表示，M100～M107 各位的定义如图 23-22 所示。

D21 为用于读出变频器的输出频率。

第 24 章

扩展文件寄存器控制指令

扩展文件寄存器控制指令 FNC290～FNC295 用于扩展文件寄存器读写与控制,扩展文件寄存器控制指令如表 24-1 所示。

表 24-1　　　　　　　　　　扩展文件寄存器控制指令

功能号	指令格式						程序步	指令功能
FNC290	LOADR（P）	(S.)	n				5 步	读出扩展文件寄存器
FNC291	SAVER（P）	(S.)	m	(D.)			7 步	成批写入扩展文件寄存器
FNC292	INITR（P）	(S.)	m				5 步	扩展寄存器的初始化
FNC293	LOGR（P）	(S.)	m	(D1.)	n	(D2.)	11 步	登录到扩展寄存器
FNC294	RWER（P）	(S.)	n				5 步	扩展文件寄存器删除写入
FNC295	INITER（P）	(S.)	n				5 步	扩展文件寄存器的初始化

24.1 读出扩展文件寄存器指令（LOADR）

1. 指令格式

读出扩展文件寄存器指令格式如图 24-1 所示。

注：FX$_{3G}$、FX$_{3GC}$ 为 1≤n≤24000，FX$_{3U}$、FX$_{3UC}$ 为 0≤n≤32767。

图 24-1　读出扩展文件寄存器指令格式

读出扩展文件寄存器指令 FNC290-LOADR（LOAD FROM EXTENSION FILE REGISTER）可使用软元件范围,如表 24-2 所示。

表 24-2　　　　　读出扩展文件寄存器指令的可使用软元件范围

元件名称	位元件				字元件								常数			指针
	X	Y	M	S	D□.b	KnX	KnY	KnM	KnS	T	C	D	R	U□\G□	V、Z	K	H	E	"□"	P
S.													○							
n												○				○	○			

2. 指令说明

LOADR 指令用于将保存在存储器盒（闪存、EEPROM）或主机内置 EEPROM 中的扩展文件寄存器（ER）的当前值读出（传送）到 PLC 内置 RAM 的扩展寄存器（R）中。

如图 24-2 所示，当 M0=1 时，将存储器盒中的扩展文件寄存器 ER1～ER4000（4000点）的内容（当前值）被读出（传送）到内置 RAM 中的扩展寄存器 R1～R4000（4000点）中。

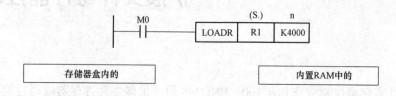

扩展文件寄存器	
软元件编号	当前值
ER1	K100
ER2	K50
ER3	H0003
ER4	H0101
⋮	⋮
ER3999	K55
ER4000	K59

读出（传送）→

扩展寄存器	
软元件编号	当前值
R1	K100
R2	K50
R3	H0003
R4	H0101
⋮	⋮
R3999	K55
R4000	K59

图 24-2　LOADR 指令说明

24.2　成批写入扩展文件寄存器指令（SAVER）

1．指令格式

成批写入扩展文件寄存器指令格式如图 24-3 所示。

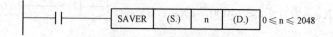

图 24-3　成批写入扩展文件寄存器指令格式

成批写入扩展文件寄存器指令 FNC291-SAVER（SAVE TO EXTENSION FILE REGISTER）可使用软元件范围，如表 24-3 所示。

表 24-3　成批写入扩展文件寄存器指令的可使用软元件范围

元件名称	位元件				字元件								常数			指针
	X	Y	M	S	D□.b	KnX	KnY	KnM	KnS	T	C	D	R	U□\G□	V、Z	K	H	E	"□"	P
S.													○							
n																○	○			
D.													○							

2. 指令说明

SAVER 指令用于将 PLC 内置 RAM 的任意点数的扩展寄存器（R）的当前值 1 段（2048 点）写入存储器盒（闪存）的扩展文件寄存器（ER）中时使用。

如图 24-4 所示，当 X0=1 时，M0=1，执行 SAVER 指令，将"段 0"R0～R2047（见表 24-4）中的当前值按 1 个扫描周期 128 点分时传送（写入）到 ER0～ER2047 中，共需要 16 个扫描周期，已经写入的点数保存在 D0 中。传送（写入）结束后，M8029=1，M0 复位，断开 SAVER 指令。

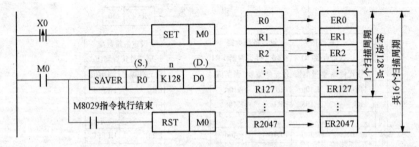

图 24-4 SAVER 指令说明

表 24-4　　　　　　　　　　　　段编号和起始软元件编号

段编号	起始软元件编号	写入软元件范围	段编号	起始软元件编号	写入软元件范围
段 0	R0	ER0～ER2047	段 8	R16384	ER16384～ER18431
段 1	R2048	ER2048～ER4095	段 9	R18432	ER18432～ER20479
段 2	R4096	ER4096～ER6143	段 10	R20480	ER20480～ER22527
段 3	R6144	ER6144～ER8191	段 11	R22528	ER22528～ER24575
段 4	R8192	ER8192～ER10239	段 12	R24576	ER24576～ER26623
段 5	R10240	ER10240～ER12287	段 13	R26624	ER26624～ER28671
段 6	R12288	ER12288～ER14335	段 14	R28672	ER28672～ER30719
段 7	R14336	ER14336～ER16383	段 15	R30720	ER30720～ER32767

n 为每个扫描周期的写入（传送）点数（0≤n≤2048），n=K0 等同于 n=K2048。

所有点（2048 点）的写入所需的时间大约为 340ms。在 n 中指定了 K0 或 K2048 时，执行这个指令的扫描周期会比平时长大约 340ms。当这个时间对扫描周期带来不良影响时，可将 n 设定为 K1～K1024，使写入的执行时间在 2 个扫描周期以上。

此外，在 Ver.1.30 以上的 FX_{3UC} 型 PLC、FX_{3U} 型 PLC 中，还有仅写入（传送）任意点数的 RWER 指令（FNC 294）。如果使用 RWER 指令，就无需每次都执行 INITR（FNC 292）指令和 INITER（FNC 295）指令。

如图 24-5 所示，当 X0=1 时，M0=1，先执行 INITER（FNC295）指令，将 ER0～ER2047 中的数据初始化，全部变为 HFFFF。再执行 SAVER 指令，将 R0～R2047 中的当前值按每个扫描周期 128 点写入扩展文件寄存器（ER0～ER2047）中。

348　PLC 应用指令编程实例与技巧

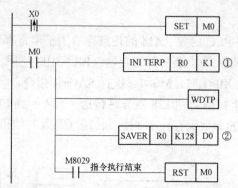

设定数据		设定备份数据			设定备份数据		
扩展寄存器(R)		扩展文件寄存器(ER)			扩展文件寄存器(ER)		
软元件编号	当前值	软元件编号	当前值		软元件编号	当前值	
R0	K100	ER0	K100		ER0	HFFFF	
R1	K105	ER1	K105		ER1	HFFFF	
⋮	⋮	⋮	⋮	①	⋮	⋮	②
R10	K200	ER10	K300	INITER指令	ER10	HFFFF	SAVER指令
R11	K215	ER11	K330	→	ER11	HFFFF	→
R12	K400	ER12	K350		ER12	HFFFF	到下表→
⋮	⋮	⋮	⋮		⋮	⋮	
R19	K350	ER19	K400		ER19	HFFFF	
⋮	⋮	⋮	⋮		⋮	⋮	
R99	K1000	ER99	K1000		ER99	HFFFF	
R100	HFFFF	ER100	HFFFF		ER100	HFFFF	
⋮	⋮	⋮	⋮		⋮	⋮	
R2047	HFFFF	ER2047	HFFFF		ER2047	HFFFF	

设定数据(A) 变更数据 / 未使用

② SAVER指令 → →接上表

设定数据		设定备份数据		已经写入的点数(D0)
扩展寄存器(R)		扩展文件寄存器(ER)		
软元件编号	当前值	软元件编号	当前值	
R0	K100	ER0	K100	
R1	K105	ER1	K105	
⋮	⋮	⋮	⋮	
R10	K200	ER10	K300	
R11	K215	ER11	K330	
R12	K400	ER12	K350	K128 (第1个扫描周期)
⋮	⋮	⋮	⋮	
R19	K350	ER19	K400	
⋮	⋮	⋮	⋮	
R99	K1000	ER99	K1000	
R100	HFFFF	ER100	HFFFF	
⋮	⋮	⋮	⋮	
R127	HFFFF	R127	HFFFF	
R128	HFFFF	R128	HFFFF	K256 (第2个扫描周期)
⋮	⋮	⋮	⋮	
R255	HFFFF	R255	HFFFF	
R256	HFFFF	R256	HFFFF	(第3~16个扫描周期)
⋮	⋮	⋮	⋮	
R2047	HFFFF	R2047	HFFFF	K2048

图 24-5　SAVER 指令说明

24.3 扩展寄存器的初始化指令（INITR）

1. 指令格式

扩展寄存器的初始化指令格式如图 24-6 所示。

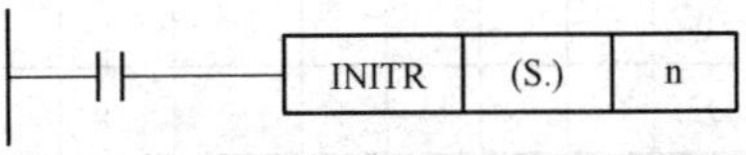

扩展寄存器的初始化指令 FNC292-INITR（INITIALIZE EXTENSION REGISTER）可使用软元件范围，如表 24-5 所示。

图 24-6 扩展寄存器的初始化指令格式

表 24-5　　　　扩展寄存器的初始化指令的可使用软元件范围

元件名称	位元件				字元件									常数			指针
	X	Y	M	S	D□.b	KnX	KnY	KnM	KnS	T	C	D	R	U□\G□	V、Z	K	H	E	"□"	P
S.													○							
n																○	○			

2. 指令说明

INITR 指令用于对与（S.）指定的 PLC 内置 RAM 的扩展寄存器编号相同的存储器盒（闪存）中的扩展文件寄存器开头的 n 个段，按段执行初始化［写入初始值 HFFFF（K-1）］。

如图 24-7 所示，当 X0=1 时，对段 0 中的扩展寄存器 R0~R2047 进行初始化的程序。如果使用了存储器盒时，扩展文件寄存器 ER0~ER2047 也会被初始化。

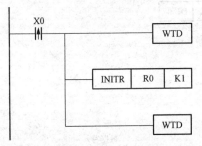

图 24-7　INITR 指令说明

24.4 登录到扩展寄存器指令（LOGR）

1. 指令格式

登录到扩展寄存器指令格式如图 24-8 所示。

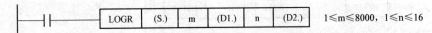

图 24-8　登录到扩展寄存器指令格式

登录到扩展寄存器指令 FNC293-LOGR（LOGGING TO EXTENSION REGISTE R）可使用软元件范围，如表 24-6 所示。

表 24-6　　　　登录到扩展寄存器指令的可使用软元件范围

元件名称	位元件				字元件									常数			指针
	X	Y	M	S	D□.b	KnX	KnY	KnM	KnS	T	C	D	R	U□\G□	V、Z	K	H	E	"□"	P
S.										○	○	○								
m												○				○	○			

续表

元件名称	位元件				字元件								常 数			指针
	X	Y	M	S	D□.b	KnX	KnY	KnM	KnS	T	C	D	R	U□\G□	V、Z	K	H	E	"□"	P
D1													○							
n																○	○			
D2.												○								

注 S.不能设定 C200~C255。

2. 指令说明

LOGR 指令用于执行指定软元件的登录，并可以将已经登录的数据保存到扩展寄存器（R）以及存储器盒中的扩展文件寄存器（ER）中。

如图 24-9 所示，当每次 X1=1 时，在 R2048 开始的 2 个段 R2048~R6143 的区域中登录 D1 和 D2。将保存的登录数据的数据数存放在 D100 中。

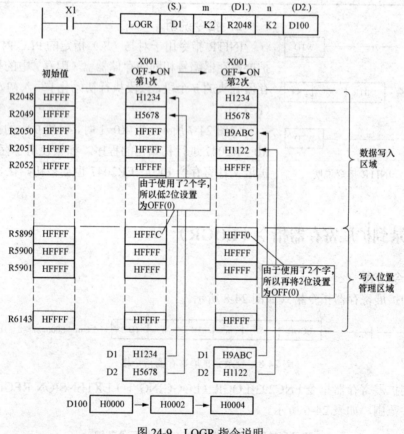

图 24-9 LOGR 指令说明

未使用存储器盒时，不能对扩展文件寄存器（ER）执行写入。

写入位置管理区域：每使用 1 个字的数据写入区域时，从 [（D1）+（1926n）-1] 的 0 位开始，依次从 ON（1）变为 OFF（0）。当 [（D1）+（1926n）-1] 的 15 位变为 OFF（0）时，下一次登录时，将下一个软元件 [（D1）+（1926n）] 的 0 位设置为 OFF（0）。

本例中写入位置管理区域为（D1）+（1926n）-1=2048+（1926×2）-1=5899。

数据写入区域为 1926n 点。

数据写入位置管理区域为 122n 点。

24.5 扩展文件寄存器删除写入指令（RWER）

1. 指令格式

扩展文件寄存器删除写入指令格式如图 24-10 所示。

注：FX$_{3G}$、FX$_{3GC}$ 为 1≤n≤24000，FX$_{3U}$、FX$_{3UC}$ 为 0≤n≤32767。

图 24-10 扩展文件寄存器删除写入指令格式

扩展文件寄存器删除写入指令 FNC294-RWER（INITIALIZE EXTENSION FILE REGISTER）可使用软元件范围，如表 24-7 所示。

表 24-7　　　　　　　扩展文件寄存器删除写入指令的可使用软元件范围

元件名称	位元件				字元件								常数			指针
	X	Y	M	S	D□.b	KnX	KnY	KnM	KnS	T	C	D	R	U□\G□	V、Z	K	H	E	"□"	P
S.													○							
n												○				○	○			

2. 指令说明

RWER 指令是将 PLC 内置 RAM 的扩展寄存器（R）的任意点数的当前值写入存储器盒（闪存、EEPROM）中，或者主机内置 EEPROM 中的扩展文件寄存器（ER）中。

如图 24-11 所示，当每次 m0=1 时，将设定数据用的扩展寄存器 R10～R19（段 0）的变更内容，反映到扩展文件寄存器（ER）中。

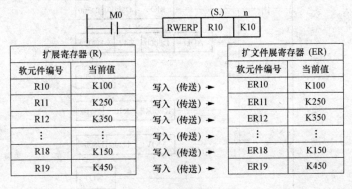

图 24-11 RWER 指令说明

（1）在 FX$_{3U}$、FX$_{3UC}$ 型 PLC 的情况下。开始的 n 点扩展寄存器（R）的内容（当前值），写入（传送）到相同编号的存储器盒（闪存）的扩文件寄存器（ER）中。

（2）在 FX$_{3G}$、FX$_{3GC}$ 型 PLC 的情况下。

1）连接了存储器盒时（仅 FX₃G 型 PLC 可以连接存储盒）。开始的 n 点扩展寄存器（R）的内容（当前值），写入（传送）到相同编号的存储器盒（EEPROM）的扩文件寄存器（ER）中。

2）未连接存储器盒时。开始的 n 点扩展寄存器（R）的内容（当前值），写入（传送）到相同编号的主机内置的 EEPROM 中的扩文件寄存器（ER）中。

注意要点：

（1）对 FX₃U、FX₃UC 型 PLC 用存储器盒（闪存）写入数据时的注意事项。

由于存储器盒的存储介质为闪存，所以使用这个指令将数据写入到存储器盒中的扩展文件寄存器时，务必注意以下的内容。

1）可以任意指定要写入的扩展寄存器，但是以段为单位执行写入动作。因此，写入所需的时间为每段约 47ms。当要写入的扩展寄存器跨了 2 个段时，指令执行的时间大约为 94ms。请在执行这个指令之前，更改看门狗定时器的设定值 D8000。

2）在指令执行过程中勿断开电源。如果在执行过程中断电，则有可能使指令的执行被中断。如果指令的执行中断，则可能会丢失数据，所以在执行指令之前务必备份数据。

（2）对 FX₃G 型 PLC 用存储器盒（EEPROM）写入数据时的注意事项。

由于存储器盒的存储介质为 EEPROM，所以使用这个指令将数据写入到存储器盒中的扩展文件寄存器时，务必注意以下的内容。

在指令执行过程中请勿断开电源。如果在执行过程中断电，则有可能使指令的执行被中断。如果指令的执行中断，则可能会丢失数据，所以在执行指令之前务必备份数据。

例 136 RWER 指令应用

如图 24-12 所示，当 X0=1 时，先将 D8000 中的值暂存于中 D200，再将 D8000 中的值增加 47ms，执行 WDT 指令，使 D8000 中的值立即生效（否则要到 END 指令之后才能生效）。

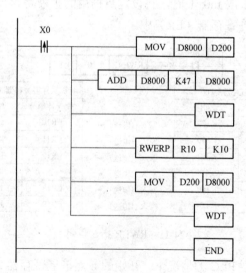

图 24-12 RWER 指令应用（一）

第 24 章 扩展文件寄存器控制指令

	设定数据			设定备份数据	
	扩展寄存器(R)			扩展文件寄存器(ER)	
	软元件编号	当前值		软元件编号	当前值
设定数据	R0	K100		ER0	K100
	R1	K105		ER1	K105
	⋮	⋮		⋮	⋮
(A) 变更数据	R10	K200	X0=1 时写入 →	ER10	K200
	R11	K215		ER11	K215
	R12	K400		ER12	K400
	⋮	⋮		⋮	⋮
	R19	K350		ER19	K350
	⋮	⋮		⋮	⋮
	R99	K1000		ER99	K1000
未使用	R100	HFFFF		ER100	HFFFF
	⋮	⋮		⋮	⋮
	R2047	HFFFF		ER2047	HFFFF

图 24-12 RWER 指令应用（二）

执行 RWER 指令将设定数据用的扩展寄存器 R10～R19（段 0）的变更内容，反映到扩展文件寄存器（ER）中。

将 D8000 中的值恢复到原来的设定值 D200，执行 WDT 指令，使 D8000 中的值立即生效。

24.6 扩展文件寄存器的初始化指令（INITER）

1．指令格式

扩展文件寄存器的初始化指令格式如图 24-13 所示。

扩展文件寄存器的初始化指令 FNC295-INITER（INITIALIZE EXTENSION FILE REGISTER）可使用软元件范围，如表 24-8 所示。

图 24-13 扩展文件寄存器的初始化指令格式

表 24-8   扩展文件寄存器的初始化指令的可使用软元件范围

元件名称	位元件				字元件								常数			指针
	X	Y	M	S	D□.b	KnX	KnY	KnM	KnS	T	C	D	R	U□\G□	V、Z	K	H	E	"□"	P
S.													○							
n																○	○			

2．指令说明

INITER 指令用于在执行 SAVER 指令前，对存储器盒（闪存）中的扩展文件寄存器（ER）进行初始化。

此外，在 Ver.1.30 以下版本的 FX_{3UC} 型 PLC，由于不支持 INITER 指令（FNC 295），可使用 INITR（FNC292）指令。

初始化时每段需要约 25ms。对多个段执行初始化时，可在程序中将看门狗定时器的设定值 D8000 放大，或在 INITER 指令的正前方和正后方加 WDT（FNC 07）指令。

如图 24-14 所示，当 X0=1 时，对段 0 中的扩展文件寄存器 ER0～ER2047 进行初始化。

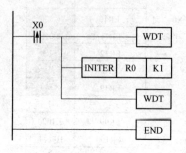

图 24-14　INITER 指令应用说明

附录A 应用指令一览表

FNC №	指令类别	指令名称	指令功能	FX$_{3S}$	FX$_{3G}$	FX$_{3GC}$	FX$_{3U}$	FX$_{3UC}$	FX$_{1S}$	FX$_{1N}$	FX$_{1NC}$	FX$_{2N}$	FX$_{2NC}$
00	程序流程	CJ（P）	条件跳转	○	○	○	○	○	○	○	○	○	○
01		CALL（P）	子程序调用	○	○	○	○	○	○	○	○	○	○
02		SRET	子程序返回	○	○	○	○	○	○	○	○	○	○
03		IRET	中断返回	○	○	○	○	○	○	○	○	○	○
04		EI ※	允许中断	○	○	○	○	○	○	○	○	○	○
05		DI（P）※	禁止中断	○	○	○	○	○	○	○	○	○	○
06		FEND	主程序结束	○	○	○	○	○	○	○	○	○	○
07		WDT（P）※	看门狗定时器	○	○	○	○	○	○	○	○	○	○
08		FOR	循环范围的开始	○	○	○	○	○	○	○	○	○	○
09		NEXT	循环范围的结束	○	○	○	○	○	○	○	○	○	○
10	传送/比较	(D)CMP（P）	比较	○	○	○	○	○	○	○	○	○	○
11		(D)ZCP（P）	区间比较	○	○	○	○	○	○	○	○	○	○
12		(D)MOV（P）	传送	○	○	○	○	○	○	○	○	○	○
13		SMOV（P）	位移动	○	○	○	○	○	—	—	—	○	○
14		(D)CML（P）	反转传送	○	○	○	○	○	○	○	○	○	○
15		BMOV（P）	成批传送	○	○	○	○	○	○	○	○	○	○
16		(D)FMOV（P）	多点传送	○	○	○	○	○	—	—	—	○	○
17		(D)XCH（P）	交换	—	—	—	○	○	—	—	—	○	○
18		(D)BCD（P）	BCD转换	○	○	○	○	○	○	○	○	○	○
19		(D)BIN（P）	BIN转换	○	○	○	○	○	○	○	○	○	○
20	四则/逻辑运算	(D)ADD（P）	BIN加法运算	○	○	○	○	○	○	○	○	○	○
21		(D)SUB（P）	BIN减法运算	○	○	○	○	○	○	○	○	○	○
22		(D)M(D)UL（P）	BIN乘法运算	○	○	○	○	○	○	○	○	○	○
23		(D)DIV（P）	BIN除法运算	○	○	○	○	○	○	○	○	○	○
24		(D)INC（P）	BIN加1	○	○	○	○	○	○	○	○	○	○
25		(D)DEC（P）	BIN减1	○	○	○	○	○	○	○	○	○	○
26		(D)WAND（P）	逻辑与	○	○	○	○	○	○	○	○	○	○
27		(D)WOR（P）	逻辑或	○	○	○	○	○	○	○	○	○	○
28		(D)WXOR（P）	逻辑异或	○	○	○	○	○	○	○	○	○	○
29		(D)NEG（P）	补码	—	—	—	○	○	—	—	—	○	○

续表

FNC No	指令类别	指令名称	指令功能	FX$_{3S}$	FX$_{3G}$	FX$_{3GC}$	FX$_{3U}$	FX$_{3UC}$	FX$_{1S}$	FX$_{1N}$	FX$_{1NC}$	FX$_{2N}$	FX$_{2NC}$
30	循环/移位	(D) ROR (P)	循环右移	○	○	○	○	○	—	—	—	○	○
31		(D) ROL (P)	循环左移	○	○	○	○	○	—	—	—	○	○
32		(D) RCR (P)	带进位循环右移	—	—	—	○	○	—	—	—	○	○
33		(D) RCL (P)	带进位循环左移	—	—	—	○	○	—	—	—	○	○
34		SFTR (P)	位右移	○	○	○	○	○	○	○	○	○	○
35		SFTL (P)	位左移	○	○	○	○	○	○	○	○	○	○
36		WSFR (P)	字右移	○	○	○	○	○	—	—	—	○	○
37		WSFL (P)	字左移	○	○	○	○	○	—	—	—	○	○
38		SFWR (P)	移位写入[先入先出/先入后出控制用]	○	○	○	○	○	○	○	○	○	○
39		SFRD (P)	移位读出[先入先出控制用]	○	○	○	○	○	—	—	—	○	○
40	数据处理1	ZRST (P)	成批复位	○	○	○	○	○	○	○	○	○	○
41		DECO (P)	译码	○	○	○	○	○	○	○	○	○	○
42		ENCO (P)	编码	○	○	○	○	○	○	○	○	○	○
43		(D) SUM (P)	1的个数	○	○	○	○	○	—	—	—	○	○
44		(D) BON (P)	置1位的判断	○	○	○	○	○	—	—	—	○	○
45		(D) MEAN (P)	平均值	○	○	○	○	○	—	—	—	○	○
46		ANS	信号报警器置位	—	○	○	○	○	—	—	—	○	○
47		ANR (P)	信号报警器复位	—	○	○	○	○	—	—	—	○	○
48		(D) SQR (P)	BIN开方运算	—	—	—	○	○	—	—	—	○	○
49		(D) FLT (P)	BIN整数→二进制浮点数转换	○	(6)	○	○	○	—	—	—	○	○
50	高速处理	REF (P) ※	输入输出刷新	○	○	○	○	○	○	○	○	○	○
51		REFF (P) ※	输入刷新(带滤波器设定)	—	—	—	○	○	—	—	—	○	○
52		MTR ※	矩阵输入	○	○	○	○	○	—	—	—	○	○
53		D HSCS ※	比较置位(高速计数器用)	○	○	○	○	○	○	○	○	○	○
54		D HSCR ※	比较复位(高速计数器用)	○	○	○	○	○	○	○	○	○	○
55		D HSZ ※	区间比较(高速计数器用)	○	○	○	○	○	—	—	—	○	○
56		SPD ※	脉冲密度	○	○	○	○	○	○	○	○	○	○
57		(D) PLSY ※	脉冲输出	○	○	○	○	○	○	○	○	○	○
58		PWM ※	脉宽调制	○	○	○	○	○	○	○	○	○	○
59		(D) PLSR ※	带加减速的脉冲输出	○	○	○	○	○	—	—	—	○	○
60	方便指令	IST	初始化状态	○	○	○	○	○	○	○	○	○	○
61		(D) SER (P)	数据检",○"	○	○	○	○	○	—	—	—	○	○
62		(D) ABSD	凸轮顺控绝对方式	○	○	○	○	○	○	○	○	○	○
63		INCD	凸轮顺控相对方式	○	○	○	○	○	○	○	○	○	○

续表

FNC №	指令类别	指令名称	指令功能	FX$_{3S}$	FX$_{3G}$	FX$_{3GC}$	FX$_{3U}$	FX$_{3UC}$	FX$_{1S}$	FX$_{1N}$	FX$_{1NC}$	FX$_{2N}$	FX$_{2NC}$
64	方便指令	TTMR	示教定时器	—	—	—	○	○	—	—	—	○	○
65		STMR	特殊定时器	—	—	—	○	○	—	—	—	○	○
66		ALT（P）	交替输出	○	○	○	○	○	○	○	○	○	○
67		RAMP	斜坡信号	○	○	○	○	○	○	○	○	○	○
68		ROTC ※	旋转工作台控制	—	—	—	○	○	—	—	—	○	○
69		SORT	数据排序	—	—	—	○	○	—	—	—	○	○
70	外部设备 I/O	TKY ※	数字键输入	—	—	—	○	○	—	—	—	○	○
71		HKY ※	16进制数字键输入	—	—	—	○	○	—	—	—	○	○
72		DSW ※	数字开关	—	○	○	○	○	—	—	—	○	○
73		SEGD（P）※	7段解码器	—	—	—	○	○	—	—	—	○	○
74		SEGL ※	7SEG 时分显示	—	○	○	○	○	—	—	—	○	○
75		ARWS ※	箭头开关	—	—	—	○	○	—	—	—	○	○
76		ASC	ASCII码数据输入	—	—	—	○	○	—	—	—	○	○
77		PR ※	ASCII码打印	—	—	—	○	○	—	—	—	○	○
78		(D) FROM（P）	BFM 的读出	—	○	○	○	○	—	○	○	○	○
79		(D) TO（P）	BFM 的写入	—	○	○	○	○	—	○	○	○	○
80	外部设备（选件设备）	RS ※	串行数据传送	○	○	○	○	○	○	○	○	○	○
81		(D) PRUN（P）※	8进制位传送	○	○	○	○	○	○	○	○	○	○
82		ASCI（P）	HEX→ASCII 码的转换	○	○	○	○	○	○	○	○	○	○
83		HEX（P）	ASCII 码→HEX 的转换	○	○	○	○	○	○	○	○	○	○
84		CCD（P）※	校验码	○	○	○	○	○	○	○	○	○	○
85		VRRD（P）※	电位器读出	○	(6)	—	(9)	(9)	○	○	—	○	—
86		VRSC（P）※	电位器刻度	○	(6)	—	(9)	(9)	○	○	—	○	—
87		RS2 ※	串行数据传送 2	○	○	○	○	○	—	—	—	—	—
88		PID ※	PID 运算	○	○	○	○	○	○	○	○	○	○
102	数据传送 2	ZPUSH（P）	变址寄存器的成批保存	—	—	—	○	*5	—	—	—	—	—
103		ZPOP（P）	变址寄存器的恢复	—	—	—	○	*5	—	—	—	—	—
110	二进制浮点数运算	D ECMP（P）	二进制浮点数比较	—	(6)	—	○	○	—	—	—	○	○
111		D EZCP（P）	二进制浮点数区间比较	—	—	—	○	○	—	—	—	○	○
112		D EMOV（P）	二进制浮点数数据传送	—	(6)	—	○	○	—	—	—	—	—
116		D ESTR（P）	二进制浮点数→字符串的转换	—	—	—	○	○	—	—	—	—	—
117		D EVAL（P）	字符串→二进制浮点数的转换	—	—	—	○	○	—	—	—	—	—
118		D EBCD（P）	二进制浮点数→十进制浮点数的转换	—	—	—	○	○	—	—	—	○	○

续表

FNC №	指令类别	指令名称	指令功能	FX$_{3S}$	FX$_{3G}$	FX$_{3GC}$	FX$_{3U}$	FX$_{3UC}$	FX$_{1S}$	FX$_{1N}$	FX$_{1NC}$	FX$_{2N}$	FX$_{2NC}$
119	二进制浮点数运算	D EBIN（P）	十进制浮点数→二进制浮点数的转换	—	—	—	○	○	—	—	—	○	○
120		D EADD（P）	二进制浮点数加法运算	—	(6)	—	○	○	—	—	—	○	○
121		D ESUB（P）	二进制浮点数减法运算	—	(6)	—	○	○	—	—	—	○	○
122		D EMUL（P）	二进制浮点数乘法运算	—	(6)	—	○	○	—	—	—	○	○
123		D EDIV（P）	二进制浮点数除法运算	—	(6)	—	○	○	—	—	—	○	○
124		D EXP（P）	二进制浮点数指数运算	—	—	—	○	○	—	—	—	—	—
125		D LOGE（P）	二进制浮点数自然对数运算	—	—	—	○	○	—	—	—	—	—
126		D LOG10（P）	二进制浮点数常用对数运算	—	—	—	○	○	—	—	—	—	—
127		D ESQR（P）	二进制浮点数开方运算	○	(6)	—	○	○	—	—	—	○	○
128		D ENEG（P）	二进制浮点数符号翻转	—	—	—	○	○	—	—	—	—	—
129		(D) INT（P）	二进制浮点数→BIN 整数的转换	○	(6)	—	○	○	—	—	—	○	○
130		D SIN（P）	二进制浮点数 sin 运算	—	—	—	○	○	—	—	—	○	○
131		D COS（P）	二进制浮点数 cos 运算	—	—	—	○	○	—	—	—	○	○
132		D TAN（P）	二进制浮点数 tan 运算	—	—	—	○	○	—	—	—	○	○
133		D ASIN（P）	二进制浮点数 sin^{-1} 运算	—	—	—	○	○	—	—	—	—	—
134		D ACOS（P）	二进制浮点数 cos^{-1} 运算	—	—	—	○	○	—	—	—	—	—
135		D ATAN（P）	二进制浮点数 tan^{-1} 运算	—	—	—	○	○	—	—	—	—	—
136		D RAD（P）	二进制浮点数角度→弧度的转换	—	—	—	○	○	—	—	—	—	—
137		D DEG（P）	二进制浮点数弧度→角度的转换	—	—	—	○	○	—	—	—	—	—
140	数据处理2	(D) WSUM（P）	算出数据合计值	—	—	—	○	(5)	—	—	—	—	—
141		WTOB（P）	字节单位的数据分离	—	—	—	○	(5)	—	—	—	—	—
142		BTOW（P）	字节单位的数据结合	—	—	—	○	(5)	—	—	—	—	—
143		UNI（P）	16 数据位的 4 位结合	—	—	—	○	(5)	—	—	—	—	—
144		DIS（P）	16 数据位的 4 位分离	—	—	—	○	(5)	—	—	—	—	—
147		(D) SWAP（P）	高低字节互换	—	—	—	○	○	—	—	—	○	○
149		(D) SORT2	数据排序 2	—	—	—	○	(5)	—	—	—	—	—
150	定位控制	DSZR ※	带 DOG 搜的原点回归	○	○	○	○	(4)	—	—	—	—	—
151		(D) DVIT ※	中断定位	—	—	—	○	(2)(4)	—	—	—	—	—
152		D TBL ※	表格设定定位	—	—	—	○	(5)	—	—	—	—	—
155		D ABS ※	读出 ABS 当前值	○	○	○	○	○	○	○	○	(1)	(1)
156		(D) ZRN ※	原点回归	○	○	○	○	(4)	○	○	○	—	—
157		(D) PLSV ※	可变速脉冲输出	○	○	○	○	○	○	○	○	—	—
158		(D) DRVI ※	相对定位	○	○	○	○	○	○	○	○	—	—
159		(D) DRVA ※	绝对定位	○	○	○	○	○	○	○	○	—	—

续表

FNC №	指令类别	指令名称	指令功能	FX₃S	FX₃G	FX₃GC	FX₃U	FX₃UC	FX₁S	FX₁N	FX₁NC	FX₂N	FX₂NC
160	时钟运算	TCMP（P）	时钟数据比较	○	○	○	○	○	○	○	○	○	○
161		TZCP（P）	时钟数据区间比较	○	○	○	○	○	○	○	○	○	○
162		TADD（P）	时钟数据加法运算	○	○	○	○	○	○	○	○	○	○
163		TSUB（P）	时钟数据减法运算	○	○	○	○	○	○	○	○	○	○
164		(D) HTOS（P）	时、分、秒数据的秒转换	—	—	—	○	○	—	—	—	—	—
165		(D) STOH（P）	秒数据的（时、分、秒）转换	—	—	—	○	○	—	—	—	—	—
166		TRD（P）	读出时钟数据	○	○	○	○	○	○	○	○	○	○
167		TWR（P）※	写入时钟数据	○	○	○	○	○	○	○	○	○	○
169		(D) HOUR	计时表	○	○	○	○	○		○	○	(1)	(1)
170	外部设备	(D) GRY（P）	格雷码的转换	○	○	○	○	○	—	—	—	○	○
171		(D) GBIN（P）	格雷码的逆转换	○	○	○	○	○	—	—	—	○	○
176		RD3A ※	模拟量模块的读出	—	○	○	○	○	—	—	—	(1)	(1)
177		WR3A ※	模拟量模块的写入	—	○	○	○	○	—	—	—	(1)	(1)
180	替换指令	EXTR ※	变频器控制替代指令（FX₂N、FX₂NC用）	—	—	—	—	—	—	—	—	(1)	(1)
182	其他指令	COMRD（P）※	读出软元件的注释数据	—	—	—	○	(5)	—	—	—	—	—
184		RND（P）※	产生随机数	—	—	—	○	○	—	—	—	—	—
186		DUTY ※	产生定时脉冲	—	—	—	○	(5)	—	—	—	—	—
188		CRC（P）※	CRC 运算	—	—	—	○	○	—	—	—	—	—
189		D HCMOV ※	高速计数器传送	—	—	—	○	(4)	—	—	—	—	—
192	数据块处理	(D) BK+（P）	数据块的加法运算	—	—	—	○	(5)	—	—	—	—	—
193		(D) BK-（P）	数据块的减法运算	—	—	—	○	(5)	—	—	—	—	—
194		(D) BKCMP=（P）	数据块比较 S1=S2	—	—	—	○	(5)	—	—	—	—	—
195		(D) BKCMP>（P）	数据块比较 S1>S2	—	—	—	○	(5)	—	—	—	—	—
196		(D) BKCMP<（P）	数据块比较 S1<S2	—	—	—	○	(5)	—	—	—	—	—
197		(D) BKCMP<>（P）	数据块比较 S1≠S2	—	—	—	○	(5)	—	—	—	—	—
198		(D) BKCMP<=（P）	数据块比较 S1≤S2	—	—	—	○	(5)	—	—	—	—	—
199		(D) BKCMP>=（P）	数据块比较 S1≥S2	—	—	—	○	(5)	—	—	—	—	—
200	字符串控制	(D) STR（P）	BIN→字符串的转换	—	—	—	○	(5)	—	—	—	—	—
201		(D) VAL（P）	字符串→BIN 的转换	—	—	—	○	(5)	—	—	—	—	—
202		$+（P）	字符串的结合	—	—	—	○	○	—	—	—	—	—
203		LEN（P）	检测出字符串的长度	—	—	—	○	○	—	—	—	—	—
204		RIGHT（P）	从字符串的右侧开始取出	—	—	—	○	○	—	—	—	—	—
205		LEFT（P）	从字符串的左侧开始取出	—	—	—	○	○	—	—	—	—	—
206		MIDR（P）	从字符串中的任意取出	—	—	—	○	○	—	—	—	—	—
207		MIDW（P）	字符串中的任意替换	—	—	—	○	○	—	—	—	—	—
208		INSTR（P）	字符串的检""—	—	—	—	○	(5)	—	—	—	—	—
209		$MOV（P）	字符串的传送	—	—	—	○	○	—	—	—	—	—

续表

FNC №	指令类别	指令名称	指令功能	FX3S	FX3G	FX3GC	FX3U	FX3UC	FX1S	FX1N	FX1NC	FX2N	FX2NC
210	数据处理3	FDEL(P)	数据表的数据删除	—	—	—	○	(5)	—	—	—	—	—
211		FINS(P)	数据表的数据插入	—	—	—	○	(5)	—	—	—	—	—
212		POP(P)	读取后入的数据（先入后出控制用）	○	○	○	○	○	—	—	—	○	○
213		SFR(P)	16位数据n位右移（带进位）	○	○	○	○	○	—	—	—	—	—
214		SFL(P)	16位数据n位左移（带进位）	○	○	○	○	○	—	—	—	—	—
224	触点比较指令	LD(D)=	触点比较 LD S1=S2	○	○	○	○	○	○	○	○	○	○
225		LD(D)>	触点比较 LD S1>S2	○	○	○	○	○	○	○	○	○	○
226		LD(D)<	触点比较 LD S1<S2	○	○	○	○	○	○	○	○	○	○
228		LD(D)<>	触点比较 LD S1≠S2	○	○	○	○	○	○	○	○	○	○
229		LD(D)<=	触点比较 LD S1≤S2	○	○	○	○	○	○	○	○	○	○
230		LD(D)>=	触点比较 LD S1≥S2	○	○	○	○	○	○	○	○	○	○
232		AND(D)=	触点比较 AND S1=S2	○	○	○	○	○	○	○	○	○	○
233		AND(D)>	触点比较 AND S1>S2	○	○	○	○	○	○	○	○	○	○
234		AND(D)<	触点比较 AND S1<S2	○	○	○	○	○	○	○	○	○	○
236		AND(D)<>	触点比较 AND S1≠S2	○	○	○	○	○	○	○	○	○	○
237		AND(D)<=	触点比较 AND S1≤S2	○	○	○	○	○	○	○	○	○	○
238		AND(D)>=	触点比较 AND S1≥S2	○	○	○	○	○	○	○	○	○	○
240		OR(D)=	触点比较 OR S1=S2	○	○	○	○	○	○	○	○	○	○
241		OR(D)>	触点比较 OR S1>S2	○	○	○	○	○	○	○	○	○	○
242		OR(D)<	触点比较 OR S1<S2	○	○	○	○	○	○	○	○	○	○
244		OR(D)<>	触点比较 OR S1≠S2	○	○	○	○	○	○	○	○	○	○
245		OR(D)<=	触点比较 OR S1≤S2	○	○	○	○	○	○	○	○	○	○
246		OR(D)>=	触点比较 OR S1≥S2	○	○	○	○	○	○	○	○	○	○
256	数据表处理	(D)LIMIT(P)	上下限限位控制	—	—	—	○	○	—	—	—	—	—
257		(D)BAND(P)	死区控制	—	—	—	○	○	—	—	—	—	—
258		(D)ZONE(P)	区域控制	—	—	—	○	○	—	—	—	—	—
259		(D)SCL(P)	定坐标（不同点坐标数据）	—	—	—	○	○	—	—	—	—	—
260		(D)DABIN(P)	十进制ASCII码→BIN的转换	—	—	—	○	(5)	—	—	—	—	—
261		(D)BINDA(P)	BIN→十进制ASCII码的转换	—	—	—	○	(5)	—	—	—	—	—
269		(D)SCL2(P)	定坐标2（X/Y坐标数据）	—	—	—	○	(3)	—	—	—	—	—
270	外部设备通信	IVCK	变频器的运转监视	○	(6)	○	○	○	—	—	—	—	—
271		IVDR	变频器的运行控制	○	(6)	○	○	○	—	—	—	—	—
272		IVRD	读取变频器的参数	○	(6)	○	○	○	—	—	—	—	—

续表

FNC №	指令类别	指令名称	指令功能	FX$_{3S}$	FX$_{3G}$	FX$_{3GC}$	FX$_{3U}$	FX$_{3UC}$	FX$_{1S}$	FX$_{1N}$	FX$_{1NC}$	FX$_{2N}$	FX$_{2NC}$
273	外部设备通信	IVWR	写入变频器的参数	○	(6)	○	○	○	—	—	—	—	—
274		IVBWR	成批写入变频器的参数	—	—	—	○	○	—	—	—	—	—
275		IVMC	变频器的多个命令	○	(8)	○	(9)	(9)	—	—	—	—	—
276		ADPRW	MODBUS 读出/写入	○	(10)	○	(11)	(11)	—	—	—	—	—
278	数据传送3	RBFM	BFM 分割读出	—	—	—	○	(5)	—	—	—	—	—
279		WBFM	BFM 分割写入	—	—	—	○	(5)	—	—	—	—	—
280	高速处理2	D HSCT ※	高速计数器表比较	—	—	—	○	○	—	—	—	—	—
290	扩展文件寄存器控制	LOADR（P）※	读出扩展文件寄存器	—	○	○	○	○	—	—	—	—	—
291		SAVER（P）※	成批写入扩展文件寄存器	—	○	○	○	○	—	—	—	—	—
292		INITR（P）※	扩展寄存器的初始化	—	○	○	○	○	—	—	—	—	—
293		LOGR（P）※	登录到扩展寄存器	—	○	○	○	○	—	—	—	—	—
294		RWER（P）※	扩展文件寄存器的删除·写入	—	—	—	○	(3)	—	—	—	—	—
295		INITER（P）※	扩展文件寄存器的初始化	—	—	—	○	(3)	—	—	—	—	—
300	FX$_{3U}$-CF-ADP用应用指令	FLCRT ※	文件的制作·确认	—	—	—	(7)	(7)	—	—	—	—	—
301		FLDEL ※	文件的删除/CF 卡格式化	—	—	—	(7)	(7)	—	—	—	—	—
302		FLWR ※	写入数据	—	—	—	(7)	(7)	—	—	—	—	—
303		FLRD ※	数据读出	—	—	—	(7)	(7)	—	—	—	—	—
304		FLCMD ※	FX$_{3U}$-CF-ADP 的动作指示	—	—	—	(7)	(7)	—	—	—	—	—
305		FLSTRD ※	FX$_{3U}$-CF-ADP 的状态读出	—	—	—	(7)	(7)	—	—	—	—	—

※：表示该指令不能用用 GX Simulator 仿真软件仿真。
(D)：表示该指令前加 D 是 32 位指令，不加 D 是 16 位指令。
D：表示该指令是 32 位指令，该指令前必须加 D。
(P)：表示该指令后面加 P 是脉冲执行型指令，不加 P 是连续执行型指令。
○：表示该型号 PLC 可以使用的指令。
—：表示该型号 PLC 不能使用的指令。
(1)：FX$_{2N}$、FX$_{2NC}$ 系列 Ver.3.00 以上产品中支持。
(2)：FX$_{3UC}$ 系列 Ver.1.30 以上产品中可以更改功能。
(3)：FX$_{3UC}$ 系列 Ver.1.30 以上产品中支持。
(4)：FX$_{3UC}$ 系列 Ver.2.20 以上产品中可以更改功能。
(5)：FX$_{3UC}$ 系列 Ver.2.20 以上产品中支持。
(6)：FX$_{3G}$ 系列 Ver.1.10 以上产品中支持。
(7)：FX$_{3U}$/FX$_{3UC}$ 系列 Ver.2.61 以上产品中支持。
(8)：FX$_{3G}$ 系列 Ver.1.40 以上产品中支持。
(9)：FX$_{3U}$/FX$_{3UC}$ 系列 Ver.2.70 以上产品中支持。
(10)：FX$_{3G}$ 系列 Ver.1.30 以上产品中支持。
(11)：FX$_{3U}$/FX$_{3UC}$ 系列 Ver.2.40 以上产品中支持。

附录B 特殊辅助继电器

附表 B1

编号/名称	动作/功能	FX$_{3S}$	FX$_{3G}$	FX$_{3GC}$	FX$_{3U}$	FX$_{3UC}$	特殊软元件	FX$_{1S}$	FX$_{1N}$	FX$_{1NC}$	FX$_{2N}$	FX$_{2NC}$
PLC 模式												
[M] 8000 RUN 监控 a 触点	RUN 输入	○	○	○	○	○	—	○	○	○	○	○
[M] 8001 RUN 监控 b 触点	M8061错误发生	○	○	○	○	○	—	○	○	○	○	○
[M] 8002 初始脉冲 a 触点	M8000 / M8001	○	○	○	○	○	—	○	○	○	○	○
[M] 8003 初始脉冲 b 触点	M8002 / M8003 扫描时间	○	○	○	○	○	—	○	○	○	○	○
[M] 8004 错误发生	FX$_{3S}$、FX$_{3G}$、FX$_{3GC}$、FX$_{3U}$、FX$_{3UC}$ M8067 中任意一个为 ON 时接通 FX$_{1S}$、FX$_{1N}$、FX$_{1NC}$、FX$_{2N}$、FX$_{2NC}$ M8060、M8061、M8063、M8064、M8065、M8066、M8067 中任意一个为 ON 时接通	○	○	○	○	○	D8004	○	○	○	○	○
[M] 8005 电池电压低	当电池处于电压异常低时接通	—	○	○	○	○	D8005	—	—	—	○	○
[M] 8006 电池电压低锁存	检测出电池电压异常低时置位	—					D8006					
[M] 8007 检测出瞬间停止	检测出瞬间停止时，1 个扫描为 ON 即使 M8007 接通，如果电源电压降低的时间在 D8008 的时间以内时，PLC 运行继续						D8007 D8008					
[M] 8008 检测出停电中	检测出瞬时停电时为 ON。 如果电源电压降低的时间超出 D8008 的时间，则 M8008 复位，PLC 运行 STOP（M8000=OFF）				○	○	D8008	—			○	
[M] 8009 DC24V 掉电	输入输出扩展单元、特殊功能单元/模块中任意一个的DC24V 掉电时接通			○	○	○	D8009	—			○	
[M] 8010	不可以使用	—						—	—	—	—	—
[M] 8011 10ms 时钟	10ms 周期的 ON/OFF（ON 为 5ms，OFF 为 5ms）	○	○	○	○	○		○	○	○	○	○
[M] 8012 100ms 时钟	100ms 周期的 ON/OFF（ON 为 50ms，OFF 为 50ms）	○	○	○	○	○		○	○	○	○	○
[M] 8013 1s 时钟	1s 周期的 ON/OFF（ON 为 500ms，OFF 为 500ms）	○	○	○	○	○		○	○	○	○	○

续表

编号/名称	动作/功能	FX3S	FX3G	FX3GC	FX3U	FX3UC	特殊软元件	FX1S	FX1N	FX1NC	FX2N	FX2NC
PLC 模式												
[M] 8014 1min 时钟	1min 周期的 ON/OFF（ON 为 30s, OFF 为 30s）	○	○	○	○	○	—	○	○	○	○	○
M8015	停止计时以及预置，实时时钟用	○	○	○	○	○		○	○	○	○	○[3]
M8016	时间读出后的显示被停止，实时时钟用	○	○	○	○	○		○	○	○	○	○[3]
M8017	±30s 的修正，实时时钟用	○	○	○	○	○		○	○	○	○	○[3]
[M] 8018	检测出安装（一直为 ON），实时时钟用	○	○	○	○	○		○	○（一直为 ON）			○[3]
M8019	实时时钟（RTC）错误，实时时钟用	○	○	○	○	○		○	○	○	○	○[3]
[M] 8020 零位	加减法运算结果为 0 时接通	○	○	○	○	○		○	○	○	○	○
[M] 8021 借位	减法运算结果超过最大的负值时接通	○	○	○	○	○		○	○	○	○	○
M8022 进位	加法运算结果发生进位时，或者移位结果发生溢出时接通	○	○	○	○	○		○	○	○	○	○
[M] 8023	不可以使用	—	—	—	—	—		—	—	—	—	—
M8024[1]	指定 BMOV 方向（FNC 15）	○	○	○	○	○		—	—	—	○	○
M8025[2]	HSC 模式（FNC 53～55）	—	—	—	—	—		—	—	—	○	○
M8026[2]	RAMP 模式（FNC 67）	—	—	—	—	—		—	—	—	○	○
M8027[2]	PR 模式（FNC 77）	—	—	—	—	—		—	—	—	○	○
M8028	100ms/10ms 的定时器切换	○	—	—	—	—		—	—	—	—	—
	FROM/TO（FNC 78、79）指令执行过程中允许中断	—	○	○	○	○		—	—	—	○	○
[M] 8029 指令执行结束	DSW（FNC 72）等的动作结束时接通	○	○	○	○	○		—	○	○	○	○

①根据 PLC 如下所示。
FX1N、FX1NC、FX2N、FX2NC 型 PLC 中不被清除。
FX3S、FX3G、FX3GC、FX3U、FX3UC 型 PLC 中，从 RUN→STOP 时被清除。
②根据 PLC 如下所示。
FX2N、FX2NC 型 PLC 中不被清除。
FX3U、FX3UC 型 PLC 中，从 RUN→STOP 时被清除。
③FX2NC 型 PLC 需要选件的内存板（带实时时钟）。

附表 B2

编号/名称	动作/功能	FX3S	FX3G	FX3GC	FX3U	FX3UC	特殊软元件	FX1S	FX1N	FX1NC	FX2N	FX2NC
PLC 模式												
M8030[1] 电池 LED 灭灯指示	驱动 M8030 后，即使电池电压低，PLC 面板上的 LED 也不亮灯	—	○	○	○	○		—	—	—	○	○

续表

编号/名称	动作/功能	FX$_{3S}$	FX$_{3G}$	FX$_{3GC}$	FX$_{3U}$	FX$_{3UC}$	特殊软元件	FX$_{1S}$	FX$_{1N}$	FX$_{1NC}$	FX$_{2N}$	FX$_{2NC}$
PLC 模式												
M8031① 非保持内存全部清除	驱动该特殊 M 后，Y/M/S/T/C 的 ON/OFF 映像区以及 T/C/D/特殊 D③、R②的当前值被清除，但是，文件寄存器（D）、扩展文件寄存器（ER）②不清除	○	○	○	○	○		○	○	○	○	○
M8032① 保持内存全部清除		○	○	○	○	○	—	○	○	○	○	○
M8033 内存保持停止	从 RUN 到 STOP 时，映像存储区和数据存储区的内容按照原样保持	○	○	○	○	○		○	○	○	○	○
M8034① 禁止所有输出	PLC 的外部输出触点全部断开	○	○	○	○	○		○	○	○	○	○
M8035 强制 RUN 模式	用外部触点控制 PLC 的 RUN 和 STOP。需通过编程软件设定参数，指定 X0~X17 中的一点控制 M8035、M8036，使 PLC 运行或停止，用任意输入点控制 PLC 强制停止	○	○	○	○	○		○	○	○	○	○
M8036 强制 RUN 指令		○	○	○	○	○		○	○	○	○	○
M8037 强制 STOP 指令		○	○	○	○	○	—	○	○	○	○	○
[M]8038 参数的设定	通信参数设定的标志位（设定简易 PC 之间的链接用）→请参考通信控制手册	○	○	○	○	○	D8176~D8180	○	○	○	④	○
M8039 恒定扫描模式	M8039 接通后，一直等待到 D8039 中指定的扫描时间到 PLC 执行这样的循环运算	○	○	○	○	○	D8039	○	○	○	○	○
步进梯形图/信号报警器 [详细内容请参考 ANS（FNC 46）、ANR（FNC 47）、IST（FNC 60）]												
M8040 禁止转移	驱动 M8040 时，禁止状态之间的转移	○	○	○	○	○	—	○	○	○	○	○
[M]8041① 转移开始	自动运行时，可以从初始状态开始转移											
[M]8042 起动脉冲	对应起动输入的脉冲输出											
M8043① 原点回归结束	在原点回归模式的结束状态中置位						—					
M8044⑤ 原点条件	在检测出机械原点时驱动	○	○	○	○	○		○	○	○	○	○
M8045 禁止所有输出复位	切换模式时，不执行所有输出的复位	○	○	○	○	○	—	○	○	○	○	○
[M]8046① STL 状态动作	当 M8047 接通时，S0~S899、S1000 中任意一个为 ON 则接通	○	○	○	○	○	M8047	○	○	○	○	○
M8047① STL 监控有效	驱动了这个特殊 M 后，D8040~D8047 有效	○	○	○	○	○	D8040~D8047	○	○	○	○	○

续表

编号/名称	动作/功能	FX3S	FX3G	FX3GC	FX3U	FX3UC	特殊软元件	FX1S	FX1N	FX1NC	FX2N	FX2NC
步进梯形图/信号报警器 [详细内容请参考 ANS（FNC 46）、ANR（FNC 47）、IST（FNC 60）]													
[M] 8048[②] 信号报警器动作	当 M8049 接通时，S900~S999 中任意一个为 ON 则接通	—	○	○	○	○	—	—	—	—	○	○
M8049[⑤] 信号报警器有效	驱动了这个特殊 M 时，D8049 的动作有效	—	○	○	○	○	D8049 M8048	—	—	—	○	○

①在执行 END 指令时处理。
②R、ER 仅对应 FX3G、FX3GC、FX3U、FX3UC 型 PLC。
③FX1S、FX1N、FX1NC、FX2N、FX2NC 型 PLC 中，特殊 D 不被清除。
④Ver.2.00 以上版本支持。
⑤从 RUN→STOP 时清除。
⑥在执行 END 指令时处理。

附表 B3

编号/名称	动作/功能	FX3S	FX3G	FX3GC	FX3U	FX3UC	特殊软元件	FX1S	FX1N	FX1NC	FX2N	FX2NC
禁 止 中 断													
M8050（输入中断） I00□禁止[①]	禁止输入中断或定时器中断的特殊M接通时即使发生输入中断和定时器中断，由于禁止了相应的中断的接收，所以不处理中断程序。例如，M8050 接通时，由于禁止了中断 I00□ 的接收，所以即使是在允许中断的程序范围内，也不处理中断程序。禁止输入中断或定时器中断的特殊 M 断开时：（1）发生输入中断或定时器中断时，接收中断。（2）如果是用 EI（FNC 04）指令允许中断时，会即刻执行中断程序。但是，如用 DI（FNC 05）指令禁止中断时，一直到用 EI（FNC 04）指令允许中断为止，等待中断程序的执行	○	○	○	○	—		○	○	○	○	○
M8051（输入中断） I10□禁止[①]	^	○	○	○	○	—		○	○	○	○	○
M8052（输入中断） I20□禁止[①]	^	○	○	○	○	—		○	○	○	○	○
M8053（输入中断） I30□禁止[①]	^	○	○	○	○	—		○	○	○	○	○
M8054（输入中断） I40□禁止[①]	^	○	○	○	○	—		○	○	○	○	○
M8055（输入中断） I50□禁止[①]	^	○	○	○	○	—		○	○	○	○	○
M8056（定时器中断） I6□□禁止[①]	^	—	○	○	○	—		—	—	—	○	○
M8057（定时器中断） I7□□禁止[①]	^	—	○	○	○	—		—	—	—	○	○
M8058（定时器中断） I8□□禁止[①]	^	—	○	○	○	—		—	—	—	○	○
M8059 计数器中断禁止[①]	使用 I010~I060 的中断禁止	—	—	—	○	○		—	—	—	○	○

①从 RUN→STOP 时清除。

附表 B4

编号/名称	动作/功能	FX$_{3S}$	FX$_{3G}$	FX$_{3GC}$	FX$_{3U}$	FX$_{3UC}$	特殊软元件	FX$_{1S}$	FX$_{1N}$	FX$_{1NC}$	FX$_{2N}$	FX$_{2NC}$
错 误 检 测											
[M] 8060	I/O 构成错误	—	O	O	O	O	D8060	—	—	—	O	O
[M] 8061	PLC 硬件错误	O	O	O	O	O	D8061	—	—	—	O	O
[M] 8062	PLC/PP 通信错误	①	—	—	①	①	D8062	O	O	O	O	O
	串行通信错误 0 [通道 0]②	—	O	O	—	—	D8062					
[M] 8063③④	串行通信错误 1 [通道 1]	O	O	O	O	O	D8063	O	O	O	O	O
[M] 8064	参数错误	O	O	O	O	O	D8064	O	O	O	O	O
[M] 8065	语法错误	O	O	O	O	O	D8065 D8069 D8314 D8315	O	O	O	O	O
[M] 8066	回路错误	O	O	O	O	O	D8066 D8069 D8314 D8315	O	O	O	O	O
[M] 8067⑤	运算错误	O	O	O	O	O	D8067 D8069 D8314 D8315	O	O	O	O	O
M8068	运算错误锁存	O	O	O	O	O	D8068 D8312 D8313	O	O	O	O	O
M8069⑥	I/O 总线检测	—	O	O	O	O	—	—	—	—	O	O

①FX$_{3S}$、FX$_{3U}$、FX$_{3UC}$型 PLC 只有在发生存储器访问错误（6230）时会变为 ON。
②电源从 OFF 变为 ON 时清除。
③根据 PLC 如下所示。
FX$_{1S}$、FX$_{1N}$、FX$_{1NC}$、FX$_{2N}$、FX$_{2NC}$型 PLC 中，从 STOP→RUN 时被清除。
FX$_{3S}$、FX$_{3G}$、FX$_{3GC}$、FX$_{3U}$、FX$_{3UC}$型 PLC 时，电源从 OFF 变为 ON 时清除。
④FX$_{3G}$、FX$_{3GC}$、FX$_{3U}$、FX$_{3UC}$型 PLC 串行通信错误 2 [通道 2] 为 M8438。
⑤从 STOP→RUN 时清除。
⑥驱动了 M8069 后，执行 I/O 总线检测。

附表 B5

编号/名称	动作/功能	FX$_{3S}$	FX$_{3G}$	FX$_{3GC}$	FX$_{3U}$	FX$_{3UC}$	特殊软元件	FX$_{1S}$	FX$_{1N}$	FX$_{1NC}$	FX$_{2N}$	FX$_{2NC}$
并 联 连 接											
M8070①	并联连接，在主站时驱动	O	O	O	O	O	—	O	O	O	O	O
M8071①	并联连接，在子站时驱动	O	O	O	O	O	—	O	O	O	O	O
[M] 8072	并联连接，运行过程中接通	O	O	O	O	O	—	O	O	O	O	O
[M] 8073	并联连接，当 M8070/M8071 设定错误时接通	O	O	O	O	O	—	O	O	O	O	O

①从 STOP→RUN 时清除。

附表 B6

编号/名称	动作/功能	FX3S	FX3G	FX3GC	FX3U	FX3UC	特殊软元件	FX1S	FX1N	FX1NC	FX2N	FX2NC
采样跟踪（FX3U、FX3UC、FX2N、FX2NC用）											
[M]8074	不可以使用	—	—	—	—	—		—	—	—	—	—
[M]8075	采样跟踪准备开始指令	—	—	—	○	○		—	—	—	○	○
[M]8076	采样跟踪执行开始指令	—	—	—	○	○	D8075~ D8098	—	—	—	○	○
[M]8077	采样跟踪执行中监控	—	—	—	○	○		—	—	—	○	○
[M]8078	采样跟踪执行结束监控	—	—	—	○	○		—	—	—	○	○
[M]8079	采样跟踪系统区域	—	—	—	○	○		—	—	—	—	—
[M]8080~ [M]8089	不可以使用	—	—	—	—	—		—	—	—	—	—

附表 B7

编号/名称	动作/功能	FX3S	FX3G	FX3GC	FX3U	FX3UC	特殊软元件	FX1S	FX1N	FX1NC	FX2N	FX2NC
脉宽/周期测量功能（FX3G、FX3GC用）											
[M]8074	不可以使用	—	—	—	—	—		—	—	—	—	—
[M]8075	脉宽/周期测量设定标志位	—	①	○	—	—		—	—	—	—	—
[M]8076	X000 脉宽/周期测量标志位	—	①	○	—	—	D8074~ D8079	—	—	—	—	—
[M]8077	X001 脉宽/周期测量标志位	—	①	○	—	—	D8080~ D8085	—	—	—	—	—
[M]8078	X003 脉宽/周期测量标志位	—	①	○	—	—	D8086~ D8091	—	—	—	—	—
[M]8079	X004 脉宽/周期测量标志位	—	①	○	—	—	D8092~ D8097	—	—	—	—	—
M8080	X000 脉冲周期测量模式	—	①	○	—	—	D8074~ D8079	—	—	—	—	—
M8081	X001 脉冲周期测量模式	—	①	○	—	—	D8080~ D8085	—	—	—	—	—
M8082	X003 脉冲周期测量模式	—	①	○	—	—	D8086~ D8091	—	—	—	—	—
M8083	X004 脉冲周期测量模式	—	①	○	—	—	D8092~ D8097	—	—	—	—	—
[M]8084~ [M]8089	不可以使用	—	—	—	—	—		—	—	—	—	—

①Ver.1.10 以上版本支持。

附表 B8

编号/名称	动作/功能	FX3S	FX3G	FX3GC	FX3U	FX3UC	特殊软元件	FX1S	FX1N	FX1NC	FX2N	FX2NC
标 志 位											
[M]8090	BKCMP（FNC 194~199）指令块比较信号	—	—	—	○	①		—	—	—	—	—

续表

编号/名称	动作/功能	FX3S	FX3G	FX3GC	FX3U	FX3UC	特殊软元件	FX1S	FX1N	FX1NC	FX2N	FX2NC
标 志 位											
M8091	COMRD（FNC 182）、BINDA（FNC 261）指令输出字符数切换信号	—	—	—	○	①						
[M]8092～[M]8098	不可以使用	—	—	—	—	—		—	—	—	—	—
高速环形计数器											
M8099②	高速环形计数器（0.1ms 单位，16 位）动作	—	—	—	○	○	D8099				○	○
[M]8100	不可以使用	—	—	—	—	—		—	—	—	—	—

① Ver.2.20 以上版本支持。
② 在 FX_{2N}、FX_{2NC} 中，M8099 驱动后的 END 指令执行之后，0.1ms 的高速环形计数器 D8099 动作。在 FX_{3U}、FX_{3UC} 中，M8099 驱动后，0.1ms 的高速环形计数器 D8099 动作。

附表 B9

编号/名称	动作/功能	FX3S	FX3G	FX3GC	FX3U	FX3UC	特殊软元件	FX1S	FX1N	FX1NC	FX2N	FX2NC
内 存 信 息											
[M]8101	不可以使用	—	—	—	—	—		—	—	—	—	—
[M]8102		—	—	—	—	—		—	—	—	—	—
[M]8103		—	—	—	—	—		—	—	—	—	—
[M]8104	安装有功能扩展存储器时接通	—	—	—	—	—	D8104 D8105	—	—	—	②	②
[M]8105	在 RUN 状态写入时接通①	○	○	○	○	○	—	—	—	—	—	—
[M]8106	不可以使用	—	—	—	—	—		—	—	—	—	—
[M]8107	软元件注释登录的确认	—	—	—	○	○	D8107	—	—	—	—	—
[M]8108	不可以使用	—	—	—	—	—		—	—	—	—	—

① FX_{3U}、FX_{3UC} 仅在安装了存储器盒时有效。
② Ver.3.00 以上版本支持。

附表 B10

编号/名称	动作/功能	FX3S	FX3G	FX3GC	FX3U	FX3UC	特殊软元件	FX1S	FX1N	FX1NC	FX2N	FX2NC
输出刷新错误											
[M]8109	输出刷新错误	—	○	○	○	○	D8109	—	—	—	○	—
[M]8110	不可以使用	—	—	—	—	—		—	—	—	—	—
[M]8111		—	—	—	—	—		—	—	—	—	—
功能扩展板（FX_{3S}、FX_{3G} 用）											
[M]8112	FX_{3G}-4EX-BD：BX0 的输入	①	②	—	—	—		—	—	—	—	—
[M]8113	FX_{3G}-4EX-BD：BX1 的输入	①	②	—	—	—		—	—	—	—	—

附表 B10（续表）

编号/名称	动作/功能	FX3S	FX3G	FX3GC	FX3U	FX3UC	特殊软元件	FX1S	FX1N	FX1NC	FX2N	FX2NC
功能扩展板（FX3S、FX3G用）											
[M]8114	FX3G-4EX-BD：BX2 的输入	①	②	—	—	—	—	—	—	—	—	—
[M]8115	FX3G-4EX-BD：BX3 的输入	①	②	—	—	—	—	—	—	—	—	—
M8116	FX3G-2EYT-BD：BY0 的输出	①	②	—	—	—	—	—	—	—	—	—
M8117	FX3G-2EYT-BD：BY1 的输出	①	②	—	—	—	—	—	—	—	—	—
[M]8118	不可以使用	—	—	—	—	—	—	—	—	—	—	—
[M]8119		—	—	—	—	—	—	—	—	—	—	—

① Ver.1.10 以上版本对应。
② Ver.2.20 以上版本对应。

附表 B11

编号/名称	动作/功能	FX3S	FX3G	FX3GC	FX3U	FX3UC	特殊软元件	FX1S	FX1N	FX1NC	FX2N	FX2NC
功能扩展板（FX1S、FX1N用）											
M8112	FX1N-4EX-BD：BX0 的输入	—	—	—	—	—	—	○	○	—	—	—
M8112	FX1N-2AD-BD：通道 1 的输入模式切换	—	—	—	—	—	D8112	○	○	—	—	—
M8113	FX1N-4EX-BD：BX1 的输入	—	—	—	—	—	—	○	○	—	—	—
M8113	FX1N-2AD-BD：通道 2 的输入模式切换	—	—	—	—	—	D8113	○	○	—	—	—
M8114	FX1N-4EX-BD：BX2 的输入	—	—	—	—	—	—	○	○	—	—	—
M8114	FX1N-1DA-BD：输出模式的切换	—	—	—	—	—	D8114	○	○	—	—	—
M8115	FX1N-4EX-BD：BX3 的输入	—	—	—	—	—	—	○	○	—	—	—
M8116	FX1N-2EYT-BD：BY0 的输出	—	—	—	—	—	—	○	○	—	—	—
M8117	FX1N-2EYT-BD：BY1 的输出	—	—	—	—	—	—	○	○	—	—	—
[M]8118	不可以使用	—	—	—	—	—	—	—	—	—	—	—
[M]8119		—	—	—	—	—	—	—	—	—	—	—
RS（FNC 80）/计算机链接［通道 1］（详细内容参考通信控制手册）											
[M]8120	不可以使用	—	—	—	—	—	—	—	—	—	—	—
[M]8121①	RS（FNC 80）指令，发送待机标志位	○	○	○	○	○	—	○	○	○	○	○
M8122①	RS（FNC 80）指令，发送请求	○	○	○	○	○	D8122	○	○	○	○	○
M8123①	RS（FNC 80）指令，接收结束标志位	○	○	○	○	○	D8123	○	○	○	○	○
[M]8124	RS（FNC 80）指令，载波的检测标志位	○	○	○	○	—	—	○	○	○	○	○

编号/名称	动作/功能	FX$_{3S}$	FX$_{3G}$	FX$_{3GC}$	FX$_{3U}$	FX$_{3UC}$	特殊软元件	FX$_{1S}$	FX$_{1N}$	FX$_{1NC}$	FX$_{2N}$	FX$_{2NC}$
RS（FNC 80）/计算机链接[通道1]（详细内容参考通信控制手册）												
[M] 8125	不可以使用	—	—	—	—	—		—	—	—	—	—
[M] 8126	计算机链接[通道1]	○	○	○	○	○		○	○	○	○	○
[M] 8127	计算机链接[通道1] 下位通信请求（ON Demand）发送中	○	○	○	○	○	D8127 D8128 D8129	—	—	—	○	○
M8128	计算机链接[通道1] 下位通信请求（ON Demand）错误标志位	○	○	○	○	○		—	—	—	○	○
M8129	计算机链接[通道1] 下位通信请求（ON Demand）字/字节的切换 RS（FNC 80）指令，判断超时的标志位	○	○	○	○	○		○	○	○	○	○

①从 RUN→STOP 时或是 RS 指令 OFF 时清除。

附表 B12

编号/名称	动作/功能	FX$_{3S}$	FX$_{3G}$	FX$_{3GC}$	FX$_{3U}$	FX$_{3UC}$	特殊软元件	FX$_{1S}$	FX$_{1N}$	FX$_{1NC}$	FX$_{2N}$	FX$_{2NC}$
高速计数器比较/高速表格/定位（定位为 FX$_{3S}$、FX$_{3G}$、FX$_{3GC}$、FX$_{1S}$、FX$_{1N}$、FX$_{1NC}$用）												
M8130	HSZ（FNC 55）指令，表格比较模式	—	—	—	○	○	D8130	—	—	—	○	○
[M] 8131	同上的执行结束标志位	—	—	—	○	○		—	—	—	○	○
M8132	HSZ（FNC 55）、PLSY（FNC 57）指令，速度模型模式	—	—	—	○	○	D8131~D8134	—	—	—	○	○
[M] 8133	同上的执行结束标志位	—	—	—	○	○		—	—	—	○	○
[M] 8134~[M] 8137	不可以使用	—	—	—	—	—		—	—	—	—	—
[M] 8138	HSCT（FNC 280）指令，指令执行结束标志位	—	—	—	○	○	D8138	—	—	—	—	—
[M] 8139	HSCS（FNC 53）、HSCR（FNC 54）、HSZ（FNC55）、HSCT（FNC 280）指令，高速计数器比较指令执行中	—	—	—	○	○	D8139	—	—	—	—	—
M8140	ZRN（FNC 156）指令，CLR 信号输出功能有效	—	—	—	—	—		○	○	○	—	—
[M] 8141~[M] 8144	不可以使用	—	—	—	—	—		—	—	—	—	—
M8145	[Y000]脉冲输出停止指令	○	○	○	—	—		○	○	○	—	—
M8146	[Y001]停止脉冲输出的指令	○	○	○	—	—		○	○	○	—	—
[M] 8147	[Y000]脉冲输出中的监控（BUSY/READY）	○	○	○	—	—		○	○	○	—	—
[M] 8148	[Y001]脉冲输出中的监控（BUSY/READY）	○	○	○	—	—		○	○	○	—	—
[M] 8149	不可以使用	—	—	—	—	—		—	—	—	—	—

续表

编号/名称	动作/功能	FX3S	FX3G	FX3GC	FX3U	FX3UC	特殊软元件	FX1S	FX1N	FX1NC	FX2N	FX2NC
变频器通信功能（详细内容参考通信控制手册）												
[M] 8150	不可以使用	—	—	—	—	—		—	—	—	—	—
[M] 8151	变频器通信中［通道1］	○	③	○	○	○	D8151	—	—	—	—	—
[M] 8152①	变频器通信错误［通道1］	○	③	○	○	○	D8152	—	—	—	—	—
[M] 8153①	变频器通信错误的锁定［通道1］	○	③	○	○	○	D8153	—	—	—	—	—
[M] 8154①	IVBWR（FNC 274）指令错误［通道1］	—	—	—	○	○	D8154	—	—	—	—	—
[M] 8154	在每个EXTR（FNC 180）指令中被定义	—	—	—	—	—		—	—	—	②	②
[M] 8155	通过EXTR（FNC 180）指令使用通信端口时	—	—	—	—	—	D8155	—	—	—	②	②
高速计数器比较/高速表格/定位（定位为FX3S、FX3G、FX3GC、FX1S、FX1N、FX1NC用）												
[M] 8156	变频器通信中［通道2］	—	③	○	○	○	D8156	—	—	—	—	—
	EXTR（FNC 180）指令中，发生通信错误或是参数错误	—	—	—	—	—	D8156	—	—	—	②	②
[M] 8157①	变频器通信错误［通道2］	—	③	○	○	○	D8157	—	—	—	—	—
	在EXTR（FNC 180）指令中发生过的通信错误被锁定	—	—	—	—	—	D8157	—	—	—	②	②
[M] 8158①	变频器通信错误的锁存［通道2］	—	③	○	○	○	D8158	—	—	—	—	—
[M] 8159①	IVBWR（FNC 274）指令错误［通道2］	—	—	—	○	○	D8159	—	—	—	—	—

①从STOP→RUN 时清除。
②Ver.3.00 以上版本支持。
③Ver.1.10 以上版本支持。

附表 B13

编号/名称	动作/功能	FX3S	FX3G	FX3GC	FX3U	FX3UC	特殊软元件	FX1S	FX1N	FX1NC	FX2N	FX2NC
扩展功能												
M8160①	XCH（FNC 17）的 SWAP 功能	—	—	—	○	○	—	—	—	—	○	○
M8161①②	8 位处理模式	○	○	○	○	○	—	○	○	○	○	○
M8162	高速并联链接模式	○	○	○	○	○	—	○	○	○	○	○
[M] 8163	不可以使用	—	—	—	—	—	—	—	—	—	—	—
M8164①	FROM（FNC 78）、TO（FNC 79）指令传送点数可改变模式	—	—	—	—	—	D8164	—	—	—	③	○

续表

编号/名称	动作/功能	FX3S	FX3G	FX3GC	FX3U	FX3UC	特殊软元件	FX1S	FX1N	FX1NC	FX2N	FX2NC
扩 展 功 能											
M8165①	SORT2（FNC 149）指令，降序排列	—	—	—	○	④	—	—	—	—	—	—
[M] 8166	不可以使用	—	—	—	—	—	—	—	—	—	—	—
M8167①	HKY（FNC 71）指令，处理 HEX 数据的功能	—	—	—	○	○	—	—	—	—	○	○
M8168①	SMOV（FNC 13）处理 HEX 数据的功能	○	○	○	○	○	—	—	—	—	○	○
[M] 8169	不可以使用	—	—	—	—	—	—	—	—	—	—	—

① 从 RUN→STOP 时清除。
② 适用于 ASC（FNC 76）、RS（FNC 80）、ASCI（FNC 82）、HEX（FNC 83）、CCD（FNC 84）、CRC（FNC 188）指令［CRC（FNC 188）指令仅支持 FX3U、FX3UC 型 PLC］。
③ Ver.2.00 以上版本支持。
④ Ver.2.20 以上版本支持。

附表 B14

编号/名称	动作/功能	FX3S	FX3G	FX3GC	FX3U	FX3UC	特殊软元件	FX1S	FX1N	FX1NC	FX2N	FX2NC
脉 冲 捕 捉											
M8170①	输入 X000 脉冲捕捉	○	○	○	○	○	—	○	○	○	○	○
M8171①	输入 X001 脉冲捕捉	○	○	○	○	○	—	○	○	○	○	○
M8172①	输入 X002 脉冲捕捉	○	○	○	○	○	—	○	○	○	○	○
M8173①	输入 X003 脉冲捕捉	○	○	○	○	○	—	○	○	○	○	○
M8174①	输入 X004 脉冲捕捉	○	○	○	○	○	—	○	○	○	○	○
M8175①	输入 X005 脉冲捕捉	○	○	○	○	○	—	○	○	○	○	○
M8176①	输入 X006 脉冲捕捉	—	—	—	○	○	—	—	—	—	—	—
M8177①	输入 X007 脉冲捕捉	—	—	—	○	○	—	—	—	—	—	—

① 从 STOP→RUN 时清除。
FX3U、FX3UC、FX2N、FX2NC 型 PLC 需要 EI（FNC 04）指令。
FX3S、FX3G、FX3GC、FX1S、FX1N、FX1NC 型 PLC 不需要 EI（FNC 04）指令。

附表 B15

编号/名称	动作/功能	FX3S	FX3G	FX3GC	FX3U	FX3UC	特殊软元件	FX1S	FX1N	FX1NC	FX2N	FX2NC
通信端口的通道设定（详细内容参考通信控制手册）											
M8178	并联链接 通道切换（OFF 为通道 1，ON 为通道 2）	—	○	○	○	○	—	—	—	—	—	—
M8179	简易 PC 间链接 通道切换①	—	○	○	○	○	—	—	—	—	—	—

① 通过判断是否需要在设定用程序中编程，来指定要使用的通道。
通道 1：不编程。
通道 2：编程。

附录 B 特殊辅助继电器

附表 B16

编号/名称	动作/功能	FX$_{3S}$	FX$_{3G}$	FX$_{3GC}$	FX$_{3U}$	FX$_{3UC}$	特殊软元件	FX$_{1S}$	FX$_{1N}$	FX$_{1NC}$	FX$_{2N}$	FX$_{2NC}$
简易 PC 间链接（详细内容参考通信控制手册）													
[M] 8180	不可以使用	—	—	—	—	—		—	—	—	—	—
[M] 8181		—	—	—	—	—		—	—	—	—	—
[M] 8182		—	—	—	—	—		—	—	—	—	—
[M] 8183①	数据传送顺控错误（主站）	○	○	○	○	○		(M504)	○	○	②	○
[M] 8184①	数据传送顺控错误（1号站）	○	○	○	○	○		(M505)	○	○	②	○
[M] 8185①	数据传送顺控错误（2号站）	○	○	○	○	○		(M506)	○	○	②	○
[M] 8186①	数据传送顺控错误（3号站）	○	○	○	○	○	D8201～D8218	(M507)	○	○	②	○
[M] 8187①	数据传送顺控错误（4号站）	○	○	○	○	○		(M508)	○	○	②	○
[M] 8188①	数据传送顺控错误（5号站）	○	○	○	○	○		(M509)	○	○	②	○
[M] 8189①	数据传送顺控错误（6号站）	○	○	○	○	○		(M510)	○	○	②	○
[M] 8190①	数据传送顺控错误（7号站）	○	○	○	○	○		(M511)	○	○	②	○
[M] 8191①	数据传送顺控的执行中	○	○	○	○	○		(M503)	○	○	②	○
[M] 8192～[M] 8197	不可以使用	—	—	—	—	—		—	—	—	—	—

①FX$_{1S}$ 型 PLC 使用（ ）内的编号。
②Ver.2.00 以上版本支持。

附表 B17

编号/名称	动作/功能	FX$_{3S}$	FX$_{3G}$	FX$_{3GC}$	FX$_{3U}$	FX$_{3UC}$	特殊软元件	FX$_{1S}$	FX$_{1N}$	FX$_{1NC}$	FX$_{2N}$	FX$_{2NC}$
高速计数器倍增的指定													
M8198①②	C251、C252、C254 用 1 倍/4 倍的切换	—	—	—	○	○		—	—	—	—	—
M8199①②	C253、C255、C253（OP）用 1 倍/4 倍的切换	—	—	—	○	○		—	—	—	—	—

①OFF 为 1 倍，ON 为 4 倍。
②从 RUN→STOP 时清除。

附表 B18

编号/名称		动作/功能	FX$_{3S}$	FX$_{3G}$	FX$_{3GC}$	FX$_{3U}$	FX$_{3UC}$	特殊软元件	FX$_{1S}$	FX$_{1N}$	FX$_{1NC}$	FX$_{2N}$	FX$_{2NC}$
计数器增/减计数的计数方向														
M8200	C200	M8□□□动作后，与其支持的 C□□□变为递减模式。ON：减计数动作 OFF：增计数动作	○	○	○	○	○		—	—	○	○	○
M8201	C201		○	○	○	○	○		—	—	○	○	○
M8202	C202		○	○	○	○	○		—	—	○	○	○
M8203	C203		○	○	○	○	○		—	—	○	○	○

续表

编号/名称		动作/功能	FX₃S	FX₃G	FX₃GC	FX₃U	FX₃UC	特殊软元件	FX₁S	FX₁N	FX₁NC	FX₂N	FX₂NC
计数器增/减计数的计数方向													
M8204	C204		○	○	○	○	○	—	—	○	○	○	○
M8205	C205		○	○	○	○	○	—	—	○	○	○	○
M8206	C206		○	○	○	○	○	—	—	○	○	○	○
M8207	C207		○	○	○	○	○	—	—	○	○	○	○
M8208	C208		○	○	○	○	○	—	—	○	○	○	○
M8209	C209		○	○	○	○	○	—	—	○	○	○	○
M8210	C210		○	○	○	○	○	—	—	○	○	○	○
M8211	C211		○	○	○	○	○	—	—	○	○	○	○
M8212	C212		○	○	○	○	○	—	—	○	○	○	○
M8213	C213		○	○	○	○	○	—	—	○	○	○	○
M8214	C214		○	○	○	○	○	—	—	○	○	○	○
M8215	C215		○	○	○	○	○	—	—	○	○	○	○
M8216	C216		○	○	○	○	○	—	—	○	○	○	○
M8217	C217		○	○	○	○	○	—	—	○	○	○	○
M8218	C218	M8□□□动作后，与其支持的 C□□□ 变为递减模式。ON：减计数动作 OFF：增计数动作	○	○	○	○	○	—	—	○	○	○	○
M8219	C219		○	○	○	○	○	—	—	○	○	○	○
M8220	C220		○	○	○	○	○	—	—	○	○	○	○
M8221	C221		○	○	○	○	○	—	—	○	○	○	○
M8222	C222		○	○	○	○	○	—	—	○	○	○	○
M8223	C223		○	○	○	○	○	—	—	○	○	○	○
M8224	C224		○	○	○	○	○	—	—	○	○	○	○
M8225	C225		○	○	○	○	○	—	—	○	○	○	○
M8226	C226		○	○	○	○	○	—	—	○	○	○	○
M8227	C227		○	○	○	○	○	—	—	○	○	○	○
M8228	C228		○	○	○	○	○	—	—	○	○	○	○
M8229	C229		○	○	○	○	○	—	—	○	○	○	○
M8230	C230		○	○	○	○	○	—	—	○	○	○	○
M8231	C231		○	○	○	○	○	—	—	○	○	○	○
M8232	C232		○	○	○	○	○	—	—	○	○	○	○
M8233	C233		○	○	○	○	○	—	—	○	○	○	○
M8234	C234		○	○	○	○	○	—	—	○	○	○	○
高速计数器增/减计数的计数方向													
M8235	C235	M8□□□动作后，与其支持的 C□□□ 变为递减模式。ON：减计数动作 OFF：增计数动作	○	○	○	○	○	—	—	○	○	○	○
M8236	C236		○	○	○	○	○	—	—	○	○	○	○
M8237	C237		○	○	○	○	○	—	—	○	○	○	○
M8238	C238		○	○	○	○	○	—	—	○	○	○	○

续表

编号/名称		动作/功能	FX₃S	FX₃G	FX₃GC	FX₃U	FX₃UC	特殊软元件	FX₁S	FX₁N	FX₁NC	FX₂N	FX₂NC
高速计数器增/减计数的计数方向													
M8239	C239	M8□□□动作后，与其支持的C□□□变为递减模式。ON：减计数动作 OFF：增计数动作	○	○	○	○	○	—	—	○	○	○	○
M8240	C240		○	○	○	○	○	—	—	○	○	○	○
M8241	C241		○	○	○	○	○	—	—	○	○	○	○
M8242	C242		○	○	○	○	○	—	—	○	○	○	○
M8243	C243		○	○	○	○	○	—	—	○	○	○	○
M8244	C244		○	○	○	○	○	—	—	○	○	○	○
M8245	C245		○	○	○	○	○	—	—	○	○	○	○
[M]8246	C246	单相双输入计数器、双相双输入计数器的C□□□为递减模式时，与其支持的M8□□□为ON。ON：减计数动作 OFF：增计数动作	○	○	○	○	○	—	—	○	○	○	○
[M]8247	C247		○	○	○	○	○	—	—	○	○	○	○
[M]8248	C248		○	○	○	○	○	—	—	○	○	○	○
[M]8249	C249		○	○	○	○	○	—	—	○	○	○	○
[M]8250	C250		○	○	○	○	○	—	—	○	○	○	○
[M]8251	C251		○	○	○	○	○	—	—	○	○	○	○
[M]8252	C252		○	○	○	○	○	—	—	○	○	○	○
[M]8253	C253		○	○	○	○	○	—	—	○	○	○	○
[M]8254	C254		○	○	○	○	○	—	—	○	○	○	○
[M]8255	C255		○	○	○	○	○	—	—	○	○	○	○
[M]8256~[M]8259		不可以使用	—	—	—	—	—	—	—	—	—	—	—
计数器增/减计数的计数方向[模拟量特殊适配器（FX₃U、FX₃UC）]													
M8260~M8269		第1台的特殊适配器①	—	—	—	○	②	—	—	—	—	—	—
M8270~M8279		第2台的特殊适配器①	—	—	—	○	②	—	—	—	—	—	—
M8280~M8289		第3台的特殊适配器①	—	—	—	○	②	—	—	—	—	—	—
M8290~M8299		第4台的特殊适配器①	—	—	—	○	②	—	—	—	—	—	—
模拟量特殊适配器（FX₃S、FX₃G、FX₃GC）、模拟功能扩展板（FX₃S、FX₃G）													
M8260~M8269		第1台功能扩展板③	○	⑥									
M8270~M8279		第2台功能扩展板④⑤	—	⑥									
M8280~M8289		第1台特殊适配器①	○	○	○								
M8290~M8299		第2台特殊适配器①⑤	—	○	○								
标志位													
[M]8300~[M]8303		不可以使用	—	—	—	—	—	—	—	—	—	—	—

续表

编号/名称	动作/功能	FX$_{3S}$	FX$_{3G}$	FX$_{3GC}$	FX$_{3U}$	FX$_{3UC}$	特殊软元件	FX$_{1S}$	FX$_{1N}$	FX$_{1NC}$	FX$_{2N}$	FX$_{2NC}$
标 志 位											
[M] 8304 零位	乘除运算结果为 0 时,置 ON	○	○	○	⑦	⑦	—	—	—	—	—	—
[M] 8305	不可以使用	—	—	—	—	—	—	—	—	—	—	—
[M] 8306 进位	除法运算结果溢出时,置 ON	○	○	○	⑦	⑦	—	—	—	—	—	—
[M] 8307～[M] 8311	不可以使用	—	—	—	—	—	—	—	—	—	—	—

①从基本单元侧计算连接的模拟量特殊适配器的台数。
②Ver.1.20 以上版本支持。
③变成已连接 FX$_{3G}$ 型 PLC（40 点、60 点型）的 BD1 连接器或者 FX$_{3G}$ 型 PLC（14 点、24 点型）、FX$_{3S}$ 型 PLC 的 BD 连接器的功能扩展板。
④变成已连接 FX$_{3G}$ 型 PLC（40 点、60 点型）的 BD2 连接器的功能扩展板。
⑤只能连接 FX$_{3G}$ 型 PLC（40 点、60 点型）。
⑥Ver.1.10 以上版本支持。
⑦Ver.2.30 以上版本支持。

附表 B19

编号/名称	动作/功能	FX$_{3S}$	FX$_{3G}$	FX$_{3GC}$	FX$_{3U}$	FX$_{3UC}$	特殊软元件	FX$_{1S}$	FX$_{1N}$	FX$_{1NC}$	FX$_{2N}$	FX$_{2NC}$
I/O 非实际安装指定错误											
M8312①	实时时钟时间数据错误	○	○	○	—	—	—	—	—	—	—	—
[M] 8313～[M] 8315	不可以使用	—	—	—	—	—	—	—	—	—	—	—
[M] 8316②	I/O 非实际安装指定错误	—	—	—	○	○	D8316 D8317	—	—	—	—	—
[M] 8317	不可以使用	—	—	—	—	—	—	—	—	—	—	—
[M] 8318	BFM 的初始化失败 从 STOP→RUN 时,对于用 BFM 初始化功能指定的特殊扩展单元/模块,发生针对其的 FROM/TO 错误时接通,发生错误的单元号被保存在 D8318 中,BFM 号被保存在 D8319 中	—	—	—	○	③	D8318 D8319	—	—	—	—	—
[M] 8319～[M] 8321	不可以使用	—	—	—	—	—	—	—	—	—	—	—
[M] 8322	辨别 FX$_{3UC}$-32MT-LT 与 FX$_{3UC}$-32MT-LT-2 的机型 1: FX$_{3UC}$-32MT-LT-2 0: FX$_{3UC}$-32MT-LT	—	—	—	—	④	—	—	—	—	—	—

①通过 EEPROM 进行停电保持。执行清除 M8312 操作或重设时间数据,将自动清除。
②在 LD、AND、OR、OUT 指令等的软元件编号中直接指定以及通过变址间接指定时,在输入输出的软元件编号未安装的情况下为 ON。
③Ver.2.20 以上版本支持。
④仅 FX$_{3UC}$-32MT-LT-2 可使用。

附表 B20

编号/名称	动作/功能	FX3S	FX3G	FX3GC	FX3U	FX3UC	特殊软元件	FX1S	FX1N	FX1NC	FX2N	FX2NC
I/O 非实际安装指定错误												
[M] 8323	要求内置 CC-Link/LT 配置	—	—	—	—	①		—	—	—	—	—
[M] 8324	内藏 CC-Link/LT 配置结束	—	—	—	—	①		—	—	—	—	—
[M] 8325~[M] 8327	不可以使用	—	—	—	—	—		—	—	—	—	—
[M] 8328	指令不执行	—	—	—	○	②		—	—	—	—	—
[M] 8329	指令执行异常结束	○	○	○	○	○		—	—	—	—	—

① 仅 FX3UC-32MT-LT-2 可使用。
② Ver.2.20 以上版本支持。

附表 B21

编号/名称	动作/功能	FX3S	FX3G	FX3GC	FX3U	FX3UC	特殊软元件	FX1S	FX1N	FX1NC	FX2N	FX2NC
定时时钟/定位（FX3S、FX3G、FX3GC、FX3U、FX3UC）												
[M] 8330	DUTY（FNC 186）指令，定时时钟的输出 1	—	—	—	○	①	D8330	—	—	—	—	—
[M] 8331	DUTY（FNC 186）指令，定时时钟的输出 2	—	—	—	○	①	D8331	—	—	—	—	—
[M] 8332	DUTY（FNC 186）指令，定时时钟的输出 3	—	—	—	○	①	D8332	—	—	—	—	—
[M] 8333	DUTY（FNC 186）指令，定时时钟的输出 4	—	—	—	○	①	D8333	—	—	—	—	—
[M] 8334	DUTY（FNC 186）指令，定时时钟的输出 5	—	—	—	○	①	D8334	—	—	—	—	—
[M] 8335	不可以使用	—	—	—	—	—		—	—	—	—	—
M8336①	DVIT（FNC 151）指令，中断输入指定功能有效	—	—	—	○	③	D8336	—	—	—	—	—
[M] 8337	不可以使用	—	—	—	—	—		—	—	—	—	—
M8338	PLSV（FNC 157）指令，加减速动作	○	○	○	○	①		—	—	—	—	—
[M] 8339	不可以使用	—	—	—	—	—		—	—	—	—	—
[M] 8340	[Y000] 脉冲输出中监控（ON: BUSY/OFF: READY）	○	○	○	○	○		—	—	—	—	—
M8341②	[Y000] 清除信号输出功能有效	○	○	○	○	○		—	—	—	—	—
M8342②	[Y000] 指定原点回归方向	○	○	○	○	○		—	—	—	—	—
M8343	[Y000] 正转限位	○	○	○	○	○		—	—	—	—	—
M8344	[Y000] 反转限位	○	○	○	○	○		—	—	—	—	—
M8345②	[Y000] 近点 DOG 信号逻辑反转	○	○	○	○	○		—	—	—	—	—
M8346②	[Y000] 零点信号逻辑反转	○	○	○	○	○		—	—	—	—	—

续表

编号/名称	动作/功能	FX3S	FX3G	FX3GC	FX3U	FX3UC	特殊软元件	FX1S	FX1N	FX1NC	FX2N	FX2NC
定时时钟/定位（FX3S、FX3G、FX3GC、FX3U、FX3UC）												
M8347②	[Y000]中断信号逻辑反转	—	—	—	○	○		—	—	—	—	—
[M]8348	[Y000]定位指令驱动中	○	○	○	○	○		—	—	—	—	—
M8349②	[Y000]脉冲输出停止指令	○	○	○	○	○		—	—	—	—	—
[M]8350	[Y001]脉冲输出中监控（ON：BUSY/OFF：READY）	○	○	○	○	○		—	—	—	—	—
M8351②	[Y001]清除信号输出功能有效	○	○	○	○	○		—	—	—	—	—
M8352②	[Y001]指定原点回归方向	○	○	○	○	○		—	—	—	—	—
M8353	[Y001]正转限位	○	○	○	○	○		—	—	—	—	—
M8354	[Y001]反转限位	○	○	○	○	○		—	—	—	—	—
M8355②	[Y001]近点DOG信号逻辑反转	—	—	—	○	○		—	—	—	—	—
M8356②	[Y001]零点信号逻辑反转	○	○	○	○	○		—	—	—	—	—
M8357②	[Y001]中断信号逻辑反转	—	—	—	○	○		—	—	—	—	—
[M]8358	[Y001]定位指令驱动中	○	○	○	○	○		—	—	—	—	—
M8359②	[Y001]停止脉冲输出的指令	○	○	○	○	○		—	—	—	—	—
[M]8360	[Y002]脉冲输出中监控（ON：BUSY/OFF：READY）	—	○	○	○	○		—	—	—	—	—
M8361②	[Y002]清除信号输出功能有效	—	○	○	○	○		—	—	—	—	—
M8362②	[Y002]指定原点回归方向	—	○	○	○	○		—	—	—	—	—
M8363	[Y002]正转限位	—	○	○	○	○		—	—	—	—	—
M8364	[Y002]反转限位	—	○	○	○	○		—	—	—	—	—
M8365②	[Y002]近点DOG信号逻辑反转	—	—	—	○	○		—	—	—	—	—
M8366②	[Y002]零点信号逻辑反转	—	○	○	○	○		—	—	—	—	—
M8367②	[Y002]中断信号逻辑反转	—	—	—	○	○		—	—	—	—	—
[M]8368	[Y002]定位指令驱动中	—	○	○	○	○		—	—	—	—	—
M8369②	[Y002]脉冲输出停止指令	—	○	○	○	○		—	—	—	—	—

①Ver.2.20以上版本支持。
②从RUN→STOP时清除。
③Ver.1.30以上版本支持。

附表B22

编号/名称	动作/功能	FX3S	FX3G	FX3GC	FX3U	FX3UC	特殊软元件	FX1S	FX1N	FX1NC	FX2N	FX2NC
定位（FX3U型PLC）（详细内容参考定位控制手册）												
[M]8370	[Y003]READY）脉冲输出中监控（ON：BUSY/OFF：READY）	—	—	—	②	—		—	—	—	—	—
M8371①	[Y003]清除信号输出功能有效	—	—	—	②	—		—	—	—	—	—

附录 B 特殊辅助继电器

续表

编号/名称	动作/功能	FX₃S	FX₃G	FX₃GC	FX₃U	FX₃UC	特殊软元件	FX₁S	FX₁N	FX₁NC	FX₂N	FX₂NC
定位（FX₃U型PLC）（详细内容参考定位控制手册）												
M8372①	[Y003]指定原点回归方向	—	—	—	②	—	—	—	—	—	—	—
M8373	[Y003]正转限位	—	—	—	②	—	—	—	—	—	—	—
M8374	[Y003]反转限位	—	—	—	②	—	—	—	—	—	—	—
M8375①	[Y003]近点DOG信号逻辑反转	—	—	—	②	—	—	—	—	—	—	—
M8376①	[Y003]零点信号逻辑反转	—	—	—	②	—	—	—	—	—	—	—
M8377①	[Y003]中断信号逻辑反转	—	—	—	②	—	—	—	—	—	—	—
[M]8378	[Y003]定位指令驱动中	—	—	—	②	—	—	—	—	—	—	—
M8379	[Y003]脉冲输出停止指令①	—	—	—	②	—	—	—	—	—	—	—
RS2（FNC 87）[通道 0]（FX₃G、FX₃GC型PLC）（详情参考通信控制手册）												
[M]8370	不可以使用	—	—	—	—	—	—	—	—	—	—	—
[M]8371①	RS2（FNC 87）[通道 0]发送待机标志位	—	○	○	—	—	—	—	—	—	—	—
M8372①	RS2（FNC 87）[通道 0]发送要求	—	○	○	—	—	D8372	—	—	—	—	—
M8373①	RS2（FNC 87）[通道 0]接收结束标志位	—	○	○	—	—	D8374	—	—	—	—	—
[M]8374~[M]8378	不可以使用	—	—	—	—	—	—	—	—	—	—	—
M8379	RS2（FNC 87）[通道 0]超时的判断标志位	—	○	○	—	—	—	—	—	—	—	—

①从 RUN→STOP 时或是 RS 指令 [ch0] OFF 时清除。
②仅当 FX₃U 型 PLC 中连接了 2 台 FX₃U-2HSY-ADP 时可以使用。

附表 B23

编号/名称	动作/功能	FX₃S	FX₃G	FX₃GC	FX₃U	FX₃UC	特殊软元件	FX₁S	FX₁N	FX₁NC	FX₂N	FX₂NC
高速计数器功能												
[M]8380①	C235、C241、C244、C246、C247、C249、C251、C252、C254 的动作状态	—	—	—	○	○	—	—	—	—	—	—
[M]8381①	C236 的动作状态	—	—	—	○	○	—	—	—	—	—	—
[M]8382①	C237、C242、C245 的动作状态	—	—	—	○	○	—	—	—	—	—	—
[M]8383①	C238、C248、C248（OP）、C250、C253、C255 的动作状态	—	—	—	○	○	—	—	—	—	—	—
[M]8384①	C239、C243 的动作状态	—	—	—	○	○	—	—	—	—	—	—
[M]8385①	C240 的动作状态	—	—	—	○	○	—	—	—	—	—	—
[M]8386①	C244（OP）的动作状态	—	—	—	○	○	—	—	—	—	—	—
[M]8387①	C245（OP）的动作状态	—	—	—	○	○	—	—	—	—	—	—

续表

编号/名称	动作/功能	FX3S	FX3G	FX3GC	FX3U	FX3UC	特殊软元件	FX1S	FX1N	FX1NC	FX2N	FX2NC
高速计数器功能												
[M] 8388	高速计数器的功能变更用触点	○	○	○	○	○	—	—	—	—	—	—
M8389	外部复位输入的逻辑切换	—	—	—	○	○	—	—	—	—	—	—
M8390	C244用功能切换软元件	—	—	—	○	○	—	—	—	—	—	—
M8391	C245用功能切换软元件	—	—	—	○	○	—	—	—	—	—	—
M8392	C248、C253用功能切换软元件	○	○	○	○	○	—	—	—	—	—	—

①从STOP→RUN时清除。

附表 B24

编号/名称	动作/功能	FX3S	FX3G	FX3GC	FX3U	FX3UC	特殊软元件	FX1S	FX1N	FX1NC	FX2N	FX2NC
中断程序												
[M] 8393	设定延迟时间用的触点	—	—	—	○	○	D8393	—	—	—	—	—
[M] 8394	HCMOV（FNC 189）中断程序用驱动触点	—	—	—	○	○	—	—	—	—	—	—
[M] 8395	C254用功能切换软元件	—	○	○	—	—	—	—	—	—	—	—
[M] 8396	不可以使用	—	—	—	—	—	—	—	—	—	—	—
[M] 8397		—	—	—	—	—	—	—	—	—	—	—
环形计数器												
M8398	1ms的环形计数（32位）动作①	○	○	○	○	○	D8398 D8399	—	—	—	—	—
[M] 8399	不可以使用	—	—	—	—	—	—	—	—	—	—	—

①M8398驱动后的END指令执行之后，1ms的环形计数[D8399, D8398]动作。

附表 B25

编号/名称	动作/功能	FX3S	FX3G	FX3GC	FX3U	FX3UC	特殊软元件	FX1S	FX1N	FX1NC	FX2N	FX2NC
RS2（FNC 87）[通道1]（详细内容参考通信控制手册）												
[M] 8400	不可以使用	—	—	—	—	—	—	—	—	—	—	—
[M] 8401①	RS2（FNC 87）[通道1]发送待机标志位	○	○	○	○	○	—	—	—	—	—	—
M8402①	RS2（FNC 87）[通道1]发送请求	○	○	○	○	○	D8402	—	—	—	—	—
M8403①	RS2（FNC 87）[通道1]接收结束标志位	○	○	○	○	○	D8403	—	—	—	—	—
[M] 8404	RS2（FNC 87）[通道1]载波的检测标志位	○	○	○	○	○	—	—	—	—	—	—
[M] 8405	RS2（FNC 87）[通道1]数据设定准备就绪（DSR）标志位	○	—	—	③	③	—	—	—	—	—	—

续表

编号/名称	动作/功能	FX₃S	FX₃G	FX₃GC	FX₃U	FX₃UC	特殊软元件	FX₁S	FX₁N	FX₁NC	FX₂N	FX₂NC
	RS2（FNC 87）[通道1]（详细内容参考通信控制手册）
[M] 8406~[M] 8408	不可以使用	—	—	—	—	—		—	—	—	—	—
M8409	RS2（FNC 87）[通道1]判断超时的标志位	○	○	○	○	○		—	—	—	—	—
	RS2（FNC 87）[通道2]计算机链接[通道2]（详细内容参考通信控制手册）
[M] 8410~[M] 8420	不可以使用	—	—	—	—	—		—	—	—	—	—
[M] 8421②	RS2（FNC 87）[通道2]发送待机标志位	—	○	○	○	○		—	—	—	—	—
M8422②	RS2（FNC 87）[通道2]发送请求	—	○	○	○	○	D8422	—	—	—	—	—
M8423②	RS2（FNC 87）[通道2]接收结束标志位	—	○	○	○	○	D8423	—	—	—	—	—
[M] 8424	RS2（FNC 87）[通道2]载波的检测标志位	—	○	○	○	○		—	—	—	—	—
[M] 8425	RS2（FNC 87）[通道2]数据设定准备就绪（DSR）标志位	—	○	—	③	③		—	—	—	—	—
[M] 8426	计算机链接[通道2]全局ON	—	○	○	○	○		—	—	—	—	—
[M] 8427	计算机链接[通道2]下位通信请求（On Demand）发送中	—	○	○	○	○	D8427 D8428 D8429	—	—	—	—	—
M8428	计算机链接[通道2]下位通信请求（On Demand）错误标志位	—	○	○	○	○		—	—	—	—	—
M8429	计算机链接[通道2]下位通信请求（On Demand）字/字节的切换 RS2（FNC 87）[通道2]判断超时的标志位	—	○	○	○	○		—	—	—	—	—

①从 RUN→STOP 时或是 RS2 指令[通道1] OFF 时清除。
②从 RUN→STOP 时或是 RS2 指令[通道2] OFF 时清除。
③Ver.2.30 以上的产品支持。

附表 B26

编号/名称	动作/功能	FX₃S	FX₃G	FX₃GC	FX₃U	FX₃UC	特殊软元件	FX₁S	FX₁N	FX₁NC	FX₂N	FX₂NC
	MODBUS 通信用[通道1]（详细内容参考 MODBUS 通信手册）
[M] 8401	MODBUS 通信中	○	①	○	②	②	—	—	—	—	—	—
[M] 8402	MODBUS 通信错误	○	①	○	②	②	D8402	—	—	—	—	—
[M] 8403	MODBUS 通信错误锁	○	①	○	②	②	D8403	—	—	—	—	—

续表

编号/名称	动作/功能	FX₃S	FX₃G	FX₃GC	FX₃U	FX₃UC	特殊软元件	FX₁S	FX₁N	FX₁NC	FX₂N	FX₂NC
MODBUS 通信用 [通道1]（详细内容参考 MODBUS 通信手册）												
[M] 8404	只接收模式（脱机状态）	—	—	—	②	②		—	—	—	—	—
[M] 8405～[M] 8407	不可以使用	—	—	—	—	—		—	—	—	—	—
[M] 8408	发生重试	○	①	○	②	②		—	—	—	—	—
[M] 8409	发生超时	○	①	○	②	②		—	—	—	—	—
[M] 8410	不可以使用	—	—	—	—	—		—	—	—	—	—
MODBUS 通信用 [通道2]（详细内容参考 MODBUS 通信手册）												
[M] 8421	MODBUS 通信中	—	①	○	②	②		—	—	—	—	—
[M] 8422	MODBUS 通信错误	—	①	○	②	②	D8422	—	—	—	—	—
[M] 8423	MODBUS 通信错误锁	—	①	○	②	②	D8423	—	—	—	—	—
[M] 8424	只接收模式（脱机状态）	—	—	—	②	②		—	—	—	—	—
[M] 8425～[M] 8427	不可以使用	—	—	—	—	—		—	—	—	—	—
[M] 8428	发生重试	—	①	○	②	②		—	—	—	—	—
[M] 8429	发生超时	—	①	○	②	②		—	—	—	—	—
[M] 8430	不可以使用	—	—	—	—	—		—	—	—	—	—
MODBUS 通信用 [通道1、通道2]（详细内容参考 MODBUS 通信手册）												
M 8411	设定 MODBUS 通信参数的标志位	○	①	○	②	②		—	—	—	—	—

① Ver.1.30 以上的产品支持。
② Ver.2.40 以上的产品支持。

附表 B27

编号/名称	动作/功能	FX₃S	FX₃G	FX₃GC	FX₃U	FX₃UC	特殊软元件	FX₁S	FX₁N	FX₁NC	FX₂N	FX₂NC
FX₃U-CF-ADP 用 [通道1]（详细内容参考 CF-ADP 手册）												
[M] 8400～[M] 8401	不可以使用	—	—	—	—	—		—	—	—	—	—
[M] 8402	正在执行 CF-ADP 用应用指令	—	—	—	②	②		—	—	—	—	—
[M] 8403	不可以使用	—	—	—	—	—		—	—	—	—	—
[M] 8404	CF-ADP 单元就绪	—	—	—	②	②		—	—	—	—	—
[M] 8405	CF 卡安装状态	—	—	—	②	②		—	—	—	—	—
[M] 8406～[M] 8409	不可以使用	—	—	—	—	—		—	—	—	—	—
M8410	利用 END 指令停止状态更新的标志位	—	—	—	②	②		—	—	—	—	—

续表

编号/名称	动作/功能	FX₃S	FX₃G	FX₃GC	FX₃U	FX₃UC	特殊软元件	FX₁S	FX₁N	FX₁NC	FX₂N	FX₂NC
FX₃U-CF-ADP 用 [通道1]（详细内容参考 CF-ADP 手册）													
[M]8411~[M]8417	不可以使用	—	—	—	—	—	—	—	—	—	—	—
M8418	CF-ADP 用应用指令错误①	—	—	—	②	②	—	—	—	—	—	—
[M]8419	不可以使用	—	—	—	—	—	—	—	—	—	—	—
FX₃U-CF-ADP 用 [通道2]（详细内容参考 CF-ADP 手册）													
[M]8420~[M]8421	不可以使用	—	—	—	—	—	—	—	—	—	—	—
[M]8422	正在执行 CF-ADP 用应用指令	—	—	—	②	②	—	—	—	—	—	—
[M]8423	不可以使用	—	—	—	—	—	—	—	—	—	—	—
[M]8424	CF-ADP 单元就绪	—	—	—	②	②	—	—	—	—	—	—
[M]8425	CF 卡安装状态	—	—	—	②	②	—	—	—	—	—	—
[M]8426~[M]8429	不可以使用	—	—	—	—	—	—	—	—	—	—	—
M8430	利用 END 指令停止状态更新的标志位	—	—	—	②	②	—	—	—	—	—	—
[M]8431~[M]8437	不可以使用	—	—	—	—	—	—	—	—	—	—	—
M8438	CF-ADP 用应用指令错误①	—	—	—	②	②	—	—	—	—	—	—
[M]8439	不可以使用	—	—	—	—	—	—	—	—	—	—	—

①从 STOP→RUN 时清除。
②Ver.2.61 以上版本支持。

附表 B28

编号/名称	动作/功能	FX₃S	FX₃G	FX₃GC	FX₃U	FX₃UC	特殊软元件	FX₁S	FX₁N	FX₁NC	FX₂N	FX₂NC
FX₃U-ENET-ADP 用 [通道1]（详细内容参考 ENET-ADP 手册）													
[M]8400~[M]8403	不可以使用	—	—	—	—	—	—	—	—	—	—	—
[M]8404	FX₃U-ENET-ADP 单元就绪	○	②	②	③	③	—	—	—	—	—	—
[M]8405	不可以使用	—	—	—	—	—	—	—	—	—	—	—
[M]8406①	正在执行时间设定	○	②	②	③	③	—	—	—	—	—	—
[M]8407~[M]8410	不可以使用	—	—	—	—	—	—	—	—	—	—	—
M8411①	执行时间设定	○	②	②	③	③	—	—	—	—	—	—
[M]8412~[M]8415	不可以使用	—	—	—	—	—	—	—	—	—	—	—

续表

编号/名称	动作/功能	FX3S	FX3G	FX3GC	FX3U	FX3UC	特殊软元件	FX1S	FX1N	FX1NC	FX2N	FX2NC
FX3U-ENET-ADP 用 [通道 2]（详细内容参考 ENET-ADP 手册）											
[M] 8420~[M] 8423	不可以使用	—	—	—	—	—	—	—	—	—	—	—
[M] 8424	FX3U-ENET-ADP 单元就绪	—	②	②	③	③						
[M] 8425	不可以使用	—	—	—	—	—	—	—	—	—	—	—
[M] 8426①	正在执行时间设定	—	②	②	③	③						
[M] 8427~[M] 8430	不可以使用	—	—	—	—	—	—	—	—	—	—	—
M 8431①	执行时间设定	—	②	②	③	③						
[M] 8432~[M] 8435	不可以使用	—	—	—	—	—	—	—	—	—	—	—
FX3U-ENET-ADP 用 [通道 1、通道 2]（详细内容参考 ENET-ADP 手册）											
[M] 8490~[M] 8491	不可以使用	—	—	—	—	—	—	—	—	—	—	—
M8492	IP 地址保存区域写入要求	○	④	④				—	—	—	—	—
[M] 8493	IP 地址保存区域写入结束	○	④	④				—	—	—	—	—
[M] 8494	IP 地址保存区域写入错误	○	④	④				—	—	—	—	—
M8495	IP 地址保存区域清除要求	○	④	④				—	—	—	—	—
[M] 8496	IP 地址保存区域清除结束	○	④	④				—	—	—	—	—
[M] 8497	IP 地址保存区域清除错误	○	④	④				—	—	—	—	—
[M] 8498	变更 IP 地址功能运行中标志位	○	④	④				—	—	—	—	—

①在参数的时间设置中，SNTP 功能设定设为「使用」时动作。
②Ver.2.00 以上的产品支持。
③Ver.3.10 以上的产品支持。
④Ver.2.10 以上的产品支持。

附表 B29

编号/名称	动作/功能	FX3S	FX3G	FX3GC	FX3U	FX3UC	特殊软元件	FX1S	FX1N	FX1NC	FX2N	FX2NC
定位（FX3S、FX3G、FX3GC、FX3U、FX3UC）（详细内容参考定位手册）											
[M] 8430~[M] 8437	不可以使用	—	—	—	—	—	—	—	—	—	—	—
M8438	串行通信错误 2 [通道 2]①	—	○	○	○	○	D8438	—	—	—	—	—
[M] 8439~[M] 8448	不可以使用	—	—	—	—	—	—	—	—	—	—	—
[M] 8449	特殊模块错误标志位	—	○	○	○	②	D8449	—	—	—	—	—
[M] 8450~[M] 8459	不可以使用	—	—	—	—	—	—	—	—	—	—	—

①电源从 OFF 变为 ON 时清除。
②Ver.2.20 以上版本支持。

附表 B30

编号/名称	动作/功能	FX₃S	FX₃G	FX₃GC	FX₃U	FX₃UC	特殊软元件	FX₁S	FX₁N	FX₁NC	FX₂N	FX₂NC
定位（FX₃S、FX₃G、FX₃GC、FX₃U、FX₃UC） （详细内容参考定位手册）												
M8460	DVIT（FNC 151）指令 [Y000] 用户中断输入指令	—	—	—	○	①	D8336	—	—	—	—	—
M8461	DVIT（FNC 151）指令 [Y001] 用户中断输入指令	—	—	—	○	①	D8336	—	—	—	—	—
M8462	DVIT（FNC 151）指令 [Y002] 用户中断输入指令	—	—	—	○	①	D8336	—	—	—	—	—
M8463	DVIT（FNC 151）指令 [Y003] 用户中断输入指令	—	—	—	②	—	D8336	—	—	—	—	—
M8464	DSZR（FNC 150）指令、ZRN （FNC 156）指令 [Y000] 清除信号 软元件指定功能有效	○	○	○	○	①	D8464	—	—	—	—	—
M8465	DSZR（FNC 150）指令、ZRN （FNC 156）指令 [Y001] 清除信号 软元件指定功能有效	○	○	○	○	①	D8465	—	—	—	—	—
M8466	DSZR（FNC 150）指令、ZRN （FNC 156）指令 [Y002] 清除信号 软元件指定功能有效	—	○	—	○	①	D8466	—	—	—	—	—
M8467	DSZR（FNC 150）指令、ZRN （FNC 156）指令 [Y003] 清除信号 软元件指定功能有效	—	—	—	②	—	D8467	—	—	—	—	—

①Ver.2.20 以上版本支持。
②仅当 FX₃U 型 PLC 中连接了 2 台 FX₃U-2HSY-ADP 时可以使用。

附表 B31

编号/名称	动作/功能	FX₃S	FX₃G	FX₃GC	FX₃U	FX₃UC	特殊软元件	FX₁S	FX₁N	FX₁NC	FX₂N	FX₂NC
错　误　检　测												
[M] 8468～ [M] 8488	不可以使用	—	—	—	—	—	—	—	—	—	—	—
[M] 8487	USB 通信错误	○	—	—	—	—	D8487	—	—	—	—	—
[M] 8488	不可以使用	—	—	—	—	—	—	—	—	—	—	—
[M] 8489	特殊参数错误	○	②	②	①	①	D8489	—	—	—	—	—
[M] 8490～ [M] 8511	不可以使用	—	—	—	—	—	—	—	—	—	—	—

①Ver.3.10 以上版本支持。
②Ver.2.00 以上版本支持。

附录C 特殊数据寄存器

附表C1

编号/名称	寄存器的内容		FX$_{3S}$	FX$_{3G}$	FX$_{3GC}$	FX$_{3U}$	FX$_{3UC}$	特殊软元件	FX$_{1S}$	FX$_{1N}$	FX$_{1NC}$	FX$_{2N}$	FX$_{2NC}$
	PLC 状态												
D8000 看门狗定时器	初始值如右侧所示（1ms 单位）（电源 ON 时从系统 ROM 传送过来）通过程序改写的值，在执行了 END、WDT 指令后生效		200	200	200	200	200	—	200	200	200	200	200
[D] 8001 PLC 类型以及系统版本	2 4 1 0 0　如右侧所示　版本V1.00		28	26	26	24	24	D8101 ①					
[D] 8002 内存容量	2…2K 步 4…4K 步 8…8K 步 16K 步以上时 D8002 为[8]时，在 D8102 中输入[16]、[32]、[64]		4 ②	8	8	8	8	D8102	2	8	8	4 8	4 8
[D] 8003 内存种类	内容	内存的种类	保护开关										
	00H	RAM存储器盒	—	○	○	○	○	○		○	○	○	○	○
	01H	EPROM存储器盒	—											
	02H	EPROM存储器盒或是快闪存储器盒	OFF											
	0AH	EEPROM存储器盒或是快闪存储器盒	ON											
	10H	PLC 内置存储器	—											
[D] 8004 错误 M 编号	8 0 6 0 8060～8068(M8004ON时)		○	○	○	○	○	D8104	○	○	○	○	○
[D] 8005 电池电压	3 0　(0.1V 单位) 电池电压的当前值(例如, 3.0V)		—	○	○	○	○	D8105	—	—	—	○	○
[D] 8006 检测出电池电压低的等级	初始值如下。 (1) FX$_{2N}$、FX$_{2NC}$ 型 PLC：3.0V（0.1V 单位） (2) FX$_{3G}$、FX$_{3GC}$、FX$_{3U}$、FX$_{3UC}$ 型 PLC：2.7V（0.1V 单位） （电源 ON 时从系统 ROM 传送过来）		—	○	○	○	○	D8106	—	—	—	○	○

续表

编号/名称	寄存器的内容	FX$_{3S}$	FX$_{3G}$	FX$_{3GC}$	FX$_{3U}$	FX$_{3UC}$	特殊软元件	FX$_{1S}$	FX$_{1N}$	FX$_{1NC}$	FX$_{2N}$	FX$_{2NC}$
		PLC 状 态										
[D] 8007 检测出瞬间停止	保存 M8007 的动作次数。电源断开时清除	—	○	○	○	○	M8007	—	—	—	○	○
D8008 检测出停电的时间	初始值①如下。 (1) FX$_{3U}$、FX$_{2N}$ 型 PLC：10ms（AC 电源型）。 (2) FX$_{3UC}$、FX$_{2NC}$ 型 PLC：5ms（DC 电源型）	—	—	—	○	○	M8008	—	—	—	○	○
[D] 8009 DC24V 掉电单元号	掉电的输入输出扩展单元中最小的输入软元件编号	—	○	○	○	—	M8009	—	—	—	○	○

①支持特殊软元件的 D8101 仅指 FX$_{3S}$、FX$_{3G}$、FX$_{3GC}$、FX$_{3U}$、FX$_{3UC}$ 型 PLC。FX$_{1S}$、FX$_{1N}$、FX$_{1NC}$、FX$_{2N}$、FX$_{2NC}$ 型 PLC 中没有支持的特殊软元件。

②利用参数设定将存储器容量设定为 16K 步时，也显示为 "4"。

③FX$_{2N}$、FX$_{2NC}$ 型 PLC 的停电检测时间如下所示。

FX$_{2N}$ 型 PLC 的 AC 电源型使用的是 AC100V 的电源时，允许的瞬时停电时间为 10ms。保持初始值不变使用。

FX$_{2N}$ 型 PLC 的 AC 电源型使用的是 AC200V 的电源时，允许的瞬时停电时间最大为 100ms。可以在 10~100ms 的范围内更改停电检测时间 D8008。

FX$_{2N}$ 型 PLC 的 DC 电源型的允许瞬时停电时间为 5ms。在停电检测时间 D8008 中写入 "K-1" 作修正。

FX$_{2NC}$ 型 PLC 的允许瞬时停电时间为 5ms。系统会在停电检测时间 D8008 中写入 "K-1" 作修正。请勿用顺控程序更改。

附表 C2

编号/名称	寄存器的内容	FX$_{3S}$	FX$_{3G}$	FX$_{3GC}$	FX$_{3U}$	FX$_{3UC}$	特殊软元件	FX$_{1S}$	FX$_{1N}$	FX$_{1NC}$	FX$_{2N}$	FX$_{2NC}$
		时 钟										
[D] 8010 扫描当前值	0 步开始的指令累计执行时间（0.1ms 单位）	○ 同右	○ 同右	○ 同右	○ 同右	○ 同右	—	○ 在显示值中，还包括了驱动 M8039 时的恒定扫描运行的等待时间				
[D] 8011 MIN 扫描时间	扫描时间的最小值（0.1ms 单位）	○ 同右	○ 同右	○ 同右	○ 同右	○ 同右	—					
[D] 8012 MAX 扫描时间	扫描时间的最大值（0.1ms 单位）											
D8013 秒	0~59 秒（实时时钟用）	○	○	○	○	○	—	○	○	○	○	①
D8014 分	0~59 分（实时时钟用）	○	○	○	○	○	—	○	○	○	○	①
D8015 时	0~23 小时（实时时钟用）	○	○	○	○	○	—	○	○	○	○	①
D8016 日	1~31 日（实时时钟用）	○	○	○	○	○	—	○	○	○	○	①
D8017 月	1~12 月（实时时钟用）	○	○	○	○	○	—	○	○	○	○	①
D8018 年	西历 2 位数（0~99）（实时时钟用）	○	○	○	○	○	—	○	○	○	○	①
D8019 星期	0（日）~6（六）（实时时钟用）	○	○	○	○	○	—	○	○	○	○	①

①FX$_{2NC}$ 型 PLC 时，需要使用带实时时钟功能的内存板。

附表 C3

编号/名称	寄存器的内容	FX3S	FX3G	FX3GC	FX3U	FX3UC	特殊软元件	FX1S	FX1N	FX1NC	FX2N	FX2NC
输入滤波器													
D 8020 输入滤波器的调节	X000~X017[①]输入滤波器值（初始值：10ms）											
[D] 8021~[D] 8026	不可以使用	—	—	—	—	—		—	—	—	—	—
变址寄存器 Z0、V0													
[D] 8028	Z0（Z）寄存器的内容[②]	○	○	○	○	○	—	○	○	○	○	○
[D] 8029	V0（V）寄存器的内容[②]	○	○	○	○	○	—	○	○	○	○	○

①FX3G、FX3GC、FX1N、FX1NC 基本单位可达 X000~X007。
②Z1~Z7、V1~V7 的内容保存在 D8182~D8195 中。

附表 C4

编号/名称	寄存器的内容	FX3S	FX3G	FX3GC	FX3U	FX3UC	特殊软元件	FX1S	FX1N	FX1NC	FX2N	FX2NC
模拟电位器（FX3S、FX3G、FX1S、FX1N）													
[D] 8030	模拟电位器 VR1 的值（0~255 的整数值）	○[①]	○	—	—	—	—	○	○	—	—	—
[D] 8031	模拟电位器 VR2 的值（0~255 的整数值）	○[①]	○	—	—	—	—	○	○	—	—	—
恒定扫描													
[D] 8032~[D] 8038	不可以使用	—	—	—	—	—		—	—	—	—	—
D8039 恒定扫描时间	初始值：0ms（1ms 单位）（电源 ON 时从系统 ROM 传送过来）可以通过程序改写	○	○	○	○	○	M8039	○	○	○	○	○

①不适用于 FX3S-30M□/E□-2AD。

附表 C5

编号·名称	寄存器的内容	FX3S	FX3G	FX3GC	FX3U	FX3UC	特殊软元件	FX1S	FX1N	FX1NC	FX2N	FX2NC
步进梯形图/信号报警器													
[D] 8040[①] ON 状态编号 1	状态 S0~S899、S1000~S4095[②]中为 ON 的状态的最小编号保存到 D8040 中，其次为 ON 的状态编号保存到 D8041 中。以下依次将运行的状态（最大 8 点）保存到 D8047 为止	○	○	○	○	○	M8047	○	○	○	○	○
[D] 8041[①] ON 状态编号 2		○	○	○	○	○		○	○	○	○	○
[D] 8042[①] ON 状态编号 3		○	○	○	○	○		○	○	○	○	○
[D] 8043[①] ON 状态编号 4		○	○	○	○	○		○	○	○	○	○

续表

编号/名称	寄存器的内容	FX$_{3S}$	FX$_{3G}$	FX$_{3GC}$	FX$_{3U}$	FX$_{3UC}$	特殊软元件	FX$_{1S}$	FX$_{1N}$	FX$_{1NC}$	FX$_{2N}$	FX$_{2NC}$
步进梯形图/信号报警器												
[D]8044① ON 状态编号 5	状态 S0~S899、S1000~S4095② 中为 ON 的状态的最小编号保存到 D8040 中，其次为 ON 的状态编号保存到 D8041 中。以下依次将运行的状态（最大 8 点）保存到 D8047 为止	○	○	○	○	○	M8047	○	○	○	○	○
[D]8045① ON 状态编号 6		○	○	○	○	○		○	○	○	○	○
[D]8046① ON 状态编号 7		○	○	○	○	○		○	○	○	○	○
[D]8047① ON 状态编号 8		○	○	○	○	○		○	○	○	○	○
[D]8048	不可以使用	—	—	—	—	—		—	—	—	—	—
[D]8049① ON 状态最小编号	M8049 为 ON 时，保存信号报警继电器 S900~S999 中为 ON 的状态的最小编号	—	—	—	○	○	M8049	—	—	—	○	○
[D]8050~ [D]8059	不可以使用	—	—	—	—	—		—	—	—	—	—

①在执行 END 指令时处理。
②S1000~S4095 仅指 FX$_{3G}$、FX$_{3GC}$、FX$_{3U}$、FX$_{3UC}$ 型 PLC。

附表 C6

编号/名称	寄存器的内容	FX$_{3S}$	FX$_{3G}$	FX$_{3GC}$	FX$_{3U}$	FX$_{3UC}$	特殊软元件	FX$_{1S}$	FX$_{1N}$	FX$_{1NC}$	FX$_{2N}$	FX$_{2NC}$
错误检测												
[D]8060	I/O 构成错误的非实际安装 I/O 的起始编号被编程的输入、输出软元件没有被安装时，写入其起始的软元件编号。例如，X020 未安装时 BCD 转换值 1 0 2 0 软元件编号① 1:输入 X。0:输出 Y	—	○	○	○	○	M8060	—	—	—	○	○
[D]8061	PLC 硬件错误的错误代码编号	○	○	○	○	○	M8061	—	—	—	○	○
[D]8062	PLC/PP 通信错误的错误代码编号	○	○	○	○	○	M8062	○	○	○	○	○
[D]8062	串行通信错误 0 [通道 0] 的错误代码编号②	—	○	○	—	—	M8062	—	—	—	—	—
[D]8063③	串行通信错误 1 [通道 1] 的错误代码编号	○	○	○	○	○	M8063	○	○	○	○	○
[D]8064	参数错误的错误代码编号	○	○	○	○	○	M8064	○	○	○	○	○
[D]8065	语法错误的错误代码编号	○	○	○	○	○	M8065	○	○	○	○	○
[D]8066	梯形图错误的错误代码编号	○	○	○	○	○	M8066	○	○	○	○	○
[D]8067④	运算错误的错误代码编号	○	○	○	○	○	M8067	○	○	○	○	○

续表

编号/名称	寄存器的内容	FX₃S	FX₃G	FX₃GC	FX₃U	FX₃UC	特殊软元件	FX₁S	FX₁N	FX₁NC	FX₂N	FX₂NC
错误检测											
D8068	发生运算错误的步编号的锁存	○	○	○	⑤	⑤	M8068	○	○	○	○	○
[D] 8069①	M8065~M8067 的错误步编号	○	○	○	⑥	⑥	M8065~M8067	○	○	○	○	○

①FX₃U、FX₃UC、FX₂N、FX₂NC 型 PLC 可达 10~337。FX₃G、FX₃GC 型 PLC 可达 10~177。
②电源从 OFF 变为 ON 时清除。
③根据 PLC,如下所示。
FX₁S、FX₁N、FX₁NC、FX₂N、FX₂NC 型 PLC 中,从 STOP→RUN 时被清除。
FX₃S、FX₃G、FX₃GC、FX₃U、FX₃UC 型 PLC 中,电源从 OFF 变为 ON 时清除。
④从 STOP→RUN 时清除。
⑤32K 步以上时,在 [D8313,D8312] 中保存步编号。
⑥32K 步以上时,在 [D8315,D8314] 中保存步编号。

附表 C7

编号/名称	寄存器的内容	FX₃S	FX₃G	FX₃GC	FX₃U	FX₃UC	特殊软元件	FX₁S	FX₁N	FX₁NC	FX₂N	FX₂NC
并联链接(详细内容参考通信控制手册)											
[D] 8070	判断并联链接错误的时间 500ms	○	○	○	○	○	—	○	○	○	○	○
[D] 8071		—	—	—	—	—		—	—	—	—	—
[D] 8072		—	—	—	—	—		—	—	—	—	—
[D] 8073		—	—	—	—	—		—	—	—	—	—
采样跟踪①(FX₃U、FX₃UC、FX₂N、FX₂NC 用)											
[D] 8074		—	—	—	○	○		—	—	—	○	○
[D] 8075		—	—	—	○	○		—	—	—	○	○
[D] 8076		—	—	—	○	○		—	—	—	○	○
[D] 8077		—	—	—	○	○		—	—	—	○	○
[D] 8078		—	—	—	○	○		—	—	—	○	○
[D] 8079		—	—	—	○	○		—	—	—	○	○
[D] 8080	在计算机中使用了采样跟踪功能时,这些软元件是被 PLC 系统占用的区域①	—	—	—	○	○	M8075~M8079	—	—	—	○	○
[D] 8081		—	—	—	○	○		—	—	—	○	○
[D] 8082		—	—	—	○	○		—	—	—	○	○
[D] 8083		—	—	—	○	○		—	—	—	○	○
[D] 8084		—	—	—	○	○		—	—	—	○	○
[D] 8085		—	—	—	○	○		—	—	—	○	○
[D] 8086		—	—	—	○	○		—	—	—	○	○
[D] 8087		—	—	—	○	○		—	—	—	○	○
[D] 8088		—	—	—	○	○		—	—	—	○	○
[D] 8089		—	—	—	○	○		—	—	—	○	○

附录C 特殊数据寄存器

续表

编号/名称	寄存器的内容	FX₃S	FX₃G	FX₃GC	FX₃U	FX₃UC	特殊软元件	FX₁S	FX₁N	FX₁NC	FX₂N	FX₂NC
采样跟踪① (FX₃U、FX₃UC、FX₂N、FX₂NC用)												
[D] 8090	在计算机中使用了采样跟踪功能时，这些软元件是被PLC系统占用的区域①	—	—	—	○	○	M8075~M8079	—	—	—	○	○
[D] 8091		—	—	—	○	○		—	—	—	○	○
[D] 8092		—	—	—	○	○		—	—	—	○	○
[D] 8093		—	—	—	○	○		—	—	—	○	○
[D] 8094		—	—	—	○	○		—	—	—	○	○
[D] 8095		—	—	—	○	○		—	—	—	○	○
[D] 8096		—	—	—	○	○		—	—	—	○	○
[D] 8097		—	—	—	○	○		—	—	—	○	○
[D] 8098		—	—	—	○	○		—	—	—	○	○

①采样跟踪是外围设备使用的软元件。

附表C8

编号/名称		寄存器的内容	FX₃S	FX₃G	FX₃GC	FX₃U	FX₃UC	特殊软元件	FX₁S	FX₁N	FX₁NC	FX₂N	FX₂NC
脉宽/周期测量功能 (FX₃G、FX₃GC用)													
D8074①	低位	X000 上升沿环形计数器值 [1/6μs 单位]	—	②	○	—	—	M8076 M8080	—	—	—	—	—
D8075①	高位		—	②	○	—	—		—	—	—	—	—
D8076①	低位	X000 下降沿环形计数器值 [1/6μs 单位]	—	②	○	—	—	M8076 M8080	—	—	—	—	—
D8077①	高位		—	②	○	—	—		—	—	—	—	—
D8078①	低位	X000 脉宽 [10μs 单位] / X000 脉冲周期 [10μs 单位]	—	②	○	—	—		—	—	—	—	—
D8079①	高位		—	②	○	—	—		—	—	—	—	—
D8080①	低位	X001 上升沿环形计数器值 [1/6μs 单位]	—	②	○	—	—	M8077 M8081	—	—	—	—	—
D8081①	高位		—	②	○	—	—		—	—	—	—	—
D8082①	低位	X001 下降沿环形计数器值 [1/6μs 单位]	—	②	○	—	—	M8077 M8081	—	—	—	—	—
D8083①	高位		—	②	○	—	—		—	—	—	—	—
D8084①	低位	X001 脉宽 [10μs 单位] / X001 脉冲周期 [10μs 单位]	—	②	○	—	—		—	—	—	—	—
D8085①	高位		—	②	○	—	—		—	—	—	—	—
D8086①	低位	X003 上升沿环形计数器值 [1/6μs 单位]	—	②	○	—	—	M8078 M8082	—	—	—	—	—
D8087①	高位		—	②	○	—	—		—	—	—	—	—
D8088①	低位	X003 下降沿环形计数器值 [1/6μs 单位]	—	②	○	—	—	M8078 M8082	—	—	—	—	—
D8089①	高位		—	②	○	—	—		—	—	—	—	—
D8090①	低位	X003 脉宽 [10μs 单位] / X003 脉冲周期 [10μs 单位]	—	②	○	—	—		—	—	—	—	—
D8091①	高位		—	②	○	—	—		—	—	—	—	—
D8092①	低位	X004 上升沿环形计数器值 [1/6μs 单位]	—	②	○	—	—	M8079 M8083	—	—	—	—	—
D8093①	高位		—	②	○	—	—		—	—	—	—	—

编号/名称		寄存器的内容	FX$_{3S}$	FX$_{3G}$	FX$_{3GC}$	FX$_{3U}$	FX$_{3UC}$	特殊软元件	FX$_{1S}$	FX$_{1N}$	FX$_{1NC}$	FX$_{2N}$	FX$_{2NC}$
		脉宽/周期测量功能（FX$_{3G}$、FX$_{3GC}$用）											
D8094①	低位	X004 下降沿环形计数器值 [1/6μs 单位]	—	②	○	—	—		—	—	—	—	—
D8095①	高位												
D8096①	低位	X004 脉宽[10μs 单位]/ X004 脉冲周期[10μs 单位]	—	②	○	—	—		—	—	—	—	—
D8097①	高位												
[D] 8098		不可以使用	—	—	—	—	—		—	—	—	—	—

①从 STOP→RUN 时清除。
②Ver.1.10 以上版本支持。

附表 C9

编号/名称	寄存器的内容	FX$_{3S}$	FX$_{3G}$	FX$_{3GC}$	FX$_{3U}$	FX$_{3UC}$	特殊软元件	FX$_{1S}$	FX$_{1N}$	FX$_{1NC}$	FX$_{2N}$	FX$_{2NC}$
	高速环形计数器											
D8099	0~32767（0.1ms 单位，16 位）的递增动作的环形计数器①	—	—	—	○	○	M8099	—	—	—	○	○
[D] 8100	不可以使用	—	—	—	—	—		—	—	—	—	—

①驱动 M8099 后，随着 END 指令的执行，0.1ms 的高速环形计数器 D8099 动作。

附表 C10

编号/名称	寄存器的内容	FX$_{3S}$	FX$_{3G}$	FX$_{3GC}$	FX$_{3U}$	FX$_{3UC}$	特殊软元件	FX$_{1S}$	FX$_{1N}$	FX$_{1NC}$	FX$_{2N}$	FX$_{2NC}$
	内 存 信 息											
[D] 8101		28	26	26	16	16	—	—	—	—	—	—
[D] 8102 内存容量	2…2K 步 4…4K 步 8…8K 步 16…16K 步 32…32K 步 64…64K 步	○ 4①	○ 32	○ 32	○ 16② 64	○ 16② 64		○ 2	○ 8	○ 8	○ 4 8 16	○ 4 8 16
[D] 8103	不可以使用	—	—	—	—	—		—	—	—	—	—
[D] 8104	功能扩展内固有的机型代码	—	—	—	—	—	M8104	—	—	—	③	③
[D] 8105	功能扩展内存的版本（Ver.1.00=100）	—	—	—	—	—		—	—	—	③	③
[D] 8106	不可以使用	—	—	—	—	—		—	—	—	—	—
[D] 8107	软元件注释登录数	—	—	—	○	○	M8107	—	—	—	—	—
[D] 8108	特殊模块的连接台	—	○	○	○	○		—	—	—	—	—

①即使在参数设定中将内存容量设定成 16K 步的情况下也会显示"4"。
②安装有 FX$_{3U}$-FLROM-16 时。
③Ver.3.00 以上版本支持。

附表 C11

编号/名称	寄存器的内容	FX₃S	FX₃G	FX₃GC	FX₃U	FX₃UC	特殊软元件	FX₁S	FX₁N	FX₁NC	FX₂N	FX₂NC
输 出 刷 新 错 误													
[D] 8109	发生输出刷新错误的 Y 编号	—	○	○	○	○	M8109	—	—	—	—	○
[D] 8110	不可以使用	—	—	—	—	—	—	—	—	—	—	—
[D] 8111	—	—	—	—	—	—	—	—	—	—	—	—
功能扩展板 FX₁S、FX₁N 专用													
[D] 8112	FX₁N-2AD-BD：通道 1 的数字值	—	—	—	—	—	M8112	○	○	—	—	—
[D] 8113	FX₁N-2AD-BD：通道 2 的数字值	—	—	—	—	—	M8113	○	○	—	—	—
D8114	FX₁N-1DA-BD：要输出的数字值	—	—	—	—	—	M8114	○	○	—	—	—
[D] 8115~ [D] 8119	不可以使用	—	—	—	—	—	—	—	—	—	—	—
RS（FNC 80）/计算机链接［通道 1］ （详细内容参考通信控制手册）													
D8120①	RS（FNC 80）指令/计算机链接［通道 1］设定通信格式	○	○	○	○	○		○	○	○	○	○
D8121①	计算机链接［通道 1］设定站号	○	○	○	○	○		○	○	○	○	○
[D] 8122②	RS（FNC 80）指令，发送数据的剩余点数	○	○	○	○	○	M8122	○	○	○	○	○
[D] 8123②	RS（FNC 80）指令，接收点数的监控	○	○	○	○	○	M8123	○	○	○	○	○
D8124	RS（FNC 80）指令，报头<初始值：STX>	○	○	○	○	○		○	○	○	○	○
D8125	RS（FNC 80）指令，报尾<初始值：ETX>	○	○	○	○	○		○	○	○	○	○
[D] 8126	不可以使用	—	—	—	—	—		—	—	—	—	—
D8127	计算机链接［通道 1］指定下位通信请求（ON Demand）的起始编号	○	○	○	○	○	M8126~M8129	○	○	○	○	○
D8128	计算机链接［通道 1］指定下位通信请求（ON Demand）的数据数	○	○	○	○	○		○	○	○	○	○
D8129	RS（FNC 80）指令/计算机链接［通道 1］设定超时时间	○	○	○	○	○		○	○	○	○	○

①通过电池或 EEPROM 停电保持。
②从 RUN→STOP 时清除。

附表 C12

编号/名称	寄存器的内容	FX₃S	FX₃G	FX₃GC	FX₃U	FX₃UC	特殊软元件	FX₁S	FX₁N	FX₁NC	FX₂N	FX₂NC
高速计数器比较/高速表格/定位（定位为 FX₃S、FX₃G、FX₃GC、FX₁S、FX₁N、FX₁NC 用）													
[D] 8130	HSZ（FNC 55）指令高速比较表格计数器	—	—	—	○	○	M8130	—	—	—	○	○
[D] 8131	HSZ（FNC 55）、PLSY（FNC 57）指令速度型式表格计数器	—	—	—	○	○	M8132	—	—	—	○	○

续表

编号/名称		寄存器的内容	FX$_{3S}$	FX$_{3G}$	FX$_{3GC}$	FX$_{3U}$	FX$_{3UC}$	特殊软元件	FX$_{1S}$	FX$_{1N}$	FX$_{1NC}$	FX$_{2N}$	FX$_{2NC}$
高速计数器比较/高速表格/定位（定位为FX$_{3S}$、FX$_{3G}$、FX$_{3GC}$、FX$_{1S}$、FX$_{1N}$、FX$_{1NC}$用）													
[D] 8132	低位	HSZ(FNC 55)、PLSY(FNC 57)指令速度型式频率	—	—	—	○	○	M8132	—	—	—	○	○
[D] 8133	高位												
[D] 8134	低位	HSZ(FNC 55)、PLSY(FNC 57)指令速度型式目标脉冲数	—	—	—	○	○	M8132	—	—	—	○	○
[D] 8135	高位												
D8136	低位	PLSY（FNC 57）、PLSR（FNC 59）指令输出到 Y000 和 Y001 的脉冲合计数的累计	○	○	○	○	○	—	○	○	○	○	○
D8137	高位												
[D] 8138		HSCT（FNC 280）指令表格计数器	—	—	—	○	○	M8138	—	—	—	—	—
[D] 8139		HSCS(FNC 53)、HSCR(FNC 54)、HSZ（FNC 55）、HSCT（FNC 280）指令执行中的指令数	—	—	—	○	○	M8139	—	—	—	—	—
D8140	低位	PLSY（FNC 57）、PLSR（FNC 59）指令输出到 Y000 的脉冲数的累计	○	○	○	○	○	—	○	○	○	○	○
D8141	高位												
D8142	低位	PLSY（FNC 57）、PLSR（FNC 59）指令输出到 Y001 的脉冲数的累计	○	○	○	○	○	—	○	○	○	○	○
D8143	高位												
[D] 8144		不可以使用	—	—	—	—	—	—	—	—	—	—	—
D8145		ZRN(FNC 156)、DRVI(FNC 158)、DRVA (FNC 159)指令偏差速度初始值：0	—	—	—	—	—	—	○	○	○	—	—
D8146	低位	ZRN（FNC 156）、DRVI (FNC 158)、DRVA (FNC 159)指令，最高速度如下：FX$_{1S}$、FX$_{1N}$初始值为100000 FX$_{1NC}$初始值为100000①	—	—	—	—	—	—	○	○	①	—	—
D8147	高位												
D8148		ZRN（FNC156)、DRVI（FNC158)、DRVA（FNC159)指令加减速时间（初始值：100)	—	—	—	—	—	—	○	○	○	—	—
[D] 8149		不可以使用	—	—	—	—	—	—	—	—	—	—	—

①请用顺控程序更改成10000以下的值。

附表 C13

编号/名称	寄存器的内容	FX$_{3S}$	FX$_{3G}$	FX$_{3GC}$	FX$_{3U}$	FX$_{3UC}$	特殊软元件	FX$_{1S}$	FX$_{1N}$	FX$_{1NC}$	FX$_{2N}$	FX$_{2NC}$
变频器通信功能（详细内容参考通信控制手册）												
D8150①	变频器通信的响应等待时间［通道1］	○	④	○	○	○	—	—	—	—	—	—
[D] 8151	变频器通信的通信中的步编号［通道1］初始值：-1	○	④	○	○	○	M8151	—	—	—	—	—
[D] 8152②	变频器通信的错误代码［通道1］	○	④	○	○	○	M8152	—	—	—	—	—

续表

编号/名称	寄存器的内容	FX3S	FX3G	FX3GC	FX3U	FX3UC	特殊软元件	FX1S	FX1N	FX1NC	FX2N	FX2NC
变频器通信功能（详细内容参考通信控制手册）												
[D] 8153②	变频器通信的错误步的锁存［通道1］初始值：-1	○	④	○	○	○	M8153	—	—	—	—	—
[D] 8154②	IVBWR（FNC 274）指令中发生错误的参数编号［通道1］初始值：-1	—	—	—	○	○	M8154	—	—	—	—	—
	EXTR（FNC 180）指令的响应等待时间	—	—	—	—	—	—	—	—	③	③	—
D8155①	变频器通信的响应等待时间［通道2］	—	④	○	○	○	—	—	—	—	—	—
[D] 8155	EXTR（FNC 180）指令的通信中的步编号	—	—	—	—	—	M8155	—	—	—	③	③
[D] 8156	变频器通信的通信中的步编号［通道2］初始值：-1	—	④	○	○	○	M8156	—	—	—	—	—
	EXTR（FNC 180）指令的错误代码	—	—	—	—	—	M8156	—	—	—	③	③
[D] 8157②	变频器通信的错误代码［通道2］	—	④	○	○	○	M8157	—	—	—	—	—
[D] 8157	EXTR（FNC 180）指令的错误步（锁存）初始值：-1	—	—	—	—	—	M8157	—	—	—	③	③
[D] 8158②	变频器通信的错误步锁存［通道2］初始值：-1	—	④	○	○	○	M8158	—	—	—	—	—
[D] 8159②	IVBWR（FNC 274）指令中发生错误的参数编号［通道2］初始值：-1	—	—	—	○	○	M8159	—	—	—	—	—

①电源从 OFF 变为 ON 时清除。
②从 STOP→RUN 时清除。
③Ver.3.00 以上版本支持。
④Ver.1.10 以上版本支持。

附表 C14

编号/名称	寄存器的内容	FX3S	FX3G	FX3GC	FX3U	FX3UC	特殊软元件	FX1S	FX1N	FX1NC	FX2N	FX2NC
显示模块功能（FX1S、FX1N）												
D8158	FX1N-5DM 用控制软元件（D）初始值：-1	—	—	—	—	—	—	○	○	—	—	—
D8159	FX1N-5DM 用控制软元件（M）初始值：-1	—	—	—	—	—	—	○	○	—	—	—
FX1N-BAT 用［FX1N］（详细内容参考 FX1N-BAT 手册）												
D8159	FX1N-BAT 用电池电压过低检测标志位的指定初始值：-1	—	—	—	—	—	—	—	○	—	—	—

附表 C15

编号/名称	寄存器的内容	FX3S	FX3G	FX3GC	FX3U	FX3UC	特殊软元件	FX1S	FX1N	FX1NC	FX2N	FX2NC
扩 展 功 能												
[D] 8160~[D] 8163	不可以使用	—	—	—	—	—	—	—	—	—	—	—

续表

编号/名称	寄存器的内容	FX$_{3S}$	FX$_{3G}$	FX$_{3GC}$	FX$_{3U}$	FX$_{3UC}$	特殊软元件	FX$_{1S}$	FX$_{1N}$	FX$_{1NC}$	FX$_{2N}$	FX$_{2NC}$
	扩展功能											
D8164	指定 FROM（FNC 78）、TO（FNC 79）传送点数	—	—	—	—	—	M8164	—	—	—	①	○
[D] 8165	不可以使用	—	—	—	—	—		—	—	—	—	—
[D] 8166	特殊模块错误情况	—	—	—	⑤	⑤		—	—	—	—	—
[D] 8167	不可以使用	—	—	—	—	—		—	—	—	—	—
[D] 8168		—	—	—	—	—		—	—	—	—	—
[D] 8169	限制存取的状态（见下方子表）	○	○	○	○	○	④					

子表（D8169 限制存取的状态）：

当前值	存取的限制状态	程序读出	写入	监控	更改当前值
H**00②	第2关键字未设定	③	③	③	③
H**10②	禁止写入	○	×	○	○
H**11②	禁止读出/写入	×	×	○	○
H**12②	禁止所有的在线操作	×	×	×	×
H**20②	解除关键字	○	○	○	○

①Ver.2.00 以上版本支持。
②**在系统上使用时被清除。
③通过关键字的设定状态，未限制存取。
④Ver.2.20 以上版本支持。
⑤Ver.3.00 以上版本支持。

附表 C16

编号/名称	寄存器的内容	FX$_{3S}$	FX$_{3G}$	FX$_{3GC}$	FX$_{3U}$	FX$_{3UC}$	特殊软元件	FX$_{1S}$	FX$_{1N}$	FX$_{1NC}$	FX$_{2N}$	FX$_{2NC}$
	变址寄存器 Z1~Z7、V1~V7											
[D] 8170~ [D] 8172	不可以使用	—	—	—	—	—		—	—	—	—	—
[D] 8173	相应的站号的设定状态	○	○	○	○	—		○	○	○	①	○
[D] 8174	通信子站的设定状态	○	○	○	○	—		○	○	○	①	○
[D] 8175	刷新范围的设定状态	○	○	○	○	—		○	○	○	①	○
D8176	设定相应站号	○	○	○	○	—		○	○	○	①	○
D8177	设定通信的子站数	○	○	○	○	—		○	○	○	①	○
D8178	设定刷新范围	○	○	○	○	—	M8038	○	○	①	○
D8179	重试的次数	○	○	○	○	—		○	○	○	①	○

续表

编号/名称	寄存器的内容	FX₃S	FX₃G	FX₃GC	FX₃U	FX₃UC	特殊软元件	FX₁S	FX₁N	FX₁NC	FX₂N	FX₂NC
变址寄存器 Z1～Z7、V1～V7												
D8180	监视时间	○	○	○	○	○		○	○	○	①	○
[D] 8181	不可以使用	—	—	—	—	—		—	—	—	—	—

①Ver.2.00 以上版本支持。

附表 C17

编号/名称	寄存器的内容	FX₃S	FX₃G	FX₃GC	FX₃U	FX₃UC	特殊软元件	FX₁S	FX₁N	FX₁NC	FX₂N	FX₂NC
变址寄存器 Z1～Z7、V1～V7												
[D] 8182	Z1 寄存器的内容	○	○	○	○	○	—	○	○	○	○	○
[D] 8183	V1 寄存器的内容	○	○	○	○	○	—	○	○	○	○	○
[D] 8184	Z2 寄存器的内容	○	○	○	○	○	—	○	○	○	○	○
[D] 8185	V2 寄存器的内容	○	○	○	○	○	—	○	○	○	○	○
[D] 8186	Z3 寄存器的内容	○	○	○	○	○	—	○	○	○	○	○
[D] 8187	V3 寄存器的内容	○	○	○	○	○	—	○	○	○	○	○
[D] 8188	Z4 寄存器的内容	○	○	○	○	○	—	○	○	○	○	○
[D] 8189	V4 寄存器的内容	○	○	○	○	○	—	○	○	○	○	○
[D] 8190	Z5 寄存器的内容	○	○	○	○	○	—	○	○	○	○	○
[D] 8191	V5 寄存器的内容	○	○	○	○	○	—	○	○	○	○	○
[D] 8192	Z6 寄存器的内容	○	○	○	○	○	—	○	○	○	○	○
[D] 8193	V6 寄存器的内容	○	○	○	○	○	—	○	○	○	○	○
[D] 8194	Z7 寄存器的内容	○	○	○	○	○	—	○	○	○	○	○
[D] 8195	V7 寄存器的内容	○	○	○	○	○	—	○	○	○	○	○
[D] 8196～[D] 8199	不可以使用	—	—	—	—	—	—	—	—	—	—	—
简易 PC 间链接（监控）（详细内容参考通信控制手册）												
[D] 8200	不可以使用	—	—	—	—	—	—	—	—	—	—	—
[D] 8201①	当前的链接扫描时间	○	○	○	○	○	—	(D201)	○	○	②	○
[D] 8202①	最大的链接扫描时间	○	○	○	○	○	—	(D202)	○	○	②	○
[D] 8203①	数据传送顺控错误计数（主站）	○	○	○	○	○		(D203)	○	○	②	○
[D] 8204①	数据传送顺控错误计数（站1）	○	○	○	○	○		(D204)	○	○	②	○
[D] 8205①	数据传送顺控错误计数（站2）	○	○	○	○	○	M8183～M8191	(D205)	○	○	②	○
[D] 8206①	数据传送顺控错误计数（站3）	○	○	○	○	○		(D206)	○	○	②	○
[D] 8207①	数据传送顺控错误计数（站4）	○	○	○	○	○		(D207)	○	○	②	○
[D] 8208①	数据传送顺控错误计数（站5）	○	○	○	○	○		(D208)	○	○	②	○

续表

编号/名称	寄存器的内容	FX3S	FX3G	FX3GC	FX3U	FX3UC	特殊软元件	FX1S	FX1N	FX1NC	FX2N	FX2NC
简易PC间链接（监控）（详细内容参考通信控制手册）												
[D]8209①	数据传送顺控错误计数（站6）	○	○	○	○	○		(D209)	○	○	②	○
[D]8210①	数据传送顺控错误计数（站7）	○	○	○	○	○		(D210)	○	○	②	○
[D]8211①	数据传送错误代码（主站）	○	○	○	○	○		(D211)	○	○	②	○
[D]8212①	数据传送错误代码（站1）	○	○	○	○	○		(D212)	○	○	②	○
[D]8213①	数据传送错误代码（站2）	○	○	○	○	○	M8183~M8191	(D213)	○	○	②	○
[D]8214①	数据传送错误代码（站3）	○	○	○	○	○		(D214)	○	○	②	○
[D]8215①	数据传送错误代码（站4）	○	○	○	○	○		(D215)	○	○	②	○
[D]8216①	数据传送错误代码（站5）	○	○	○	○	○		(D216)	○	○	②	○
[D]8217①	数据传送错误代码（站6）	○	○	○	○	○		(D217)	○	○	②	○
[D]8218①	数据传送错误代码（站7）	○	○	○	○	○		(D218)	○	○	②	○
[D]8219~[D]8259	不可以使用	—	—	—	—	—		—	—	—	—	—
模拟量特殊适配器（FX3U、FX3UC）												
D8260~D8269	第1台的特殊适配器③	—	—	—	○	④		—	—	—	—	—
D8270~D8279	第2台的特殊适配器③	—	—	—	○	④		—	—	—	—	—
D8280~D8289	第3台的特殊适配器③	—	—	—	○	④		—	—	—	—	—
D8290~D8299	第4台的特殊适配器③	—	—	—	○	④		—	—	—	—	—
模拟量特殊适配器（FX3S、FX3G、FX3GC）、模拟功能扩展板（FX3S、FX3G）												
D8260~D8269	第1台功能扩展板⑥	○	⑧	—	—	—		—	—	—	—	—
D8270~D8279	第2台功能扩展板⑥⑦	—	⑧	—	—	—		—	—	—	—	—
D8280~D8289	第1台特殊适配器⑤	○	○	○	—	—		—	—	—	—	—
D8290~D8299	第2台特殊适配器⑤⑦	—	○	○	—	—		—	—	—	—	—
内置模拟量功能（FX3S-30M□/E□-2AD）（详情参考FX3S硬件篇手册）												
[D]8270	通道1 模拟量输入数据（0~1020）	⑨	—	—	—	—		—	—	—	—	—
[D]8271	通道2 模拟量输入数据（0~1020）	⑨	—	—	—	—		—	—	—	—	—
[D]8272	不可以使用	—	—	—	—	—		—	—	—	—	—
[D]8273		—	—	—	—	—		—	—	—	—	—
D8274	通道1平均次数（1~4095）	⑨	—	—	—	—		—	—	—	—	—
D8275	通道2平均次数（1~4095）	⑨	—	—	—	—		—	—	—	—	—

续表

编号/名称	寄存器的内容	FX3S	FX3G	FX3GC	FX3U	FX3UC	特殊软元件	FX1S	FX1N	FX1NC	FX2N	FX2NC
内置模拟量功能（FX3S-30M□/E□-2AD）（详情参考FX3S硬件篇手册）													
[D] 8276	不可以使用	—	—	—	—	—	—	—	—	—	—	—
[D] 8277		—	—	—	—	—	—	—	—	—	—	—
[D] 8278	错误状态 b0：通道1上限刻度超出检测。 b1：通道2上限刻度超出检测。 b2：未使用。 b3：未使用。 b4：EEPROM错误。 b5：平均次数设定错误（通道1、通道2通用）。 b6～b15：未使用	⑨	—	—	—	—	—	—	—	—	—	—
[D] 827	机型代码=5	⑨	—	—	—	—	—	—	—	—	—	—

①FX1S型PLC使用（）内的编号。
②Ver.2.00以上版本支持。
③从基本单元侧计算连接的模拟量特殊适配器的台数。
④Ver.1.20以上版本支持。
⑤变成已连接FX3G型PLC（40点、60点型）的BD1连接器或者FX3G型PLC（14点、24点型）、FX3S型PLC的BD连接器的功能扩展板。
⑥变成已连接FX3G型PLC（40点、60点型）的BD2连接器的功能扩展板。
⑦只能连接FX3G型PLC（40点、60点型）。
⑧Ver.1.10以上版本支持。
⑨仅适用于FX3S-30M□/E□-2AD。

附表C18

编号/名称	寄存器的内容	FX3S	FX3G	FX3GC	FX3U	FX3UC	特殊软元件	FX1S	FX1N	FX1NC	FX2N	FX2NC
显示模块（FX3G-5DM、FX3U-7DM）功能（详细内容参考PLC主机的硬件篇手册）													
D8300	显示模块用，控制软元件（D）初始值：K–1	—	①	—	○	○	—	—	—	—	—	—
D8301	显示模块用，控制软元件（M）初始值：K–1	—	①	—	○	○	—	—	—	—	—	—
[D] 8302②	设定显示语言日语：K0。英语：K0以外	—	①	—	○	○	—	—	—	—	—	—
[D] 8303	LCD对比度设定值初始值：K0	—	①	—	○	○	—	—	—	—	—	—
[D] 8304～[D] 8309	不可以使用	—	—	—	—	—	—	—	—	—	—	—

①Ver.1.10以上版本支持。
②通过电池或EEPROM停电保持。

附表C19

编号/名称	寄存器的内容	FX3S	FX3G	FX3GC	FX3U	FX3UC	特殊软元件	FX1S	FX1N	FX1NC	FX2N	FX2NC
RND（FNC 184）													
[D] 8310	低位	RND（FNC 184）生成随机数用的数据初始值：K1	—	—	—	○	○	—	—	—	—	—	—
[D] 8311	高位		—	—	—	○	○	—	—	—	—	—	—

续表

编号/名称		寄存器的内容	FX$_{3S}$	FX$_{3G}$	FX$_{3GC}$	FX$_{3U}$	FX$_{3UC}$	特殊软元件	FX$_{1S}$	FX$_{1N}$	FX$_{1NC}$	FX$_{2N}$	FX$_{2NC}$
语法/回路/运算/I/O 非实际安装的指定的错误步编号													
[D] 8310	低位	发生运算错误的步编号的锁存（32bit）	—	—	—	○	○	M8068	—	—	—	—	—
[D] 8311	高位												
[D] 8310	低位	M8065～M8067 的错误步编号（32bit）	—	—	—	○	○	M8065～M8067	—	—	—	—	—
[D] 8311	高位												
[D] 8310	低位	指定（直接/通过变址的间接指定）了未安装的I/O编号的指令的步编号	—	—	—	○	○	M8316	—	—	—	—	—
[D] 8311	高位												
[D] 8318		BFM 初始化功能发生错误的单元号	—	—	—	①	○	M8318	—	—	—	—	—
[D] 8319		BFM 初始化功能发生错误的 BFM 号	—	—	—	①	○	M8318	—	—	—	—	—
[D] 8320～[D] 8328		不可以使用	—	—	—	—	—		—	—	—	—	—

①Ver.2.20 以上版本支持。

附表 C20

编号/名称		寄存器的内容	FX$_{3S}$	FX$_{3G}$	FX$_{3GC}$	FX$_{3U}$	FX$_{3UC}$	特殊软元件	FX$_{1S}$	FX$_{1N}$	FX$_{1NC}$	FX$_{2N}$	FX$_{2NC}$
定时时钟定位（FX$_{3S}$、FX$_{3G}$、FX$_{3GC}$、FX$_{3U}$、FX$_{3UC}$）（详情参考定位控制手册）													
[D] 8329		不可以使用	—	—	—	—	—		—	—	—	—	—
[D] 8330		DUTY（FNC 186）指令定时时钟输出1用扫描数的计数器	—	—	—	○	①	M8330	—	—	—	—	—
[D] 8331		DUTY（FNC 186）指令定时时钟输出2用扫描数的计数器	—	—	—	○	①	M8331	—	—	—	—	—
[D] 8332		DUTY（FNC 186）指令定时时钟输出3用扫描数的计数器	—	—	—	○	①	M8332	—	—	—	—	—
[D] 8333		DUTY（FNC 186）指令定时时钟输出4用扫描数的计数器	—	—	—	○	①	M8333	—	—	—	—	—
[D] 8334		DUTY（FNC 186）指令定时时钟输出5用扫描数的计数器	—	—	—	○	①	M8334	—	—	—	—	—
D8336		DVIT（FNC 151）用中断输入的指定初始值：—	—	—	—	○	②	M8336	—	—	—	—	—
[D] 8337～[D] 8339		不可以使用	—	—	—	—	—		—	—	—	—	—
D8340	低位	[Y000] 当前值寄存器初始值：0	○	○	○	○	○		—	—	—	—	—
D8341	高位												

续表

编号/名称		寄存器的内容	FX₃S	FX₃G	FX₃GC	FX₃U	FX₃UC	特殊软元件	FX₁S	FX₁N	FX₁NC	FX₂N	FX₂NC
定时时钟定位（FX₃S、FX₃G、FX₃GC、FX₃U、FX₃UC） （详情参考定位控制手册）													
D8342		[Y000]偏差速度初始值：0	○	○	○	○	○	—	—	—	—	—	—
D8343	低位	[Y000]最高速度初始值：100000	○	○	○	○	○	—	—	—	—	—	—
D8344	高位												
D8345		[Y000]爬行速度初始值：1000	○	○	○	○	○	—	—	—	—	—	—
D8346	低位	[Y000]原点回归速度初始值：50000	○	○	○	○	○	—	—	—	—	—	—
D8347	高位												
D8348		[Y000]加速时间初始值：100	○	○	○	○	○	—	—	—	—	—	—
D8349		[Y000]减速时间初始值：100	○	○	○	○	○	—	—	—	—	—	—
D8350	低位	[Y001]当前值寄存器初始值：0	○	○	○	○	○	—	—	—	—	—	—
D8351	高位												
D8352		[Y001]偏差速度初始值：0	○	○	○	○	○	—	—	—	—	—	—
D8353	低位	[Y001]最高速度初始值：100000	○	○	○	○	○	—	—	—	—	—	—
D8354	高位												
D8355		[Y001]爬行速度初始值：1000	○	○	○	○	○	—	—	—	—	—	—
D8359		[Y001]减速时间初始值：100	○	○	○	○	○	—	—	—	—	—	—
D8360	低位	[Y002]当前值寄存器初始值：0	—	○	—	○	○	—	—	—	—	—	—
D8361	高位												
D8362		[Y002]偏差速度初始值：0	—	○	—	○	○	—	—	—	—	—	—
D8363	低位	[Y002]最高速度初始值：100000	—	○	—	○	○	—	—	—	—	—	—
D8364	高位												
D8365		[Y002]爬行速度初始值：1000	—	○	—	○	○	—	—	—	—	—	—
D8366	低位	[Y002]原点回归速度初始值：50000	—	○	—	○	○	—	—	—	—	—	—
D8367	高位												
D8368		[Y002]加速时间初始值：100	—	○	—	○	○	—	—	—	—	—	—
D8369		[Y002]减速时间初始值：100	—	○	—	○	○	—	—	—	—	—	—

①Ver.2.20 以上版本支持。
②Ver.1.30 以上版本支持。

附表 C21

编号/名称		寄存器的内容	FX₃S	FX₃G	FX₃GC	FX₃U	FX₃UC	特殊软元件	FX₁S	FX₁N	FX₁NC	FX₂N	FX₂NC
定位（FX₃U）（详细内容参考定位控制手册）													
D8370	低位	[Y003]当前值寄存器初始值：0	—	—	—	②	—	—	—	—	—	—	—
D8371	高位												
D8372		[Y003]偏差速度初始值：0	—	—	—	②	—	—	—	—	—	—	—

编号/名称		寄存器的内容	FX$_{3S}$	FX$_{3G}$	FX$_{3GC}$	FX$_{3U}$	FX$_{3UC}$	特殊软元件	FX$_{1S}$	FX$_{1N}$	FX$_{1NC}$	FX$_{2N}$	FX$_{2NC}$
定位（FX$_{3U}$）（详细内容参考定位控制手册）													
D8373	低位	[Y003]最高速度初始值：100000	—	—	—	②	—		—	—	—	—	—
D8374	高位												
D8375		[Y003]爬行速度初始值：1000	—	—	—	②	—		—	—	—	—	—
D8376	低位	[Y003]原点回归速度初始值：50000	—	—	—	②	—		—	—	—	—	—
D8377	高位												
D8378		[Y003]加速时间初始值：100	—	—	—	②	—		—	—	—	—	—
D8379		[Y003]减速时间初始值：100	—	—	—	②	—		—	—	—	—	—
[D] 8380~ [D] 8392		不可以使用											
RS2（FNC 87）[通道 0]（FX$_{3G}$、FX$_{3GC}$） （详情参考通信控制手册）													
D8370		RS2（FNC 87）[通道 0]设定通信格式	—	○	○	—	—		—	—	—	—	—
D8371		不可以使用	—	—	—	—	—		—	—	—	—	—
[D] 8372①		RS2（FNC 87）[通道 0]发送数据的剩余点数	—	○	○	—	—		—	—	—	—	—
[D] 8373①		RS2（FNC 87）[通道 0]接收点数的监控	—	○	○	—	—		—	—	—	—	—
[D] 8374~ [D] 8378		不可以使用	—	—	—	—	—		—	—	—	—	—
D8379		RS2（FNC 87）[通道 0]设定超时时间	—	○	○	—	—		—	—	—	—	—
D8380		RS2（FNC 87）[通道 0]报头 1,2<初始值：STX>	—	○	○	—	—		—	—	—	—	—
D8381		RS2（FNC 87）[通道 0]报头 3,4	—	○	○	—	—		—	—	—	—	—
D8382		RS2（FNC 87）[通道 0]报尾 1,2<初始值：ETX>	—	○	○	—	—		—	—	—	—	—
D8383		RS2（FNC 87）[通道 0]报尾 3,4	—	○	○	—	—		—	—	—	—	—
[D] 8384		RS2（FNC 87）[通道 0]接收求和（接收数据）	—	○	○	—	—		—	—	—	—	—
[D] 8385		RS2（FNC 87）[通道 0]接收求和（计算结果）	—	○	○	—	—		—	—	—	—	—
[D] 8386		RS2（FNC 87）[通道 0]发送求和	—	○	○	—	—		—	—	—	—	—
[D] 8387~ [D] 8388		不可以使用											
[D] 8389		显示动作模式 [通道 0]	—	○	○	—	—		—	—	—	—	—
[D] 8390~ [D] 8392		不可以使用											

①从 RUN→STOP 时清除。
②仅当 FX$_{3U}$ 型 PLC 中连接了 2 台 FX$_{3U}$-2HSY-ADP 时可以使用。

附表 C22

编号/名称	寄存器的内容		FX3S	FX3G	FX3GC	FX3U	FX3UC	特殊软元件	FX1S	FX1N	FX1NC	FX2N	FX2NC
	中 断 程 序												
D8393	延迟时间		—	—	—	○	○	M8393	—	—	—	—	—
[D]8394	不可以使用		—	—	—	—	—		—	—	—	—	—
[D]8395 程序的源代码信息、块口令状态	源代码信息的保存以及利用块口令进行执行程序的保护设定		—	—	—	②	②		—	—	—	—	—
	当前值	源代码信息的保存	执行程序的保护										
	H**00①	无	无										
	H**01①	无	有										
	H**10①	有	无										
	H**11①	有	有										
[D]8396	CC-Link/LT 设定信息		—	—	—	—	③		—	—	—	—	—
[D]8397	不可以使用		—	—	—	—	—		—	—	—	—	—

①**表示在系统中使用的区域。
②Ver.3.00 以上版本支持。
③仅 FX3UC-32MT-LT-2 可使用。

附表 C23

编号/名称		寄存器的内容	FX3S	FX3G	FX3GC	FX3U	FX3UC	特殊软元件	FX1S	FX1N	FX1NC	FX2N	FX2NC
		环 形 计 数 器											
D8398	低位	0～2147483647（1ms 单位）的递增动作的环形计数①	○	○	○	○	○	M8398	—	—	—	—	—
D8399	高位												

①M8398 驱动后，随着 END 指令的执行，1ms 的环形计数器 [D8399, D8398] 动作。

附表 C24

编号/名称	寄存器的内容	FX3S	FX3G	FX3GC	FX3U	FX3UC	特殊软元件	FX1S	FX1N	FX1NC	FX2N	FX2NC
	RS2（FNC 87）[通道 1]（详细内容参考通信控制手册）											
D8400	RS2（FNC 87）[通道 1] 设定通信格式	○	○	○	○	○	—	—	—	—	—	—
[D]8401	不可以使用	—	—	—	—	—		—	—	—	—	—
[D]8402①	RS2（FNC 87）[通道 1] 发送数据的剩余点数	—	—	—	○	○	M8402	—	—	—	—	—
[D]8403①	RS2（FNC 87）[通道 1] 接收点数的监控	—	—	—	○	○	M8403	—	—	—	—	—
[D]8404	不可以使用	—	—	—	—	—		—	—	—	—	—
[D]8405	显示通信参数 [通道 1]	○	○	○	○	○		—	—	—	—	—

续表

编号/名称	寄存器的内容	FX$_{3S}$	FX$_{3G}$	FX$_{3GC}$	FX$_{3U}$	FX$_{3UC}$	特殊软元件	FX$_{1S}$	FX$_{1N}$	FX$_{1NC}$	FX$_{2N}$	FX$_{2NC}$
	RS2（FNC 87）[通道1]（详细内容参考通信控制手册）												
[D] 8406~ [D] 8408	不可以使用	—	—	—	—	—		—	—	—	—	—
D8409	RS2（FNC 87）[通道1] 设定超时时间	○	○	○	○	○		—	—	—	—	—
D8410	RS2（FNC 87）[通道1] 报头1,2<初始值：STX>	○	○	○	○	○		—	—	—	—	—
D8411	RS2（FNC 87）[通道1] 报头3,4	○	○	○	○	○		—	—	—	—	—
D8412	RS2（FNC 87）[通道1] 报尾1,2<初始值：ETX>	○	○	○	○	○		—	—	—	—	—
D8413	RS2（FNC 87）[通道1] 报尾3,4	○	○	○	○	○		—	—	—	—	—
[D] 8414	RS2（FNC 87）[通道1] 接收求和（接收数据）	○	○	○	○	○		—	—	—	—	—
[D] 8415	RS2（FNC 87）[通道1] 接收求和（计算结果）	○	○	○	○	○		—	—	—	—	—
[D] 8416	RS2（FNC 87）[通道1] 发送求和	○	○	○	○	○		—	—	—	—	—
[D] 8417~ [D] 8418	不可以使用	—	—	—	—	—		—	—	—	—	—
[D] 8419	显示动作模式 [通道1]	○	○	○	○	○		—	—	—	—	—
	RS2（FNC 87）[通道2] 计算机链接 [通道2]（详细内容参考通信控制手册）												
D8420	RS2（FNC 87）[通道2] 设定通信格式	—	○	○	○	○		—	—	—	—	—
D8421	计算机链接 [通道2] 设定站号	—	○	○	○	○		—	—	—	—	—
[D] 8422①	RS2（FNC 87）[通道2] 发送数据的剩余点数	—	○	○	○	○	M8422	—	—	—	—	—
[D] 8423①	RS2（FNC 87）[通道2] 接收点数的监控	—	○	○	○	○	M8423	—	—	—	—	—
[D] 8424	不可以使用	—	—	—	—	—		—	—	—	—	—
[D] 8425	显示通信参数 [通道2]	—	○	○	○	○		—	—	—	—	—
[D] 8426	不可以使用	—	—	—	—	—		—	—	—	—	—
D8427	计算机链接 [通道2] 指定下位通信请求（On Demand）的起始编号	—	○	○	○	○	M8426~ M8429	—	—	—	—	—
D8428	计算机链接 [通道2] 指定下位通信请求（On Demand）的数据数	—	○	○	○	○		—	—	—	—	—
D8429	RS2（FNC 87）[通道2] 计算机链接 [通道2] 设定超时时间	—	○	○	○	○		—	—	—	—	—
D8430	RS2（FNC 87）[通道2] 报头1,2<初始值：STX>	—	○	○	○	○		—	—	—	—	—
D8431	RS2（FNC 87）[通道2] 报头3,4	—	○	○	○	○		—	—	—	—	—
D8432	RS2（FNC 87）[通道2] 报尾1,2<初始值：ETX>	—	○	○	○	○		—	—	—	—	—

续表

编号/名称	寄存器的内容	FX3S	FX3G	FX3GC	FX3U	FX3UC	特殊软元件	FX1S	FX1N	FX1NC	FX2N	FX2NC
RS2（FNC 87）[通道 2] 计算机链接 [通道 2]（详细内容参考通信控制手册）												
D8433	RS2（FNC 87）[通道 2] 报尾 3，4	—	○	○	○	○	—	—	—	—	—	—
[D] 8434	RS2（FNC 87）[通道 2] 接收求和（接收数据）	—	○	○	○	○	—	—	—	—	—	—
[D] 8435	RS2（FNC 87）[通道 2] 接收求和（计算结果）	—	○	○	○	○	—	—	—	—	—	—
[D] 8436	RS2（FNC 87）[通道 2] 发送求和	—	○	○	○	○	—	—	—	—	—	—
[D] 8437	不可以使用											

① 从 RUN→STOP 时清除。

附表 C25

编号/名称	寄存器的内容	FX3S	FX3G	FX3GC	FX3U	FX3UC	特殊软元件	FX1S	FX1N	FX1NC	FX2N	FX2NC
MODBUS 通信用 [通道 1]（详细内容参考 MODBUS 通信手册）												
D8400	通信格式设定	○	①	○	②	②	—	—	—	—	—	—
D8401	协议	○	①	○	②	②	—	—	—	—	—	—
D8402	通信出错代码	○	①	○	②	②	M8402	—	—	—	—	—
D8403	出错详细内容	○	①	○	②	②	M8403	—	—	—	—	—
D8404	发生通信出错的步	○	①	○	②	②	—	—	—	—	—	—
[D] 8405	显示通信参数	○	①	○	②	②	—	—	—	—	—	—
D8406	接收结束代码的第 2 个字节	—	—	—	○②	②	—	—	—	—	—	—
[D] 8407	通信中步编号	○	①	○	②	②	—	—	—	—	—	—
[D] 8408	当前的重试次数	○	①	○	②	②	—	—	—	—	—	—
D8409	从站响应超时	○	①	○	②	②	—	—	—	—	—	—
D8410	播放延迟	○	①	○	②	②	—	—	—	—	—	—
D8411	请求间延迟（帧间延迟）	○	①	○	②	②	—	—	—	—	—	—
D8412	重试次数	○	①	○	②	②	—	—	—	—	—	—
D8414	从站本站号	○	①	○	②	②	—	—	—	—	—	—
D8415	通信计数器·通信事件日志储存软元件	—	—	—	②	②	—	—	—	—	—	—
D8416	通信计数器·通信事件日志储存位置	—	—	—	②	②	—	—	—	—	—	—
[D] 8419	动作方式显示	○	①	○	②	②	—	—	—	—	—	—
MODBUS 通信用 [通道 2]（详细内容参考 MODBUS 通信手册）												
D8420	通信格式设定	—	①	○	②	②	—	—	—	—	—	—
D8421	协议	—	①	○	②	②	—	—	—	—	—	—
D8422	通信出错代码	—	①	○	②	②	M8422	—	—	—	—	—
D8423	出错详细内容	—	①	○	②	②	M8423	—	—	—	—	—

续表

编号/名称	寄存器的内容	FX$_{3S}$	FX$_{3G}$	FX$_{3GC}$	FX$_{3U}$	FX$_{3UC}$	特殊软元件	FX$_{1S}$	FX$_{1N}$	FX$_{1NC}$	FX$_{2N}$	FX$_{2NC}$
MODBUS 通信用[通道 2]（详细内容参考 MODBUS 通信手册）												
D8424	发生通信出错的步	—	①	○	②	②	—	—	—	—	—	—
[D] 8425	显示通信参数	—	①	○	②	②	—	—	—	—	—	—
D8426	接收结束代码的第 2 个字节	—	—	—	②	②	—	—	—	—	—	—
[D] 8427	通信中步编号	—	①	○	②	②	—	—	—	—	—	—
[D] 8428	当前的重试次数	—	①	○	②	②	—	—	—	—	—	—
D8429	从站响应超时	—	①	○	②	②	—	—	—	—	—	—
D8430	播放延迟	—	①	○	②	②	—	—	—	—	—	—
D8431	请求间延迟（帧间延迟）	—	①	○	②	②	—	—	—	—	—	—
D8432	重试次数	—	①	○	②	②	—	—	—	—	—	—
D8434	从站本站号	—	①	○	②	②	—	—	—	—	—	—
D8435	通信计数器·通信事件日志储存软元件	—	—	—	②	②	—	—	—	—	—	—
D8436	通信计数器·通信事件日志储存位置	—	—	—	②	②	—	—	—	—	—	—
[D] 8439	动作方式显示	—	①	○	②	②	—	—	—	—	—	—

①Ver.1.30 以上的产品支持。
②Ver.2.40 以上的产品支持。

附表 C26

编号/名称		寄存器的内容	FX$_{3S}$	FX$_{3G}$	FX$_{3GC}$	FX$_{3U}$	FX$_{3UC}$	特殊软元件	FX$_{1S}$	FX$_{1N}$	FX$_{1NC}$	FX$_{2N}$	FX$_{2NC}$
MODBUS 通信用[通道 1、通道 2]（详细内容参考 MODBUS 通信手册）													
D8470	低位	MODBUS 软元件分配信息 1	—	—	—	①	①	—	—	—	—	—	—
D8471	高位		—	—	—	①	①	—	—	—	—	—	—
D8472	低位	MODBUS 软元件分配信息 2	—	—	—	①	①	—	—	—	—	—	—
D8473	高位		—	—	—	①	①	—	—	—	—	—	—
D8474	低位	MODBUS 软元件分配信息 3	—	—	—	①	①	—	—	—	—	—	—
D8475	高位		—	—	—	①	①	—	—	—	—	—	—
D8476	低位	MODBUS 软元件分配信息 4	—	—	—	①	①	—	—	—	—	—	—
D8477	高位		—	—	—	①	①	—	—	—	—	—	—
D8478	低位	MODBUS 软元件分配信息 5	—	—	—	①	①	—	—	—	—	—	—
D8479	高位		—	—	—	①	①	—	—	—	—	—	—
D8480	低位	MODBUS 软元件分配信息 6	—	—	—	①	①	—	—	—	—	—	—
D8481	高位		—	—	—	①	①	—	—	—	—	—	—

续表

编号/名称		寄存器的内容	FX3S	FX3G	FX3GC	FX3U	FX3UC	特殊软元件	FX1S	FX1N	FX1NC	FX2N	FX2NC
MODBUS 通信用 [通道1、通道2]（详细内容参考 MODBUS 通信手册）													
D8482	低位	MODBUS 软元件分配信息 7	—	—	—	①	①						
D8483	高位												
D8484	低位	MODBUS 软元件分配信息 8	—	—	—	①	①						
D8485	高位												

①Ver.2.40 以上的产品支持。

附表 C27

编号/名称		寄存器的内容	FX3S	FX3G	FX3GC	FX3U	FX3UC	特殊软元件	FX1S	FX1N	FX1NC	FX2N	FX2NC
FX3U-CF-ADP 用 [通道1]（详细内容参考 CF-ADP 手册）													
[D] 8400~ [D] 8401		不可以使用	—	—	—	—	—						
[D] 8402	低位	执行中指令步编号②	—	—	—	①	①						
[D] 8403	高位												
[D] 8404~ [D] 8405		不可以使用	—	—	—	—	—						
[D] 8406		CF-ADP 状态	—	—	—	①	①						
[D] 8407		不可以使用	—	—	—	—	—						
[D] 8408		CF-ADP 的版本	—	—	—	①	①						
[D] 8409~ [D] 8413		不可以使用	—	—	—	—	—						
[D] 8414	低位	CF-ADP 用应用指令错误发生步编号②	—	—	—	①	①						
[D] 8415	高位												
[D] 8416		不可以使用	—	—	—	—	—						
[D] 8417		CF-ADP 用应用指令错误代码详细内容②③	—	—	—	①	①						
[D] 8418		CF-ADP 用应用指令错误代码②③	—	—	—	①	①						
[D] 8419		动作模式的显示	—	—	—	①	①						
FX3U-CF-ADP 用 [通道2]（详细内容参考 CF-ADP 手册）													
[D] 8420~ [D] 8421		不可以使用	—	—	—	—	—						
[D] 8422	低位	执行中指令步编号②	—	—	—	①	①						
[D] 8423	高位												
[D] 8424~ [D] 8425		不可以使用	—	—	—	—	—						
[D] 8426		CF-ADP 状态	—	—	—	①	①						

编号/名称	寄存器的内容	FX$_{3S}$	FX$_{3G}$	FX$_{3GC}$	FX$_{3U}$	FX$_{3UC}$	特殊软元件	FX$_{1S}$	FX$_{1N}$	FX$_{1NC}$	FX$_{2N}$	FX$_{2NC}$
FX$_{3U}$-CF-ADP 用 [通道2]（详细内容参考 CF-ADP 手册）												
[D] 8427	不可以使用	—	—	—	—	—		—	—	—	—	—
[D] 8428	CF-ADP 的版本	—	—	—	①	①		—	—	—	—	—
[D] 8429~ [D] 8433	不可以使用	—	—	—	—	—		—	—	—	—	—
[D] 8434	低位											
[D] 8435	高位	CF-ADP 用应用指令错误发生步编号②	—	—	—	①	①		—	—	—	—	—
[D] 8436	不可以使用	—	—	—	—	—		—	—	—	—	—
[D] 8437	CF-ADP 用应用指令错误代码详细内容②③	—	—	—	①	①		—	—	—	—	—
[D] 8438	CF-ADP 用应用指令错误代码②③	—	—	—	①	①		—	—	—	—	—
[D] 8439	动作模式的显示	—	—	—	①	①		—	—	—	—	—

①Ver.2.61 以上版本支持。
②从 STOP→RUN 时清除。
③关于所保存的错误代码的详细内容，参考 CF-ADP 手册。

附表 C28

编号/名称	寄存器的内容	FX$_{3S}$	FX$_{3G}$	FX$_{3GC}$	FX$_{3U}$	FX$_{3UC}$	特殊软元件	FX$_{1S}$	FX$_{1N}$	FX$_{1NC}$	FX$_{2N}$	FX$_{2NC}$
FX$_{3U}$-CF-ADP 用 [通道1]（详细内容参考 CF-ADP 手册）												
[D] 8400	IP 地址（低位）	○	①	①	②	②		—	—	—	—	—
[D] 8401	IP 地址（高位）	○	①	①	②	②		—	—	—	—	—
[D] 8402	子网掩码（低位）	○	①	①	②	②		—	—	—	—	—
[D] 8403	子网掩码（高位）	○	①	①	②	②		—	—	—	—	—
[D] 8404	默认路由器 IP 地址（低位）	○	①	①	②	②		—	—	—	—	—
[D] 8405	默认路由器 IP 地址（高位）	○	①	①	②	②		—	—	—	—	—
[D] 8406	状态信息	○	①	①	②	②		—	—	—	—	—
[D] 8407	以太网端口的连接状态	○	①	①	②	②		—	—	—	—	—
[D] 8408	FX$_{3U}$-ENET-ADP 版本	○	①	①	②	②		—	—	—	—	—
D8409	通信超时时间	○	①	①	②	②		—	—	—	—	—
D8410	连接强制无效化	○	①	①	②	②		—	—	—	—	—
[D] 8411	时间设置功能动作结果	○	①	①	②	②		—	—	—	—	—
[D] 8412~ [D] 8414	本站 MAC 地址	○	①	①	②	②		—	—	—	—	—
[D] 8415	不可以使用	—	—	—	—	—		—	—	—	—	—
[D] 8416	机型代码	○	①	①	②	②		—	—	—	—	—
[D] 8417	以太网适配器的错误代码	○	①	①	②	②		—	—	—	—	—
[D] 8418	不可以使用	—	—	—	—	—		—	—	—	—	—
[D] 8419	显示动作模式	○	①	①	②	②		—	—	—	—	—

续表

编号/名称	寄存器的内容	FX$_{3S}$	FX$_{3G}$	FX$_{3GC}$	FX$_{3U}$	FX$_{3UC}$	特殊软元件	FX$_{1S}$	FX$_{1N}$	FX$_{1NC}$	FX$_{2N}$	FX$_{2NC}$
	FX$_{3U}$-ENET-ADP 用 [通道 2]（详细内容参考 ENET-ADP 手册）											
[D] 8420	IP 地址（低位）	—	①	①	②	②	—	—	—	—	—	—
[D] 8421	IP 地址（高位）	—	①	①	②	②	—	—	—	—	—	—
[D] 8422	子网掩码（低位）	—	①	①	②	②	—	—	—	—	—	—
[D] 8423	子网掩码（高位）	—	①	①	②	②	—	—	—	—	—	—
[D] 8424	默认路由器 IP 地址（低位）	—	①	①	②	②	—	—	—	—	—	—
[D] 8425	默认路由器 IP 地址（高位）	—	①	①	②	②	—	—	—	—	—	—
[D] 8426	状态信息	—	①	①	②	②	—	—	—	—	—	—
[D] 8427	以太网端口的连接状态	—	①	①	②	②	—	—	—	—	—	—
[D] 8428	FX$_{3U}$-ENET-ADP 版本	—	①	①	②	②	—	—	—	—	—	—
D8429	通信超时时间	—	①	①	②	②	—	—	—	—	—	—
D8430	连接强制无效化	—	①	①	②	②	—	—	—	—	—	—
[D] 8431	时间设置功能动作结果	—	①	①	②	②	—	—	—	—	—	—
[D] 8432~ [D] 8434	本站 MAC 地址	—	①	①	②	②	—	—	—	—	—	—
[D] 8435	不可以使用	—	①	①	②	②	—	—	—	—	—	—
[D] 8436	机型代码	—	①	①	②	②	—	—	—	—	—	—
[D] 8437	以太网适配器的错误代码	—	①	①	②	②	—	—	—	—	—	—
[D] 8438	不可以使用	—	①	①	②	②	—	—	—	—	—	—
[D] 8439	显示动作模式	—	①	①	②	②	—	—	—	—	—	—
	FX$_{3U}$-ENET-ADP 用 [通道 1、通道 2]（详细内容参考 ENET-ADP 手册）											
[D] 8490~ [D] 8491	不可以使用	—	—	—	—	—	—	—	—	—	—	—
D8492	IP 地址设置（低位）	○	③	③	—	—	—	—	—	—	—	—
D8493	IP 地址设置（高位）	○	③	③	—	—	—	—	—	—	—	—
D8494	子网掩码设置（低位）	○	③	③	—	—	—	—	—	—	—	—
D8495	子网掩码设置（高位）	○	③	③	—	—	—	—	—	—	—	—
D8496	默认路由器 IP 地址设置（低位）	○	③	③	—	—	—	—	—	—	—	—
D8497	默认路由器 IP 地址设置（高位）	○	③	③	—	—	—	—	—	—	—	—
[D] 8498	IP 地址保存区域写入错误代码	○	③	③	—	—	—	—	—	—	—	—
[D] 8499	IP 地址保存区域清除错误代码	○	③	③	—	—	—	—	—	—	—	—

① Ver.2.00 以上的产品支持。
② Ver.3.10 以上的产品支持。
③ Ver.2.10 以上的产品支持。

附表 C29

编号/名称	寄存器的内容	FX$_{3S}$	FX$_{3G}$	FX$_{3GC}$	FX$_{3U}$	FX$_{3UC}$	特殊软元件	FX$_{1S}$	FX$_{1N}$	FX$_{1NC}$	FX$_{2N}$	FX$_{2NC}$
错误检测													
[D] 8438①	串行通信错误 2［通道 2］的错误代码编号	—	○	○	○	○	M8438	—	—	—	—	—
RS2（FNC 87）［通道 2］计算机链接［通道 2］（详细内容参考通信控制手册）													
[D] 8439	显示动作模式［通道 2］	—	○	○	○	○	—	—	—	—	—	—
错误检测													
[D] 8440~ [D] 8448	不可以使用											
[D] 8449	特殊模块错误代码		○	○	○	②	M8449					
[D] 8450~ [D] 8459	不可以使用											
定位（FX$_{3G}$、FX$_{3U}$、FX$_{3GC}$、FX$_{3UC}$）（详情参考定位控制手册）													
[D] 8460~ [D] 8463	不可以使用											
D8464	DSZR（FNC 150）、ZRN（FNC 156）指令［Y000］指定清除信号软元件		○	○	○	③	M8464	—	—	—	—	—
D8465	DSZR（FNC 150）、ZRN（FNC 156）指令［Y001］指定清除信号软元件		○	○	○	③	M8465	—	—	—	—	—
D8466	DSZR（FNC 150）、ZRN（FNC 156）指令［Y002］指定清除信号软元件				○	③	M8466	—	—	—	—	—
D8467	DSZR（FNC 150）、ZRN（FNC 156）指令［Y003］指定清除信号软元件				④	—	M8467	—	—	—	—	—
错误检测													
[D] 8468~ [D] 8488	不可以使用	—	—	—	—	—	—	—	—	—	—	—
[D] 8487	USB 通信错误	○					M8487	—	—	—	—	—
[D] 8488	不可以使用											
[D] 8489	特殊参数错误的错误代码编号	○	⑥	⑥	⑤	⑤	M8489	—	—	—	—	—
[D] 8490~ [D] 8511	不可以使用											

①电源从 OFF 变为 ON 时清除。
②Ver.2.20 以上版本支持。
③Ver.2.20 以上版本支持。
④仅当 FX$_{3U}$ 型 PLC 中连接了 2 台 FX$_{3U}$-2HSY-ADP 时可以使用。
⑤Ver.3.10 以上版本支持。
⑥Ver.2.00 以上版本支持。

说明：不同型号的 PLC，"○"表示可以使用，"—"表示不可以使用。①～⑩表示使用时应注意使用条件。
同一编号的软元件，在不同型号的 PLC 中，定义可能不同，务必注意。
未定义以及未记载的特殊辅助继电器和特殊数据寄存器请勿在程序中使用。
用［］框起的软元件，如［M］8000、[D] 8001，不要在程序中执行驱动以及写入。

附录 D FX₃ᵤ、FX₃ᵤc 型 PLC 软元件表

软元件名	软元件编号	点数	说明
输入输出继电器			
输入继电器	X000～X367	248 点	软元件的编号为 8 进制编号
输出继电器	Y000～Y367	248 点	输入输出合计为 256 点
辅助继电器			
一般用［可变］	M0～M499	500 点	通过参数可以更改保持/非保持的设定
保持用［可变］	M500～M1023	524 点	
保持用［固定］	M1024～M7679	6656 点	失电保持型
特殊用	M8000～M8511	512 点	—
状态继电器			
初始化状态（一般用［可变］）	S0～S9	10 点	
一般用［可变］	S10～S499	490 点	通过参数可以更改保持/非保持的设定
保持用［可变］	S500～S899	400 点	
信号报警器用（保持用［可变］）	S900～S999	100 点	
保持用［固定］	S1000～S4095	3096 点	失电保持型
定时器			
100ms	T0～T191	192 点	0.1～3276.7s
100ms［子程序、中断子程序用］	T192～T199	8 点	0.1～3276.7s
10ms	T200～T245	46 点	0.01～327.67s
1ms 累计型	T246～T249	4 点	0.001～32.767s
100ms 累计型	T250～T255	6 点	0.1～3276.7s
1ms	T256～T511	256 点	0.001～32.767s
计数器			
一般用增计数（16 位）［可变］	C0～C99	100 点	0～32767 的计数器通过参数可以更改保持/非保持的设定
保持用增计数（16 位）［可变］	C100～C199	100 点	
一般用双方向（32 位）［可变］	C200～C219	20 点	−2147483648～+2147483647 的计数器通过参数可以更改保持/非保持的设定
保持用双方向（32 位）［可变］	C220～C234	15 点	
高速计数器			
单相单计数的输入双方向（32 位）	C235～C245		C235～C255 中最多可以使用 8 点［保持用］
单相双计数的输入双方向（32 位）	C246～C250		通过参数可以更改保持/非保持的设定 −2147483648～+2147483647 的计数器
双相双计数的输入双方向（32 位）	C251～C255		硬件计数器 单相：100kHz×6 点、10kHz×2 点 双相：50kHz（1 倍）、50kHz（4 倍） 软件计数器 单相：40kHz 双相：40kHz（1 倍）、10kHz（4 倍）

续表

软元件名	软元件编号	点数	说明
数据寄存器（成对使用时32位）			
一般用（16位）[可变]	D0~D199	200点	通过参数可以更改保持/非保持的设定
保持用（16位）[可变]	D200~D511	312点	
保持用（16位）[固定]<文件寄存器>	D512~D7999<D1000~D7999>	7488点<7000点>	通过参数可以将寄存器7488点中D1000以后的软元件以每500点为单位设定为文件寄存器
特殊用（16位）	D8000~D8511	512点	—
变址用（16位）	V0~V7、Z0~Z7	16点	—
扩展寄存器、扩展文件寄存器			
扩展寄存器（16位）	R0~R32767	32768点	通过电池进行停电保持
扩展文件寄存器（16位）	ER0~ER32767	32768点	仅在安装存储器盒时可用
指针			
JUMP、CALL分支用	P0~P4095	4096点	CJ指令、CALL指令用
输入中断输入延迟中断	I0□□~I5□□	6点	
定时器中断	I6□□~I8□□	3点	
计数器中断	I010~I060	6点	HSCS指令用
嵌套			
主控用	N0~N7	8点	MC指令用
常数			
10进制数（K）	16位	-32768~+32767	
	32位	-2147483648~+2147483647	
16进制数（H）	16位	0~FFFF	
	32位	0~FFFFFFFF	
实数（E）	32位	$-1.0\times2^{128} \sim -1.0\times2^{-126}$、0、$1.0\times2^{-126} \sim 1.0\times2^{128}$ 可以用小数点和指数形式表示	
字符串（" "）	字符串	用" "框起来的字符进行指定。指令上的常数中，最多可以使用到半角的32个字符	

附录E 基本指令一览表

指令类型	指令	功 能	梯形图符号	对象软元件
触点	LD	起始连接、动合触点	⊢⊢	X、Y、M、S、D□.b、T、C
	LDI	起始连接、动断触点	⊢⊬	
	LDP	起始连接、上升沿触点	⊢↑⊢	
	LDF	起始连接、下降沿触点	⊢↓⊢	
	OR	并联动合触点		
	ORI	并联动断触点		
	ORP	并联上升沿触点		
	ORF	并联下降沿触点		
	AND	串联动合触点		
	ANI	串联动断触点		
	ANDP	串联上升沿触点		
	ANDF	串联下降沿触点		
连接导线	ANB	串联导线		—
	ORB	并联导线		—
	MPS	回路向下分支导线		—
	MRD	中间回路分支导线		—
	MPP	末回路分支导线		—
接点处理	INV	接点取反	─/─	—
	MEP	上升沿时导通	↑	—
	MEF	下降沿时导通	↓	—
输出	OUT	普通线圈	─(Y000)	Y、M、S、D□.b、T、C
	SET	置位线圈	─[SET M3]	Y、M、S、D□.b
	RST	复位线圈	─[RST M3]	Y、M、S、D□.b、T、C、D、R、V、Z

续表

指令类型	指 令	功　能	梯 形 图 符 号	对 象 软 元 件
输出	PLS	上升沿线圈	─[PLS M2]	Y、M
	PLF	下降沿线圈	─[PLF M3]	Y、M
主控输出	MC	主控线圈	─[MC N0 M2]	Y、M
	MCR	主控复位线圈	─[MCR N0]	—
步进顺控	STL	步进梯形图开始	├┤ S*** 　 STL 或 ├─[STL　S***]	S
	RET	返回	─[RET]	—
其他	NOP	空操作		—
	END	程序结束	─[END]	—

附录 F ASCII 码表

16进制	0	1	2	3	4	5	6	7	8	9	A	B	C	D	E	F
0		DLE	SP	0	@	P	`	p					タ	ミ		
1	SOH	DC1	!	1	A	Q	a	q			。	ア	チ	ム		
2	STX	DC2	"	2	B	R	b	r			「	イ	ツ	メ		
3	ETX	DC3	#	3	C	S	c	s			」	ウ	テ	モ		
4	EOT	DC4	$	4	D	T	d	t			、	エ	ト	ヤ		
5	ENQ	NAK	%	5	E	U	e	u			・	オ	ナ	ユ		
6	ACK	SYN	&	6	F	V	f	v			ヲ	カ	ニ	ヨ		
7	BEL	ETB	'	7	G	W	g	w			ア	キ	ヌ	ラ		
8	BS	CAN	(	8	H	X	h	x			イ	ク	ネ	リ		
9	HT	EM	)	9	I	Y	i	y			ウ	ケ	ノ	ル		
A	LF	SUB	*	:	J	Z	j	z			エ	コ	ハ	レ		
B	VT	ESC	+	;	K	[	k	{			オ	サ	ヒ	ロ		
C	FF	FS	,	<	L	*1	l	|			ヤ	シ	フ	ワ		
D	CR	GS	-	=	M	]	m	}			ユ	ス	ヘ	ン		
E	SO	RS	.	>	N	^	n	~			ヨ	セ	ホ	゜		
F	SI	US	/	?	O	_	o	DEL			ツ	ソ	マ	°		

参 考 文 献

[1] 王阿根. 电气可编程控制原理与应用. 3版. 北京：清华大学出版社，2014.
[2] 王阿根. PLC控制程序精编108例（修订版）. 北京：电子工业出版社，2015.
[3] 王阿根. 电气可编程控制原理与应用（S7-200PLC）. 北京：电子工业出版社，2013.
[4] 王阿根. 西门子S7-200PLC编程实例精解. 北京：电子工业出版社，2011.